Dedicato agli appassionati del caffè
e delle macchine da caffè Faema.

*Dedicated to lovers of coffee and
Faema coffee machines.*

*Den Liebhabern des Kaffees und der
Faema-Kaffeemaschinen gewidmet.*

Progetto Editoriale / *Editorial project* / *Verlagsprojekt*
Collezione Enrico Maltoni

Testi / *Texts* / *Texte*
Enrico Maltoni

Ricerca iconografica / *Iconographic research* / *Bildrecherche*
Enrico Maltoni

Progettazione grafica / *Graphic project* / *Grafischer Entwurf*
Massimiliano Bravi

Realizzazione grafica / *Graphics* / *Grafische Gestaltung*
Massimiliano Bravi

Coordinamento editoriale / *Editorial coordination* / *Verlagskoordination*
Massimiliano Bravi

Fotografie / *Photographs* / *Fotografien*
Antonello Natale, Enrico Filippi, Fabrizio Esposito, Giulio Taioli, Grazia Neri, Simona Zuccherelli

Traduzioni / *Translation* / *Übersetzung*
Alessandro Gregori / Deborah Anne Nicholas / Koinè - Trieste / Katarzyna Legiec

Stampa / *Publishing* / *Druck*
Faenza Industrie Grafiche - Faenza - Italy

1ª Edizione - 2009
1st Edition - 2009
1. Ausgabe – 2009

Via Guglielmo Oberdan, 13
47034 Forlimpopoli (Forlì-Cesena)
Italia
Fax + 39.0543.743958
e-mail: info@espressomadeinitaly.com
www.espressomadeinitaly.com

Tutti i diritti riservati / *All rights reserved* / Alle Rechte vorbehalten

Nessuna parte di questo libro può essere riprodotta o trasmessa in qualsiasi forma o con qualsiasi mezzo elettronico senza l'autorizzazione scritta dei proprietari dei diritti e dell'editore.

All parts of this book are protected by copyright and any reproduction or copy is forbidden in any form or electronic publishing unless upon the written authorization of the owners of the rights and of the editor.

Ohne eine schriftliche Zustimmung der Eigentümer der Autorenrechte und des Herausgebers darf dieses Buch weder teilweise noch ganz mit Datenverarbeitungs- und sonstigen elektronischen Mitteln reproduziert oder weiterverarbeitet werden.

FAEMA Espresso 1945–2010

La copertina, immagine originale del 1950, fu creata da Gino Boccasile (14 luglio 1901 - 10 maggio 1952) - noto disegnatore, pittore e pubblicitario italiano - in occasione della prima campagna pubblicitaria della Faema. La sua fama è dovuta soprattutto alle Signorine Grandi Firme che comparivano sulle copertine della rivista Le Grandi Firme, periodico letterario fondato e diretto da Pitigrilli (Dino Segre) e trasformato in rotocalco settimanale da Cesare Zavattini (all'epoca direttore editoriale della Mondadori) dopo la vendita della testata ad Arnoldo Mondadori. Dal 1947, dopo aver avviato una propria agenzia di grafica, i suoi disegni invasero i muri delle città e delle campagne con le pubblicità di quei giorni: dal Formaggino Mio alla Lama Bolzano, dall'Amaro Ramazzotti alle moto Bianchi, e poi ancora il dentifricio Chlorodont, le calzature Zenith, la Riunione Adriatica di Sicurtà, lo Yogurth Yomo, i profumi Paglieri, lo shampoo Tricofilina. Circa 350 dei suoi cartelloni pubblicitari fanno parte della Raccolta Salce, conservata presso il Museo Civico "Luigi Bailo" di Treviso.

The book cover - an original 1950 image - was designed by Gino Boccasile (July 1901 – May 1952) - well-known Italian designer, painter and advertising artist - for the first Faema promotional campaign. Boccasile became famous mainly through 'Signorine Grandi Firme, appearing on the cover of the magazine Le Grandi Firme, a literary periodical founded and run by Pitigrilli (Dino Segre) and transformed into a weekly illustrated magazine by Cesare Zavattini (then publishing director at Mondadori) after the sale of the periodical to Arnoldo Mondadori. As of 1947, after having started up his own graphics agency, his drawings covered the walls of cities and towns with the ads of those days: from Formaggino Mio cheese to the Bolzano razor-blade, from Amaro Ramazzotti to the Bianchi motorbike, Chlorodont toothpaste, Zenith shoes, Riunione Adriatica di Sicurtà, Yomo yoghurt, Paglieri perfumes, and Tricofilina shampoo. About 350 of his advertising posters are part of the Raccolta Salce (Salce Collection), now conserved at the Civic Museum "Luigi Bailo" in Treviso.

Das Originalbild von 1950 auf dem Frontdeckel wurde von Gino Boccasile (14. Juli 1901 – 10. Mai 1952), einem bekannten Maler und Werbegrafiker, für die erste Werbekampagne der Firma Faema geschaffen. Seinen Ruhm verdankt der Künstler vor allem den Signorine Grandi Firme, d. h. den „jungen Damen", die auf den Titelblättern der Zeitschrift Grandi Firme abgebildet waren. Diese von Pitigrilli (Dino Segre) gegründete und geleitete Literaturzeitschrift wurde später nach dem Verkauf an Arnaldo Mondadori von Cesare Zavattini (damals Verlagsdirektor beim Mondadori-Verlag) in eine Wochenzeitschrift umgewandelt. Ab 1947, nachdem Boccasile sein eigenes Grafikatelier eröffnet hatte, waren seine Poster auf jeder Hausmauer in der Stadt und auf dem Land zu sehen. Abgebildet darauf war die Werbung der damaliger Zeit für Marken wie Formaggino Mio, Lama Bolzano, Amaro Ramazzott, das Motorrad von Bianchi, die Chlorodont-Zahncreme, die Zenith-Schuhe, die Versicherung Riunione Adriatica di Sicurità, das Yomo-Joghurt, das Parfum von Paglieri und das Tricofilina-Shampoo. Ungefähr 350 seiner Werbeposter sind Bestand der Salce-Sammlung (Raccolta Salce), die im Stadtmuseum „Luigi Bailo" in Treviso ausgestellt ist.

Nota Biografica

Enrico Maltoni, residente a Forlimpopoli, piccola cittadina dell'Emilia Romagna, nasce a Forlì il 02/12/1970. Studioso e collezionista di macchine da caffè espresso d'epoca, oltre che di libri antichi attinenti la materia, dopo più di venti anni di ricerche, recuperi e restauri, crea la prima mostra itinerante al mondo "Espresso made in Italy 1901>2010", che fino ad ora conta 40 tappe in 4 continenti e presenta importanti e pregiati modelli - alcuni dei quali ormai introvabili - dal 1900 ai giorni nostri. Per questo progetto si aggiudica il primo e unico premio SCAE, Eccellenza del Caffè 2006, nella categoria "Young Entrepreneur Award", sbaragliando cinque candidati provenienti da tutta Europa. Possiede un archivio storico di oltre 10.000 referenze fra documenti e brevetti. Nel 2001 crea il sito internet www.espressomadeinitaly.com per celebrare uno fra i riti più amati dagli italiani: il caffè espresso. Collezione e archivio sono i più importanti al mondo. Scrive diversi libri fra cui "Espresso made in Italy 1901-1962" – tre edizioni, 9.000 copie vendute – nel quale sono illustrate oltre 200 splendide macchine da bar, risparmiate all'usura del tempo, tutte in collezione. È coautore de "Il libro completo del caffè" edito da De Agostini nel 2005 e di "Caffè Espresso", Edizioni 2000. Ha contribuito alla realizzazione della monografia della "Victoria Arduino", della "La Cimbali" e di "Rancilio", oltre che alla stesura del libro "Il Caffè" edito da Giunti. Collabora con importanti università italiane, oltre che con l'associazione internazionale "Slow Food" tenendo corsi e laboratori in tutto il mondo sulla storia, sulla cultura e sul design della macchina espresso. Dal 2001 collabora con Lavazza e Saeco. È ospite di numerose trasmissioni televisive nella veste di collezionista e massimo esperto della materia e partecipa alla realizzazione di un documentario per History Channel "Tutto fa storia", nel quale compare con Patrizio Roversi.

Biographical Note

Now living in Forlimpopoli - a small town in the region of Emilia-Romagna, Italy - Enrico Maltoni was born in Forlì on 2nd December, 1970. As an expert and collector of both antique espresso coffee machines and antique books about the coffee industry, after over 20 years of investigations, recovery and restoration work, he has created the world's first travelling exhibition entitled "Espresso made in Italy 1901>2010" devoted to coffee machines. So far, the exhibition has been shown in 40 different destinations on 4 continents, and features important, valuable models - some of which are true rarities - from 1900 to the present day. For this initiative, Mr. Maltoni has been granted the prestigious SCAE prize "Excellence of Coffee 2006", in the "Young Entrepreneur, Award 2006" category, beating competitors from all over Europe. He is the owner of an historical archive of over 10,000 reference documents and patents. In 2001, he developed the www.espressomadeinitaly.com website to celebrate one of Italy's best loved customs – the espresso. The collection and archive are the most important in the world. Mr. Maltoni is the author of various books, such as "Espresso made in Italy 1901-1962" – published in three editions of which 9,000 copies have been sold. More than 200 fascinating coffee machines for bars are featured in the book, all of which have been protected against wear and tear, and made part of the collection. He is co-author of "Il libro completo del caffè" edited by De Agostini 2005, and "Caffè Espresso", edited by Edizioni 2000. He has contributed to the production of monographs about "Victoria Arduino", "La Cimbali" and "Rancilio" brands, in addition to writing "Il Caffè" edited by Giunti. He collaborates with important Italian universities and the international association "Slow Food", giving lectures and organizing workshops throughout the world about the history, culture and design of coffee machines. Since 2001, he has been cooperating with Lavazza and Saeco. He has been a guest on several TV programmes as a collector and expert of the coffee industry, and taken part in a documentary produced by the History Channel ("Tutto fa storia"), with Patrizio Roversi.

Biografische Notiz

Enrico Maltoni, am 2.12.1970 in Forlì geboren, wohnt in Forlimpopoli, einem kleinen Städtchen in der Emilia Romagna. Er ist Forscher und Sammler von historischen Espressomaschinen und antiquarischen Büchern, die diesem Thema gewidmet sind. Nach überzwanzig Jahren Forschung, Rekonstruktions- und Restaurierungsarbeiten veranstaltet er als erster auf der Welt eine Wanderausstellung unter dem Titel „Espresso made in Italy 1901>2010", auf der in 40 Etappen durch vier Kontinente bedeutende und wertvolle Modelle – einige von ihnen sind nicht mehr auffindbar – aus der Zeit von 1900 bis heute präsentiert werden. Für dieses Projekt gewinnt er den einmaligen SCAE-Preis in der Kategorie „Young Entrpreneur Award" und schlägt damit fünf andere Konkurrenten aus ganz Europa. Sein historisches Archiv umfasst über 10.000 Quellen, von Dokumenten bis hin zu Patenten. 2001 ruft er die Internetseite www.espressomadeinitaly.com ins Leben, um eines der beliebtesten „Rituale" der Italiener – den Espresso-Kaffee – zu würdigen. Seine Sammlung und sein Archiv sind die weltweit bedeutendsten. Er ist Autor verschiedener Bücher, unter anderem „Espresso made in Italy 1901-1962" (drei Ausgaben, 900 verkaufte Exemplare) mit Abbildungen von über 200 wunderschönen Bar-Espressomaschinen, die von den Zeichen der Zeit verschont geblieben sind und zu seinem Sammlungsbestand gehören. Er ist Mitautor der Bücher „Il libro del caffè" (Hrsg. De Agostini Verlag 2005) und „Caffè Espresso" in der Ausgabe von Edizioni 2000. Seine Beiträge sind in die Monografien „Victoria Arduino", „La Cimbali" und „Rancilio" eingeflossen. Ebentalls wirkte er beim Verfassen des Buches „Il Caffè" (Hrsg. Giunti-Verlag) mit. Enrico Maltoni arbeitet mit den wichtigsten italienischen Universitäten und dem internationalen „Slow Food" - Verein zusammen und hält weltweit Kurse und Vorträge mit Präsentationen über Geschichte, Kultur und Design der Espressomaschine. Seit 2001 arbeitet er mit Lavazza und Saeco zusammen. Als Sammler und größter Experte auf seinem Gebiet nimmt er oft als Gast an zahlreichen Fernsehsendungen teil. Bemerkenswert ist sein Auftritt in dem für History Channel gedrehten Dokumentarfilm „Tutto fa storia", wo er zusammen mit Patrizio Roversi zu sehen ist.

Sommario / *Contents* / *Inhalt*

7

INTRODUZIONE	9
INTRODUCTION	*10*
EINLEITUNG	11
LA STORIA DELLA FAEMA 1945-2010	13
THE HISTORY OF FAEMA 1945-2010	*23*
DIE FAEMA-GESCHICHTE VON 1945 BIS 2010	*33*
1945 - 1950	*44*
1950 - 1960	*52*
1960 - 1970	*222*
1970 - 1980	*305*
1980 - 1990	*330*
1990 - 2000	*364*
2000 - 2010	*382*
BIBLIOGRAFIA / *BIBLIOGRAPHY* / BIBLIOGRAFIE	*397*
RINGRAZIAMENTI / *ACKNOWLEDGEMENTS* / DANKSAGUNGEN	*399*

Introduzione

Ho deciso di scrivere questo libro spinto dalla passione che sento per la storia delle macchine per caffè espresso, una passione che ancora oggi, dopo venti anni di collezionismo, mi anima fortemente. Era il 1989 quando, in occasione del mercato dell'antiquariato d'Arezzo, curiosando fra i vari pezzi esposti, mi imbattei in un'antica macchina per caffè espresso. Ma quella non era una macchina qualsiasi e, solo dopo averla portata a casa, mi accorsi di quanto davvero ne fossi rimasto colpito. Quell'oggetto, a prima vista per me semplicemente bello, a poco a poco, si rivelò denso di storia, una storia che volli studiare ed approfondire e che giorno dopo giorno mi catturò completamente. Inutile dire che si trattava di una Faema; nello specifico una Marte del 1952. Così volli sapere di essa tutto ciò che fosse possibile; m'interessai al suo funzionamento, al suo design e ovviamente mi chiesi chi ne fosse stato l'inventore. Tutto cominciò così.

Finii per esplorare i mercatini d'Italia e del mondo alla ricerca delle macchine espresso da bar della Faema ma non solo; ambivo a raccogliere ogni documento, ogni disegno, ogni testimonianza. E piano piano mi trovai a possedere tutta la serie prodotta dall'azienda (oltre che diverse macchine rare di altre case costruttrici) e ad avere un archivio storico di oltre 10.000 documenti.

Tuttavia non avrei mai immaginato di scrivere un libro interamente dedicato alla Faema. E tale desiderio, finalmente realizzato, è nato anche in seguito all'incontro con persone che, come me, si sono appassionate al mondo che gira intorno a questi preziosi oggetti. Ed anche alla conoscenza di persone che questo mondo l'hanno vissuto davvero e da molto vicino.

Primo fra tutti il sig. Pietro Pozza, ex tecnico della Faema, che tanti anni fa, precisamente nel 1999, colpito dal mio entusiasmo, decise di farmi un regalo: a quel tempo per me il più bello. Si trattava del libro scritto in occasione del Ventennale della Faema, un libro oggi molto raro, che conservo gelosamente e dal quale, lo confesso, ho potuto attingere qualche preziosa informazione per scrivere la storia della Faema. Ed il caro sig. Pietro mi stupì ancora quando, alla sua morte, scoprii con grande commozione che mi aveva lasciato in eredità tutto quanto egli possedesse in merito alla Faema.

Scriverne la storia è stato molto complesso. Ho cercato di esprimere al meglio le sensazioni ed i racconti di quanti ho potuto intervistare. E sono fiero che anche i familiari del fondatore Carlo Ernesto Valente, abbiano contribuito con entusiasmo al reperimento d'informazioni e anche di materiale. In particolare ringrazio il sig. Marco Valente, figlio del fondatore, che dopo avere conosciuto il mio progetto ha deciso di donarmi un archivio di oltre 4000 immagini antiche, e talvolta assai usurate, da me accuratamente restaurate e riportate al loro originale splendore. Immagini inedite pubblicate nella prima parte di questo libro. Inutile dire che senza tale materiale non avrei potuto ricostruire "il principio della storia". Ringrazio anche Roberto, Rita e Nella anch'essi figli di Valente che hanno avuto voglia di condividere con me aspetti, anche personali, legati all'azienda ed il cui ricordo li ha fatti talvolta sorridere e talvolta intristire; fatti che saprò bene custodire, lasciando insoddisfatta, ahimè, la curiosità di tanti lettori.

Un particolare grazie lo devo al sig. Gianfranco Delle Donne, ex responsabile disegnatore dell'ufficio tecnico Faema, che ha saputo guidarmi per tutto il periodo della redazione, consigliandomi al meglio ed aiutandomi nella lettura delle tappe, talvolta complesse, della vita dell'azienda. Nessuno più di lui avrebbe potuto informarmi con grande maestria di particolari tecnici e non, che mai avrei potuto conoscere in altro modo.

Preziosa anche la collaborazione del dott. Luca Dussi, responsabile marketing del Gruppo Cimbali Faema.

Un pensiero va inoltre ai veri "Faemisti" ed agli amici collezionisti che da tutto il mondo mi contattano, talvolta per un semplice scambio di opinioni, talvolta perché vorrebbero anch'essi acquistare una Faema. Infine non dimentico coloro che apprezzano le cose autentiche; di recente ho collaborato alla realizzazione del set cinematografico del film "Baarìa" di Giuseppe Tornatore il quale ha voluto in prestito, per una scena ambientata in un bar del 1950, la mia rarissima Faema, modello Saturno tre gruppi.

Concludo con una piccola confidenza: questo libro, ha aumentato, se ciò è possibile, ancora di più il mio entusiasmo. Se scriverlo è stato difficile, al tempo stesso è stato bello e gratificante e, tuttora, mi piace sfogliarlo ricordando i volti di coloro, del passato e del presente, che hanno condiviso con me questa grande passione.

Buon Caffè a tutti i lettori! Ovviamente, solo se preparato con una Faema.

Enrico Maltoni

Introduction

I decided to write this book as I am passionate about the history of espresso coffee machines, a passion which is just as strong today, after twenty years of collecting, as it was in the very beginning. In 1989, I came across an old espresso coffee machine while I was looking around the antiques market in Arezzo. This was no ordinary machine, but only after taking it home did I realise just how impressed I was by it. Though initially it just looked like a fascinating piece, little by little, that coffee machine proved it had truly historical value. I decided to study and investigate its history in more depth. Day after day, it captured my imagination. Needless to say, it was a Faema coffee machine, a 1952 Marte model. Wanting to find out everything I possibly could about it, I soon got interested in how it worked, its design and obviously wondered who invented it. This is how it all started.

I ended up exploring flea markets all over Italy and abroad in search of Faema espresso coffee machines, but not only. I longed to collect documents, drawings and any other proof I could about Faema. I gradually built up a collection of the entire range of production (as well as rare coffee machines produced by other manufacturers) and an historical archive of over 10,000 documents.

Yet I never imagined I would actually write a book entirely devoted to Faema. However, I finally achieved this aim after meeting people who, like me, are passionate about the coffee industry and the world of these valuable machines, as well as those who've actually been involved in the industry itself.

First and foremost, I'd like to remember Pietro Pozza, a former technician at Faema, who was so struck by my enthusiasm for the industry that he gave me a present in 1999 - and what a present it was! A book written for Faema's 20th anniversary, a rare book still sought after today. I guard it jealously and confess that many parts came in useful whilst I was writing "The history of Faema". And dear Pietro stunned me when, upon his death, I discovered he had left me all he possessed about Faema.

Writing the Faema history has been a huge challenge. I tried to express the feelings and stories of all those I interviewed as best I could. I'm proud to say that even the family members of Faema's founder, Carlo Ernesto Valente, contributed enthusiastically to the collection of information and materials. In particular, I wish to thank Marco Valente, the founder's son, who, after finding out about my project, gave me an archive of over 4,000 antique photos, some of which were really worn out, and which I have carefully restored and brought back to their original splendour. The first part of the book features images and photos which have never before been published. Needless to say, I would not have been able to reconstruct "the beginning of the Faema history" without this material. I also wish to thank Roberto, Rita and Nella, Valente's other children, who chose to share their memories of the company with me - some of a personal nature - memories which made them both sad and happy. Some of the information they gave me I shall keep to myself though, leaving the curiosity of so many readers unsatisfied.

In particular, I'd like to thank Gianfranco Delle Donne, former chief designer at the Faema technical office, who led me through the entire editing period, providing me with useful advice, and helping me understand the many, and at time highly complex, stages of the company evolution. Nobody else could have provided me with so much information of both a technical and more general nature, details I would never have discovered otherwise.

I also value the cooperation of Luca Dussi, Marketing Manager at Gruppo Cimbali Faema.

A special thought goes to all true "Faema lovers" and to the collectors who have contacted and continue to contact me from all over the world, either simply to exchange views or because they'd also like to buy a Faema coffee machine. Finally, I wish to mention all those who love the genuine and authentic. I recently collaborated to the set design of the film "Baarìa" produced by Giuseppe Tornatore, who borrowed my rarest Faema 3-group Saturno model for a scene set in a bar in 1950.

I'd like to conclude by telling readers a little secret: this book has increased my enthusiasm, if that were at all possible, for Faema. If, on the one hand, writing the book has been difficult, on the other, it has been a gratifying, entertaining task. I like to leaf through it remembering the faces of those who, in both past and present, have shared this great passion with me.

And now, dear readers... enjoy your coffee! Only if brewed with a Faema of course.

Enrico Maltoni

Einleitung

Der Antrieb zum Verfassen dieses Buches entstand aus meiner Leidenschaft für die Geschichte der Espressomaschine. Es handelt sich um eine Leidenschaft, die ich heute – nach 20 Jahren meiner Sammlertätigkeit – immer noch sehr tief empfinde.

Es war das Jahr 1989, als ich auf einem Antiquitätenmarkt in Arezzo durch verschiedene ausgestellte Gegenstände stöberte und dabei auf eine antike Espressomaschine stieß. Doch es war keine gewöhnliche Maschine, und erst als ich sie nach Hause brachte, begriff ich, wie stark sie mich beeindruckt hatte. Dieser Gegenstand, der auf den ersten Blick für mich nur einfach schön war, erwies sich voller Geschichte, die ich kennenlernen und vertiefen wollte und die mich Tag für Tag mehr fesselte. Es ist überflüssig zu sagen, daß es sich um eine Faema-Maschine in der Ausführung „Marte" von 1952 gehandelt hat. So wollte ich alles Mögliche über sie erfahren: Ich habe mich über ihre Funktionsweise und ihr Design informiert und stellte mir natürlich die Frage nach ihrem Erfinder. So begann alles. Später erkundete ich Antiquitätenmärkte in Italien und auf der ganzen Welt auf der Suche nach Bar-Espressomaschinen von Faema, aber auch anderer Marken. Ich war stets danach bestrebt, jedes Dokument, jede Abbildung, jedes Zeugnis aufzugreifen. Mit der Zeit besaß ich die gesamte Serie von Faema (neben verschiedenen seltenen Maschinen von anderen Herstellern) und ein historisches Archiv mit über zehntausend Dokumenten. Dennoch hätte ich mir nie vorstellen können, daß ich eines Tages ein Buch über die Geschichte des Herstellers Faema schreiben würde.

Dieser Wunsch, der nun endlich in Erfüllung geht, ist erst dank der Begegnung mit Menschen möglich geworden, die so wie ich von der Welt dieser wertvollen Gegenstände fasziniert sind, in dieser Welt tatsächlich leben und sie sehr genau kennen. Zuerst möchte ich Herrn Pietro Pozza, den ehemaligen Techniker von Faema, erwähnen, der vor vielen Jahren, genau im Jahr 1999, von meiner Leidenschaft so stark beeindruckt war, daß er mir damals etwas Besonderes schenkte: ein Buch, das zum zwanzigjährigen Bestehen der Firma Faema verfasst wurde und heute eine Rarität ist. Ich bewahre es mit großer Behutsamkeit und habe daraus – ich gestehe es – einige wertvolle Informationen zum Verfassen der „Geschichte von Faema" entnommen. Pietro, den ich liebevoll in Erinnerung behalten möchte, überraschte mich zum zweiten Mal, als ich nach seinem Tode entdeckte, daß er mir seinen ganzen Besitz zum Thema Faema hinterlassen hatte. Die Geschichte von Faema aufzuschreiben war sehr komplex. Ich habe versucht, die Eindrücke und die Erzählungen der von mir interviewten Personen aufs Beste wiederzugeben und bin stolz darauf, daß auch die Familienangehörigen des Gründers Carlo Ernesto Valente mir bei der Suche nach Informationen und dem Material mit Begeisterung geholfen haben. Ein besonderer Dank gilt Marco Valente, dem Sohn des Firmengründers, der mir, nachdem er sich mit meinem Projekt vertraut gemacht hatte, ein Archiv mit über 4000 antiken Abbildungen schenkte. Diese zum Teil sehr abgenutzten Illustrationen haben nach einer sorgfältigen Restaurierung ihren alten Glanz wieder erhalten. Es handelt sich um unveröffentlichte Bilder, die im ersten Teil dieses Buchs zu sehen sind. Es ist überflüssig zu sagen, daß ich ohne dieses Bildermaterial den „Beginn der Geschichte" nicht rekonstruieren hätte können. Ich bedanke mich auch bei Roberto, Rita und Nella, ebenfalls Kinder von Valente, die mir auch teilweise persönliche Aspekte der Unternehmensgeschichte anvertraut haben und deren Erinnerungen manchmal ein Lächeln und manchmal Wehmut und Traurigkeit ausgelöst haben. Die von ihnen erzählten Fakten werde ich gut aufzubewahren wissen und dabei manch neugierigen Leser nicht ganz zufriedenstellen.

Ein besonderer Dank gilt Herrn Gianfranco Delle Donne, dem ehemaligen Designer der technischen Abteilung von Faema, der mir in der Zeit, in der ich das Buch schrieb, mit seinen Ratschlägen zur Seite stand und mir dabei half, die zum Teil komplizierten Etappen der Unternehmensgeschichte nachzuvollziehen. Niemand außer ihm hätte mich besser und mit größerer Meisterschaft über die Details technischer und anderer Art informieren können, die ich auf keine andere Weise hätte besser begreifen können. Ebenfalls wertvoll war die Zusammenarbeit mit Herrn Luca Dussi, dem Verantwortlichen der Marketingabteilung des Konzerns Cimbali-Faema.

Mit meinen Gedanken bin ich natürlich auch den echten „Fans" von Faema und meinen Sammler-Freunden auf der ganzen Welt nahe, die sich mit mir in Verbindung setzen, manchmal nur zum Zweck eines Gedankenaustauschs, manchmal, weil sie selber eine Faema-Maschine kaufen möchten. Zum Schluss möchte ich diejenigen nicht vergessen, die auf authentische Dinge Wert legen; kürzlich habe ich bei den Dreharbeiten des Kinospielfilms „Baaria" des Regisseurs Giuseppe Tornatore mitgewirkt, der beim Filmen einer sich in einer Bar von 1950 abspielenden Szene meine höchst seltene, dreigruppige „Saturno" von Faema einsetzen wollte.

Zum Abschluss möchte ich ein kleines Geständnis machen: Dieses Buch hat meine Begeisterung, falls dies überhaupt noch möglich ist, noch mehr gesteigert.

Das Verfassen dieses Buches war schwierig, aber schön und befriedigend zugleich. Ich blättere es heute immer noch gerne durch und erinnere mich dabei an die Gesichter der Personen aus der Vergangenheit und Gegenwart, die mit mir diese große Leidenschaft geteilt haben.

Allen meinen Lesern wünsche ich einen guten Espresso! Selbstverständlich nur, wenn er mit einer Faema-Maschine zubereitet wird.

Enrico Maltoni

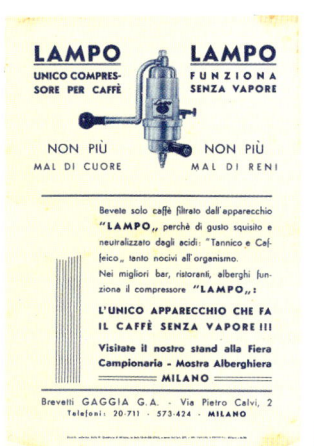  

I   II

LA STORIA DELLA FAEMA 1945-2010

Carlo Ernesto Valente (1913-1997) nacque a Milano nel quartiere delle Abbadesse, non lontano dalla Stazione Centrale. Di padre pugliese - emigrato da Trani - e madre milanese, a dodici anni lasciò la scuola dei Salesiani e iniziò a lavorare come legatore di libri.

A tredici anni rimase orfano di padre ed a quattordici entrò come operaio in una fabbrica di strumenti musicali. Amava suonare il trombone e anche quando si tranciò accidentalmente, con una sega circolare, tre dita della mano destra, nonostante la grande difficoltà, non rinunciò mai al suo amato strumento. Tre giorni dopo essere stato dimesso dall'ospedale, imparò ad utilizzare la mano sinistra e continuò a coltivare la sua passione musicale suonando presso la banda di Greco, quartiere di Milano.

A diciotto fu assunto in una ditta che fabbricava apparecchiature alberghiere. Divenuto capo reparto, investì nella stessa le 12.000 lire dell'assicurazione infortuni. Tale esperienza non ebbe buon fine e perse tutto. A diciannove anni si sposò con Laura, che gli diede quattro figli: Nella, Paolo, Chiara (scomparsa a sei mesi) e Rita. La moglie morì però prematuramente. Da una relazione nacque poi Marisa. Successivamente, si risposò portando all'altare Ida Ceresa, dalla quale ebbe tre figli: Roberto, Anna e Marco.

Nel 1945, a trentadue anni, con due soci - Cantini e Peralla - e con un capitale di 300.000 lire costituì la società Faema (Fabbrica Articoli Elettromeccanici Meccanici Affini), con sede in Milano via del Progresso, per la produzione di fornelli, accessori per i vagoni dei treni e caschi per permanente.

Nel 1947 la sua vita cambierà "da così a così". Ecco come andarono le cose, secondo quella che, a mio avviso, dopo aver raccolto importanti testimonianze, pare essere la versione più attendibile tra le tante.

Tutto ebbe inizio nel 1938 quando il signor Giovanni Achille Gaggia (1895-1961), allora proprietario del bar Achille a Milano, in viale Premuda, conobbe la signora Rosetta Scorza - vedova di un tal Cremonese che aveva sviluppato il sistema crema caffè ed inventato il macinadosatore Molidor. Da tempo, la signora Scorza tentava invano di convincere i produttori dell'epoca a sperimentare quanto inventato dal marito (il cui brevetto fu depositato il 24-06-1936) e fu proprio con ella che Giovanni Achille Gaggia si accordò in merito all'utilizzo dell'invenzione, dietro versamento della somma di lire 12.000 (una grossa cifra per quei tempi).

Fu nello stesso anno, dopo vari studi e sperimentazioni, che egli depositò presso l'ufficio brevetti, l'innovativo sistema Lampo per estrarre il caffè senza vapore, grazie ad un pistone in ottone (vedi foto I). Tuttavia causa le vicissitudini seguite alla seconda guerra mondiale, non fu possibile avviare la produzione seriale. Nel 1947 depositò un secondo brevetto con l'evoluzione sempre del pistone, non più a vite, bensì a moto verticale la cui produzione fu possibile grazie all'incontro con Valente che avrebbe costruito il sistema brevettato.

Achille Gaggia avrebbe messo il brevetto mentre Valente e soci, l'officina per la costruzione delle macchine per caffè espresso da bar. Il primo modello nato da tale unione, e quindi marcato Officine Faema e insieme Gaggia, fu il modello Classica del 1948 (vedi foto II).

Avendo necessità di nuovi spazi, l'officina - che nel corso di un solo anno, aveva prodotto ben 90 macchine Gaggia - fu trasferita

in via Casella, zona Varesine e l'ufficio export in via Albertolli. Dato l'incredibile caffè prodotto da tale macchina, più cremoso ed aromatico, e quindi molto più buono, Valente intravide, fin da subito, la possibilità di un grande successo e conseguentemente si attivò brevettando e producendo - anche senza la collaborazione di Achille Gaggia - macchine per caffè espresso a pistone (o a leva). La prima macchina fu la Faema Varos della quale attualmente non esiste alcuna documentazione, nemmeno fotografica, costruita da Valente e tale sig. Arosio, suo collaboratore. Di qui il nome Varos, da Valente e Arosio. Seguiranno i modelli dedicati ai pianeti, come la Saturno, la Nettuno e la Venere; poi successivamente, la Marte, la Mercurio e l'Urania. In breve tempo le richieste aumentarono.

Nel 1950, Valente e Gaggia, avendo idee commerciali diverse, si separarono; quest'ultimo, con l'aiuto del dott. Migliorini - comproprietario e amministratore - aprì uno stabilimento in Milano, in via Cadolini. Nonostante la separazione, la Faema continuò a produrre macchine per Gaggia fino al 1952.

Nel 1952, le Officine Faema, dato il notevole incremento di produzione – dodici macchine al giorno - si trasferirono per la terza volta; in via Ventura. Aumentarono a lire 30.000.000 il capitale sociale, divennero società per azioni ed assunsero la denominazione "Officine Faema SpA".

I prototipi delle macchine per caffè espresso erano testati nel bar Se l'è Bón di via Venini, di proprietà del sig. Giuseppe Oliva, capo dello "Sperimentale Faema", e gestito dalla moglie. Diventò un vero e proprio laboratorio nel quale le macchine erano sottoposte alle condizioni reali di lavoro per testare l'affidabilità delle stesse oltre che il mantenimento qualitativo del caffè erogato.

Valente ebbe poi un impulso geniale: volle allargare il proprio mercato, attraverso la trasformazione in "prodotto industriale" di ciò che era stato, fino a quel momento, un prodotto artigianale, costoso e venduto a caro prezzo. Solo un oggetto prodotto su scala industriale e ad un prezzo conveniente poteva infatti trovare un mercato disposto a riceverlo, in quantità crescenti.

Bastarono sette anni per trasformare la piccola officina in un grosso complesso industriale, animato da un ritmo produttivo sempre crescente e, la cui regola principale era l'ammodernamento continuo dei macchinari e degli impianti. L'azienda infatti introdusse fin da subito un ciclo completo di lavorazione a catena.

Quella della Faema fu quindi una reale battaglia, per una produzione che comprendeva, oltre alle classiche macchine per caffè, una linea di accessori per bar ed abitazioni, macchine per caffè ad uso domestico come la Faemina e la Baby Faemina, Veloxtermo, tostapane, macina-dosatori, spremiagrumi, tritaghiaccio, frullatori, aspirapolveri, asciugacapelli, lucidatrici per pavimenti. Ed anche una linea arredo per bar composta da banchi bar, macchine per gelato espresso (su licenza della Sani-Serv), refrigeratori di bibite non gassate Cold Drink, condizionatori d'aria Cortina 9000, fabbricatori di ghiaccio Faemartic e scaldacqua marcati Artea oltre che juke-box, in collaborazione con l'azienda Harmonie. Per concludere una produzione limitata di triangoli stradali per automobili. Sorsero quindi i seguenti reparti: fonderia, attrezzeria, stampaggio a caldo dell'ottone, stampaggio della plastica, verniciatura, serigrafia, cablaggi elettrici, tipografia, galvano e demolizioni. Valente anticipò l'attuale "rottamazione" ritirando, con uno sconto sulla nuova macchina, quella vecchia del cliente le cui parti in rame e ottone erano destinate alla fusione. Provvedendo ai trasporti con propri camion, La Faema arrivò nel 1960, ad un parco automezzi di 400 unità.

L'organizzazione delle vendite passò attraverso alcuni stadi, prima di raggiungere la forma definitiva. In un primo tempo, quando il volume di vendite era più limitato, prevalse il sistema tradizionale dei piccoli concessionari di zona, che acquistavano le macchine in proprio. In una seconda fase si ebbe, prima, l'organizzazione mista di rappresentanti e concessionari, e poi quella, sempre mista, di rappresentanti e viaggiatori. Infine, si raggiunse l'organizzazione che per il 95 per cento delle vendite, usava la forma diretta di collocamento, basata su filiali affidate a funzionari di sede. Il responsabile di filiale teneva a propria disposizione agenti di vendita (a stipendio fisso e a provvigioni), interamente spesati e muniti di automobile dall'azienda la quale riconosceva loro anche una diaria giornaliera. Si avvaleva altresì di liberi venditori ingaggiati a provvigione. Il settore dell'assistenza tecnica era certamente tra i più difficili da gestire; il suo funzionamento presupponeva un considerevole parco di automezzi e la presenza di personale altamente qualificato, che veniva scelto con estrema cura. Del resto, ancora oggi l'assistenza tecnica e la disponibilità dell'addetto al servizio, sono senza dubbio di fondamentale importanza dal momento che la clientela dovrebbe essere assistita in ogni ora del giorno e della notte. L'esercente, infatti, non può interrompere il proprio lavoro - nemmeno per una piccola frazione di tempo - essendo egli "geloso" di quel cliente che, anche per una sola volta, in caso di disservizio, potrebbe entrare in un altro bar. Fin da subito, la Faema adottò questi principi. Per concludere, Valente aveva organizzato un efficientissimo sistema di assistenza tecnica sulla base di due presupposti: da un lato, l'esistenza di prodotti solidi, capaci di resistere anche all'eventuale imperizia dell'operatore, dall'altro un'organizzazione capillare, pronta a muoversi immediatamente.

Negli anni '50, per tradizione, in occasione delle feste pasquali e natalizie, oltre che in occasione del Primo Maggio, regalava un pacco dono a tutti i dipendenti, ricco di prodotti gastronomici e giocattoli per i loro figli. Tuttavia tali doni non ebbero lunga vita; furono eliminati appena si ebbero le prime avvisaglie di vertenze sindacali. Questi regali furono considerati "paternalistici". Meglio la monetizzazione del valore degli stessi. A parte ciò, la generosità del fondatore era conosciuta oltre che, ovviamente, molto apprezzata; fece una cospicua donazione per l'acquisto di apparecchiature scientifiche presso il nuovo ospedale San Carlo di Milano (per onorare la memoria di sua madre) e realizzò molte iniziative di natura sociale, finanziando centri vacanza, al mare e in montagna, per i figli del personale e creando inoltre un servizio di assistenza medica sia specialistica sia di base all'interno dell'azienda. Esisteva altresì una sorta di mutua aziendale, la FAF (Fondo Assistenza Faema): una simbolica trattenuta sulla busta paga dei dipendenti era compensata da un cospicuo contributo aziendale che serviva per elargire sussidi in occasione di malattia, matrimonio e lutti familiari. Anche questa sarà eliminata nel '64.

Fin dagli inizi del 1950, Carlo Valente - grande appassionato di sport - fondò il "Gruppo Sportivo Faema" investendo costantemente nella pubblicità sportiva, veicolo promozionale di grande impatto. Sponsorizzò campioni di pugilato, rugby, bocce e ciclismo. La colonia pugilistica Faema fu indubbiamente una delle più agguerrite del continente. Contava su pugili del valore di Giancarlo Garbelli, Fred Galiana (peso piuma spagnolo, già detentore del titolo continentale della categoria), Hernandez (avversario di Loi in match valevoli per il titolo europeo dei leggeri) e Cardenas, avversario dell'atleta D'Agata in combattimenti pure valevoli per la cintura europea dei gallo. Nel rugby la Faema giunse al massimo degli allori nazionali conquistando lo scudetto tricolore. Numerosi furono anche i successi nelle bocce. Tuttavia, nonostante i grandi risultati, i dirigenti del GS Faema decisero di con-

centrarsi esclusivamente sul ciclismo. Scelsero come direttore sportivo della squadra, Learco Guerra - ex campione di ciclismo d'Italia e del mondo - che, in carica per diversi anni, organizzò una squadra vincente composta di grandi atleti fra i quali: Rik Van Looy (il più forte "routier-sprinter" del mondo), Post, Hugo Koblet, Impanis, Charly Gaul, Guillermo Timoner, Carlo Clerici, Federico Bahamontes, Gianni Motta, Antonio Suarez, Eddy Merckx, Vittorio Adorni, Patrick Sercu, Guido Reybrouck, Emilio Casalini e Lino Farisato. Questi sono alcuni nomi di grandi campioni, vincitori di molte tappe del Giro d'Italia e del mondo, dal Tour de France al Giro di Spagna e del Belgio. Tutto questo portò una grande visibilità al marchio Faema grazie sempre all'incredibile, e oramai noto fiuto imprenditoriale di Valente il quale fece costruire appositi mezzi pubblicitari per la carovana che precedeva il Giro d'Italia, allestita all'interno, come un vero e proprio bar, per offrire "infuso di caffè idrocompresso" nelle soste delle tappe. La Faema non dimenticò i dilettanti costituendo ben sei Gruppi Sportivi a Milano, Sarconato (in provincia di Piacenza), Trento, Roma, Ferrara e Bottegone (in provincia di Pistoia).

Nel 1955 si festeggiò il decennale della fondazione della Faema; Valente offrì a tutti i dipendenti un pranzo presso il rinomato Hotel Principe di Savoia, in Milano e donò a coloro con 10 anni di anzianità una medaglia d'oro. Inoltre corrispose agli stessi lo stipendio doppio per un anno.

Sempre nel 1955 fondò la consociata EMI Espresso Machines Incorporated SpA con sede in via Buschi n. 9, che avviò nello stabilimento di via Ventura la produzione di macchine dalla carrozzeria semplice caratterizzate da un'offerta economica speciale e, creò una nuova rete commerciale anche per la produzione di arredamento da bar e accessori fino alla fine del '67. La società fu poi eliminata per ragioni di politica commerciale.

Lo sviluppo e la ricerca della macchina per caffè espresso portarono ad una gamma di modelli sempre più ampia; tra le prime innovazioni ci fu lo sviluppo di macchine con il pistone non più azionato dalla leva ma da un sistema idraulico fra le quali la President Automatica (vedi pag 152).

Tali modelli avevano il pregio di estrarre un'eccellente crema caffè, sebbene con un consumo eccessivo di acqua: circa un litro per ogni caffè. Purtroppo, a differenza delle più resistenti macchine a leva - all'epoca in ogni bar Italiano - non ebbero grande successo, sia per gli elevati costi di manutenzione del pistone idraulico, sia per l'impossibilità di erogare caffè in continuazione a causa dei frequenti cali di pressione della rete idrica.

Faema crebbe notevolmente, arrivando nel 1956 al numero di 571 dipendenti e 96 filiali in Italia e nel mondo. Nel 1967 aprì un nuovo stabilimento a Barcellona, in Spagna, costruito nella zona franca, che dava lavoro a circa 500 dipendenti, oltre che aziende consociate in Francia a Parigi e Nizza, in Portogallo a Lisbona, e in Germania a Francoforte, per soddisfare le richieste in forte espansione anche nei paesi confinanti.

Nel 1959 iniziarono le sperimentazioni e le produzioni del modello TRR: "Termo Rimessa Regolata" o "Termo Riscaldamento Regolato" nome dovuto al fatto che i gruppi erano flangiati e mantenuti in temperatura non dal vapore bensì dall'acqua che entrava direttamente nella cavità degli stessi passando per la caldaia orizzontale. C'era poi una seconda caldaia predisposta per il vapore. Entrambe le caldaie erano aiutate da una pompa volta a spingere l'acqua con maggiore pressione passando attraverso un ad-

dolcitore a resine. Il risultato era eccellente, sia per praticità, sia per qualità di erogazione in tazza. La temperatura dell'acqua era termo-regolata e controllata da un termostato. Nel 1960 tale modello prenderà il nome di Tartaruga (vedi pag 207).

Ci fu poi un'altra importante tappa nello sviluppo della moderna macchina per caffè espresso. Il signor Sergio Fonzo dell'ufficio estero, partì per gli Stati Uniti d'America alla ricerca di una pompa che fosse silenziosa e poco ingombrante, rispetto alle precedenti. Con l'aiuto del concessionario Faema di New York, sig. Rudy Barth, italo-americano, trovò un accordo con la Procon USA di cui la Faema diventò, nell'anno successivo, il distributore per l'Europa.

Ma la vera conquista del mercato nazionale ed internazionale da parte della Faema, avvenne con il lancio di una macchina da caffè veramente innovativa; la cosiddetta "macchina ad erogazione continua", modello E61 che prese il nome "E" dall'eclisse solare avvenuta proprio in quell'anno, il 1961. Ciò fu il frutto di diversi brevetti, risultato delle evoluzioni di modelli precedenti. L'acqua per il caffè proveniva direttamente dalla rete idrica e non più dalla caldaia e attraversava l'addolcitore a resine che eliminava il calcare. La pompa volumetrica la spingeva, pressurizzata a 9 bar, attraverso uno scambiatore di calore collocato all'interno della caldaia a vapore che la riscaldava portandola alla temperatura ottimale. Dopo aver subito questi processi l'acqua entrava nel gruppo d'erogazione, attraversando il caffè macinato in circa 25 secondi. Inoltre il nuovo gruppo erogatore, staccato dalla caldaia, era mantenuto costantemente caldo, alla giusta temperatura, dall'acqua circolante "a termosifone".

Altra innovazione fu "l'infusione" consistente nell'anticipare al gruppo l'invio di un minimo quantitativo di acqua calda a bassa pressione, con lo scopo di imbibire la polvere di caffè prima di essere attraversata completamente dall'acqua nella fase successiva, consentendo così la massima estrazione delle sostanze aromatiche. Il consenso riscosso da questo modello permise alla Faema di conquistare quote predominanti in tutto il mondo ed i processi di riscaldamento e pressurizzazione dell'acqua realizzati da questa macchina sono ancora oggi alla base del funzionamento della maggioranza delle moderne macchine per caffè espresso.

Ho raccolto diverse informazioni in merito a questa geniale invenzione e nonostante molte persone se ne attribuiscano il merito presentandosi come "l'effettivo inventore", la conclusione cui sono pervenuto, grazie anche a testimonianze fidate, è che tale macchina sia il risultato di un gioco di squadra, cui hanno partecipato il personale del reparto sperimentale, dell'ufficio tecnico e dell'ufficio estero. In particolare i signori Postini, Oliva, Tagliabue, Montefiori, Fonzo, Moroni nonchè il Valente stesso.

La Faema modello E61 venne costruita in decine di migliaia di unità fino al 1966. Seguiranno i modelli E64 Diplomatic ed E66 Diplomatic, caratterizzati da una migliore meccanica e da una maggiore capienza dello scaldatazze. A seguire furono prodotti, nel 1969, i modelli Prestige e Metodo, entrambi disegnati da Osvaldo Carrara che, in collaborazione con la Bayer di Milano, realizzerà una delle prime carrozzerie per macchine espresso in materiale plastico (Makrolon) e in cinque varianti di colore: verde, nocciola, marrone, rosa e bianco. Una vera rivoluzione in campo estetico e, soprattutto funzionale; per la manutenzione era sufficiente sganciare i pannelli, mentre per la Metodo con una unica chiave a brugola era possibile eseguire le fasi di smontaggio.

Sempre nei primi anni sessanta s'iniziò a parlare della "distribuzione automatica", un sistema che aveva già riscosso un notevole successo negli Stati Uniti dove tali macchine venivano utilizzate in uffici, enti pubblici ed aziende. Nacquero da questa esigenza di mercato la SAER di Goffredo Tremolada, la Diam, la Rex-Zanussi e l'Ismea di Augusto Cavallieri. Sarà la Velo Bianchi, poi ac-

quisita dalla Faema nel 1972, la prima azienda ad importare le macchine automatiche direttamente dall'America.

Fu nell'aprile del 1962, in occasione della Fiera Campionaria di Milano, che La Faema presentò il suo primo distributore per caffè automatico, modello E61 a moneta. Il costo del distributore era di 850.000 lire; quello per una tazza di 50 lire. Fu l'inizio di una nuova linea di ampia produzione. Erano macchine complesse, caratterizzate da meccanismi di funzionamento elettromeccanici ed idraulici le quali si componevano di numerose e pesanti parti in ottone cromato; mentre la plastica e l'elettronica arrivarono più tardi. Molti componenti, quali i distributori di bicchieri della Merkle Korff, i riduttori di pressione per la CO_2, i giunti rapidi della Cornelius, alcuni tipi di micro interruttori, ecc. dovettero essere importati dagli Stati Uniti.

Valente intuì subito l'importanza di conquistare un mercato ancora vergine e non avendo sempre persone fidate con cui realizzare questo grande progetto, sollecitò esso stesso, la nascita delle "società di gestione". I distributori inizialmente furono concessi alle fabbriche in comodato d'uso e, successivamente venduti alle stesse. Alcune di queste gestioni furono affidate agli stessi dipendenti come nel caso della Gesa e della Lionella. Si creò anche una nuova classe di lavoratori, "i caricatori" che rifornivano le macchine di zucchero, caffè, palette, bicchieri, sciroppi, ecc. e ritiravano le cassette piene di monete. Erano costoro generalmente studenti o operai che in tale modo arrotondavano lo stipendio.

Nell'aprile del 1965, in occasione del Ventennale della Faema, furono ampliati gli uffici di via Ventura n. 15, con sede in un palazzo di quattro piani caratterizzato dall'alternanza dei colori identificativi dell'azienda, il giallo ed il marrone. Furono nuovamente introdotti i premi al personale come già nel '55.

Nell'anno '67, fu prodotta una macchina da bar completamente automatica: la Faema X/5, presentata alla Fiera di Milano come un modello super-automatico, capace di erogare molte tazzine di caffè in poco tempo. Completamente autonoma, fu programmata per dosare e macinare il caffè con la giusta pressione, caricare il gruppo erogatore, scaricare i fondi, lavare il filtro e, ovviamente, erogare il caffè, eliminando i lunghi tempi di lavoro. Ne furono costruite diverse varianti e la produzione durò per alcuni anni. Sempre nel 1967, avendo necessità di nuovi spazi, la Faema prese in affitto alcuni capannoni in via Sbodio e in via Oslavia e acquistò un intero palazzo nella vicina via Gallina, destinato alla realizzazione dei distributori automatici a moneta ed allo sviluppo del nuovo progetto inerente il caffè liofilizzato: il Faemino. Nello stesso edificio allestì anche uno Showroom. Iniziò inoltre la pubblicazione della rivista bimestrale Faema Caffè Club.

Il 3 giugno del 1969, in coincidenza con l'arrivo della tappa Pavia-Zingonia, del Giro d'Italia, fu inaugurato lo stabilimento della Salda (Società Alimentari Liofilizzati per Distribuzione Automatica) a Zingonia (Comune di Ciserano - provincia di Bergamo), che divenne uno dei più importanti complessi industriali d'Europa per la produzione del caffè liofilizzato Faemino. Prodotto in bustine monodose, normale o decaffeinato, era ottenuto secondo il noto processo di liofilizzazione consistente nell'eliminazione, con i procedimenti opportuni, di tutta l'acqua dall'infuso di caffè che rimaneva condensato in piccoli granuli. Sono nati così il Faemino e il Tranquillo (decaffeinato), gli espressi in bustina che mantenevano intatti il profumo e la fragranza del caffè preparato sia per uso domestico sia erogato, dal 1968, con la Liofaema, piccola macchina studiata per l'abitazione e l'ufficio.

L'anno seguente, Valente realizzò, sempre a Zingonia e a breve distanza dal primo, un'altro stabilimento, chiamato Arredamenti

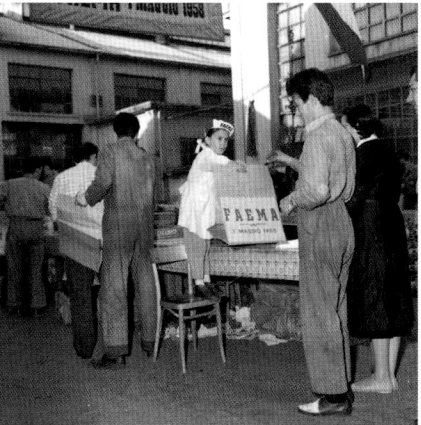

Faema, destinato alla produzione di banchi bar, fabbricatori di ghiaccio, distributori di bibite, condizionatori, ecc. e dei famosi distributori automatici.

Nei primi anni '70 la crisi finanziaria causò i primi disagi alla Faema ed ai lavoratori. Sotto la spinta della crisi economica aziendale legata anche al rapido aumento del costo dei prodotti petroliferi e delle materie prime che seguirono alla guerra del Kippur, emersero gravi problematiche, causate altresì dal calo del fatturato. Era lo stesso periodo dell'entrata in vigore dello "Statuto dei lavoratori".

L'11 marzo 1971 fu trovato un ordigno esplosivo nelle adiacenze dello stabilimento di via Ventura. Questo fatto ebbe risonanza anche in Parlamento dove, il giorno stesso, fu indetta un'interrogazione parlamentare dall'On. Malagugini, del PCI. Le tensioni furono forti ed i sindacati organizzarono dei presidi anche in Piazza Duomo piantando la nota "tenda rossa". Nell'occasione, Valente ordinò al sig. Benito Vetrano, tecnico della filiale di Milano, di recarsi in piazza, armato di carrello con macchina per il caffè, macinino, zucchero, bicchierini e palette. Lo scopo ovviamente era quello di distribuire il caffè a tutti, mettendo bene in vista il marchio Faema.

Nel novembre del '74 le cose precipitarono; la Faema entrò in cassa integrazione. Seguì il concordato preventivo nel luglio del '75. Il 27 febbraio del 1976 gli operai occuparono gli stabilimenti di Milano, Lambrate, Treviglio e Zingonia. Riportiamo le notizie pubblicate mercoledì 26 novembre del 1975 dal quotidiano nazionale La Notte (vedi pagina 306).

Sempre nel 1976 furono licenziate 1.165 persone. Il signor Valente si ritirò a vita privata e lasciò definitivamente la sua amata Faema, che fu dichiarata fallita con sentenza in data 8 febbraio 1977.

Tornata in bonis nella persona del liquidatore pro tempore avv. Molinari, soddisfatto integralmente il ceto creditorio, ad oggi la liquidazione volontaria è ancora in essere e si prevede la chiusura entro il 2013.

Intervennero così prima la IPO (Iniziative Promozione Industriale) e poi la GEPI (Società per le Gestioni e Partecipazioni Industriali) società pubbliche finalizzate a finanziare e/o rilevare le aziende in crisi. Quest'ultima creò tre nuove società: La Nuova Faema SpA (Macchine da caffè nella sede di via Ventura), La Nuova Bianchi SpA (Distributori automatici a gettone nella sede di Treviglio che poi si trasferì in quello che era stato il Magazzino prodotti finiti Faema a Zingonia) e la Geri/Faemar SpA (Banchi bar e prodotti del freddo nello stabilimento Arredamenti di Zingonia) che alla fine degli anni '70 passerà all'Iberna. La Salda invece, con lo stabilimento del caffè Faemino di Zingonia, fu ceduta alla Crippa e Berger.

All'inizio del 1977 la GEPI riprese la produzione delle macchine da caffè e dei macinini; questo consentì la riassunzione a poco a poco del personale - con la precedenza ai tecnici ed agli addetti alla produzione - e consentì la ripresa dello storico marchio. Direttore Generale e Consigliere Delegato fu nominato l'ing. Enrico Bencini che più tardi passerà alla Nuova Bianchi. Direttore Commerciale il dott. Spadoni mentre Direttore Tecnico, l'ing. Cighetti.

Nel 1981 La Nuova Faema SpA venne ceduta dalla GEPI, per la somma di 7 miliardi, alla GaFin di Paolo Gamboni che ne diventò Presidente mantenendo la storica denominazione Faema SpA e fu nominato Amministratore Delegato il dott. Cosimo De Falco. Per inaugurare il nuovo ciclo produttivo fu chiesta la collaborazione dello studio Sottsass Associati; l'arch. Ettore Sottsass jr.,

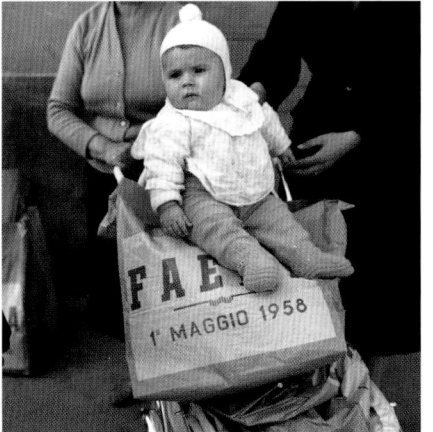

insieme con l'arch. Aldo Cibic, disegnarono la macchina per uso professionale, modello Tronic con funzionamento di controllo automatico, elettronica e con dosatura programmabile e a seguire, il modello Star, una macchina dai volumi compatti, ottenuti grazie alla riorganizzazione della componentistica interna, semiautomatica e ad erogazione continua. Unici i particolari di entrambe come il capiente elemento scaldatazze, e la carrozzeria interamente in plastica e in diverse varianti di colore. Nello stesso anno, l'architetto Roccio, disegnò la linea Faema Family, macchine per caffè per uso domestico, pratiche e funzionali, dotate di un macinadosatore e di un sistema automatico per la preparazione del cappuccino.

Tra il 1985 ed il 1989 vennero sviluppati i modelli Express e Special, e la macchina Compact fu trasformata da meccanica ad elettromeccanica ed elettronica dosata. Fu inoltre sviluppato il nuovo macinadosatore Silver in due versioni: ad arresto automatico e manuale.

Nel 1987 Faema acquistò per 5 miliardi, il 100% del pacchetto azionario della Bialetti diversificando così l'investimento produttivo; perfezionò l'operazione utilizzando anche le disponibilità finanziarie che derivarono dall'aumento di capitale effettuato in occasione della quotazione in Borsa. La Bialetti sarà venduta nel 1993 alla Rondine Italia.

Scomparso Paolo Gamboni (1924-1987), l'Amministratore Delegato Bodo - nominato nel 1985 - si dimise e, nel 1989, il figlio di Gamboni, sig. Marco, cedette una quota della GaFin alla ALI SpA, holding di un gruppo di ditte leader nel mondo per la produzione di apparecchiature per la ristorazione.

Nel 1990 venne nominando Amministratore Delegato della Faema il dott. Fabio Bagna e nel 1992 il dott. Roberto Engeler.

Nel 1991 il noto studio Giugiaro Design in collaborazione con l'ufficio tecnico Faema elaborò un prodotto più evoluto nel settore delle macchine tradizionali: la Faema modello E91, con l'elettronica rinnovata - grazie all'impiego di microprocessori e con funzioni interamente programmabili tese a ottimizzarne la facilità d'uso e la resa produttiva - e con un disegno che si ispirava alle linee armoniose dello storico modello E61, tesa anche ad identificare un elemento di continuità con la tradizione dell'azienda.

In seguito Faema sposterà la produzione dalla sede storica di via Ventura al nuovo stabilimento a San Donato Milanese, in via XXV Aprile n. 15 che verrà inaugurato il 23 settembre del 1994.

Problematiche gestionali e contrasti fra i maggiori azionisti portarono alla messa in vendita del marchio Faema. La prima asta, indetta nell'ottobre del '95 andò deserta. Alla seconda, svoltasi nel novembre dello stesso anno, Cimbali SpA acquisì per 33,3 miliardi il 100% di GaFin che controllava il 60% della Faema.

A quel tempo, Faema non produceva macchine superautomatiche di ultima generazione; alcuni prototipi furono presentati l'anno precedente ma non entrarono mai in produzione. Fu così deciso di realizzare una gamma di superautomatiche modello X5 con carrozzeria a forte identità disegnata dal designer Gianfranco Salvemini. Tuttavia, siccome i numeri previsti non erano elevati, si decise di adottare per la carrozzeria il poliuretano espanso, che consentiva di realizzare attrezzature ad un costo contenuto. Nello studio del design fu presa in considerazione la riduzione al massimo delle parti e la diminuzione dei tempi di montaggio e smontaggio. Cinque parti stampate in poliuretano verniciato oltre che pochi lamierati in inox formano la carrozzeria. Il frontale dei comandi è modulare e la struttura base può essere configurata in molteplici versioni. Gli erogatori di caffè e cappuccino sono

posizionabili in altezza, in base alle dimensioni dei contenitori.

Nel 1996 Gianfranco Salvemini ebbe il compito di rinnovare le Faema modelli Express e Special che, successivamente, sarebbero diventate le E97 Express e Special. Rinnovò in seguito i modelli Due e Smart.

Nell'anno 2000 - mutate le esigenze economico-produttive - fu necessario realizzare un prodotto che, pur mantenendo elevate qualità di design ed una ricca estetica, potesse definirsi comunque "industriale". Per la E92, furono studiate soluzioni che consentirono di ridurre al massimo i particolari della carrozzeria e furono adottate tecnologie tese a contenere il degrado per l'utilizzo nel tempo. Si compone di sette parti in plastica colorata in massa, una vetrinetta, una paratoia ed un pannello posteriore in inox, più tre carter campana. Appena 13 parti oltre alla bacinella. In fase di montaggio ed in fase di manutenzione i vantaggi furono immediatamente evidenti. Non da meno il risparmio in termini di costo su scala industriale tenuto altresì conto del vantaggio derivante dall'eliminazione delle verniciature per le parti in colore, sostituite con l'adozione di plastiche con glitter metallici. Particolare cura fu inoltre riservata all'ergonomia delle impugnature e dei tasti di comando mediante l'introduzione di confortevoli parti in materiale soft che favoriscono l'effetto grip. Tale modello ha ottenuto l'ADI Design Index nel 2002 e vinto il Gastro Innovation Prize nel 2004.

Nel 2001 Faema, per celebrare il 40° anniversario della E61, ha proposto a tutti gli appassionati di questo storico modello una versione celebrativa: la E61 Legend che oltre ad essere caratterizzata dall'originale design, ha mantenuto la propria identità al di là del tempo, degli stili e delle mode che si sono succedute in quarant'anni.

Nel gennaio del 2004 Faema si è trasferita definitivamente nel nuovo stabilimento di Binasco (Milano) dove è iniziata la produzione dei nuovi modelli, tra i quali Emblema, disegnata da Giugiaro Design. Elegante e dalle forme innovative in alluminio e acciaio, esaltato dal contrasto dei pannelli in antracite e il blu delle luci, Emblema riscuote un successo immediato. I tasti di selezione sono facili e precisi e l'ampia zona di lavoro in acciaio facilita l'attività lavorativa rendendo più semplici le operazioni di pulizia. Il display grafico è di grande leggibilità e il piano scaldatazze è stato ampliato. L'inclinazione dei portafiltri aumenta la comodità d'utilizzo. La qualità in tazza è della migliore tradizione Faema, accompagnata da una produttività senza eguali. Design puro, tecnologia esclusiva e prestazioni eccezionali.

Ancora oggi Faema rappresenta la migliore sintesi tra eleganza delle forme ed eccellenza del risultato in tazza. Ne sono testimonianza i tantissimi affezionati baristi che per nulla al mondo rinuncerebbero alla loro Faema. Pur rimanendo fedele alla sua tradizione, in anni recenti il marchio Faema ha saputo rinnovare il suo ruolo, assumendo spessore e visibilità anche in nuovi segmenti di mercato.

Attualmente il Gruppo Cimbali-Faema vanta la più vasta superficie al mondo interamente dedicata alla produzione di macchine per caffè professionali, con 4 stabilimenti e 75.000 mq totali, di cui 40.000 mq coperti. Complessivamente sono impiegati 600 dipendenti. L'Azienda opera in più di 100 paesi ed esporta oltre il 70% della propria produzione in oltre 100 paesi attraverso una rete di filiali (Stati Uniti, Gran Bretagna, Spagna, Portogallo, Francia e Germania) e di 700 distributori diretti.

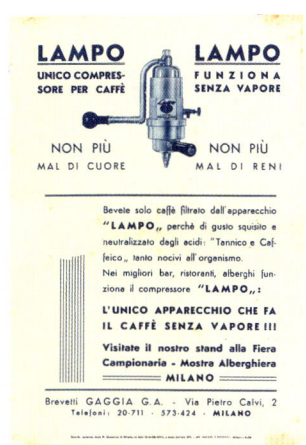  

I II

THE HISTORY OF FAEMA, 1945-2010

Carlo Ernesto Valente (1913-1997) was born in Milan in the neighbourhood of Abbadesse, not far from the Central Railway Station. His father was from southern Italy (Trani, Puglia), while his mother was from Milan. When he was 12 years old, Valente left the Catholic Salesian school and started working as a bookbinder.

Valente's father died when he was 13. A year later, at 14, he went to work in a factory producing musical instruments. He liked to play the trombone and, even after an accident at work in which he cut three fingers off his right hand with a disk saw, he never gave up his beloved instrument, despite the difficulty in playing it. Three days after being discharged from hospital, Valente learned to use his left hand, so he could continue cultivating his passion for music, playing in a local band from Milan.

When he was 18 years old, Valente was employed in a company manufacturing hotel facilities. After being promoted to head of division, he invested the 12,000 Lira he had been paid by the accident insurance cover in the company. But this experience was unsuccessful and he lost everything. When he was 19 years old, he married Laura, who bore him four children: Nella, Paolo, Chiara (who died when she was only six months old) and Rita. But his wife died before her time. Another daughter, Marisa, was born from a second relationship. Later, Valente married for a second time, leading Ida Ceresa to the altar. Ida bore him a further three children: Roberto, Anna and Marco. In 1945, when he was 32 years old, together with two business partners - Cantini and Peralla – and with a capital of 300 thousand Lira, Valente founded FAEMA ("Fabbrica Articoli Elettromeccanici Meccanici Affini"), a factory manufacturing electro-mechanical and similar kinds of appliances, based in via del Progresso – Milan. The company produced burners, accessories for train carriages and permanent wave machines.

In 1947, Valente's life changed radically. After having gathered testimonies from many reliable sources, this, in my opinion, is how things developed.

It all began in 1938 when Giovanni Achille Gaggia (1895-1961), owner of Bar Achille in Viale Premuda - Milan, met Rosetta Scorza - the widow of a certain Cremonese, who had developed a coffee cream system and invented the Molidor coffee-grinder and doser. For a long time, Rosetta had been trying to persuade producers in the coffee industry to experiment with what her husband had invented (whose patent was registered on 24th June, 1936) - but in vain. She was the person with whom Giovanni Achille Gaggia signed an agreement to use the patent, and he paid 12 thousand Lira (a large sum at the time) to do so.

In that same year, after various studies and experiments, he registered the innovative Lampo system (instantaneous) for extracting coffee using a brass piston, without steam pressure (see photo I). However, the events following the outbreak of World War II meant it was not possible to start serial production. In 1947, he registered a second patent with the evolution of the piston, which was no longer spin-shaped, but based on a vertical motion. Production was possible thanks to his encounter with Carlo Valente, who realized the patented system.

Achille Gaggia provided for the patent, while Valente and his partners supplied the workshop for the production of espresso coffee machines for bars. The first model produced from this union, and thus bearing the Officine Faema and Gaggia brand names, was the 1948 Classica model (see photo II).

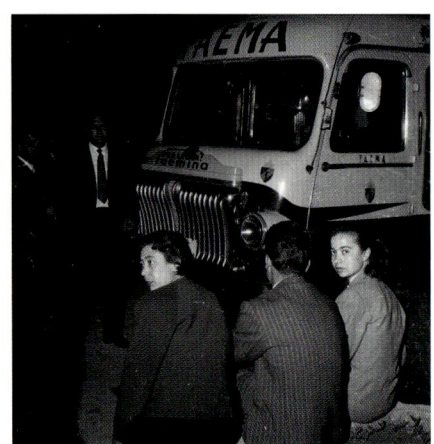  

As a larger working area was now required, the workshop - after producing as many as 90 Gaggia coffee machines in just a year - was moved to via Casella, in the area of Varesine, while the export office was transferred to via Albertolli. Given the extraordinary coffee brewed by this machine – which was more aromatic and better tasting, with a thicker cream - Valente soon realized the possibility of huge commercial success, and, accordingly, took all the necessary steps to patent and produce piston (or lever) espresso coffee machines, even without Achille Gaggia's support. The first coffee machine was the Faema Varos model - developed by Valente and a certain Arosio, his collaborator - of which no technical or photographic documentation remains today. The name of the machine – Varos - came from those of its two makers, Valente and Arosio. Other models were developed, all named after planets, such as Saturno, Nettuno, and Venere, later followed by Marte, Mercurio and Urania. Market demand quickly increased.

In 1950, having different commercial views, Valente and Gaggia parted. With the help of a Mr Migliorini - co-owner and director – the latter set up a production plant in Milan, in via Cadolini. However, despite the separation, Faema continued producing Gaggia coffee machines until 1952.

During this year, given the remarkable increase in production of up to 12 coffee machines per day, Officine Faema moved a third time, to via Ventura. The company's registered capital rose to 30 million Lira, and it became a public limited company called "Officine Faema SpA".

The prototypes of the espresso coffee machines were tested at the Se l'è Bón bar in via Venini - Milan, property of Giuseppe Oliva, head of the "Sperimentale Faema" division, and run by his wife. The bar became a true laboratory, where the reliability of coffee machines and whether the quality of the coffee brewed remained constant over time was tested in real working conditions.

Valente then had a brilliant idea. He decided to expand his market by turning what had been a very expensive artisan product until then, into an industrial product. Only a product manufactured on an industrial scale and at a convenient cost would find a market ready to buy increasing quantities of it.

In just seven years, the small factory was turned into a large industrial plant, with an ever increasing rate of production, where the main rule was to update machinery and facilities continuously. Indeed, the new company soon introduced a complete cycle based on an assembly line.

That of Faema was thus a real challenge. It evolved to produce not only classical coffee machines, but also a line of accessories and appliances for both bars and homes: home coffee makers such as Faemina and Baby Faemina, Veloxtermo, toasters, grinders and dosers, citrus-fruit squeezers, ice-crushers, blenders, vacuum cleaners, hairdryers, and floor polishers. Production also included a bar furniture line composed of bar counters, express ice-cream machines (with a Sani-Serv license), Cold Drink refrigerators for non-sparkling drinks, Cortina 9000 air conditioners, Faemartic ice makers and water heaters with the Artea trademark, as well as a series of juke-boxes designed in cooperation with Harmonie. To conclude, a limited production of triangular road signs for cars. The following divisions were also established: foundry, technical equipment, hot brass pressing, plastics pressing, varnishing, silkscreen printing, electrical wiring, printing work, electrotype and demolition. Valente anticipated the idea of "scrapping", offering a discount on a new machine and collecting the old one, whose copper and brass parts were melted down and recycled. With its

own transport on lorries, in 1960 Faema could boast a fleet of 400 vehicles.

Distribution and sales organisation went through different stages before reaching its current state. Initially, when the sales volume was lower, the traditional system based on small local dealers buying products on their own prevailed. Later, a mixed organization based on sales agents and local dealers emerged, followed by a mixed organization based on sales agents and commercial travellers. Finally, the company implemented an organization of distribution, 95 percent of which relied on the direct sale of goods, with the help of affiliated stores run by managers. The affiliate manager controlled sales agents (paid according to a fixed contract or sales commissions), who were fully reimbursed for any costs they incurred and provided with a car and a daily allowance. The manager could also rely on freelance sellers paid on commission. The division of the technical service was certainly the most difficult to manage. Operation was based on a huge fleet of vehicles and a team of carefully selected, highly qualified staff. The technical service and availability of technicians are undoubtedly of extreme importance still today, as a client's requirements must be satisfied at any time of the day or night. Indeed, baristas cannot interrupt their work - even for a fraction of a second - being "jealous" of a customer who may enter another bar in case of inefficiency, even if just once. Soon Faema adopted these principles. In short, Valente had set up a highly efficient system of technical services based on two main assumptions: on the one hand, the availability of sturdy products, which would operate efficiently even if an operator were unskilled; on the other, a widespread organization ready to operate immediately.

During the Fifties, at Christmas and Easter for traditional reasons, but also on 1st May (Labour Day), Valente would give all his employees a gift hamper, full of wine and foodstuffs as well as toys for their children. However, shortly afterwards, as soon as the first trade union disputes commenced, Faema stopped giving these gifts as they were considered "paternalistic". Their value in money was preferred. Apart from this, the founder's generosity was well-known, and much appreciated. He made a large donation to the new San Carlo hospital in Milan for the purchase of medical equipment (in memory of his mother, who had passed away). He also developed several social initiatives, by funding holiday centres, both at the beach and in the mountains, for his employees' children, and created a special medical service (basic and advanced) within the company. A kind of free medical assistance was also available at Faema: the FAF (Fondo Assistenza Faema). A small deduction from the employee's pay roll was compensated by a large company contribution used to offer economic aid in case of severe illness, marriage or loss. This privilege was also removed in 1964.

In early 1950, Carlo Valente - a great sports enthusiast - decided to found the "Gruppo Sportivo Faema" (Faema sports group) by investing money in advertising, a high impact promotional tool. He also sponsored boxing, rugby, bowls and cycling champions. The Faema boxing team was probably one of the toughest in Europe. The team included top boxers such as Giancarlo Garbelli, Fred Galiana (featherweight in Spain and European champion in this category); Hernandez (who fought Loi in top matches for the European lightweight category) and Cardenas, who fought against athlete D'Agata for the European bantamweight belt. In rugby, Faema achieved the highest national honours by winning the Italian championships. It also won several bowls competitions. Yet, despite these excellent results, the GS Faema managers decided to invest exclusively in cycling. They chose Learco Guerra as sports director for the cycling team. Former champion of the Italian and international road championships, Guerra was in charge

for several years, and organized a winning team of great cyclists, such as: Rik Van Looy (the greatest "routier-sprinter" in the world), Post, Hugo Koblet, Impanis, Charly Gaul, Guillermo Timoner, Carlo Clerici, Federico Bahamontes, Gianni Motta, Antonio Suarez, Eddy Merckx, Vittorio Adorni, Patrick Sercu, Guido Reybrouck, Emilio Casalini and Lino Farisato. These are the names of some of the great champions, winners of numerous race laps at the Giro d'Italia (the Italian racing cup) and other international road competitions, such as the Tour de France, the Spanish Vuelta and the Belgian tour. All this significantly increased the visibility of the Faema brand. Thanks to his incredible, and by then renown, instinct for business, Valente created special promotional vehicles for the convoy to be deployed during the Giro d'Italia, which had a bar service on board to offer a "water-pressurized infusion of coffee" at racing stops. Faema did not forget the amateurs either, founding an impressive six sports groups in Milan, Sarconato (in the province of Piacenza), Trento, Rome, Ferrara and Bottegone (in the province of Pistoia).

Faema's 10th anniversary was celebrated in 1955. Valente organised a sumptuous banquet at the renown Hotel Principe di Savoia in Milan for all his employees, awarding a golden medal to those with 10 years of service. Additionally, he paid them double wages for an entire year.

In the same year, Valente founded controlled company EMI Espresso Machines Incorporated SpA, with headquarters in via Buschi, 9. The new company started the production of coffee machines characterized by a simple body and a special convenient cost, at the via Ventura plant. Valente also established a new commercial network including the bar furniture and accessories production, which was operational until the end of 1967. The controlled company was later closed down for business reasons.

Development and research in the field of espresso coffee machines led to the creation of an increasingly larger range of models. The first few innovations included the development of piston coffee machines, activated not by means of a lever but a hydraulic system, such as the President Automatica model (see page 152).

These models had the added advantage of extracting an excellent coffee cream, although with excessive water consumption: about a litre per coffee. Unfortunately, unlike the more resistant lever coffee machines - available in every Italian bar at the time - those models were not particularly successful, both due to the high maintenance costs of the hydraulic piston, and the fact it was impossible to dispense coffee continuously, due to frequent drops in water system pressure.

Faema grew significantly, and by 1956 employed a total staff of 571, with 96 affiliates in Italy and abroad. In 1967, the company opened a plant in Barcelona, Spain, in the free zone, where it employed about 500 employees. Additionally, it established other controlled companies in France (Paris and Nice), Portugal (Lisbon), and Germany (Frankfurt), to satisfy the significant increase in demand from neighbour countries.

In 1959, testing and production of the TRR model ("Termo Rimessa Regolata" or "Termo Riscaldamento Regolato") began. The name came from the fact that the groups were flanged and maintained at a specific temperature not by the steam, but by water, which entered the group chamber directly, passing through the horizontal boiler. A second boiler was then integrated for steam. Both boilers were supported by a pump used to push the water with a higher pressure, passing through a resin water softener. The result was excellent, both in terms of practicality and in-cup supply quality. The water temperature was thermo-regulated and controlled by a thermostat. In 1960, the name of this model was changed to Tartaruga (see page 207).

Then another important step was made in the development of the modern espresso coffee machine. Sergio Fonzo - working in the foreign affairs office - left for the United States searching for a pump which had to be extremely silent and smaller than the existing ones. With the help of New York Faema dealer, Italian-American Rudy Barth, he signed an agreement with Procon USA, for which Faema became the exclusive distributor for Europe the following year.

But Faema only really conquered the national and international markets when it launched a truly innovative coffee machine - the so-called "continuous supply coffee machine", the E61 model named after the solar eclipse of the year 1961. This coffee machine was the result of different patents, and the evolution of previous models. The water for the coffee came directly from the water system, not the boiler, and was pumped through the resin water softener, used to eliminate limestone. The PDP (positive displacement pump) pushed water through a heat exchanger under a pressure of 9 bar, taking it to the most appropriate temperature. After these processes, the water entered the supply group, passing through the ground coffee in about 25 seconds. In addition, the new boiler supply group was kept warm at all times, at the correct temperature, by the water circulating like in "a thermosiphon" system.

Another innovation was the "infusion", consisting in pumping a minimum quantity of hot water through to the supply group at a low pressure in advance, in order to imbibe the coffee powder before the water passed through it completely during the following stage. This allowed for maximum extraction of the aromas in the coffee. The commercial success of this model meant Faema became a leading company all over the world, and the water heating and pressurization processes it developed are still fundamental for the operation of most modern espresso coffee machines today.

I have collected a lot of information about this ingenious invention. Although many people try to take the credit for this system, presenting themselves as the "real inventors", I have come to the conclusion that this coffee machine was the result of teamwork between the experimental division, the technical division and the office dealing with foreign countries. In particular, I am referring to Misters Postini, Oliva, Tagliabue, Montefiori, Fonzo, Moroni and, obviously, Valente.

The Faema E61 model was produced in dozens of thousands of units until 1966. The E64 Diplomatic and E66 Diplomatic models then followed, featuring better mechanics, and a larger cup warmer capacity. In 1969, the company produced the Prestige and Metodo models, both designed by Osvaldo Carrara. In cooperation with Bayer - Milan, Carrara produced one of the first bodies for espresso coffee machines made in plastic (Makrolon), in four different colours: green, light brown, dark brown, pink and white. It was a real breakthrough in aesthetic and, above all, functional terms. Maintenance staff simply had to release the panels to work, while for the Metodo model, disassembly was carried out using a single allen wrench.

Again, during the early 1960s, technicians and engineers started to talk about "automatic distribution or dispensing", a system which had already enjoyed remarkable success in the United States, where this kind of coffee machine had become very popular in places of work, such as offices, public administration and companies. These market demands led to the establishment of companies such as SAER (property of Goffredo Tremolada), Diam, Rex-Zanussi and Ismea (property of Augusto Cavallieri). But Velo Bianchi - then acquired by Faema in 1972 - was the first company to import the automatic dispensing machines directly from the United States.

It was in April 1962, during the Milan trade fair, that Faema presented its first automatic coffee dispensing machine, the coin

operated E61 model. The dispensing machine cost 850,000 Lira, while a cup of coffee cost 50 Lira. It was the beginning of a new, vast line of production. These automatic machines were quite complex, characterized by electro-mechanical and hydraulic functioning mechanisms, and included different, heavy parts made in chromium-plated brass; plastics and electronics were only used at a later stage. Many parts, such as cup dispensers by Merkle Korff, CO_2 pressure reducers, quick couplers by Cornelius, and some kinds of micro-switches, etc. had to be imported from the United States.

Valente soon realized the importance of conquering a still virgin market. However, as he could not always rely on trustworthy people to develop this large project, he came up with the idea of setting up a "management company". Initially, the dispensing machines were given to organizations and companies on a free loan basis, then sold to them. Some of these management services were assigned to the employees, as in the case of Gesa and Lionella machines. This created a new class of workers, the so-called "loaders" who were responsible for refilling the dispensing machines with sugar, coffee, stirring sticks, glasses, syrups, etc. and collecting the boxes full of coins. Generally, these men were students or workers who would supplement their income in this way.

In Aprile 1965, for Faema's 20th anniversary, the offices based in via Ventura 15 inside a 4-story building characterized by the alternation of Faema's corporate colours, yellow and brown, were expanded. As in the 1955, the staff bonus system was reintroduced.

In 1967, a completely automatic coffee machine for bars was produced. The Faema X/5 model, launched at the Milan Trade Fair, was a super-automatic coffee machine, able to dispense large numbers of coffees quickly. Completely automated, this coffee machine was designed to dose and grind coffee with the appropriate pressure; load the supply group correctly; discharge the coffee dregs; wash the filter automatically and, obviously, to dispense coffee instantly. Various versions were developed and production of this machine continued for a number of years. In need of more room, during the same year, Faema rented an industrial plant in via Sbodio and in via Oslavia, and purchased an entire building in the nearby via Gallina, to be used for the manufacture of automatic dispensing machines and the development of a new project named Faemino, of freeze-dried coffee. The company set up a showroom in the same building, too. At the same time, Faema started publishing a two-monthly magazine called Caffè Club.

On 3rd June, 1969, during the arrival of Giro d'Italia cyclists on the Pavia-Zingonia lap, the Salda plant (Società Alimentari Liofilizzati per Distribuzione Automatica) was opened in Zingonia (in the province of Bergamo), becoming one of the most important industrial complexes in Europe for the production of Faemino freeze-dried coffee. Sold in single-dose bags (normal or decaffeinated), it was produced according the freeze-drying process and consisted in the complete elimination of the water in the coffee infusion, which hence remained condensed in smaller granules. Faemino and Tranquillo (decaffeinated) coffee was developed in this way, as a sort of espresso in small bags which maintained the fragrance and aroma of brewed coffee. They were available both for home use and automatic supply as of 1968, thanks to Liofaema, a small coffee machine designed for homes and offices.

The following year, Valente started up another factory in Zingonia, just a short distance from the first, called Arredamenti Faema. This factory produced bar counters, ice machines, soft drink dispensers, air-conditioners etc., as well as the famous automatic

dispensing machines.
In the early 1970s, the financial recession brought with it the first hardships for Faema and its workers. Serious problems emerged with the outburst of the company financial crisis, linked to the rapid increase in the cost of oil products and raw materials after the war of Kippur, together with a dramatic drop in turnover. Italy introduced the "Statuto dei lavoratori" (Statute of Workers) at that time.
On 11th March, 1971, an explosive device was found near the company's industrial plant based in via Ventura. This event affected Italian Parliament too, where questioning was begun by deputy Malagugini from the Italian Communist Party on exactly the same day. The tension was strong and the trade unions organized a series of sit-ins in Piazza Duomo (Milan), pitching the then well-known "red tent". On that occasion, Valente ordered Benito Vetrano - a technician at a Milan affiliate - to go to the square armed with a trolley equipped with coffee maker, grinder, sugar, glasses and stirring sticks. The idea was obviously hand out coffee amongst the strikers, to give the Faema brand a good reputation.
But, on November 1974, events came to a head. Faema started to pay temporarily laid off workers redundancy. An agreement with creditors was then signed in July 1975. On 27th February 1976, the workers occupied the company plants in Milan, Lambrate, Treviglio and Zingonia. An article from national newspaper "La Notte", Wednesday, 26th November, 1975, has been published below. (see page 308)
In the same year, 1,165 workers were sacked. Mr. Valente retired to private life and left his beloved Faema definitively. The company was declared bankrupt with a court judgement on 8th February 1977.
Brought back to life by temporarily appointed official receiver, lawyer Molinari, and after completely paying off all the creditors, today the voluntary wind-up is still in progress and close down has been planned for 2013.
Initially, IPO (Iniziative Promozione Industriale) and then GEPI (Società per le Gestioni e Partecipazioni Industriali) - public companies aimed to fund and/or take over private companies passing through a crisis - intervened. The latter created three new companies: La Nuova Faema SpA (producing coffee machines in the plant of via Ventura), La Nuova Bianchi SpA (producing automatic dispensing machines in the plant of Treviglio, then moved to Faema's finished products warehouse in Zingonia) and Geri/Faemar SpA (producing bar counters and cool or iced products in the former Arredamenti plant in Zingonia), later acquired by Iberna in the late 1970s. Affiliate company Salda was transferred, with the industrial plant of Faemino coffee in Zingonia, to Crippa e Berger.
In early 1977, GEPI restarted the production of coffee machines and grinders. This allowed the progressive re-engagement of dismissed workers – giving priority to production technicians and workers – and the recovery of the historical brand. Enrico Bencini was appointed Chief Executive and Managing Director, later passing to Nuova Bianchi. Spadoni was appointed Sales Manager, whilst Cighetti became Technical Manager.
In 1981, GEPI transferred La Nuova Faema SpA to GaFin, property of Paolo Gamboni, for a total 7 billion Lira. Gamboni was appointed President and preserved the well-established name Faema SpA. Cosimo de Falco was appointed Managing Director. A working relationship with studio Sottsass Associati was begun to inaugurate the new production cycle. Ettore Sottsass Jr., together with Aldo Cibic, designed professional coffee machine model, Tronic, with electronic operation, automatic control

and programmable dosing, followed by the Star model - a semi-automatic coffee machine with continuous supply. This was a more compact model, as the internal parts had been reorganised. Both coffee machines featured special elements, such as the capacious cup warmer and entirely plastic body produced in different colours. In the same year, Roccio designed the Faema Family line, a series of practical, functional coffee machines for home use, all equipped with a grinder and doser, and of an automatic cappuccino making system.

Between 1985 and 1989, the Express and Special models were developed, while the Compact coffee machine was transformed from a mechanical to an electro-mechanical machine with controlled electronics. The new Silver coffee grinder and doser was also developed into two different versions: automatic or manual switch off.

In 1987, Faema acquired 100% of Bialetti's share capital for 5 billion Lira, diversifying its production investment. The company did this by using the financial resources obtained from the capital increase following its listing in the Stock Exchange. Bialetti was then acquired by Rondine Italia in 1993.

After the death of Paolo Gamboni (1924/1987), Managing Director Bodo - appointed in 1985 – resigned, and in 1989 Gamboni's son, Marco, transferred a share of GaFin to ALI SpA, a holding group of companies and international leader in the market of catering appliances.

In 1990, Fabio Bagna was appointed Managing Director of Faema, being replaced by Roberto Engeler in 1992.

In 1991, well-known studio Giugiaro Design - in cooperation with the Faema technical office - created a more sophisticated product in the industry of traditional coffee machines: the Faema E91 model, featuring updated electronics - thanks to the implementation of microprocessors - and completely programmable functions to optimize the easiness of usage and the supply output. The design was inspired by the harmonious lines of the historical E61 model in order to maintain a certain continuity with company tradition.

Later on, Faema moved production from its historical seat in via Ventura to a new plant based in San Donato Milanese, in via XXV Aprile, 15, opening on 23rd September 1994.

A series of management difficulties and disputes among the major shareholders led to the sale of the Faema brand. Nobody turned up for the first auction, held in October 1995. At the second auction, held in November of the same year, Cimbali SpA acquired 100% of GaFin, which controlled 60% of Faema, for 33.3 million Lira.

At that time, Faema had not been producing last generation super-automatic coffee machines. Some prototypes had been introduced the previous year, but were never put into production. Hence, the company management decided to develop a range of super-automatic coffee machines, the X5 model, characterized by a unique body created by designer Gianfranco Salvemini. Yet, as the programmed production volume was not particularly high, they decided to use polyurethane foam for the machine body, making it possible to produce appliances at a lower cost. In the design studio, the maximum reduction of parts and assembly-disassembly times were taken into high consideration. Five parts pressed in varnished polyurethane, and a few stainless steel sheets were used to form the body. The control panel was designed to be modular and the basic structure could be configured in multiple versions. The coffee and cappuccino supply groups could be adjusted in height according to the overall dimensions of the container.

In 1996, Gianfranco Salvemini was assigned the task of renewing the Faema brand and Express and Special models, which would later become the E97 Express and Special models. He also renewed the Due and Smart models.

In 2000, in view of new economic and production needs, it was necessary to develop a product which could be defined "industrial", whilst still maintaining a high design quality and sophisticated aesthetics. A series of solutions were adopted for the E92 coffee machine, to allow for maximum reduction of the body details. Moreover, technology was used to limit wear and tear. The machine body would thus incorporate seven parts in mass-coloured plastics, a Plexiglas panel, a gate, and a rear panel in stainless steel, including three bell-shaped cases. A total of just thirteen parts in addition to the basin. The advantages were immediately clear both during assembly and for maintenance, not to mention the cost savings on an industrial scale, and the advantage of eliminating varnishing of the coloured parts, now replaced by plastic material with metal glitter. Particular care was also paid to the ergonomics of the handles and controls through the introduction of comfortable parts made in soft material, enhancing the grip. This model won the ADI Design Index in 2002 and was awarded the Gastro Innovation Prize in 2004.

In 2001, to celebrate the 40th anniversary of the E61 model, Faema proposed a celebratory model, the E61 Legend, to all lovers of this historical model. This coffee machine featured the original design and identity, despite the passing of time, styles and fashions in over 40 years.

In January 2004, Faema was definitively transferred to the new industrial plant in Binasco (Milan), where the production of new models has commenced, e.g. the Emblema model, designed by Giugiaro Design. Elegant, and featuring an innovative shape in aluminium and stainless steel - heightened by the chromatic contrast between the anthracite panels and blue lights - Emblema has enjoyed immediate success. The selection controls are easy to use and accurate, while the wide working area in stainless steel facilitates operation and cleaning. The electronic display is easy to read and the cup warmer section has been enlarged. The inclination of filters enhances the convenience and practicality of this model. The in-cup quality is the result of the best Faema tradition, with the addition of an unprecedented productivity. Pure design, exclusive technology, and an extraordinary performance.

Still today, Faema represents the best combination of elegance of shape and the excellence of the in-cup result. The countless baristas who love Faema and would never forgo the pleasure of having a Faema machine are proof of this. Though abiding by its tradition, in recent years, the Faema brand has been able to renew its role, by gaining importance and visibility in new market segments, too.

Currently, the Cimbali-Faema Group can boast the world's largest surface area entirely dedicated to the production of professional coffee machines, with 4 industrial plants and a total of 75,000sqm, of which 40,000sqm are covered. As a whole, the group employs a staff of 600. The company operates in over 100 countries and exports more than 70% of its production to over 100 countries, through a network of affiliates (United States, United Kingdom, Spain, Portugal, France and Germany) and 700 direct distributors.

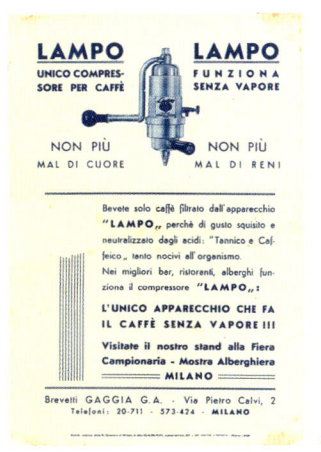

I

II

DIE FAEMA-GESCHICHTE VON 1945 BIS 2010

Carlo Ernesto Valente (1913–1997) wurde in Mailand im Stadtviertel Abbadesse, nicht weit vom Hauptbahnhof, geboren. Sein Vater stammte aus der Stadt Trani in Apulien, seine Mutter war Mailänderin. Im Alter von zwölf Jahren verließ Carlo Ernesto die Salesianer-Schule und begann, als Buchbinder zu arbeiten.

Als er dreizehn war, starb sein Vater, und mit vierzehn fing er als Arbeiter in einer Fabrik für Musikinstrumente an. Valente spielte gern Posaune, und auch als er sich mit einer Kreissäge versehentlich drei Finger der rechten Hand abtrennte, verzichtete er trotz großer Schwierigkeiten nicht auf sein geliebtes Instrument. Drei Tage nach seiner Entlassung aus dem Krankenhaus lernte er, die linke Hand zu verwenden, pflegte weiter seine musikalische Leidenschaft und spielte bald in der Kapelle von Greco, einem Mailänder Stadtviertel.

Mit achtzehn Jahren wurde er bei einer Firma eingestellt, die Geräte für den Hotelbedarf herstellte. Als er sich zum Abteilungsleiter hochgearbeitet hatte, investierte er die 12.000 Lire, die er von der Unfallversicherung bekommen hatte, in das Unternehmen. Ein Versuch, der nicht von Erfolg gekrönt war: Valente verlor den gesamten Betrag. Im Alter von neunzehn Jahren heiratete er Laura, mit der er vier Kinder hatte: Nella, Paolo, Chiara (starb im Alter von sechs Monaten) und Rita. Seine Frau verstarb jedoch bald. Aus einem Verhältnis stammt seine Tochter Marisa. Später heiratete Valente wieder: Er trat mit Ida Ceresa vor den Alter, die ihm drei Kinder schenkte: Roberto, Anna und Marco. 1945 gründete Valente im Alter von zweiunddreißig Jahren mit zwei Partnern – Cantini und Peralla – und einem Kapital von 300.000 Lire die Gesellschaft Faema (Fabbrica Articoli Elettromeccanici Affini) mit Sitz in Mailand, via del Progresso. Die Firma produzierte Herde, Zubehör für Eisenbahnwaggons sowie Hauben für Friseure.

1947 änderte sich das Leben von Carlo Ernesto Valente von Grund auf. Wie es dazu kam, ist nicht eindeutig belegt, aber die nachfolgende Version der Erfolgsstory erscheint mir, nachdem ich einige wichtige Recherchen gemacht habe, am plausibelsten.

Alles begann 1938, als Giovanni Achille Gaggia (1895–1961), Eigentümer der Bar Achille in Mailand (Viale Premuda) Rosetta Scorza kennenlernte. Sie war die Witwe eines gewissen Cremonese, der das Crema-Caffè-System entwickelt und die Dosiermühle Molidor erfunden hatte. Seit einiger Zeit versuchte Frau Scorza vergeblich, die damaligen Hersteller davon zu überzeugen, die Erfindung ihres Ehemanns, deren Patent am 24.6.1936 angemeldet worden war, zu testen. Giovanni Achille Gaggia verhandelte mit ihr über die Einsatzmöglichkeiten dieser Erfindung und zahlte ihr schließlich einen Betrag von 12.000 Lire (damals eine große Summe).

Im selben Jahr meldete er nach verschiedenen Experimenten und Versuchen beim Patentamt das innovative Lampo-System an, das Kaffee mithilfe eines Messingkolbens ohne Dampf extrahiert (siehe Fotos I). Aufgrund der Umstände in der Nachkriegszeit konnte jedoch die Serienfertigung nicht aufgenommen werden. 1947 meldete Gaggia ein zweites Patent auf die Weiterentwicklung des Kolbens an, der nun kein Schraubkolben mehr war, sondern sich senkrecht bewegte. Die Fertigung ermöglichte Valente, der das patentierte System baute.

Achille Gaggia stellte das Patent zur Verfügung, Valente und seine Partner die Werkstatt zur Produktion der Espressomaschinen für Bars. Das erste Modell, das aus dieser Fusion hervorging und somit die Marken Officine Faema und Gaggia trug, war das

Modell Classica aus dem Jahr 1948 (siehe Fotos II).

Da man mehr Platz benötigte, wurde die Werkstatt, die innerhalb nur eines Jahres 90 Gaggia-Maschinen gefertigt hatte, in die via Casella im Stadtviertel Varesine verlegt; die Exportabteilung wurde in der via Albertolli eingerichtet. Valente erkannte sofort das Erfolgspotenzial des unglaublich guten, von dieser Maschine zubereiteten Kaffees, der viel cremiger, aromatischer und somit viel besser war als herkömmlicher Kaffee. Er patentierte und produzierte demnach auch ohne Zusammenarbeit mit Achille Gaggia Kolben- (oder Hebel-)-Espressomaschinen. Die erste Maschine war die Faema Varos, von der heute keine Unterlagen und Fotografien mehr existieren, die von Valente und einem gewissen Arosio, seinem Mitarbeiter, gebaut wurde. Daher der Name Varos – eine Kombination aus Valente und Arosio. Darauf folgten die nach den Planeten benannten Modelle Saturno, Nettuno und Venere, anschließend Marte, Mercurio und Urania. Die Nachfrage stieg in kürzester Zeit.

1950 trennten sich Valente und Gaggia, da sie unterschiedliche geschäftliche Ziele verfolgten. Mithilfe von Dr. Migliorni – Miteigentümer und Geschäftsführer – eröffnete Gaggia eine Produktionsstätte in Mailand, in der via Cadolini. Trotz der Trennung produzierte Faema bis 1952 weiter Maschinen für Gaggia.

1952 zogen die Officine Faema aufgrund der bemerkenswerten Steigerung der Produktion – zwölf Maschinen pro Tag – zum dritten Mal um, und zwar in die via Ventura. Das Gesellschaftskapital wurde auf 30.000.000 Lire erhöht, die Firma wurde in eine Aktiengesellschaft umgewandelt und bekam den Namen „Officine Faema SpA".

Die Prototypen der Espressomaschinen wurden in der Bar „Se l'è Bón" in der via Venini getestet, die Giuseppe Oliva gehörte, dem Leiter der „Faema-Versuchsabteilung", und von seiner Frau betrieben wurde. Die Bar verwandelte sich in ein richtiges Labor, in dem die Zuverlässigkeit der Maschinen sowie die konstante Qualität des zubereiteten Kaffees unter realen Betriebsbedingungen erprobt wurden.

Dann hatte Valente eine geniale Eingebung: Er wollte seinen Absatzmarkt vergrößern und dafür das bis zu diesem Zeitpunkt aufwendige und teure Handwerksprodukt in ein „Industrieprodukt" verwandeln. Nur ein in Serienfertigung und zu einem günstigen Preis hergestelltes Produkt konnte einen zunehmend größeren Absatzmarkt finden.

In nur sieben Jahren wurde die kleine Werkstatt in ein großes Industrieunternehmen mit einem kontinuierlich steigenden Produktionsvolumen und dem Hauptziel, die Maschinen und Anlagen unablässig zu verbessern, verwandelt. Sofort führte das Unternehmen einen kompletten Bearbeitungszyklus in Fließbandfertigung ein.

Faema kämpfte so für eine Produktion, die neben den klassischen Kaffeemaschinen auch eine Zubehörlinie für Bars und Haushalte umfasste sowie Kaffeemaschinen für den Hausgebrauch wie die Faemina, Baby Faemina und Veloxtermo, Toaster, Dosiermühlen, Zitruspressen, Eiscrusher, Mixer, Staubsauger, Haartrockner und Bohnermaschinen für Fußböden. Dazu gehörte auch eine Produktlinie Barausstattungen mit Bartheken, Speiseeismaschinen (nach Lizenz von Sani-Serv), den Kühlgeräten Cold Drink für nicht kohlensäurehaltige Getränke, den Klimaanlagen Cortina 9000, den Faemartic-Eiswürfelbereitern und dem Wassererhitzer der Marke Artea sowie Musikboxen in Zusammenarbeit mit dem Unternehmen Harmonie. Und schließlich auch eine limitierte Auflage an Warndreiecken für Pkw. Folgende Abteilungen entstanden: Gießerei, Werkzeugbau, Messing-Heißguss, Kunststoffguss, Lackierung, Siebdruck, Elektroverdrahtungen, Druckerei, Galvanotechnik und Entsorgung. Valente nahm das Prinzip des heutigen Recyclings vorweg und holte gegen einen Rabatt auf eine neue Maschine alte Maschinen vom Kunden ab, deren Kupfer- und Messingteile eingeschmolzen wurden. Da Faema Transporte mit eigenen Lkw erledigte, besaß sie 1960 einen Fuhrpark mit 400 Fahrzeugen.

Die Vertriebsorganisation durchlief verschiedene Phasen, bevor sie ihre aktuelle Struktur bekam. Als das Absatzvolumen noch ziemlich gering war, herrschte zuerst das traditionelle System der kleinen, lokalen Händler vor, die die Maschinen auf eigene Rechnung kauften. In einer zweiten Phase gab es Vertretungen und Händler, anschließend Vertretungen und reisende Vertreter. Zum Schluss wurden 95 Prozent des Vertriebs in von ortsansässigen Leitern geführten Filialen abgewickelt. Dem Filialleiter standen Vertreter (mit Festgehalt und Provisionen) zur Seite, deren Spesen in vollem Umfang erstattet wurden, die einen Dienstwagen zur Verfügung hatten und die auch ein Tagegeld erhielten. Die Firma beschäftigte auch freie Vertreter, die auf Provisionsbasis arbeiteten. Am schwierigsten war sicherlich das Management des Kundendiensts. Dieses Netz setzte eine große Anzahl an Fahrzeugen und hochqualifiziertes Personal voraus, das mit größter Sorgfalt ausgewählt wurde. Auch heute noch spielen der Kundendienst und die Bereitschaft des Servicetechnikers zweifellos eine grundlegende Rolle, da die Kunden rund um die Uhr betreut werden müssen. Der Betreiber eines Lokals darf seine Arbeit niemals – nicht einmal für kurze Zeit – unterbrechen, weil er nicht möchte, daß ein Gast auch nur einmal wegen einer nicht funktionierenden Maschine in eine andere Bar geht. Faema machte sich von Anfang an diese Grundsätze zueigen, und Valente entwickelte ein supereffizientes Servicesystem, das auf zweierlei Aspekten basierte: zum einen auf der Robustheit der Produkte, die auch bei eventueller Unwissenheit des Bedieners nicht kaputtgehen, zum anderen auf einem engmaschigen, sofort einsatzbereiten Kundendienst. In den 50er Jahren bekamen alle Mitarbeiter große Geschenkpakete mit Gastronomieprodukten und Spielzeug für die Kinder zu Ostern, Weihnachten und am 1. Mai. Lange hielt sich diese Tradition jedoch nicht. Sobald es zu den ersten Gewerkschaftsstreitigkeiten kam, wurden die Geschenke nicht mehr verteilt. Sie galten als „paternalistisch" im Gegensatz zur Auszahlung einer entsprechenden Geldsumme. Abgesehen davon war die Großzügigkeit des Firmengründers allseits bekannt und natürlich hochgeschätzt. Er machte dem neuen Krankenhaus San Carlo in Mailand eine erhebliche Schenkung für den Kauf wissenschaftlicher Geräte (um die Erinnerung an seine Mutter zu ehren) und rief zahlreiche soziale Initiativen ins Leben: Er finanzierte Ferienstätten am Meer und in den Bergen für die Kinder der Mitarbeiter und richtete außerdem einen medizinischen Versorgungsdienst im Unternehmen ein, der sowohl fachärztliche Leistungen als auch die Grundbetreuung umfasste. Es gab außerdem eine Art betriebliche Krankenversicherung: die FAF (Fondo Assistenza Faema) – ein symbolischer Betrag wurde auf dem Lohnzettel der Mitarbeiter abgezogen, der durch erhebliche Zuwendungen bei Krankheit, Eheschließung und in Trauerfällen in der Familie ausgeglichen wurde. Auch diese Leistung wurde 1964 eingestellt.
Anfang der 50er Jahre gründete Carlo Valente – ein großer Sportfan – die Sportgruppe „Gruppo Sportivo Faema" und investierte unablässig in die Sportwerbung als bedeutendem Werbeträger. Er sponserte Spitzensportler in den Bereichen Boxen, Rugby, Boccia und Radrennen. Das Faema-Box-Camp war sicherlich eines der wichtigsten Europas. Es setzte auf erstklassige Boxer wie Giancarlo Garbelli, Fred Galiana (spanisches Federgewicht, ehemaliger europäischer Meister in dieser Gewichtsklasse), Hernandez (Gegner von Loi bei europäischen Titelkämpfen im Leichtgewicht) und Cardenas, Gegner von D'Agata bei europäischen Titelkämpfen in der Bantamgewichtsklasse. Im Rugby errang Faema den italienischen Meistertitel. Zahlreiche Erfolge konnten auch beim Boccia verbucht werden. Trotz der erstklassigen Resultate beschlossen die Leiter der GS Faema jedoch, sich ausschließlich auf den Radrennsport zu konzentrieren. Als sportlichen Leiter des Teams wählten sie Learco Guerra – ehemaliger Italienischer Meister und Weltmeister –, der mehrere Jahr lang amtierte und ein siegreiches Team zusammenstellte, das aus großartigen Athleten bestand: Rik Van Looy (der beste „Straßensprinter" der Welt), Post, Hugo Koblet, Impanis, Charly Gaul, Guillermo Timoner, Carlo Clerici, Federico Bahamontes, Gianni Motta, Antonio Suarez,

Eddy Merckx, Vittorio Adorni, Patrick Sercu, Guido Reybrouck, Emilio Casalini und Lino Farisato. Dies sind nur einige Namen großer Champions, die viele Etappen des Giro d'Italia und sonstiger Radrennen weltweit – von der Tour de France bis zu Rennen in Spanien und Belgien – gewannen. All dies verhalf der Marke Faema zu großer Beachtung. Zu verdanken war dies dem unglaublichen und nunmehr bekannten unternehmerischen Weitblick Valentes, der eigens Werbefahrzeuge für die Kolonne, die vor dem Giro d'Italia fuhr, konstruieren ließ, die im Innenraum wie eine Bar eingerichtet waren, um in den Pausen „Espressokaffee" anzubieten. Auch Amateure kamen bei Faema nicht zu kurz, die sechs Sportgruppen in Mailand, Sarconato (Provinz Piacenza), Trient, Rom, Ferrara und Bottegone (Provinz Pistoia) gründete.

1955 wurde das zehnjährige Bestehen der Faema-Stiftung gefeiert: Zu diesem Anlass lud Valente alle Mitarbeiter zum Mittagessen in das renommierte Hotel Principe di Savoia in Mailand ein und ehrte alle Mitarbeiter, die seit 10 Jahren im Unternehmen beschäftigt waren, mit einer Goldmedaille. Ein Jahr lang zahlte er ihnen außerdem das doppelte Gehalt.

Ebenfalls 1955 gründete Valente die Tochtergesellschaft EMI Espresso Machines Incorporated S.p.A. mit Sitz in der via Buschi Nr. 9, die in der Produktionsstätte in der via Ventura Maschinen mit einfachem Gehäuse zu einem besonders günstigen Preis herstellte. Er schuf außerdem ein neues Vertriebsnetz auch zur Produktion von Einrichtungen für Bars und Zubehör bis Ende 1967.

Die Entwicklungs- und Forschungsstudien für die Espressomaschine führten zu einem immer größeren Modellangebot. Eine der ersten Innovationen waren Maschinen, bei denen der Kolben nicht mehr über einen Hebel, sondern über ein hydraulisches System betätigt wurde. Dazu gehörten die Modelle President und Automatica (siehe Seite 152).

Diese Modelle hatten den Vorteil, daß ein exzellenter Crema Caffè zubereitet wurde, auch wenn übermäßig viel Wasser verbraucht wurde: zirka ein Liter pro Kaffee. Im Unterschied zu den robusteren Hebelmaschinen, die damals in jeder Bar Italiens zu finden waren, konnten sich diese Maschinen leider nicht durchsetzen. Dies war sowohl auf die hohen Wartungskosten für den hydraulischen Kolben als auch darauf zurückzuführen, daß aufgrund des häufigen Druckabfalls in der Wasserleitung Kaffee nicht kontinuierlich zubereitet werden konnte.

Faema wuchs beträchtlich und hatte 1956 571 Mitarbeiter sowie 96 Filialen in Italien und weltweit. 1967 wurde eine neue Produktionsstätte in Barcelona (Spanien) in einer zollfreien Zone eröffnet, die zirka 500 Arbeitsplätze schuf. Gegründet wurden außerdem Tochtergesellschaften in Frankreich (Paris und Nizza), Portugal (Lissabon) und Deutschland (Frankfurt), um die stark steigende Nachfrage auch in den Nachbarländern zu befriedigen.

1959 begann die Test- und Fertigungsphase für das Modell TRR: Die Bezeichnung „Termo Rimessa Regolata" (geregelte Temperaturrückführung) oder „Termo Riscaldamento Regolato" (geregelte Temperaturerhöhung) ist darauf zurückzuführen, daß die Brühgruppen mit Flanschen ausgestattet waren und ihre Temperatur nicht durch Dampf, sondern durch Wasser gehalten wurde, das über den waagerechten Heizkessel direkt in ihre Hohlräume floss. Die Maschine war außerdem mit einem zweiten Heizkessel für den Dampf ausgestattet. Beide Heizkessel wurden von einer Pumpe unterstützt, die das Wasser mit höherem Druck durch einen Kunstharzenthärter drückte. Das Ergebnis war exzellent – sowohl was die Benutzerfreundlichkeit als auch die Qualität in der Tasse betraf. Die Wassertemperatur wurde über einen Thermostat geregelt und überwacht. 1960 wurde dieses Modell in Tartaruga umbenannt (siehe Seite 207).

Nun folgte eine weitere wichtige Etappe in der Entwicklung der modernen Espressomaschine. Sergio Fonzo von der Auslandsabteilung flog in die Vereinigten Staaten, um eine Pumpe zu finden, die im Vergleich zu den bisher eingesetzten

Modellen geräuscharmer und platzsparender sein sollte. Mithilfe des Faema-Händlers in New York, des Italo-Amerikaners Rudy Barth, kam er mit Procon USA ins Geschäft, deren Importeur Faema im darauffolgenden Jahr für Europa wurde.

Die wahre Eroberung des nationalen und internationalen Markts durch Faema erfolgte jedoch mit der Einführung einer wirklich innovativen Kaffeemaschine, der E61 für die kontinuierliche Kaffeezubereitung. Benannt ist diese Maschine nach der Sonnenfinsternis (im Italienischen „eclisse"), die in jenem Jahr – 1961 – stattfand. Sie war das Ergebnis verschiedener Patente und die Weiterentwicklung von Vorgängermodellen. Das Wasser für den Kaffee kam direkt aus der Wasserleitung und nicht mehr aus dem Kessel, floss durch den Kunstharzenthärter und wurde somit entkalkt. Die Volumenpumpe drückte das Wasser bei einem Druck von 9 bar durch einen im Inneren des Dampfkessels untergebrachten Wärmetauscher, der es auf die optimale Temperatur erhitzte. Nach diesen Prozessen lief das Wasser in die Brühgruppe und durchfloss den gemahlenen Kaffee in zirka 25 Sekunden. Die neue, vom Kessel getrennte Brühgruppe wurde außerdem durch das wie in einem Heizkörper zirkulierende Wasser konstant auf der richtigen Temperatur gehalten.

Eine weitere Innovation war das „Vorbrühen". Dabei wurde der Brühgruppe eine geringe Menge warmen Wassers bei geringem Druck zugeführt, um das Kaffeepulver zu „tränken", bevor es in der nächsten Phase komplett vom Wasser durchströmt wurde, um so die maximale Extraktion der aromatischen Stoffe zu ermöglichen. Der Zuspruch, den dieses Modell erfuhr, ermöglichte Faema, vorherrschende Marktanteile auf der ganzen Welt zu erobern, wobei die Verfahren zum Erhitzen und zur Druckbeaufschlagung des Wassers dieser Maschine heute noch Grundlage für den Betrieb der meisten modernen Espressomaschinen sind.

Ich habe viele Informationen über diese geniale Erfindung gesammelt, und obwohl zahlreiche Personen sich das Verdienst als „tatsächlicher Erfinder" zuweisen, bin ich – dank zuverlässiger Zeugen – zum Schluss gelangt, daß diese Maschine das Ergebnis einer Teamarbeit ist, an der das Personal der Versuchs-, der Konstruktions- und der Auslandsabteilung beteiligt war. Insbesondere Postini, Oliva, Tagliabue, Montefiori, Fonzo, Moroni sowie Valente selbst.

Die Faema-Maschine Modell E61 wurde bis 1966 in einer Auflage von mehreren Dutzenden von Tausenden Stück hergestellt. Ihr folgten die Modelle E64 Diplomatic und E66 Diplomatic, die sich durch eine bessere Mechanik und ein größeres Fassungsvermögen des Tassenwärmers auszeichneten. Anschließend gingen 1969 die Modelle Prestige und Metodo in Produktion, beide nach einem Entwurf von Osvaldo Carrara, der in Zusammenarbeit mit Bayer Mailand eines der ersten Gehäuse für Espressomaschinen aus Kunststoff (Makrolon) und in fünf Farbvarianten gestaltete: Grün, Haselnuss, Dunkelbraun, Rosa und Weiß. Eine richtige Revolution, was die optische, aber vor allem die funktionelle Gestaltung betrifft: Für die Wartung musste einfach nur die Verkleidung abgenommen werden, während es beim Modell Metodo mit einem einzigen Inbusschlüssel möglich war, die verschiedenen Demontagephasen auszuführen.

Ebenfalls Anfang der 60er Jahre begann man von „Automatenverkauf" zu reden, einem System, das in den Vereinigten Staaten bereits sehr erfolgreich war, wo solche Maschinen in Büros, öffentlichen Ämtern und Unternehmen eingesetzt wurden. Um diesem Marktbedürfnis gerecht zu werden, wurden die Firmen SAER di Goffredo Tremolada, Diam, Rex-Zanussi und Ismea di Augusto Cavallieri gegründet. Das erste Unternehmen, das Automaten direkt aus Amerika importierte, war die Firma Velo Bianchi, die 1972 von Faema gekauft wurde.

Auf der Fiera Campionaria in Mailand präsentierte Faema im April 1962 den ersten Kaffeeautomaten: das Modell E61 mit Münzeinwurf. Der Kaffeeautomat kostete 850.000 Lire, eine Tasse Kaffee 50 Lire. Dies war der Beginn einer neuen Linie mit *großer Auflage. Es handelte sich um komplexe Maschinen mit elektromechanischen und hydraulischen Mechanismen, die aus zahlreichen schweren Teilen aus verchromtem Messing bestanden. Kunststoff und Elektronik kamen erst später zum Einsatz. Viele Komponenten, darunter die Becherspender von Merkle Korff, die CO_2-Druckminderer, die Schnellanschlüsse von Cornelius sowie einige Mikroschaltertypen usw. mussten aus den Vereinigten Staaten importiert werden.*

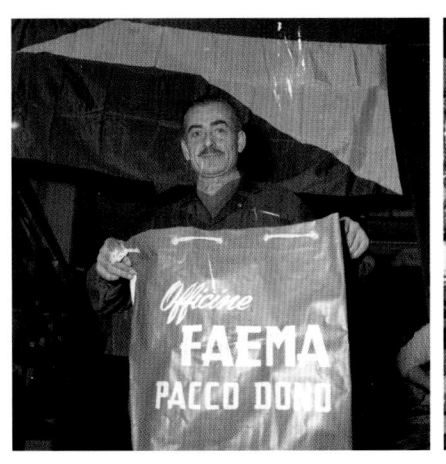

Valente erahnte sofort, daß es ungeheuer wichtig war, einen noch jungfräulichen Markt zu erobern, und da er nicht immer über geeignete Personen verfügte, mit denen er dieses große Projekt in Angriff nehmen konnte, veranlasste er selbst die Entstehung der „Società di gestione" (Betreibergesellschaften). Die Automaten wurden den Fabriken zuerst leihweise überlassen und ihnen anschließend verkauft. In einigen Fällen wurden die Mitarbeiter selbst mit der Unterhaltung der Maschinen betraut, wie bei Gesa und Lionella. Es entstand ein neues Berufsbild: der sog. „caricatore" (Bestücker), der die Maschinen mit Zucker, Kaffee, Rührstäbchen, Bechern, Sirup usw. versorgte und die vollen Geldkassetten entnahm. Normalerweise waren das Studenten oder Arbeiter, die auf diese Weise ihr Gehalt aufbesserten.

Im April 1965 wurden die Geschäftsräume in der via Ventura Nr. 15 anlässlich des 20-jährigen Bestehens von Faema vergrößert. Sie befanden sich in einem vierstöckigen Gebäude, das in den Firmenfarben Gelb und Braun gestrichen war. Wie bereits 1955 wurden erneut Leistungsprämien für das Personal eingeführt.

1967 wurde eine vollautomatische Maschine für Bars produziert: die auf der Mailänder Messe als vollautomatische Ausführung vorgestellte Faema X/5, mit der in kurzer Zeit viele Tassen Kaffee zubereitet werden konnten. Die komplett automatische Maschine wurde für die Dosierung und das Mahlen von Kaffee mit dem richtigen Druck, das Befüllen der Brühgruppe, das Auswerfen des Kaffeesatzes, das Reinigen des Filters und natürlich die Zubereitung des Kaffees programmiert, wodurch lange Zubereitungszeiten vermieden wurden. Hergestellt wurden mehrere Varianten, und die Produktion lief einige Jahre. Da mehr Platz benötigt wurde, mietete Faema ebenfalls 1967 einige Fabrikhallen in der via Sbodio und der via Oslavia und kaufte ein ganzes Gebäude in der nahen via Gallina, das für die Herstellung der Münzautomaten und die Entwicklung eines neuen Projekts für gefriergetrockneten Kaffee mit der Bezeichnung „Faemino" dienen sollte. Im selben Gebäude wurde auch ein Showroom eingerichtet. Außerdem erschien zweimal im Monat die Zeitschrift Faema Caffè Club.

Am 3. Juni 1969 wurde mit der Ankunft der Radrennfahrer bei der Etappe Pavia–Zingonia des Giro d'Italia die Produktionsstätte der Salda (Società Alimentari Liofilizzata Distribuzione Automatica) in Zingonia (Gemeinde Ciserano, Provinz Bergamo) eingeweiht. Sie entwickelte sich zu einem der wichtigsten europäischen Industriekomplexe für die Herstellung des gefriergetrockneten Faemino-Kaffees. Dieser Kaffee wurde in einzeldosierten Tütchen normal oder entkoffeiniert nach dem bekannten Prozess der Gefriertrocknung hergestellt. Bei der Gefriertrocknung wird mit entsprechenden Verfahren dem Kaffeeaufguss das gesamte Wasser entzogen, der Kaffee wird in kleinen Körnchen kondensiert. So entstanden Faemino und Tranquillo (entkoffeiniert), Espressospezialitäten in Tütchen, die das Aroma und den Duft des zubereiteten Kaffees sowohl für den Hausgebrauch als auch seit 1968 mit der LioFaemina, einer kleinen für die Verwendung zuhause und im Büro entwickelten Maschine, unverändert beibehielten.

Im Jahr darauf gründete Valente, ebenfalls in Zingonia und nicht weit vom ersten Werk entfernt, eine weitere Produktionsstätte mit der Bezeichnung Arredamenti Faema für die Herstellung von Bartheken, Eiswürfelbereitern, Getränkeautomaten, Klimaanlagen usw. sowie der berühmten Kaffeeautomaten.

Anfang der 70er Jahre bereitete die Finanzkrise Faema und seinen Mitarbeitern die ersten Schwierigkeiten. Im Zuge der

Wirtschaftskrise des Unternehmens, die auch mit dem schnellen Anstieg der Rohöl- und Rohstoffpreise als Folge des Jom-Kippur-Kriegs zusammenhing, ergaben sich schwerwiegende Probleme, die ebenso durch den Rückgang des Umsatzes hervorgerufen wurden. Im selben Zeitraum trat das Arbeitnehmerstatut „Statuto dei lavoratori" in Kraft.

Am 11. März 1971 wurde ein Sprengkörper in der Nähe der Produktionsstätte in der via Ventura gefunden. Dieses Ereignis hatte auch Auswirkungen im italienischen Parlament, wo der Abgeordnete On. Malagugini der kommunistischen Partei PCI am selben Tag eine parlamentarische Anfrage anordnete. Es gab starke Spannungen, und die Gewerkschaften organisierten Veranstaltungen, u. a. auch auf der Piazza Duomo, wo das bekannte rote Zelt „tenda rossa" aufgestellt wurde (1974). Bei dieser Gelegenheit bat Valente Benito Vetrano, einen Techniker der Mailänder Filiale, mit einem Anhänger mit einer Kaffeemaschine, einer Kaffeemühle, Zucker, Bechern und Rührstäbchen auf die Piazza zu fahren. Dies hatte natürlich den Zweck, Kaffee an alle zu verteilen, und dabei die Marke Faema zu zeigen.

Im November 1974 spitzte sich die Lage zu, und die Faema-Mitarbeiter wurden aus der Lohnausgleichskasse bezahlt. Darauf folgte 1975 der Vergleich zur Abwendung eines Konkurses. Am 27. Februar 1976 besetzten die Arbeiter die Produktionsstätten in Mailand, Lambrate, Treviglio und Zingonia. Wir geben die Meldungen wieder, die am Mittwoch, 26. November 1975 von der nationalen Tageszeitung La Notte veröffentlicht wurden (siehe Seite 310).

1976 wurden 1165 Personen entlassen. Valente zog sich ins Privatleben zurück und verließ somit endgültig seine geliebte Faema, deren Konkurs mit Urteil vom 8. Februar 1977 erklärt wurde.

Nach Wiederherstellung der Zählungsfähigkeit durch den vorläufigen Liquidator RA Molinari und vollständiger Befriedigung der Gläubiger ist die freiwillige Liquidation heute noch in Gang und soll bis 2013 abgeschlossen werden.

Es engagierte sich zunächst die IPO (Iniziative Promozione Industriale – Initiative für die industrielle Förderung), dann die GEPI (Società per le Gestioni e Partecipazioni Industriali – Gesellschaft für industrielle Verwaltungen und Beteiligungen), Gesellschaften nach öffentlichem Recht, die Krisenunternehmen finanzieren und/oder aufkaufen. Die GEPI schuf drei neue Gesellschaften: Nuova Faema SpA (Kaffeemaschinen, Niederlassung via Ventura), Nuova Bianchi SpA (Münzautomaten, Niederlassung Treviglio und anschließender Umzug in das ehemalige Fertigproduktlager Faema in Zingonia) sowie Geri/Faemar SpA (Bartheken und Kühlprodukte, Niederlassung Arredamenti in Zingonia), die Ende der 70er Jahre von Iberna übernommen wurde. Salda mit der Produktionsstätte für Faemino-Kaffee in Zingonia wurde dagegen an die Crippa & Berger abgetreten.

Anfang 1977 startete GEPI erneut die Produktion von Kaffeemaschinen und Kaffeemühlen, und ermöglichte somit die allmähliche Wiedereinstellung des Personals, wobei den Technikern und den Arbeitnehmer(innen) in der Fertigung der Vorrang gegeben wurde. Dies führte zum Aufschwung der alteingesessenen Marke. Zum Generaldirektor und Geschäftsführer wurde Ing. Enrico Bencini bestellt, der später zu Nuova Bianchi wechselte. Vertriebsleiter wurde Dr. Spadoni, technischer Leiter Ing. Cighetti.

1981 verkaufte GEPI Nuova Faema SpA für 7 Milliarden Lire an die GaFin von Paolo Gamboni, der Vorsitzender wurde und die historische Bezeichnung Faema SpA beibehielt. Dr. Cosimo De Falco wurde zum Geschäftsführer bestellt. Zum Auftakt des neuen Produktionszyklus bat man um die Mitarbeit des Studios Sottsass Associati. Architekt Ettore Sottsass jr. und Architekt Aldo Cibic entwarfen die Maschine Modell Tronic für den gewerblichen Gebrauch mit elektronischer Steuerung, automatischer Überwachung und programmierbarer Dosierung sowie anschließend das Modell Star, eine kompakte, halbautomatische Maschine mit kontinuierlicher Zubereitung, die das Ergebnis der Neuorganisation der internen Bauteile ist.

Einzigartig sind die Details beider Maschinen, wie der große Tassenwärmer und das vollständig aus Kunststoff bestehende Gehäuse in verschiedenen Farbvarianten. Im gleichen Jahr entwarf der Architekt Roccio die Produktlinie Faema Family: praktische, funktionelle Espressomaschinen für den Hausgebrauch mit Dosiermühle und einem automatischen System für die Cappuccino-Zubereitung.

Zwischen 1985 und 1989 wurden die Modelle Express und Special entwickelt, und die Maschine Compact wurde von einer mechanischen Ausführung auf eine elektromechanische und elektronisch dosierende Ausführung umgestellt. Entwickelt wurde zudem die neue Dosiermühle Silver in zwei Versionen: mit automatischer und mit manueller Abschaltung.

1987 erwarb Faema für 5 Milliarden Lire 100 % des Aktienpakets der Firma Bialetti und diversifizierte somit die Produktionsinvestitionen. Für dieses Geschäft wurden auch die durch die Erhöhung des Kapitals anlässlich der Börseneinführung zur Verfügung gestellten Mittel in Anspruch genommen. Bialetti wurde 1993 an Rondine Italia verkauft.

Nach dem Tod Paolo Gambonis (1924–1987) legte der 1985 bestellte Geschäftsführer Bodo sein Amt nieder, und 1989 verkaufte Marco, Gambonis Sohn, einen Anteil von GaFin an ALI SpA, einer Holding einer Gruppe weltweit führender Unternehmen im Bereich Herstellung von Gastronomiegeräten.

1990 wurde Dr. Fabio Bagna zum Geschäftsführer bestellt, und 1992 Dr. Roberto Engeler.

1991 entwarf das bekannte Studio Giugiaro Design in Zusammenarbeit mit der Faema-Konstruktionsabteilung ein hochentwickeltes Produkt im Bereich der traditionellen Maschinen: die Faema Modell E91. Dank des Einsatzes von Mikroprozessoren wurde die Elektronik erneuert, und die Maschine verfügte über vollständig programmierbare Funktionen, um die Benutzerfreundlichkeit und die Leistung bei der Kaffeezubereitung zu optimieren. Ihr Design orientierte sich an den harmonischen Linien des bewährten Modells E61, ein Symbol für die Weiterführung der Unternehmenstradition.

Anschließend verlegte Faema die Produktion von der historischen Produktionsstätte in der via Ventura ins neue Werk in San Donato Milanese, via XXV Aprile Nr. 15, das am 23. September 1994 eingeweiht wurde.

Probleme bei der Geschäftsführung und Differenzen zwischen den Hauptaktionären führten dazu, daß die Marke Faema zum Verkauf angeboten wurde. Zur ersten, im Oktober 1995 veranstalteten Versteigerung, fanden sich keine Bieter ein. Bei der zweiten Versteigerung, die im November desselben Jahres stattfand, kaufte Cimbali SpA 100 % von GaFin, die 60 % von Faema kontrollierte, für 33,3 Milliarden Lire.

Damals produzierte Faema keine vollautomatischen Maschinen der letzten Generation. Einige Prototypen wurden im Jahr zuvor vorgestellt, gingen jedoch niemals in Produktion. So wurde entschieden, eine Produktpalette vollautomatischer Maschinen (Modell X5) mit einem unverwechselbaren Gehäuse nach einem Entwurf des Designers Gianfranco Salvemini herzustellen. Da keine hohen Produktionsvolumen geplant waren, wurde beschlossen, das Gehäuse aus PU-Schaum zu fertigen. Dafür konnten Werkzeuge zu geringen Kosten hergestellt werden. Bei der Gestaltung wurde Wert darauf gelegt, die Anzahl der Teile so weit wie möglich zu reduzieren, sowie die Montage- und Demontagezeiten zu verringern. Fünf Gussteile aus lackiertem Polyurethan sowie wenige Edelstahlbleche bilden das Gehäuse. Die Bedienblende ist modular aufgebaut, und die Basisausführung kann in vielen Versionen konfiguriert werden. Die Ausläufe für Espresso und Cappuccino können je nach Größe der Behältnisse höhenverstellt werden.

1996 hatte Gianfranco Salvemini die Aufgabe, die Faema-Maschinen Modell Express und Special zu erneuern, die später als E97 Express und Special bezeichnet wurden. Anschließend überarbeitete er die Modelle Due und Smart.

Im Jahr 2000 bestand aufgrund der veränderten wirtschaftlich-produktiven Umstände die Notwendigkeit, ein Produkt zu entwickeln, das zwar hohe Standards in puncto Designqualität und Optik beibehalten sollte, jedoch als „Industrieprodukt" definiert werden konnte. Für die E92 wurden Lösungen entwickelt, die die maximale Reduzierung der Einzelteile des Gehäuses ermöglichten und Gebrauchsspuren verringerten. Die Maschine besteht aus sieben voll durchgefärbten Kunststoffteilen, einem Display, einer Schutzwand und einer rückseitigen Edelstahlverkleidung sowie drei Schutzhauben. Das sind neben dem Wasserbehälter insgesamt nur 13 Teile. Bereits bei der Montage und schließlich bei der Wartung wurden die Vorteile sofort ersichtlich. Nicht weniger wichtig ist die Kostenreduktion bei der Serienfertigung, die u. a. darauf beruht, daß die farbigen Teile nicht lackiert werden müssen, da sie aus Kunststoffen mit Metallglitter bestehen. Besonderer Wert wurde zudem auf die Ergonomie der Griffe und der Bedientasten durch die Einführung bedienungsfreundlicher Elemente aus Softmaterial gelegt, die die Griffigkeit fördern. Dieses Modell wurde 2002 in den ADI Design Index aufgenommen und 2004 mit dem Gastro Innovation Prize ausgezeichnet.

Zur Feier des 40. Geburtstags der E61 präsentierte Faema 2001 allen Fans dieses berühmten Modells eine Jubiläumsausführung: die E61 Legend. Sie zeichnet sich durch das Original- Design aus und konnte außerdem ihre Identität zeitlos, jenseits aller Stilrichtungen und Modetrends in den vergangenen vierzig Jahren beibehalten.

Im Januar 2004 zog Faema endgültig in die neuen Räume in Binasco (Mailand) um, wo die Herstellung der neuen Modelle aufgenommen wurde, darunter die Emblema nach einem Entwurf von Giugiaro Design. Die elegante Maschine mit den innovativen Formen aus Aluminium und Stahl, zur Geltung gebracht durch den Kontrast mit den anthrazitfarbigen Abdeckungen und den blauen Leuchten, kam sofort an. Die Bedientasten sind einfach und präzise, und der große Arbeitsbereich erleichtert die Zubereitung und Reinigung. Das Grafikdisplay ist sehr gut ablesbar, und die Tassenwärmfläche wurde vergrößert. Die Schrägstellung der Filtereinsätze sorgt für eine praktische Handhabung. Die Qualität in der Tasse entspricht bester Faema-Tradition, begleitet durch eine Produktionsleistung, die ihresgleichen sucht. Klares Design, exklusive Technik und außergewöhnliche Leistungen.

Noch heute repräsentiert Faema eine gelungene Fusion von eleganten Formen und exzellentem Ergebnis in der Tasse. Davon zeugen die zahlreichen treuen Baristi, die um nichts auf der Welt auf ihre Faema verzichten würden. Obwohl sie ihrer Tradition treu geblieben ist, verstand es die Marke Faema in den letzten Jahren, ihre Rolle zu erneuern und auch in neuen Marktsegmenten Bedeutung und Visibilität zu erlangen.

Derzeit kann die Cimbali-Faema-Gruppe die weltweit größte Fläche vorweisen, die ausschließlich der Herstellung von Profi-Kaffeemaschinen dient – mit insgesamt vier Produktionsstätten und einer Gesamtfläche von 75.000 qm (davon 40.000 überdacht). Insgesamt hat die Gruppe 600 Mitarbeiter. Das Unternehmen ist in über 100 Ländern tätig und exportiert 70 % seiner Produktion über ein Netzwerk aus Filialen (USA, Großbritannien, Spanien, Portugal, Frankreich und Deutschland) sowie 700 Direkthändlern in über 100 Ländern.

FAEMA Espresso 1945 2010

COLLEZIONE ENRICO MALTONI®
www.espressomadeinitaly.com

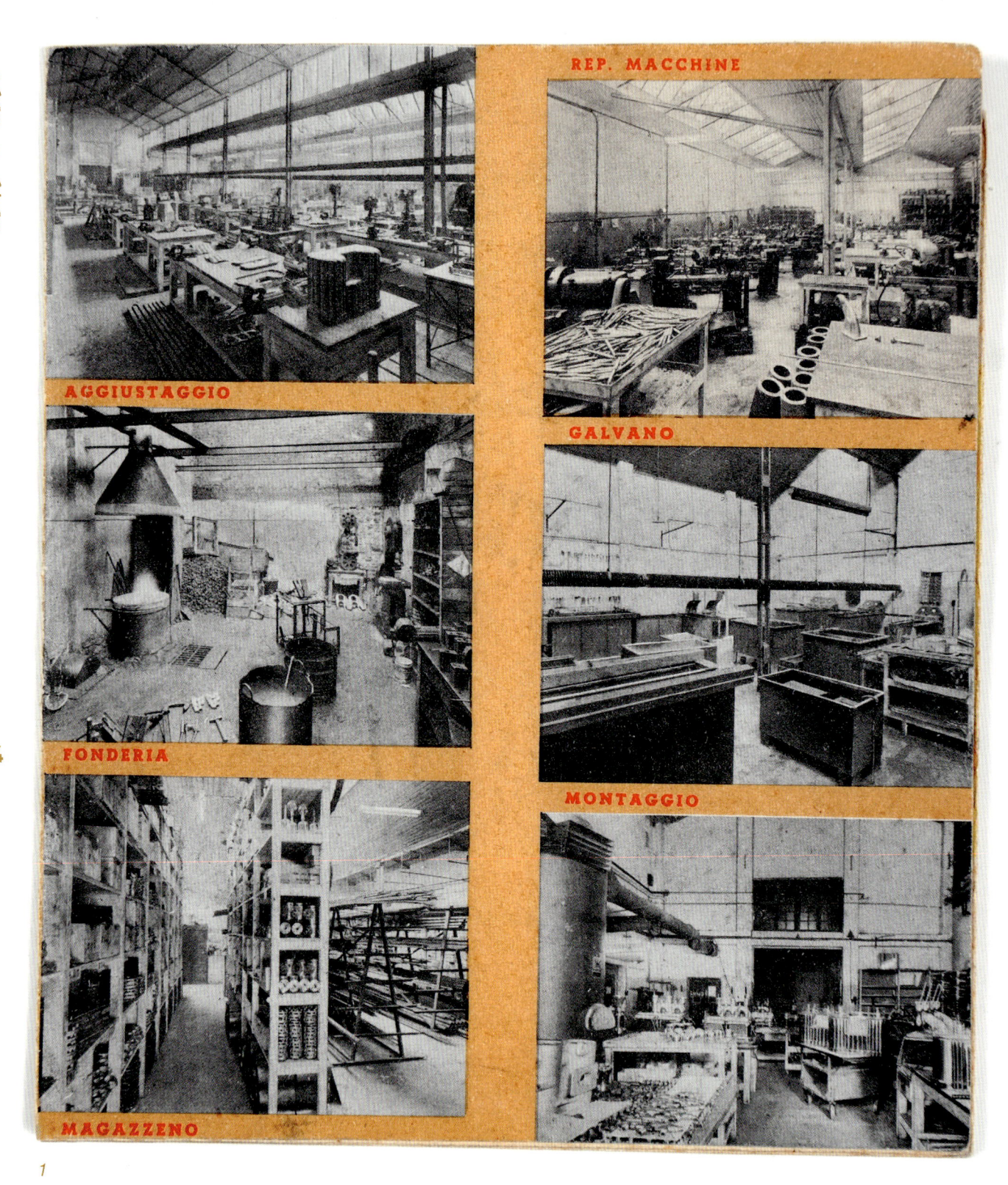

1
Anno 1949, Officine Faema di via Casella - zona Varesine, Milano.
1949, Officine Faema (Faema factory) in via Casella - Varesine, Milan.
1949, Officine Faema in der via Casella, Viertel Varesine, Mailand.

2
Anno 1952, Officine Faema. Stabilimento di via Ventura, Milano.
1952, Officine Faema (Faema factory). Industrial plant in via Ventura, Milan.
1952, Officine Faema. Produktionsstätte in der via Ventura, Mailand.

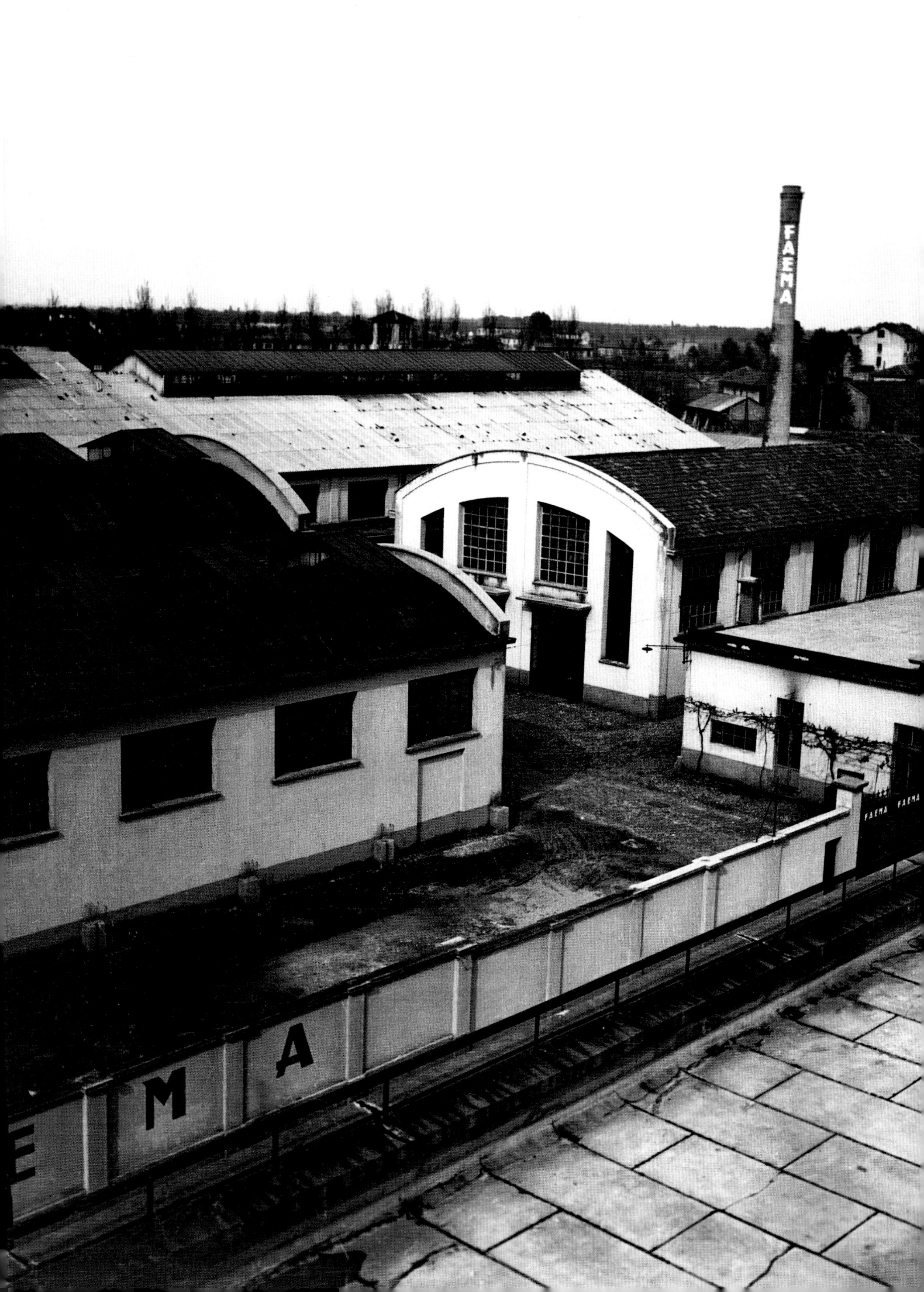
FAEMA
FAEMA FAEMA

1945 – 1950

3 - 4
Fonderie di via Casella, Milano.
Foundry in via Casella, Milan.
Gießerei in der via Casella, Mailand.

1945 — 1950

1945 – 1950

5
Anno 1950, officine di via Casella, Milano. Sui banchi da lavoro, le carrozzerie dei modelli Saturno e Nettuno.
1950, factory in via Casella, Milan. Bodywork of the Saturno and Nettuno models on the work benches.
1950, Fabrik in der via Casella, Mailand. Auf den Werkbänken: die Gehäuse der Modelle Saturno und Nettuno.

1945 — 1950

6
Magazzino ricambi di via Casella, Milano.
Spare parts warehouse in via Casella, Milan.
Ersatzteillager in der via Casella, Mailand.

ANNO 48 — N. 35 — La Domenica del Corriere — 24 Novembre 1946

In un bar di Vignola (Modena) una macchina per il "caffè espresso„ forse per l'eccessiva pressione, scoppiava con grande fragore. Invece del caffè, tre clienti ricevevano schegge e scottature, e il barista riportava ferite piuttosto gravi, senza contare bottiglie e vetri infranti in tutto il locale.
(Disegno di W. Molino)

Articolo originale pubblicato da "La Domenica del Corriere" - Anno '48, n° 35 - del 24 novembre 1946.
Original article published in "La Domenica del Corriere" - 1948, no. 35 - 24th November 1946.
Original-Artikel, veröffentlicht in „La Domenica del Corriere" (1948), Ausg. Nr. 35 vom 24. November 1946.

Anno 1950, Fiera Campionaria. Presentazione dei modelli Saturno e Marte.
1950, Trade Fair. Market launch of Saturno and Marte models.
1950, Fiera Campionaria. Präsentation der Modelle Saturno und Marte.

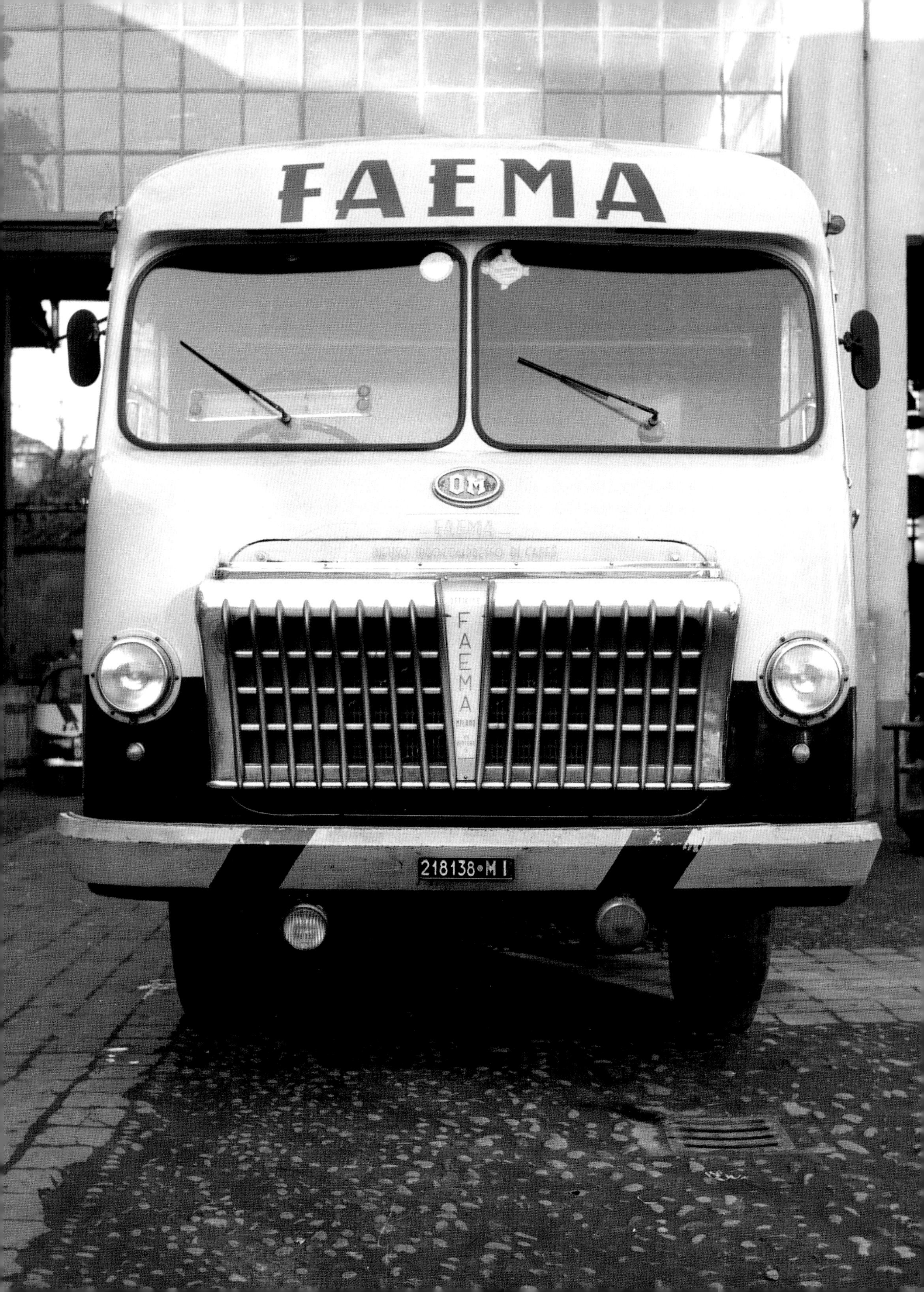
FAEMA
OM
FAEMA
218138 MI

1950 — 1960

53

10
Anno 1952, stabilimento di via Ventura. Distribuzione dei pacchi dono in occasione del Natale.
1952, industrial plant in via Ventura. Handing out the Christmas gift hampers.
1952, Produktionsstätte in der via Ventura. Verteilung der Weihnachtspakete.

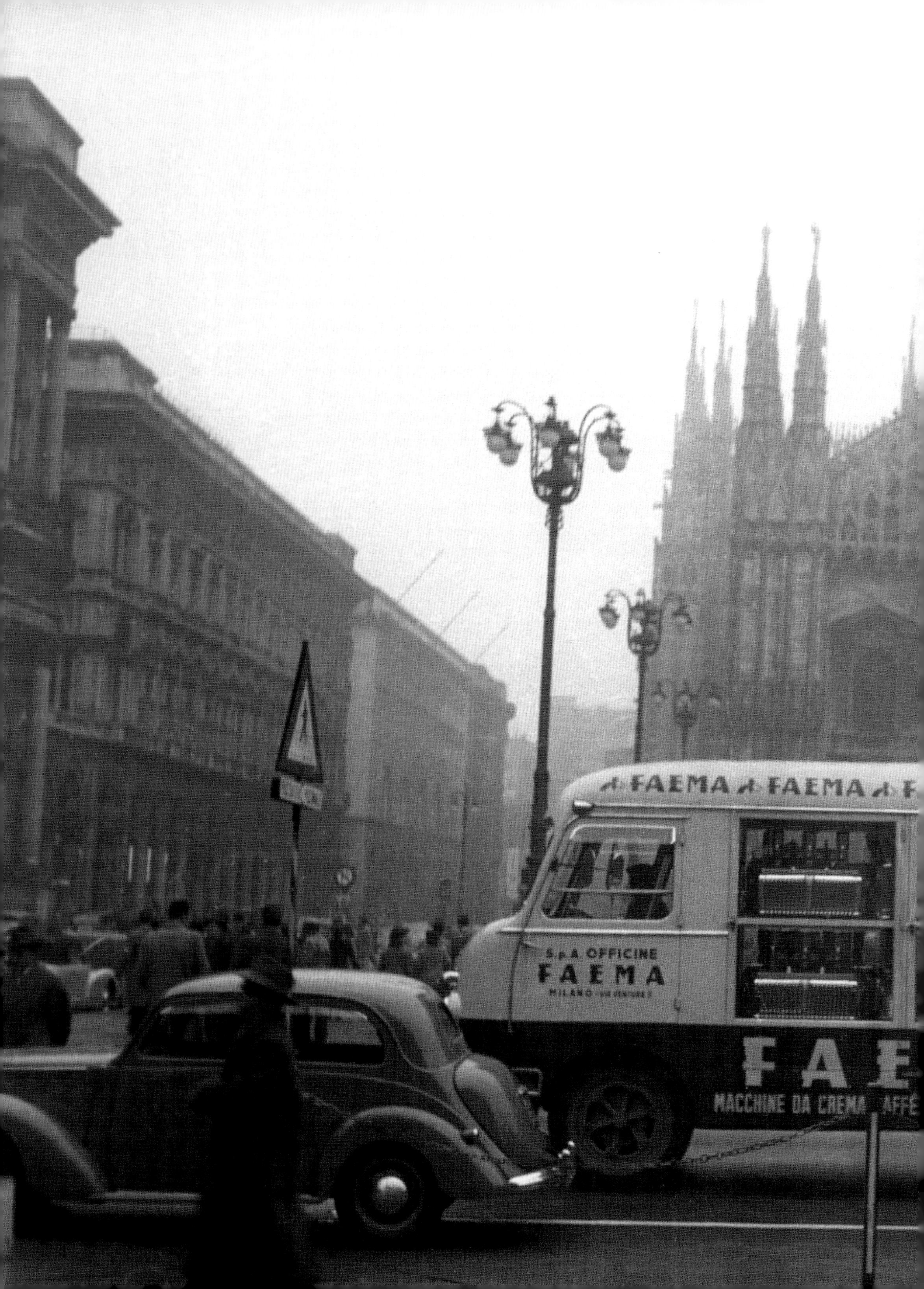
FAEMA FAEMA
S.p.A. OFFICINE
FAEMA
MACCHINE DA CREMA

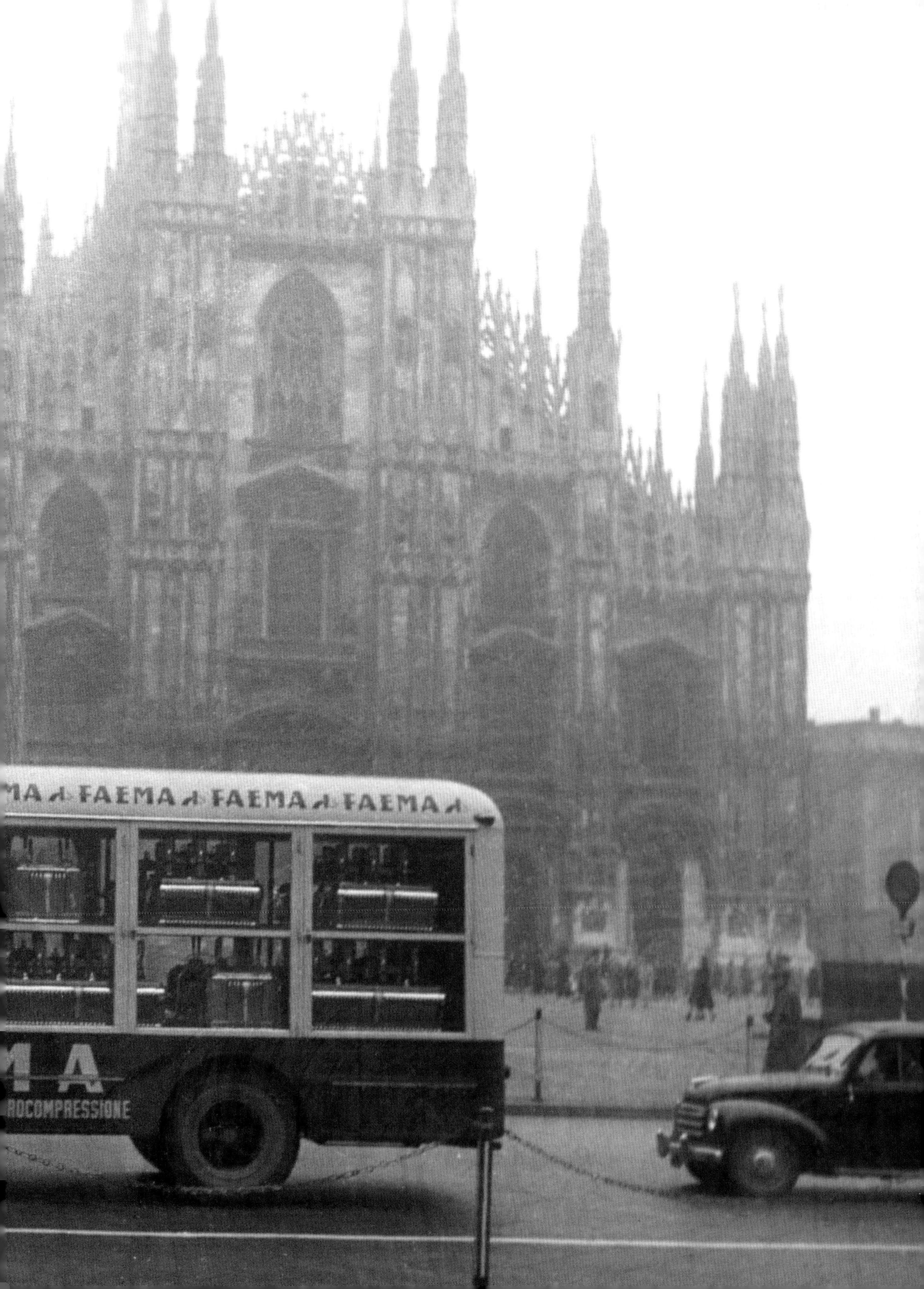
MA FAEMA FAEMA FAEMA
MA
ROCOMPRESSIONE

1950 – 1960

LE PIÙ RECENTI NOSTRE INSTALLAZIONI

La Spezia	- Bottega del Caffè
Brescia	- Garden Bar
Piacenza	- American Bar
Viareggio	- Bar Eolo
Roma	- Bar Conte dei Conti
»	- Bar Metropol
»	- Gran Bar della Manna
Torino	- Torrefazione Thaiti
Parma	- Bar Moka Lux
Reggio E.	- Caffè Tostato
Genova	- Bar Accademia
»	- Bar Beppino
Salsomag.	- Bar Touring
Venezia	- Bar Città di Torino
Trieste	- Bar Venier
»	- Gran Bar
Milano	- Ristorante Ciardi
»	- Bar Illy
»	- Torrefaz. Pinnacoli
»	- Bar Dogana
Ferrara	- Bar Roma
Sassari	- Pasticceria Secchi
Bogotá	- Bar Central
Losanna	- Bar Lumen

Autorizz. Questura di Milano — Chiovini & Banfi - Milano

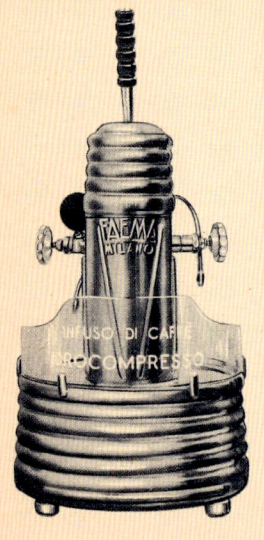

CARATTERISTICHE TECNICHE

FAEMA (BREVETTATA)

È la sola macchina attualmente in commercio funzionante ad idrocompressione, frutto dell'esperienza acquisita quali primi costruttori in serie di macchine da caffè senza vapore. I consensi raccolti e la regolarità di funzionamento formano la migliore e più obbiettiva prova delle nostre capacità tecniche.

Il moderno e razionale sistema di costruzione del nostro gruppo brevettato, oltre ad assicurare una durata pressoché illimitata senza la minima manutenzione consente un totale sfruttamento della miscela dando costantemente un infuso, a parità di caffè, più gustoso, più caldo (+ 80°) e più aromatico di quello ottenibile con qualsiasi altra macchina.

Inoltre l'infuso si ricopre di una panna spessa e persistente, di colore marrone e di ottima presentazione, ed è totalmente privo di sostanze tanniche nocive.

L'abbassamento di una leva è la sola manovra occorrente, in quanto la stessa sosta nella posizione inferiore permettendo una perfetta infusione fra acqua e polvere di caffè e poi, con una leggera spinta, ritorna automaticamente al punto di partenza, lasciando libero l'operatore di dedicarsi al caricamento di altri gruppi od al servizio di banco.

La velocità di produzione di questo tipo di macchina è di n.° 2 caffè in 30" per ogni gruppo.

L'intelaiatura fusa e la conformazione esterna della macchina sono tali che, oltre a conferire la massima solidità, presentano un'indovinata forma estetica ed assicurano i seguenti vantaggi:

1° - Lo scaldatazze, costituito dal piano superiore della macchina, è ampio, a portata di mano dell'operatore e molto efficace.

2° - La rubinetteria, il livello ed il manometro sono allogati all'interno della macchina e si manovrano dall'esterno a mezzo di leve a pistola. I rubinetti danno il grande vantaggio di chiudersi automaticamente.

3° - Il fasciame è completamente smontabile senza ricorrere ad alcun attrezzo, permettendo in tal modo una facile ispezione all'interno per una comoda e razionale pulizia.

4° - È assicurata la visualità reciproca tra il cliente e operatore essendo il corpo della macchina basso e piano.

Il radiatore anteriore costituito da traverse dorate galvanicamente con oro fino, emana una luce colorata riflessa di ottimo effetto estetico, diffusa anche alla vetrina superiore.

La macchina può funzionare ad elettricità, gas o simili (liquigas), benzina.

MILANO - VIA CASELLA, 7 — Tel. 99.01.56/57/58/59
OFFICINE

FAEMA

"VENERE" 1 Gruppo
CAPACITÀ LITRI 2 circa

Sostituisce vantaggiosamente l'ISTANTANEA

VISTA ANTERIORE

LARGHEZZA : cm. 37
PROFONDITÀ : cm. 42
ALTEZZA : cm. 58

VISTA DI FIANCO

12

Faema, modello Venere del 1950, prima versione. Dépliant originale.
Faema, 1950 Venere model, first version. Original brochure.
Faema-Maschine, Modell Venere aus dem Jahr 1950, erste Ausführung. Original-Prospekt.

13 - 14 - 15
Faema, modello Venere del 1952, seconda versione.
Faema, 1952 Venere model, second version.
Faema-Maschine, Modell Venere aus dem Jahr 1952, zweite Ausführung.

1950 – 1960

58

14

1950 — 1960

59

16

Piazza Duomo, Milano. Automezzo allestito a scopo pubblicitario per la distribuzione di caffè preparato con macchina Faema.
Piazza Duomo, Milan. Vehicle used to advertise the company, and hand out coffee brewed with a Faema coffee machine.
Piazza Duomo, Mailand. Zu Werbezwecken gestalteter Pkw für die Verteilung von mit einer Faema-Maschine zubereitetem Kaffee.

17
Fiera di Milano, esposizione del modello Nettuno: due e tre gruppi.
Milan Trade Fair, exhibition of Nettuno model: 2- and 3-group versions.
Mailänder Messe, Ausstellung des Modells Nettuno: zwei und drei Brühgruppen.

1950 – 1960

62

18 - 19 - 20
Prototipo di pistone.
Prototype of a piston.
Prototyp eines Kolbens.

1950 — 1960

63

21
Profilo Faema, modello Saturno due gruppi del 1950, prodotto nelle officine di via Casella.
Faema profile, 2-group Saturno, 1950 model, manufactured in the via Casella factory.
Profil Faema-Maschine, Modell Saturno mit zwei Brühgruppen aus dem Jahr 1950, hergestellt in der Werkstatt in der via Casella.

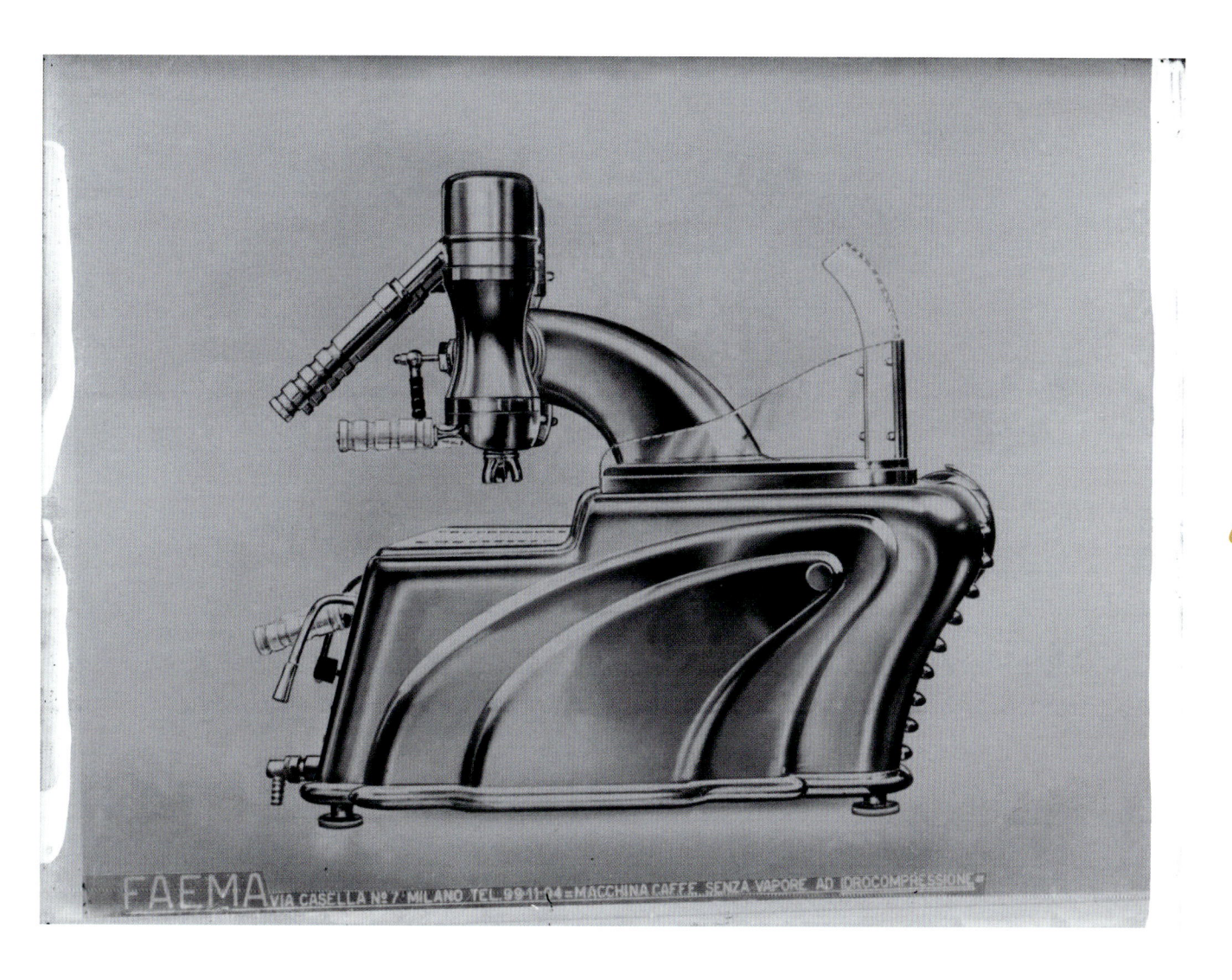

1950 – 1960

OFFICINE FAEMA

I suoi tecnici
PRIMI classici
realizzatori della produzione in serie di macchine
da caffè di tipo
SENZA vapore
presentano una nuova serie di macchine brevettate
ad IDROCOMPRESSIONE
Con effetto luminoso Brevettato
Esteticamente originali ed eleganti
Insuperabili per funzionamento

MILANO

caffè freddo? NO! Bollente 80° C°!
manovra pesante? NO! Ultraleggera!
attesa per l'infuso? NO! Blocco automatico!
manutenzione complessa? NO! Elementare!

Rubinetteria a pistola
Fasciame scomponibile
Scaldatazze incorporato doppio

È la MACCHINA più MODERNA
PERFETTA!

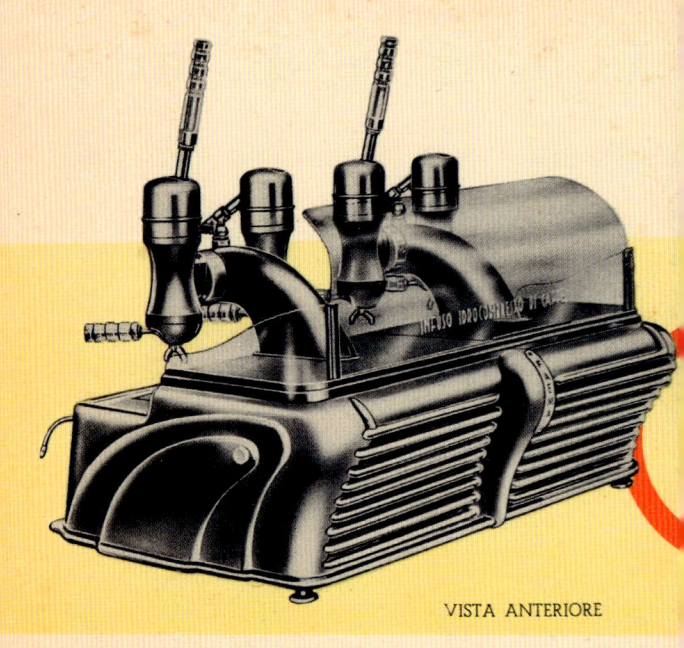

per informazioni telefonare al:
99.11.94
99.13.40
VIA CASELLA, 7

VISTA ANTERIORE

"SATURNO" 4 Gruppi
CAPACITÀ LITRI 50 circa
Produzione 8 caffè in 30 secondi
LARGHEZZA : cm. 100
PROFONDITÀ : cm. 64
ALTEZZA : cm. 62
Piedini d'appoggio:
LARGHEZZA : cm. 94
PROFONDITÀ : cm. 51

Modelli Nettuno e Saturno. Dépliant originale del 1950.
Nettuno and Saturno models. Original 1950 brochure.
Die Modelle Nettuno und Saturno. Original-Prospekt aus dem Jahr 1950.

1950 — 1960

A 2 GRUPPI
  CAPACITÀ LITRI 18 circa
  LARGHEZZA : cm. 55
  PROFONDITÀ : cm. 64
  ALTEZZA   : cm. 62
Piedini d'appoggio:
  LARGHEZZA : cm. 44
  PROFONDITÀ : cm. 51

A 3 GRUPPI
  CAPACITÀ LITRI 25 circa
  LARGHEZZA : cm. 80
  PROFONDITÀ : cm. 64
  ALTEZZA   : cm. 62
Piedini d'appoggio:
  LARGHEZZA : cm. 68
  PROFONDITÀ : cm. 51

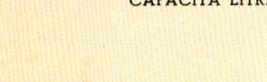

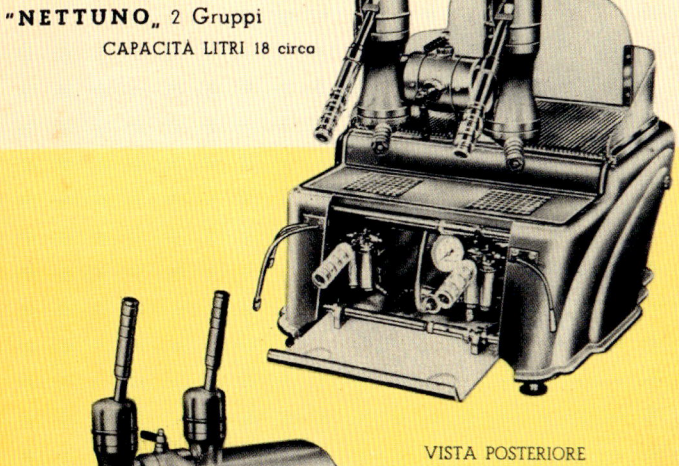

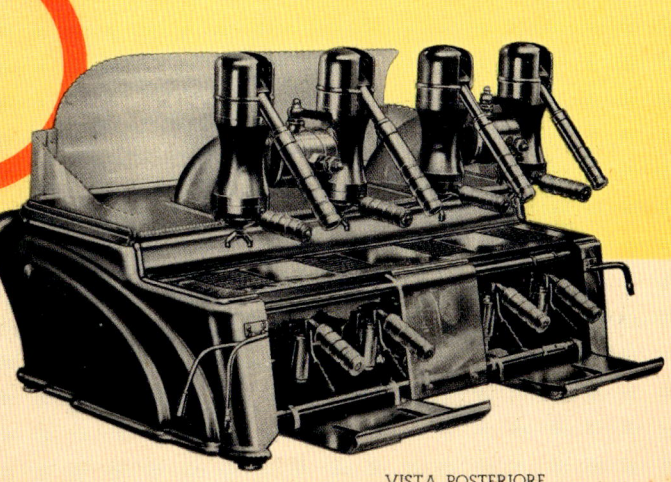

"NETTUNO" 2 Gruppi
  CAPACITÀ LITRI 18 circa

VISTA POSTERIORE

VISTA POSTERIORE

VISTA ANTERIORE

Il tipo **NETTUNO** differenzia dal **SATURNO** solo nel lato estetico della griglia, verticale anzichè orizzontale.

FAEMA s. r. l.

FABBRICA APPARECCHI ELETTRO-MECCANICI AFFINI

VIA CASELLA, 7 - MILANO (860) - TELEFONO 991.194 / 991.340

Relazione sulla macchina da caffè "Faema-brevettata"

Serie "NETTUNO" 2 gruppi - capacità litri 18 circa

LAFFI GINO - Bologna
Ufficio e Amministrazione: Via D'Azeglio n. 1 - Telef. 23-544
Rappresentante - Concessionario
F. A. E. M. A. - MILANO

E' la sola macchina attualmente in commercio funzionante ad idrocompressione, frutto della esperienza acquisita quali primi costruttori in serie di macchine da caffè senza vapore.

I consensi raccolti e la regolarità di funzionamento, formano la migliore e più obbiettiva prova delle nostre capacità tecniche.

Il moderno e razionale sistema di costruzione del nostro gruppo brevettato, oltre ad assicurare una durata pressochè illimitata senza la minima manutenzione, con la totale eliminazione di guarnizioni e l'adozione di anelli speciali ad autotenuta, consente un totale sfruttamento della miscela dando costantemente un infuso a parità di caffè, più caldo (80°) e più aromatico di quello ottenibile con qualsiasi altra macchina.

Inoltre l'infuso si ricopre di una panna spessa e persistente, di colore marrone, e di ottima presentazione, ed è totalmente privo di sostanze tanniche nocive.

L'abbassamento di una leva è la sola manovra occorrente, in quanto la stessa sosta in posizione inferiore, permettendo una perfetta infusione fra acqua e polvere di caffè e poi, con una leggera spinta, ritorna automaticamente al punto di partenza, lasciando libero l'operatore di dedicarsi al caricamento di altri gruppi od al servizio di banco.

La velocità di produzione di questo tipo di macchina è di n. 2 caffè ogni 30" per gruppo.

L'intelaiatura fusa e la conformazione esterna della macchina sono tali che, oltre a conferire la massima solidità, presentano una indovinata forma estetica ed assicurano i seguenti vantaggi:

1) - Lo scaldatazze, costituito dal piano superiore della macchina, è ampio, a portata di mano dell'operatore e molto efficace;

2) - La rubinetteria, il livello e il manometro sono allogati all'interno della macchina e si manovrano dall'esterno a mezzo di leve a pistola. I rubinetti danno il grande vantaggio di chiudersi automaticamente;

3) - Il fasciame è completamente smontabile senza ricorrere ad alcun attrezzo, permettendo in tal modo una facile ispezione all'interno per una comoda e razionale pulizia;

4) - E' assicurata la visualità reciproca tra il cliente e operatore essendo il corpo della macchina basso e piano.

Il radiatore anteriore costituito da traverse dorate galvanicamente con oro fino, emana una luce colorata riflessa di ottimo effetto estetico, diffusa anche alla vetrina superiore.

La macchina può funzionare ad elettricità, gas o simili (liquigas) benzina, ecc.

Le macchine vengono costruite nei seguenti modelli:

Tipo 00 - litri 2 - gruppi 1
 »   0 - »   5 - »   1
 »   1 - »   8 - »   1
 »   2 - » 15 - »   2
 »   3 - » 25 - »   3
 »   4 - » 50 - »   4

a richiesta numero superiore di gruppi.

23

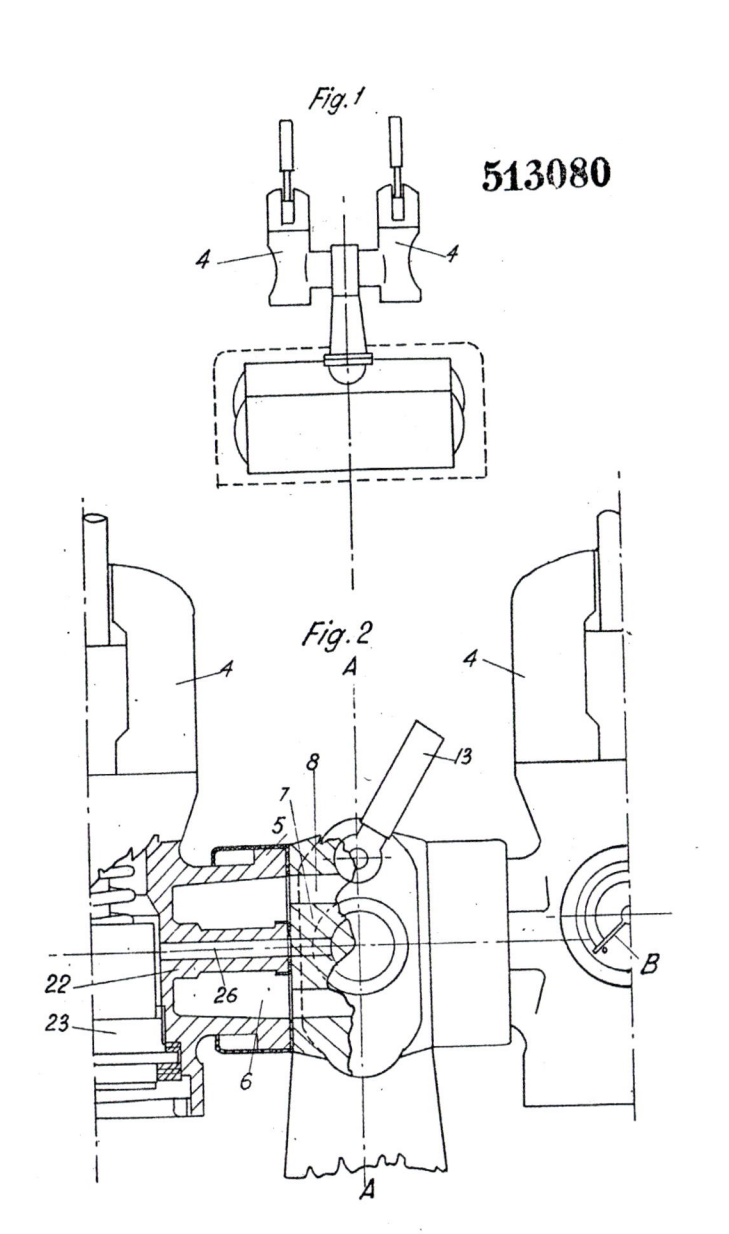

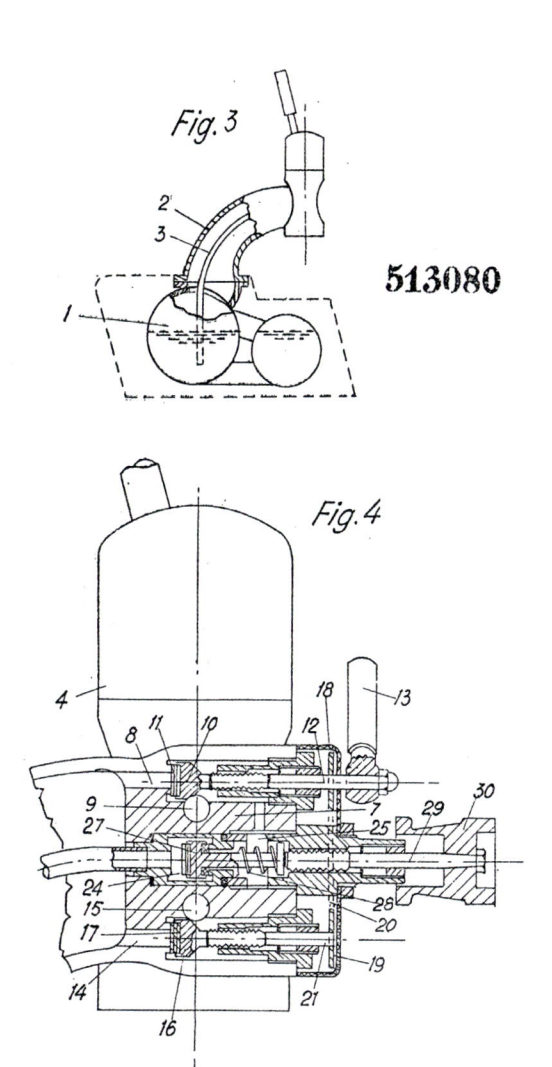

Brevetto inerente l'invenzione industriale dei modelli Saturno e Nettuno.
Patent for the industrial development of the Saturno and Nettuno models.
Patent betreffend die industrielle Erfindung der Modelle Saturno und Nettuno.

FAEMA s. r. l.

FABBRICA APPARECCHI ELETTRO-MECCANICI AFFINI

VIA CASELLA, 7 - MILANO (860) - TELEFONO 991.194 / 991.340

Relazione sulla macchina da caffè "Faema-brevettata"
Serie «NETTUNO» 4 gruppi - capacità 50 litri circa

E' la sola macchina attualmente in commercio funzionante ad idrocompressione, frutto della esperienza acquisita quali primi costruttori in serie di macchine da caffè senza vapore.

I consensi raccolti e la regolarità di funzionamento, formano la migliore e più obbiettiva prova delle nostre capacità tecniche.

Il moderno e razionale sistema di costruzione del nostro gruppo brevettato, oltre ad assicurare una durata pressochè illimitata senza la minima manutenzione, con la totale eliminazione di guarnizioni e l'adozione di anelli speciali ad autotenuta, consente un totale sfruttamento della miscela dando costantemente un infuso a parità di caffè, più caldo (80°) e più aromatico di quello ottenibile con qualsiasi altra macchina.

Inoltre l'infuso si ricopre di una panna spessa e persistente, di colore marrone, e di ottima presentazione, ed è totalmente privo di sostanze tanniche nocive.

L'abbassamento di una leva è la sola manovra occorrente, in quanto la stessa sosta in posizione inferiore, permettendo una perfetta infusione fra acqua e polvere di caffè e poi, con una leggera spinta, ritorna automaticamente al punto di partenza, lasciando libero l'operatore di dedicarsi al caricamento di altri gruppi od al servizio di banco.

La velocità di produzione di questo tipo di macchina è di n. 2 caffè ogni 30" per gruppo.

L'intelaiatura fusa e la conformazione esterna della macchina sono tali che, oltre a conferire la massima solidità, presentano una indovinata forma estetica ed assicurano i seguenti vantaggi:

1) - Lo scaldatazze, costituito dal piano superiore della macchina, è ampio, a portata di mano dell'operatore e molto efficace;

2) - La rubinetteria, il livello e il manometro sono allogati all'interno della macchina e si manovrano dall'esterno a mezzo di leve a pistola. I rubinetti danno il grande vantaggio di chiudersi automaticamente;

3) - Il fasciame è completamente smontabile senza ricorrere ad alcun attrezzo, permettendo in tal modo una facile ispezione all'interno per una comoda e razionale pulizia;

4) - E' assicurata la visualità reciproca tra il cliente e operatore essendo il corpo della macchina basso e piano.

Il radiatore anteriore costituito da traverse dorate galvanicamente con oro fino, emana una luce colorata riflessa di ottimo effetto estetico, diffusa anche alla vetrina superiore.

La macchina può funzionare ad elettricità, gas o simili (liquigas) benzina, ecc.

Le macchine vengono costruite nei seguenti modelli:

    Tipo 00 - litri 2 - gruppi 1
     »   0 -   »   5 -   »   1
     »   1 -   »   8 -   »   1
     »   2 -   »   15 -   »   2
     »   3 -   »   25 -   »   3
     »   4 -   »   50 -   »   4

a richiesta numero superiore di gruppi.

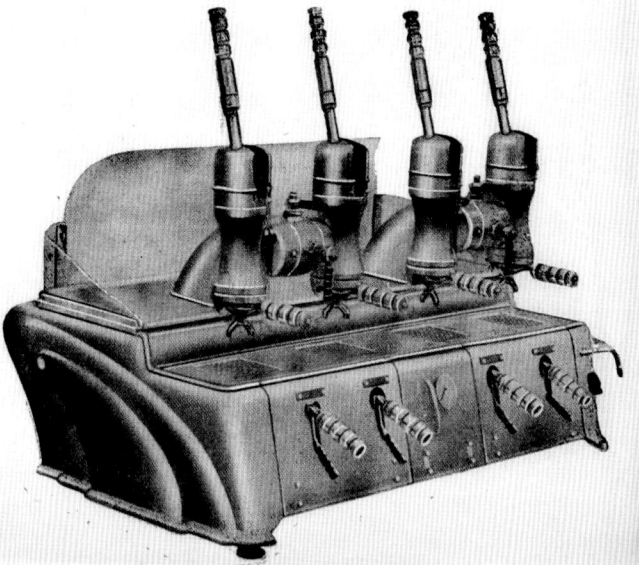

26
Faema modello Nettuno, sei gruppi. Pezzo della "Collezione Enrico Maltoni" ritrovato nell'anno 2001
presso il deposito ferroviario della Stazione di Torino. In stato di conservazione originale.

*Faema 6-group Nettuno model, belonging to the "Collezione Enrico Maltoni" and found in 2001,
at the Turin Railway Station depot, still in its original state.*

*Faema-Maschine, Modell Nettuno, sechs Brühgruppen. Stück aus der „Collezione Enrico Maltoni", aufgefunden im Jahr
2001 im Eisenbahndepot des Bahnhofs Turin. Originalzustand.*

27
Faema modello Nettuno. Tale macchina fu costruita su misura e si caratterizza per lo scaldatazze collocato al centro e parte integrante della carrozzeria.
Faema Nettuno model. This coffee machine was completely customised, and characterized by the centrally positioned and vertically built-in cup warmer.
Faema-Maschine, Modell Nettuno. Diese Maschine wurde maßgefertigt und zeichnet sich dadurch aus, daß der Tassenwärmer mittig platziert und ein Bestandteil des Gehäuses ist.

1950 – 1960

28
Vassoio pubblicitario realizzato in plastica dal celebre illustratore Gino Boccasile.
Plastic promotional tray designed by famous Italian illustrator, Gino Boccasile.
Werbetablett aus Kunststoff, entworfen vom berühmten Illustrator Gino Boccasile.

29
Modelli Mercurio e Marte, prima serie, anno 1950. Dépliant originale.
1950 Mercurio and Marte models. First series. Original brochure.
Die Modelle Mercurio und Marte, erste Baureihe, Baujahr 1950, Original-Prospekt.

30
Faema modello Marte, anno 1950. Fu la prima macchina ad essere prodotta dalle Officine Faema. Comunicativa la scritta sul plexiglas "infuso di caffè idrocompresso".
1950 Faema Marte model. This was the first coffee machine to be produced by Officine Faema. The words "infuso di caffè idrocompresso" (water-pressurized infusion of coffee) are visible on the Plexiglas.
Faema-Maschine, Modell Marte, Baujahr 1950. Dies war die erste, von den Officine Faema hergestellte Maschine. Gut sichtbar die Aufschrift auf dem Plexiglas: „infuso di caffè idrocompresso" (anhand von Wasserdruck gebrühter Kaffee).

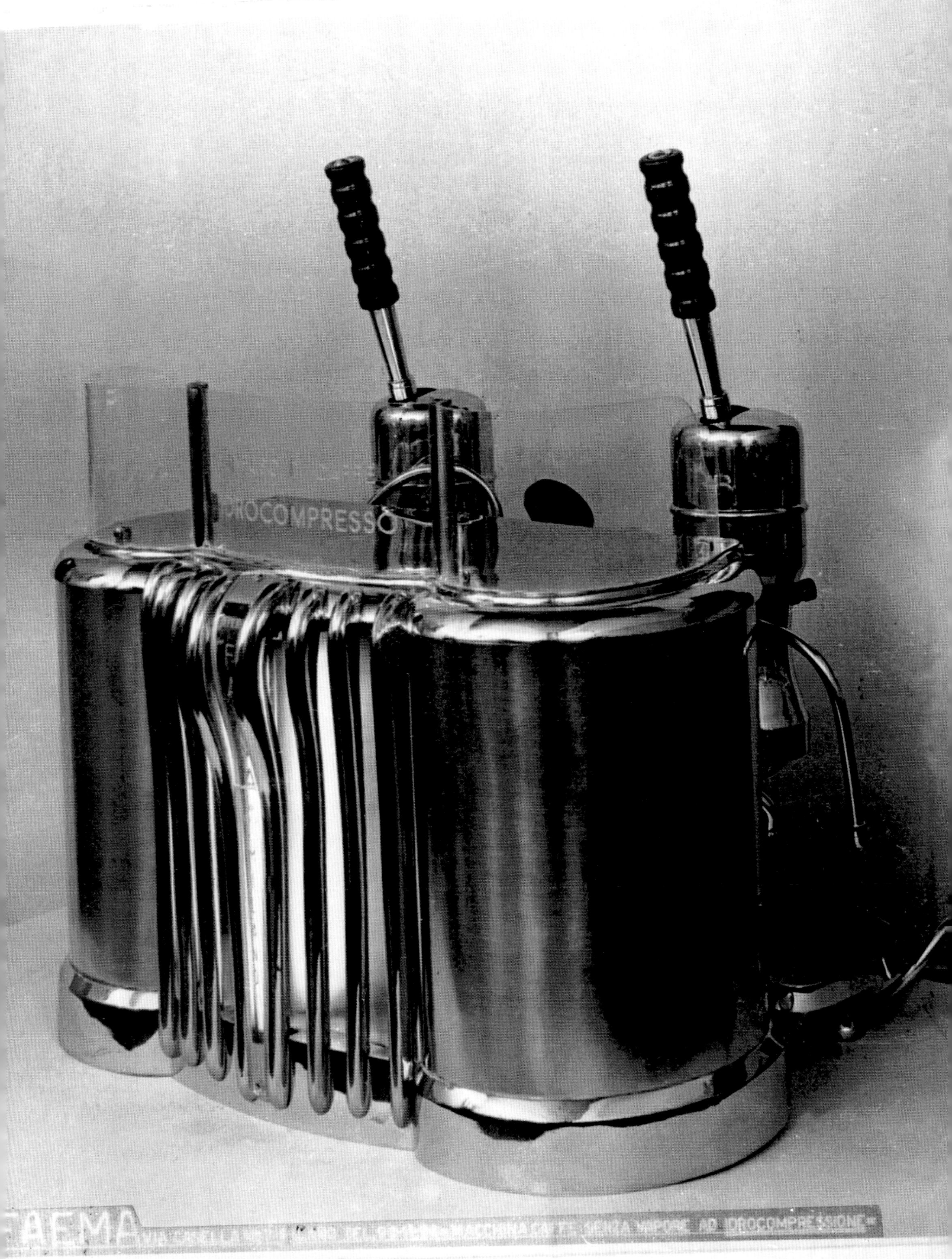
IDROCOMPRESSO
FAEMA
SENZA VAPORE AD IDROCOMPRESSIONE

Officine FAEMA

MACCHINE DA CREMA CAFFE' AD IDROCOMPRESSIONE

Via Casella N. 7 - MILANO (860) - Telefoni 990-156-7-8-9

Relazione sulla macchina da caffè «Faema-brevettata»
Serie "MARTE" 2 gruppi - capacità litri 18 circa

È la prima macchina in commercio funzionante ad idrocompressione, frutto della esperienza acquisita quali primi costruttori in serie di macchine da caffè senza vapore.

I consensi raccolti e la regolarità di funzionamento formano la migliore e più obbiettiva prova delle nostre capacità tecniche.

Il moderno e razionale sistema di costruzione del nostro gruppo brevettato, oltre ad assicurare una durata pressochè illimitata senza la minima manutenzione con la totale eliminazione di guarnizioni e l'adozione di anelli speciali ad autotenuta, consente un totale sfruttamento della miscela dando costantemente un infuso, a parità di caffè, più caldo (80°) e più aromatico di quello ottenibile con qualsiasi altra macchina.

Inoltre l'infuso si ricopre di una panna spessa e persistente, di colore marrone, e di ottima presentazione, ed è totalmente privo di sostanze tanniche nocive.

L'abbassamento di una leva è la sola manovra occorrente, in quanto la stessa sosta in posizione inferiore, permettendo una perfetta infusione fra acqua e polvere di caffè e poi, con una leggera spinta, ritorna automaticamente al punto di partenza, lasciando libero l'operatore di dedicarsi al caricamento di altri gruppi od al servizio di banco.

La velocità di produzione di questo tipo di macchine è di n. 2 caffè ogni 30" per gruppo.

L'intelaiatura fusa e la conformazione esterne della macchina sono tali che, oltre a conferire la massima solidità, presentano una indovinata forma estetica

Il radiatore anteriore costituito da traverse dorate galvanicamente con oro fino, emana una luce colorata riflessa di ottimo effetto estetico, diffusa anche alla vetrina superiore.

La macchina può funzionare ad elettricità, gas o simili (liquigas), benzina, ecc.

Le macchine vengono costruite nei seguenti modelli:

```
Tipo 00 - litri  2 - gruppi 1
  »   0  -  »    5 -   »    1
  »   1  -  »    8 -   »    1
  »   2  -  »   15 -   »    2
  »   3  -  »   25 -   »    3
  »   4  -  »   50 -   »    4
  »   6  -  »   50 -   »    6
```
a richiesta numero superiore di gruppi

Gruppi autoriscaldanti. Riscaldamento iniziale a vapore

Le macchine a 4 e 6 gruppi possono essere fornite con due caldaie indipendenti.

DIMENSIONI: Larghezza cm. 62 - Profondità cm. 47 - Altezza cm. 45

32

Primi anni '50. Sul banco di questo bar, in provincia di Trieste, una Faema modello Marte, tre gruppi.
Sulla macchina, tazzine in porcellana, la cui forma ampia era di moda in quegli anni.

Early 1950s. A 3-group Faema Marte model on the counter of a bar in the province of Trieste.
Porcelain cups, whose wide shape was the fashion in those years, on the machine.

Anfang der 50er Jahre. Auf der Theke dieser Bar in der Provinz Triest eine Faema-Maschine, Modell Marte, drei Brühgruppen.
Auf der Maschine: Porzellantassen, deren weite Form in jenen Jahren aktuell war.

33 - 34
Fema modello Marte, due gruppi. Restaurata.
Faema 2-group Marte model. Restored.
Faema-Maschine, Modell Marte, zwei Brühgruppen. Restauriert.

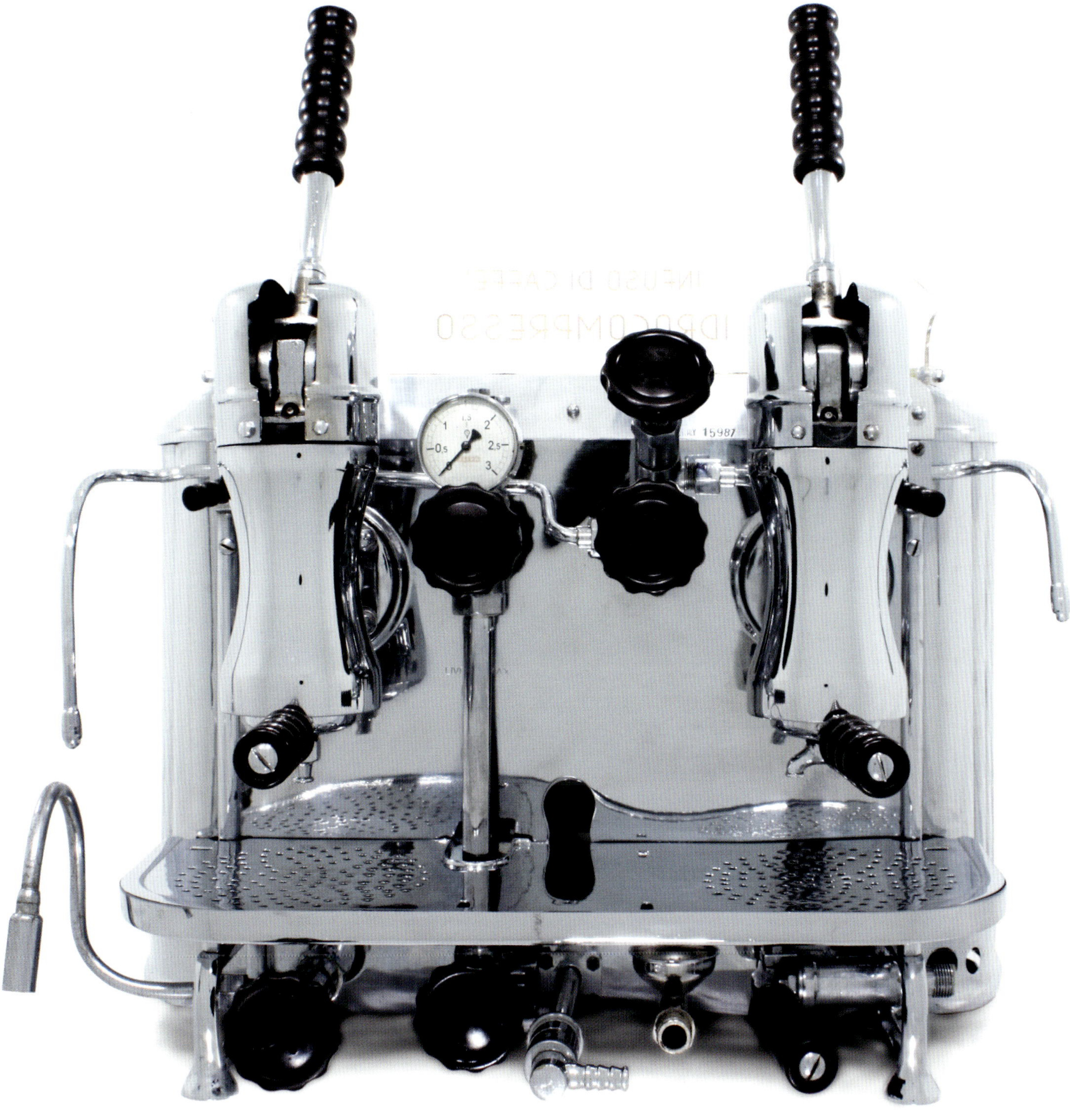

Officine FAEMA

MACCHINE DA CREMA CAFFÈ AD IDROCOMPRESSIONE

Via Casella, 7 - MILANO (860) - Telefoni 990-156 - 57 - 58 - 59

Relazione sulla macchina da caffè «Faema-brevettata»
Serie «MARTE» 1 gruppo - capacità litri 10 circa

Visitate lo stand F. A. E. M. A. alla FIERA DI BOLOGNA

LAFFI GINO - Bologna
Ufficio e Amministrazione: Via D'Azeglio n. 1 - Telef. 23-544
Rappresentante - Concessionario
F. A. E. M. A. - MILANO

È la prima macchina in commercio funzionante ad idrocompressione, frutto della esperienza acquisita quali primi costruttori in serie di macchine da caffè senza vapore.

I consensi raccolti e la regolarità di funzionamento formano la migliore e più obbiettiva prova delle nostre capacità tecniche.

Il moderno e razionale sistema di costruzione del nostro gruppo brevettato, oltre ad assicurare una durata pressoché illimitata senza la minima manutenzione con la totale eliminazione di guarnizioni e l'adozione di anelli speciali ad autotenuta, consente un totale sfruttamento della miscela dando costantemente un infuso, a parità di caffè, più caldo (80°) e più aromatico di quello ottenibile con qualsiasi altra macchina.

Inoltre l'infuso si ricopre di una panna spessa e persistente, di colore marrone, e di ottima presentazione, ed è totalmente privo di sostanze tanniche nocive.

L'abbassamento di una leva è la sola manovra occorrente, in quanto la stessa sosta in posizione inferiore, permettendo una perfetta infusione fra acqua e polvere di caffè e poi, con una leggera spinta, ritorna automaticamente al punto di partenza, lasciando libero l'operatore di dedicarsi al caricamento di altri gruppi od al servizio di banco.

La velocità di produzione di questo tipo di macchine è di n. 2 caffè ogni 30" per gruppo.

L'intelaiatura fusa e la conformazione esterne della macchina sono tali che, oltre a conferire la massima solidità, presentano una indovinata forma estetica.

Il radiatore anteriore costituito da traverse dorate galvanicamente con oro fino, emana una luce colorata riflessa di ottimo effetto estetico, diffusa anche alla vetrina superiore.

La macchina può funzionare ad elettricità, gas o simili (liquigas), benzina, ecc.

Le macchine vengono costruite nei seguenti modelli:

```
Tipo 00 - litri  2 - gruppi 1
 »   0  -   »    5 -   »    1
 »   1  -   »    8 -   »    1
 »   2  -   »   15 -   »    2
 »   3  -   »   25 -   »    3
 »   4  -   »   50 -   »    4
```

a richiesta numero superiore di gruppi

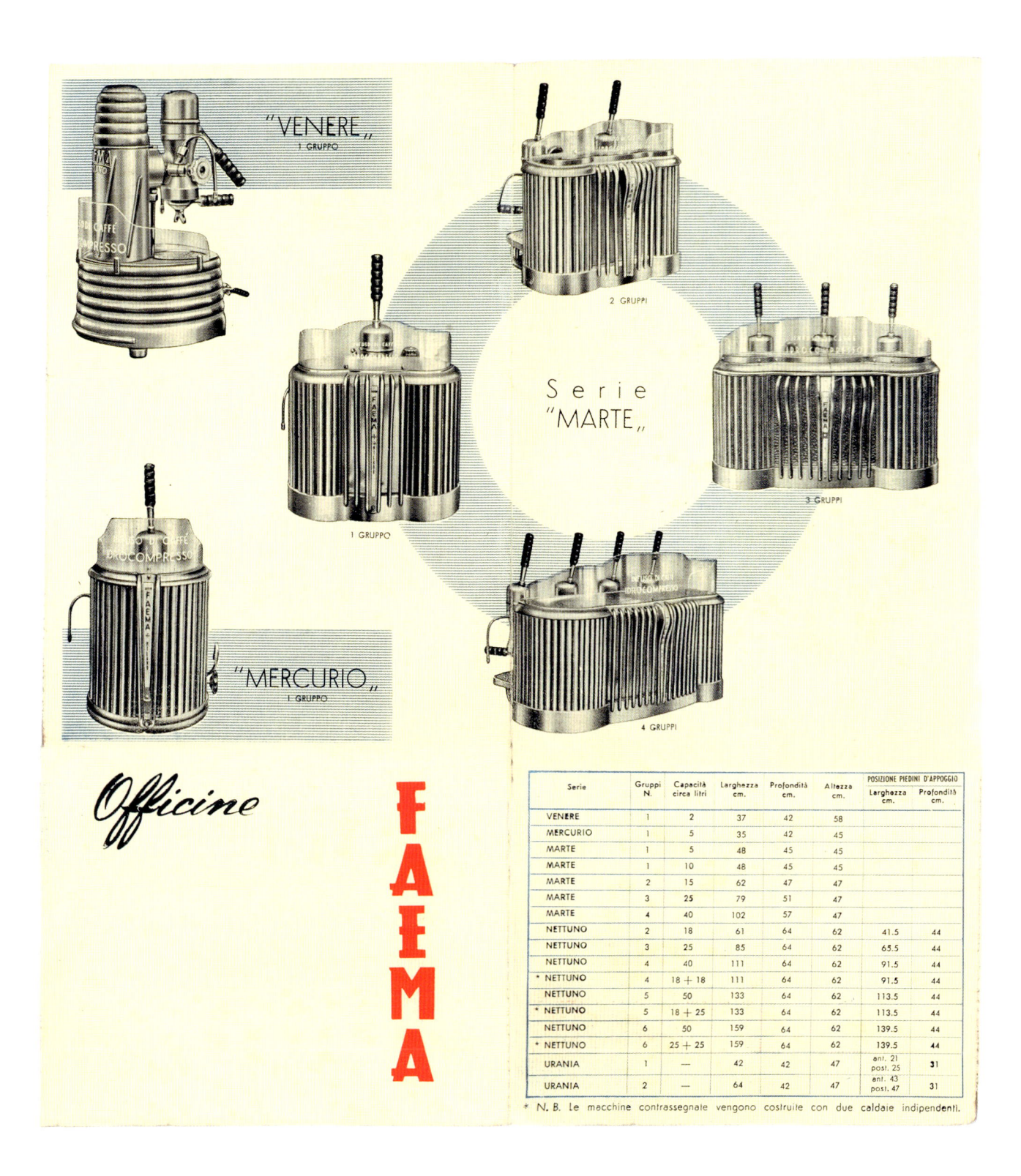

Serie	Gruppi N.	Capacità circa litri	Larghezza cm.	Profondità cm.	Altezza cm.	POSIZIONE PIEDINI D'APPOGGIO	
						Larghezza cm.	Profondità cm.
VENERE	1	2	37	42	58		
MERCURIO	1	5	35	42	45		
MARTE	1	5	48	45	45		
MARTE	1	10	48	45	45		
MARTE	2	15	62	47	47		
MARTE	3	25	79	51	47		
MARTE	4	40	102	57	47		
NETTUNO	2	18	61	64	62	41.5	44
NETTUNO	3	25	85	64	62	65.5	44
NETTUNO	4	40	111	64	62	91.5	44
* NETTUNO	4	18 + 18	111	64	62	91.5	44
NETTUNO	5	50	133	64	62	113.5	44
* NETTUNO	5	18 + 25	133	64	62	113.5	44
NETTUNO	6	50	159	64	62	139.5	44
* NETTUNO	6	25 + 25	159	64	62	139.5	44
URANIA	1	—	42	42	47	ant. 21 post. 25	31
URANIA	2	—	64	42	47	ant. 43 post. 47	31

* N. B. Le macchine contrassegnate vengono costruite con due caldaie indipendenti.

36

Faema modelli Venere, Mercurio e serie Marte del 1953. Le manopole delle leve sono in bakelite. Dépliant originale.
1953 Faema Venere, Mercurio and Marte series models, with Bakelite lever handles. Original brochure.
Faema-Maschinen, Modelle Venere, Mercurio und Baureihe Marte aus dem Jahr 1953. Die Griffe der Hebel sind aus Bakelit gefertigt. Original-Prospekt.

37 - 38
Faema modello Marte del 1952, gruppi uno. Completamente restaurata.
1952 Faema 1-group Marte model. Fully restored.
Faema-Maschine, Modell Marte aus dem Jahr 1952, eine Brühgruppe. Komplett restauriert.

1950 – 1960

81

39 - 40
Faema modello Mercurio del 1951, gruppi uno.
1951 Faema 1-group Mercurio model.
Faema-Maschine, Modell Mercurio aus dem Jahr 1951, eine Brühgruppe.

1950 — 1960

41 - 42
Faema modello Mercurio del 1955, gruppi uno. Terza serie.
1955 Faema 1-group Mercurio model. Third series.
Faema-Maschine, Modell Mercurio aus dem Jahr 1955, eine Brühgruppe. Dritte Baureihe.

1950 – 1960

85

UNA MACCHINA OGNI 16 MINUTI

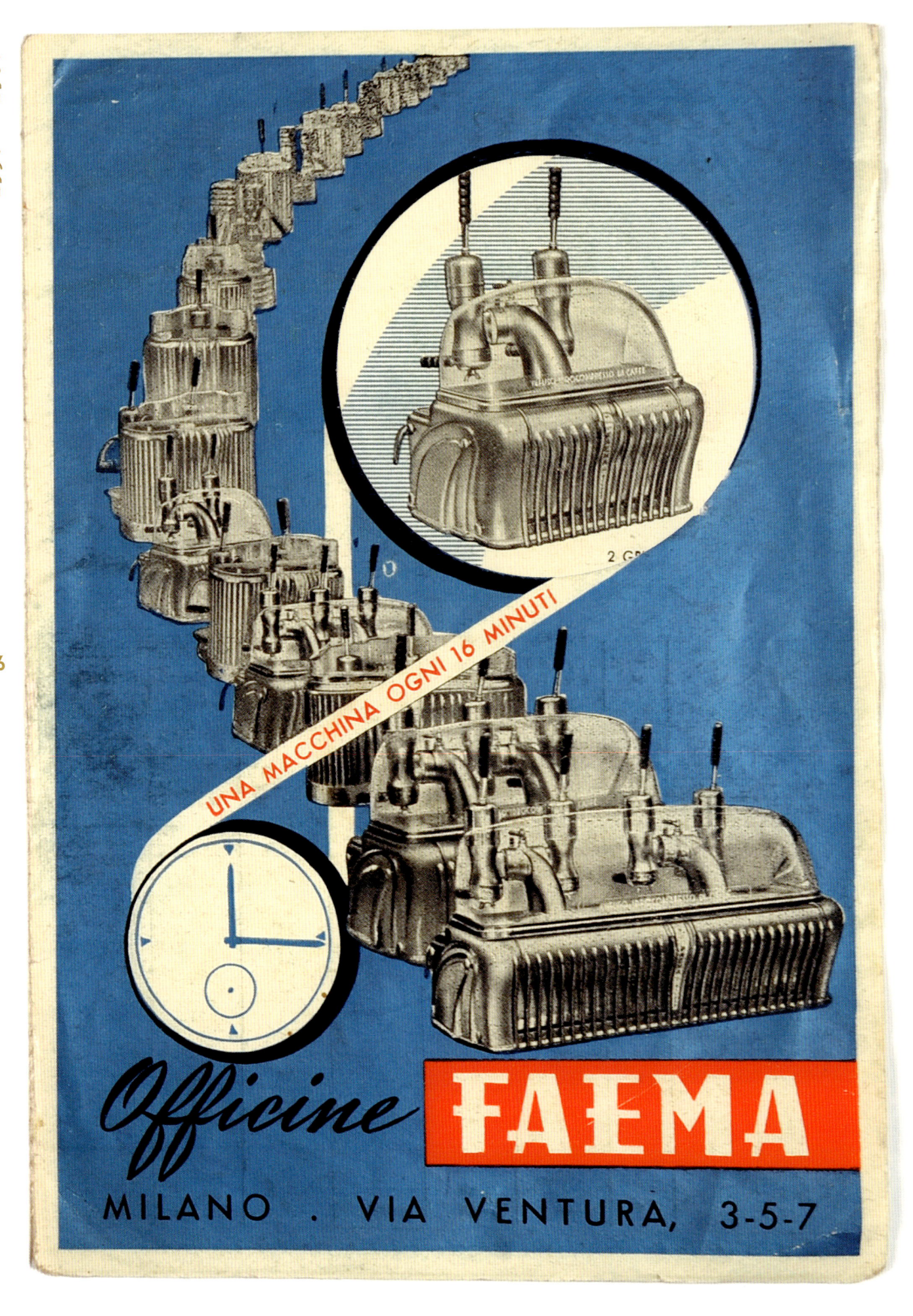

Officine FAEMA

MILANO . VIA VENTURA, 3-5-7

44
Ex meccanici della Faema. Alla destra il sig. Angelo Ghezzi, soprannominato "Lino Rus".
Former Faema technicians. To the right, Angelo Ghezzi, nicknamed "Lino Rus".
Ehemalige Faema-Mechaniker. Rechts Angelo Ghezzi, genannt „Lino Rus".

45
Stabilimento di via Ventura, Milano. L'uscita dalla fabbrica.
Industrial plant in via Ventura, Milan. Coming out of the factory.
Produktionsstätte in der via Ventura, Mailand. Beim Verlassen der Fabrik.

FAEMA

MILANO . VIA VENTURA, 3-5
TELEFONI 29.36.41 - 2 - 3 - 4

46
Anno 1955, stabilimento di via Ventura. Dépliant originale.
1955, industrial plant in via Ventura. Original brochure.
1955, Produktionsstätte in der via Ventura. Original-Prospekt.

SERIE	Gruppi N.	Capacità circa litri	Larghez. cm.	Profond. cm.	Altezza cm.	Posiz. piedini d'appoggio	
						Larghez. cm.	Profond. cm.
VENERE	1	2	37	42	58		
MERCURIO	1	5	35	42	45		
MARTE	1	5	48	45	45		
MARTE	1	10	48	45	45		
MARTE	2	15	62	47	47		
MARTE	3	25	79	51	47		
MARTE	4	40	102	57	47		
NETTUNO	2	18	61	64	62	41,5	44
NETTUNO	3	25	85	64	62	65,5	44
NETTUNO	4	40	111	64	62	91,5	44
* NETTUNO	4	18+18	111	64	62	91,5	44
NETTUNO	5	50	133	64	62	113,5	44
* NETTUNO	5	18+25	133	64	62	113,5	44
NETTUNO	6	50	159	64	62	139,5	44
* NETTUNO	6	25+25	159	64	62	139,5	44
URANIA senza cald.	1	—	42	42	47	ant. 21 post. 25	31
URANIA senza cald.	2	—	64	42	47	ant. 43 post. 47	31
URANIA con caldaia	1	5	48	50	47	ant. 27 post. 31	38
URANIA con caldaia	1	10	48	50	47	ant. 27 post. 31	38
URANIA con caldaia	2	15	64	52	47	ant. 43 post. 47	41
URANIA con caldaia	3	25	81	54	47	ant. 60 post. 64	43
URANIA con caldaia	4	40	105	57	47	ant. 84 post. 88	46
* URANIA con caldaia	4	20+20	105	57	47	ant. 84 post. 88	46
URANIA con caldaia	5	50	129	57	47	ant. 108 post. 112	46
○* URANIA con caldaia	5	25+20	129	57	47	ant. 108 post. 112	46
○* URANIA con caldaia	5	30+20	129	57	47	ant. 108 post. 112	46
URANIA con caldaia	6	50	153	57	47	ant. 132 post. 136	46
* URANIA con caldaia	6	25+25	153	57	47	ant. 132 post. 136	46
○* URANIA con caldaia	6	30+30	153	57	47	ant. 132 post. 136	46
○* URANIA con caldaia	6	40+20	153	57	47	ant. 132 post. 136	46

* NB. - Le macchine contrassegnate vengono costruite con 2 caldaie indipendenti.
○ NB. - Le macchine contrassegnate hanno una maggiorazione di prezzo del 5%.

MACINADOSATORI . TRITAGHIACCIO . FRULLINI . SPREMIAGRUMI . GRUPPI MULTIPLI

SEZIONE ARREDAMENTI
BANCHI BAR DI SERIE E ARREDAMENTI COMPLETI DI OPERE MURARIE

A.G.P. - Milano - Via Battaglia, 34 - tel. 24.30.20   Distrib. Aut. Quest. di Milano art. 203 P.S.

1950 – 1960

48
Anni '50, stabilimento di Nizza - Francia. Presso tale sede venivano prodotti i modelli Marte, Mercurio e Urania tutti siglati "Made in France".

1950s. Industrial plant in Nice - France. The Marte, Mercurio and Urania models were produced here, bearing the "Made in France" mark.

50er Jahre, Werk in Nizza, Frankreich. In dieser Niederlassung wurden die Modelle Marte, Mercurio und Urania hergestellt, die alle mit dem Vermerk „Made in France" gekennzeichnet sind.

49

Il sig. Giuseppe Oliva, ex dipendente Faema, a bordo della "Iso-Moto" modello Isetta. Tale piccola autovettura veniva utilizzata per recarsi a prestare assistenza presso clienti e venditori.
Mr. Oliva - former employee at Faema – in an "Iso-Moto" Isetta model. This small car was used to go and carry out repair work at customers' or dealers' premises.
Giuseppe Oliva, ehemaliger Faema-Mitarbeiter, an Bord des „Iso-Moto", Modell Isetta. Dieser kleine Pkw wurde für Serviceeinsätze bei Kunden und Händlern benutzt.

50 - 51
Macinadosatore tipo FP.
Coffee grinder and doser type FP.
Dosiermühle Typ FP.

1950 — 1960

94

52 - 53
Macinadosatore tipo Lusso FL.
Coffee grinder and doser type Lusso FL.
Dosiermühle Typ Lusso FL.

54 - 55
Macinadosatore tipo FM.
Coffee grinder and doser type FM.
Dosiermühle Typ FM.

56 - 57
Macinacaffè FD/1 per drogherie con portasacchetti.
Grocer's coffee grinder type FD/1, with bag holder.
Kaffeemühle FD/1 für Drogerien mit Tütenhalter.

58
Macinacaffè per drogherie con portasacchetti.
Grocer's coffee grinder, with bag holder.
Kaffeemühle für Drogerien mit Tütenhalter.

1950 – 1960

59 - 60
Gruppo multiplo: frullatore, spremiagrumi e tritaghiaccio.
Multiple group: mixer, citrus squeezer and ice crusher.
Mehrzweckgerät: Mixer, Zitruspresse und Eiscrusher.

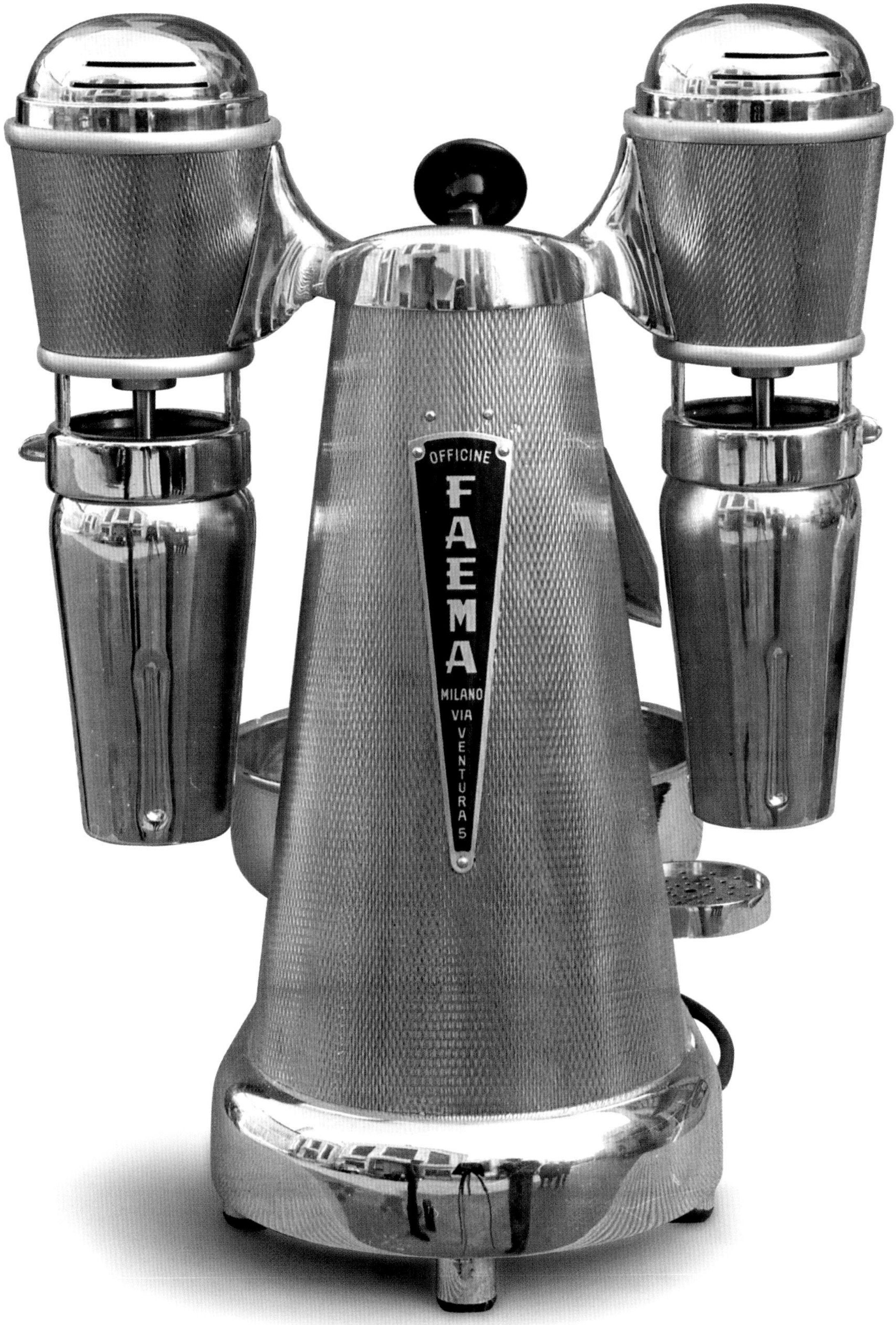
OFFICINE
FAEMA
MILANO
VIA
VENTURA 5

1950 – 1960

61 - 62
Gruppo multiplo: spremiagrumi, tritaghiaccio e frullatore.
Multiple group: citrus squeezer, ice crusher and mixer.
Mehrzweckgerät: Zitruspresse, Eiscrusher und Mixer.

1950 — 1960

101

63

Furgone dell'Alfa Romeo utilizzato per la pubblicità e la promozione dei prodotti Faema.
La macchina che si intravede dal terzo finestrino è una Faema, modello Urania, del 1956.

Alfa Romeo van used both for advertising and promoting Faema products.
The coffee machine visible through the third window is a 1956 Faema Urania model.

Kleinlaster der Marka Alfa Romeo, der zu Werbezwecken und für die Promotion der Faema-Produkte verwendet wurde. Die Maschine, die durch das dritte Fenster zu sehen ist, ist eine Faema, Modell Urania, aus dem Jahr 1956.

64

Interno del furgone, modello Romeo. Sul piano da sinistra: macinadosatore tipo Lusso FL, Faema modello Mercurio terza serie, macinacaffè per drogherie.

Van interiors, Romeo model. On the counter, from left to right: coffee grinder and doser, Lusso FL type, Faema Mercurio third series model, grocer's coffee grinder.

Innenraum des Transporters, Modell Romeo. Auf der Arbeitsplatte von links: Dosierer Typ Lusso FL, Faema-Maschine, Modell Mercurio dritte Baureihe, Kaffeemühle für Drogerien.

65 - 66
Faema modello Urania del 1952, gruppi uno. Prima serie.
1952 Faema 1-group Urania model. First series.
Faema-Maschine, Modell Urania aus dem Jahr 1952, eine Brühgruppe. Erste Baureihe.

1950 – 1960

67 - 68
Faema modello Urania del 1952, gruppi due. Prima serie.
1952 Faema 2-group Urania model. First series.
Faema-Maschine, Modell Urania aus dem Jahr 1952, zwei Brühgruppen. Erste Baureihe.

1950 — 1960

CAFFÈ ORA

1950 — 1960

70
Faema modello Urania del 1955, gruppi quattro. Prima serie.
1955 Faema 4-group Urania model. First series.
Faema-Maschine, Modell Urania aus dem Jahr 1955, vier Brühgruppen. Erste Baureihe.

69
Anno 1955, Fiera di Milano. Alla destra Carlo Ernesto Valente e la figlia Nella.
1955, Milan Trade Fair. On the right are Carlo Ernesto Valente and his daughter, Nella.
1955, Mailänder Messe. Rechts Carlo Ernesto Valente mit Tochter Nella.

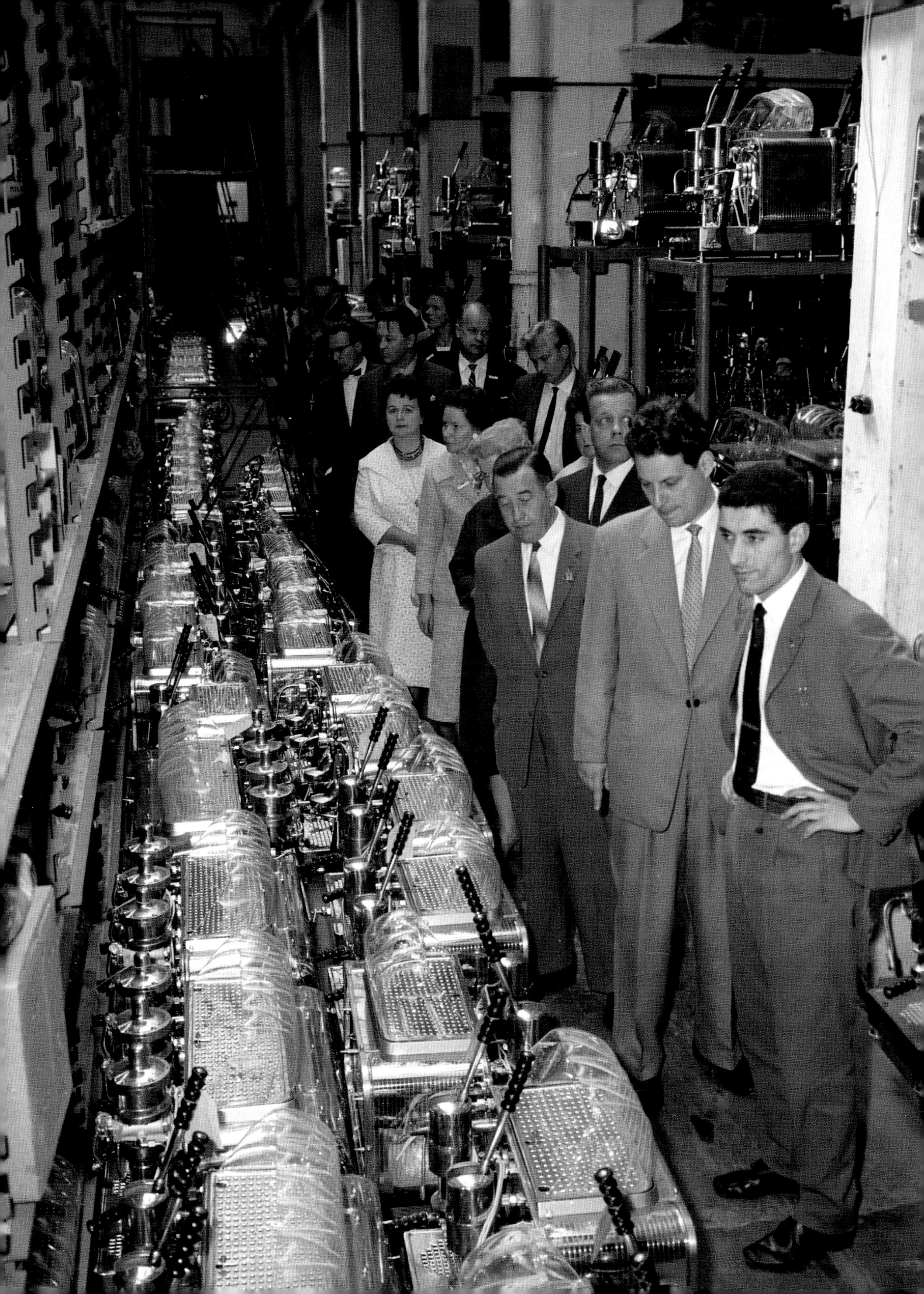

72
Ristorante in Pompei, Napoli. Sul banco una Faema modello Urania, del 1953.
Restaurant in Pompey, Naples. A 1953 Faema Urania model is on the counter.
Restaurant in Pompeji, Neapel. Auf der Theke eine Faema-Maschine, Modell Urania, aus dem Jahr 1953.

71
Anno 1955. Delegazione scandinava in visita presso gli stabilimenti di via Ventura.
1955. A visiting Scandinavian delegation at the industrial plant in via Ventura.
1955, skandinavische Gruppe zu Besuch in der Produktionsstätte in der via Ventura.

73 - 74
Faema modello Urania del 1955, gruppi uno. Seconda serie.
1955 Faema 1-group Urania model. Second series.
Faema-Maschine, Modell Urania aus dem Jahr 1955, eine Brühgruppe. Zweite Baureihe.

75 - 76
Faema modello Urania del 1955, gruppi due. Seconda serie.
1955 Faema 2-group Urania model. Second series.
Faema-Maschine, Modell Urania aus dem Jahr 1955, zwei Brühgruppen. Zweite Baureihe.

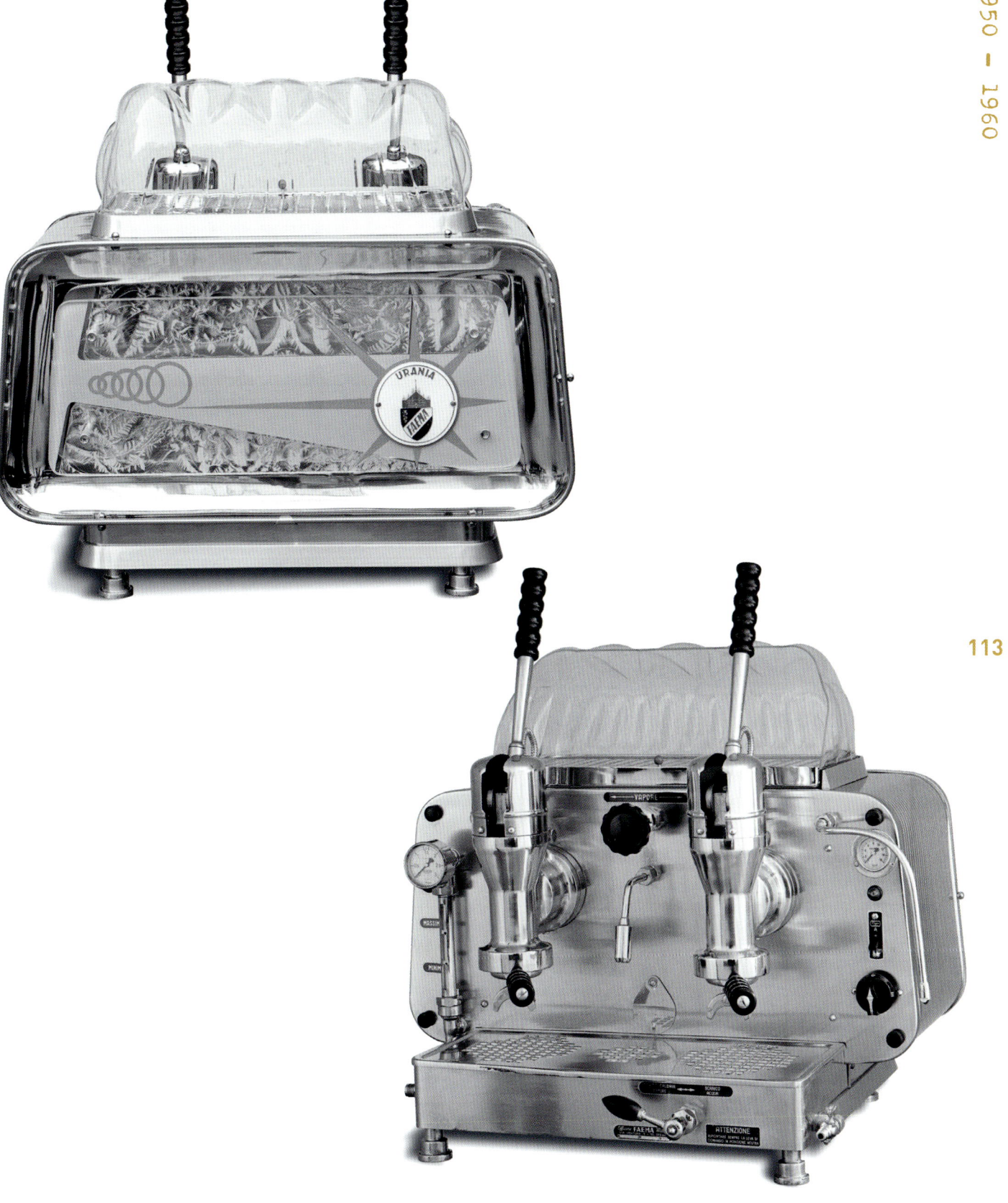

77 - 78
Faema modello Urania del 1955, gruppi due. Seconda serie.
1955 Faema 2-group Urania model. Second series.
Faema-Maschine, Modell Urania aus dem Jahr 1955, zwei Brühgruppen. Zweite Baureihe.

1950 — 1960

115

79 - 80

Anno 1956. Pullman pubblicitario utilizzato per la carovana che seguiva il Giro d'Italia.
A bordo juke-box Faema prodotto dalla Harmonie e macchine per caffè, modelli Urania e Faemina.

1956. Promotional bus used to follow the convoy of Giro d'Italia cyclists.
On board, a Faema juke-box produced by Harmonie, and Urania and Faemina coffee machines.

1956, Werbebus, eingesetzt in der Kolonne, die dem Giro d'Italia folgte.
An Bord eine Faema-Musikbox, hergestellt von Harmonie, sowie Kaffeemaschinen der Modelle Urania und Faemina.

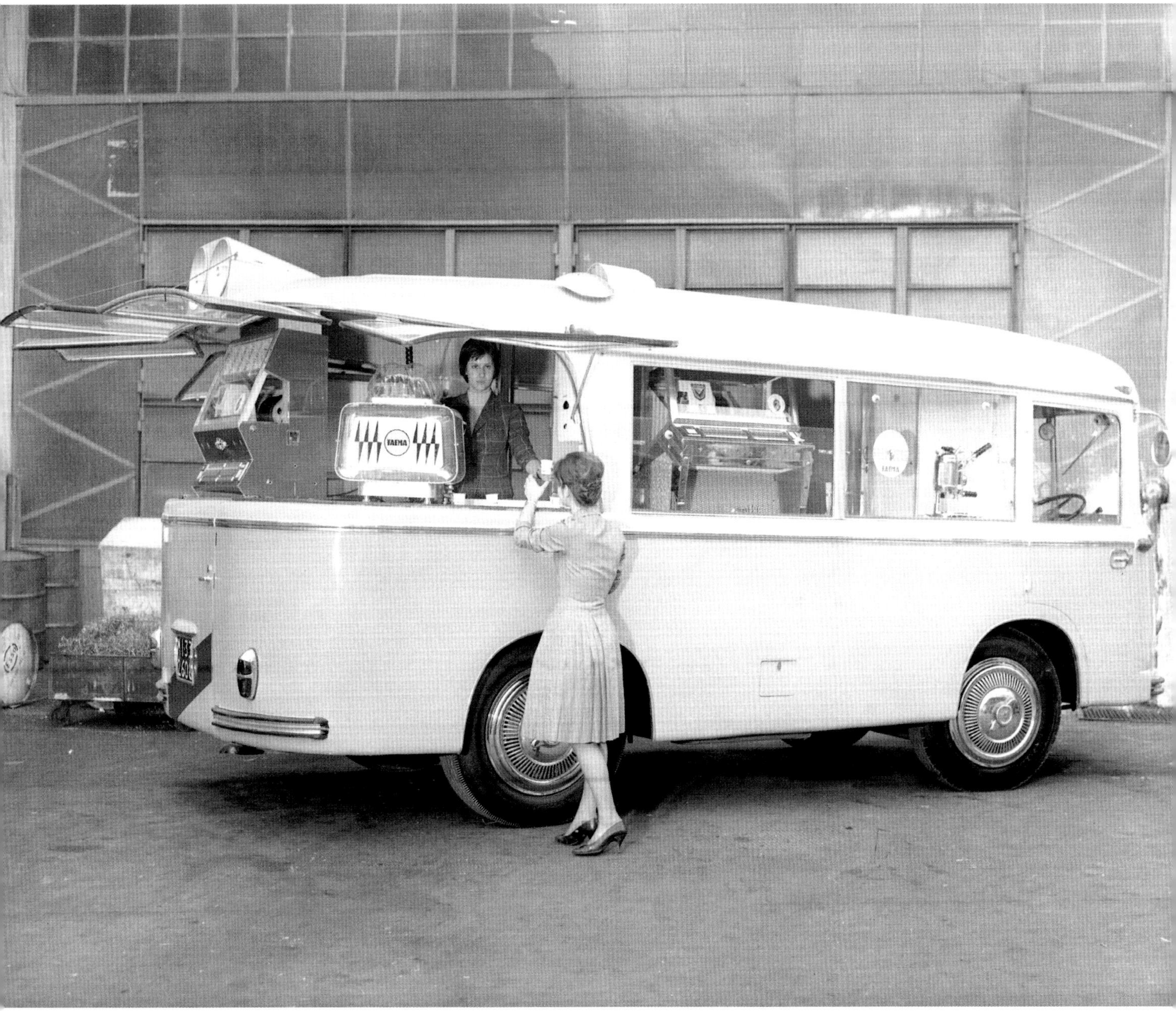
FAEMA

81 - 82
Faema modello Urania del 1955, gruppi tre. Seconda serie.
1955 Faema 3-group Urania model. Second series.
Faema-Maschine, Modell Urania aus dem Jahr 1955, drei Brühgruppen. Zweite Baureihe.

1950 – 1960

83 - 84
Faema modello Urania del 1955, gruppi quattro. Seconda serie.
1955 Faema 4-group Urania model. Second series.
Faema-Maschine, Modell Urania aus dem Jahr 1955, vier Brühgruppen. Zweite Baureihe.

1950 – 1960

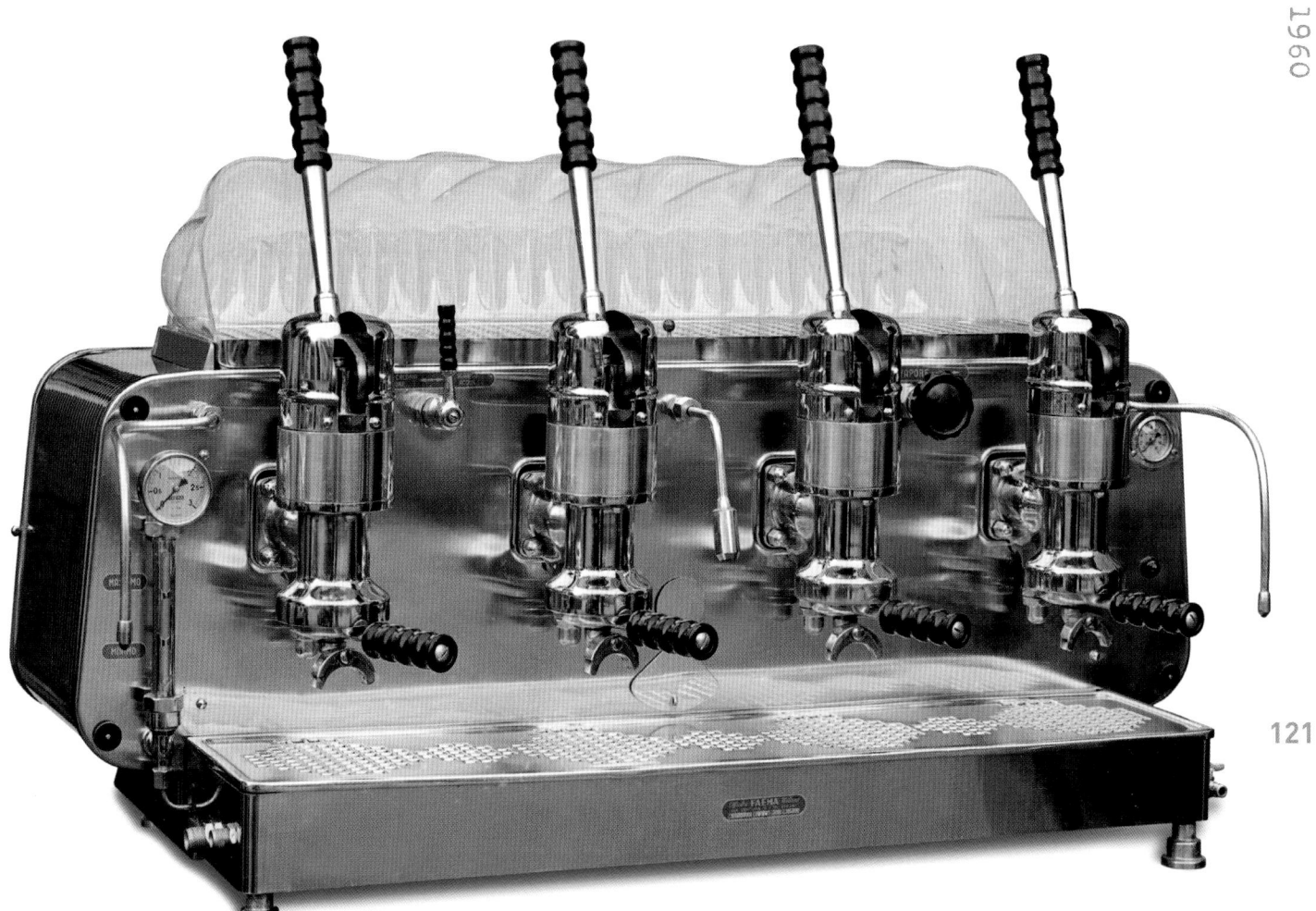

1950 – 1960

122

85 - 86 - 87
Gruppi a pistone Faema.
Faema piston groups.
Faema-Brühgruppe mit Kolben.

1950 – 1960

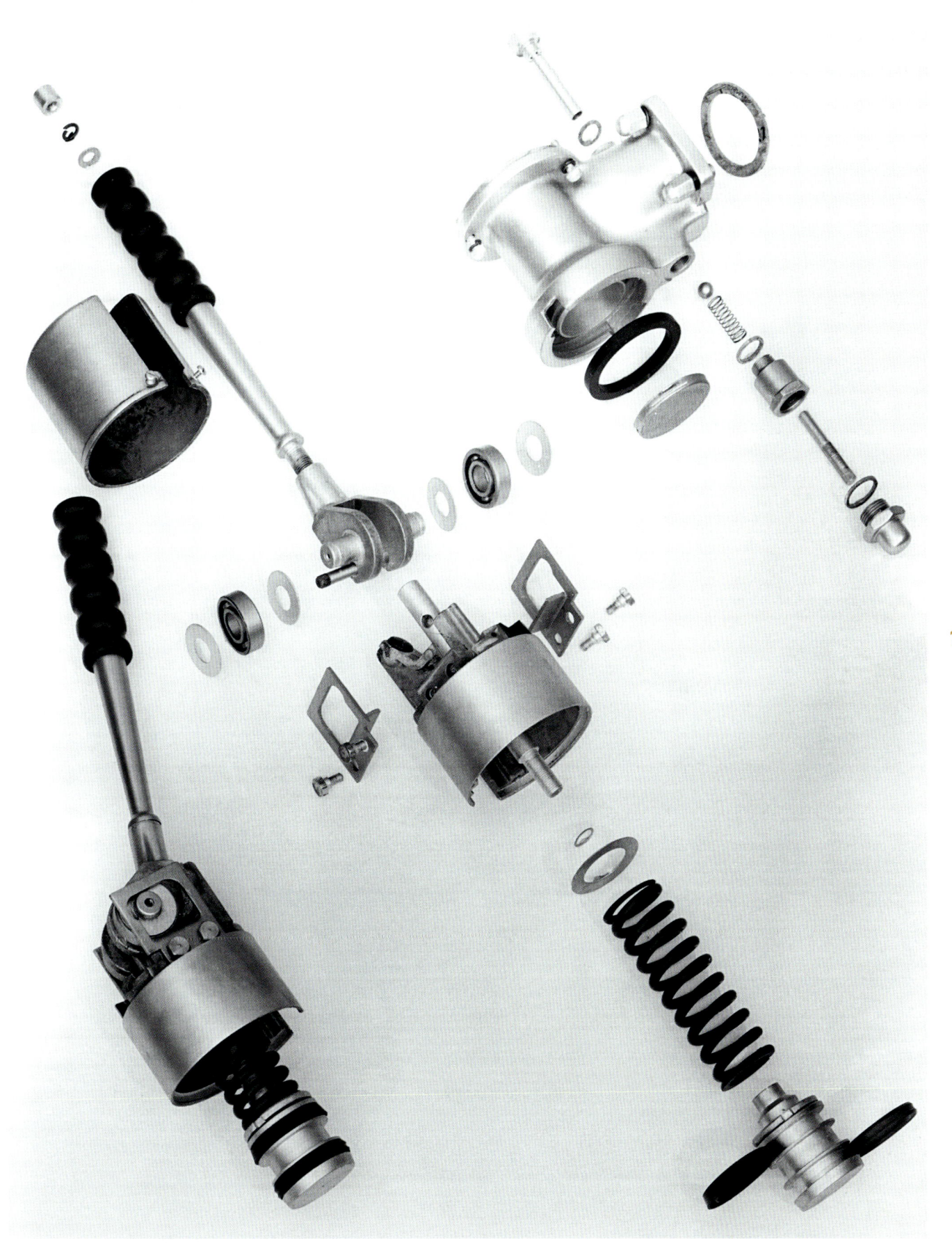

123

87

una novità FAEMA
indispensabile per

ISTRUZIONI PER L'USO

Blocco superiore infusorio, blocco inferiore, condotti e rubinetti completamente in bronzo cromato.

Recipiente riserva-portafiltro in acciaio inox.

Filtri in alpacca dura.

PARTICOLARITÀ COSTRUTTIVE

Al mattino, messa in pressione la caldaia (atm. 1 ÷ 1,3) si apre il rubinetto superiore in modo da riempire per circa ¼ di litro di acqua calda il recipiente di riserva. Si richiude il rubinetto superiore e si apre la piccola valvola inferiore dalla quale si attenderà l'uscita di vapore per poi richiuderla immediatamente; indi si scaricherà l'acqua dalla riserva aprendo il rubinetto di scarico.

Con questa manovra il gruppo è pronto per la formazione continua della bevanda caffè.

Allentando il volantino superiore si toglie il portafiltro, si procede al riempimento del filtro con circa gr. 40 di caffè (7-8 dosature di qualunque macinadosatore) indi, senza pressatura, lo si aggancia al corpo infusore bloccando il tutto a mezzo del volantino superiore.

Aprire il piccolo coperchio del recipiente riserva ed assicurarsi che il rubinetto di scarico sia chiuso.

A questo punto si apre il rubinetto superiore e lo si richiude solo quando la bevanda formatasi abbia raggiunto la linea di 1 litro leggibile sull'apposito indicatore di livello.

Si ripetono tali manovre per ogni litro di bevanda.

È utile fare sempre il pieno (litri 2).

In momenti di punta, l'alimentazione continua del recipiente di riserva è assicurata in quanto resta evidente la possibilità di rendere continuativa la formazione della bevanda, pur provvedendo alle varie richieste erogazioni.

Per avere l'apparecchio sempre in efficienza, occorre tener puliti filtri e recipiente riserva, almeno al termine del lavoro giornaliero.

A. G. P. - milano - tel. 243020

---

88 - 89

Apparecchio FR-2 Réservoir di caffè espresso. Questo apparecchio è stato appositamente studiato e costruito per soddisfare le esigenze di alberghi, pensioni, cliniche, servizio rapido ai treni, club e particolarmente in queigli ambienti frequentati da stranieri. Dépliant originale.

FR-2 Réservoir device for espresso coffee. This device was specially designed and produced to meet the needs of hotels, hospitals, train services, clubs and, above all, the services destined to foreign tourists. Original brochure.

Gerät FR-2, Behälter für Espressokaffee. Dieses Gerät wurde eigens abgestimmt auf die Bedürfnisse von Hotels, Pensionen, Krankenhäusern, Schnellservice in Zügen, Clubs und insbesondere Bereichen mit ausländischen Gästen entwickelt und hergestellt. Original-Prospekt.

due domande:

almeno il 20% della vostra clientela consuma la prima colazione?.....

tra i vostri clienti contate una percentuale anche minima di stranieri?.....

.....SE É COSÌ

una risposta!

voi necessitate del gruppo brevettato **RÉSERVOIR FAEMA**

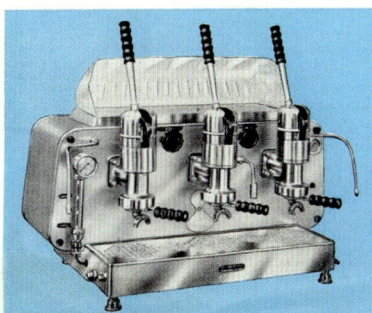

l' FR-2 è applicabile su qualsiasi macchina FAEMA con almeno due gruppi di manovra normali

APPARECCHIO FR-2 RÉSERVOIR DI CAFFÈ ESPRESSO

Questo apparecchio è stato appositamente studiato e costruito per soddisfare le esigenze di alberghi, pensioni, cliniche, servizio rapido ai treni, club e particolarmente in quegli ambienti frequentati da stranieri.

ESIGENZE:
a) Al mattino le richieste si moltiplicano in breve spazio di tempo;
b) La bevanda è preferita non fortemente concentrata come con le macchine a idrocompressione;
c) Erogazione immediata;
d) Temperatura costantemente calda;
e) Semplicità di manovra.

A tutte queste necessità risponde pienamente l'apparecchio FR-2, del quale presentiamo le caratteristiche:

1) È direttamente collegato alla caldaia esistente;
2) È munito di rubinetto d'intercettazione dell'acqua calda;
3) È munito di recipiente di riserva di lt. 2,5 completo di dispositivo per il mantenimento del calore a regime costante e razionale;
4) Rubinetto di erogazione a rapida manovra e di facilissimo lavaggio;
5) È sistemato all'altezza di mm. 140 ca. dal piano di base per facilitare l'uso di bicchieri, cocome e recipienti vari.

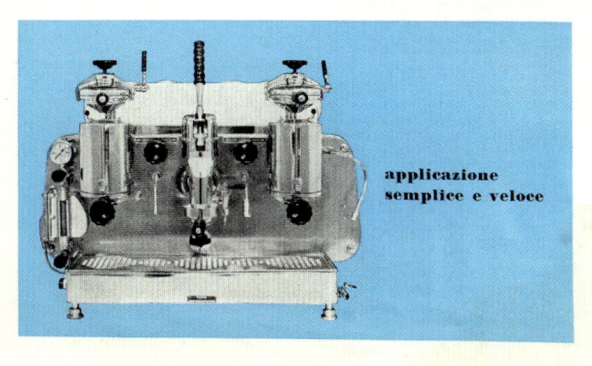

applicazione semplice e veloce

alberghi • pensioni • cliniche

90 - 91 - 92
Faema modello Urania del 1956, gruppi tre. Versione con pannello plastico giallo e blu.
1956 Faema 3-group Urania model, with a yellow and blue plastic panel.
Faema-Maschine, Modell Urania aus dem Jahr 1956, drei Brühgruppen. Ausführung mit Kunststoffabdeckung in Gelb und Blau.

1950 — 1960

93

Anno 1956, Fiera di Milano. Stand espositivo. Presentazione della macchina per gelato Faema (su licenza della Sani-Serv) e del juke-box Faema (su licenza di Harmonie).

1956, Milan Trade Fair. Exhibit stand. Launch of Faema (upon the license of Sani-Serv) ice-cream maker and Faema (upon the license of Harmonie) juke-box on the market.

1956, Mailänder Messe. Messestand. Präsentation der Faema-Speiseeismaschine (nach Lizenz von Sani-Serv) und der Faema-Musikbox (nach Lizenz von Harmonie).

94 - 95
Macchina per gelato Faema.
Faema ice-cream maker.
Faema-Speiseeismaschine.

96
Rita Valente, il cantante Tony Dallara e la sig.ra Crema.
Rita Valente, singer Tony Dallara and Mrs. Crema.
Rita Valente, Sänger Tony Dallara und Signora Crema.

97
I celebri cantanti Gino Latilla e Wilma De Angeli.
Well-known singers of the time Gino Latilla and Wilma De Angeli.
Die berühmten Sänger Gino Latilla und Wilma De Angeli.

97

98

98 - 99
Amici e conoscenti invitati per l'occasione.
Friends and acquaintances invited for the occasion.
Zum Anlass eingeladene Freunde und Bekannte.

100

Anno 1956, Fiera di Milano. Sul banco, macchina Faema modello L'autolivellotermica.
Addetto al caffè il sig. Giordano Della Pupa, ex dipendente dell'azienda.

1956, Milan Trade Fair. A Faema L'autolivellotermica coffee machine on the counter.
Giordano Della Pupa, former Faema employee assigned to prepare coffee.

1956, Mailänder Messe. Auf der Theke eine Faema-Maschine, Modell L'autolivellotermica.
Bei der Kaffeezubereitung Giordano Della Pupa, ehemaliger Mitarbeiter des Unternehmens.

134

101 - 102 - 103
Fiera di Milano. Presentazione inerente le macchine per caffè espresso ed i banchi bar prodotti dalla Faema.
Milan Trade Fair. Presentation of espresso coffee machines and bar counters manufactured by Faema.
Mailänder Messe. Präsentation der von Faema hergestellten Espressomaschinen und Bartheken.

1950 – 1960

136

1950 — 1960

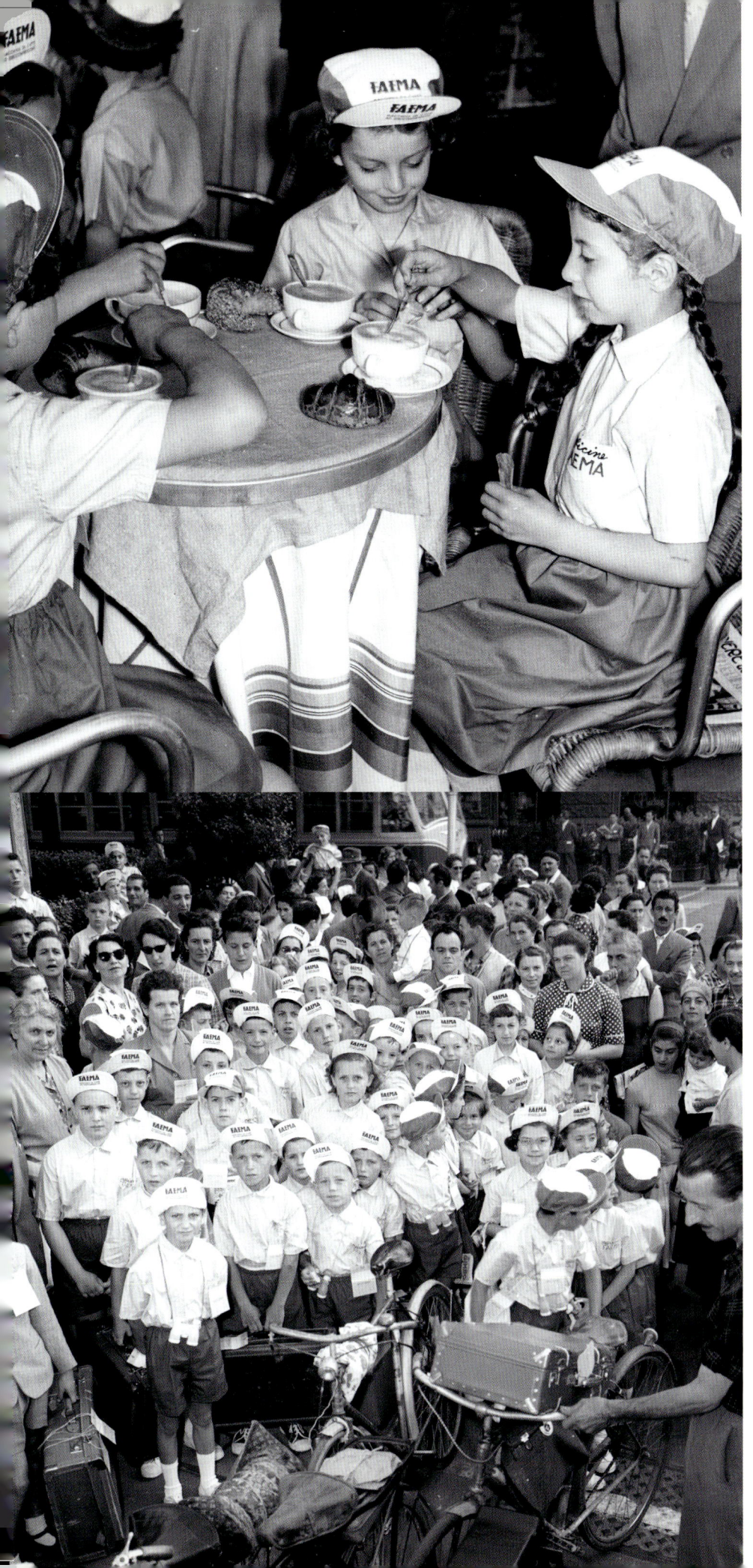

137

104 - 105 - 106 - 107
I figli dei dipendenti della Faema in partenza per il centro vacanze estive.
Colonia Marina Spotorno.

The children of Faema employees leaving for the summer holiday centre.
"Marina Spotorno" holiday centre.

Die Kinder der Faema-Mitarbeiter bei der Abreise ins Sommerlager.
Kinderferienstätte Marina Spotorno.

108

Anno 1958, circolo ricreativo Faema. Nella foto Carlo Ernesto Valente ed il campione di ciclismo Rik Van Looy mostrano fieri le notizie pubblicate dal giornale "La Notte" in occasione della grande vittoria della gara Milano-Sanremo.

1958, Faema recreation centre. In the photo, Carlo Ernesto Valente and cycling champion, Rik Van Looy proudly show off the article published in the "La Notte" newspaper, after the great victory at the Milano-Sanremo lap.

1958, Faema-Freizeitzentrum. Auf dem Foto zeigen Carlo Ernesto Valente und der Radchampion Rik Van Looy stolz die von der Zeitung „La Notte" veröffentlichten Meldungen über den großartigen Sieg beim Rennen Mailand–Sanremo.

109
Anno 1955, 38° Giro d'Italia. Momenti di ristoro.
1955, 38th Giro d'Italia. Serving refreshments.
1955, 38. Giro d'Italia. Pause.

1950 – 1960

110 - 111
I grandi campioni del Gruppo Sportivo Faema.
Great champions from the Gruppo Sportivo Faema (Faema Sports Team).
Die großen Champions der Faema-Sportgruppe.

1950 – 1960

Learco Guerra

Koblet

Post

141

112
Al centro il grande campione Ugo Koblet in visita agli stabilimenti di via Ventura.
At the centre, the great champion Ugo Koblet visiting the industrial plant in via Ventura.
In der Mitte der große Champ Ugo Koblet beim Besuch der Produktionsstätte in der via Ventura.

113
Sulla destra la sig.ra Nella Valente.
Nella Valente, on the right.
Rechts Nella Valente.

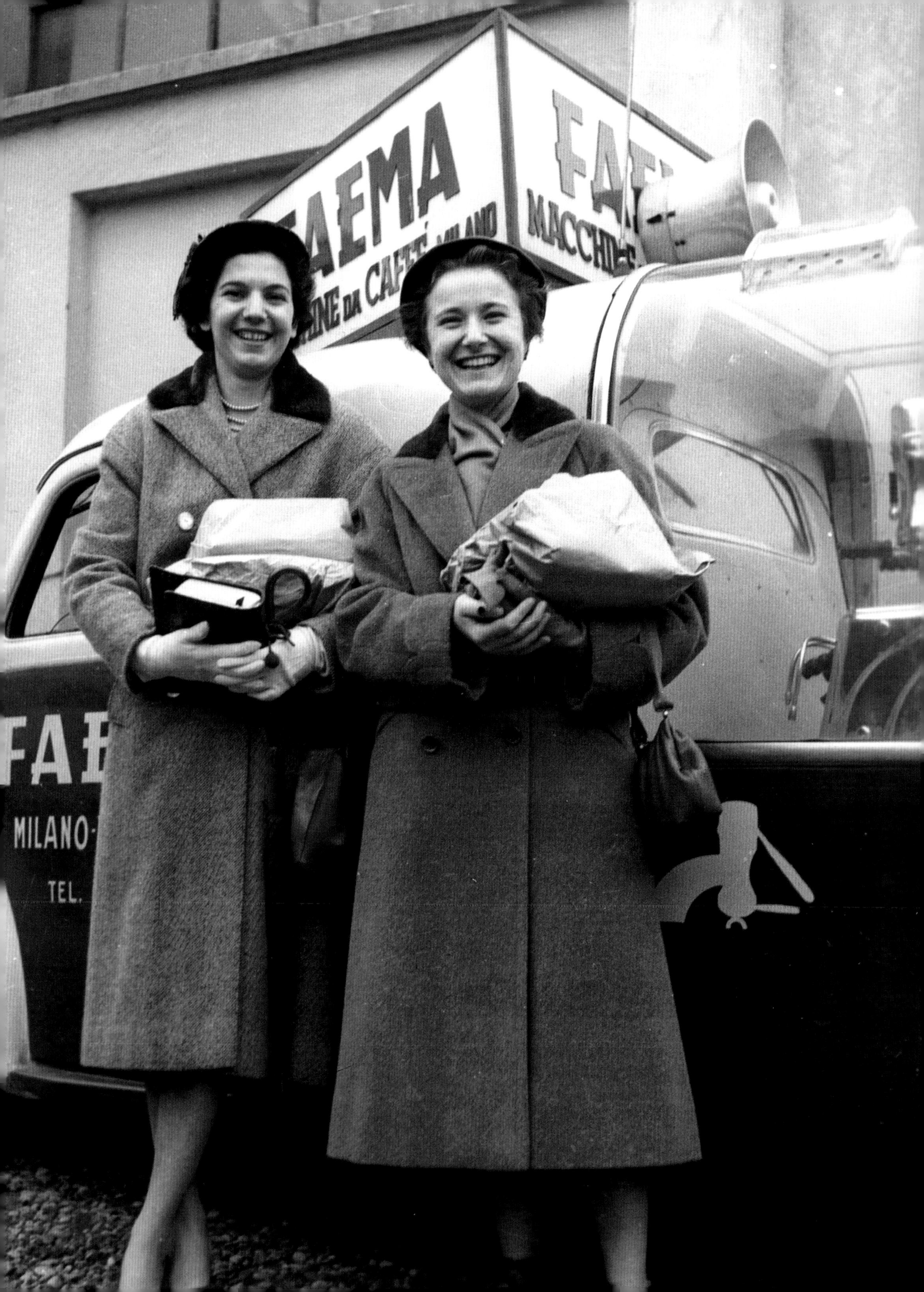
FAEMA
MACCHINE DA CAFFÈ MILANO
FAE
MACCHI
FAE
MILANO-
TEL.

114 - 115

La carovana che precedeva il Giro d'Italia, allestita all'interno come un vero e proprio bar per offrire "infuso di caffè idrocompresso" nelle soste delle tappe.

The convoy preceding the Giro d'Italia cyclists; the vehicle was fitted out as a bar, and served a "water-pressurized infusion of coffee" at lap stops.

Die Kolonne, die vor dem Giro d'Italia fuhr: im Inneren eingerichtet wie eine richtige Bar, um bei den Etappenpausen „Espressokaffee" anzubieten.

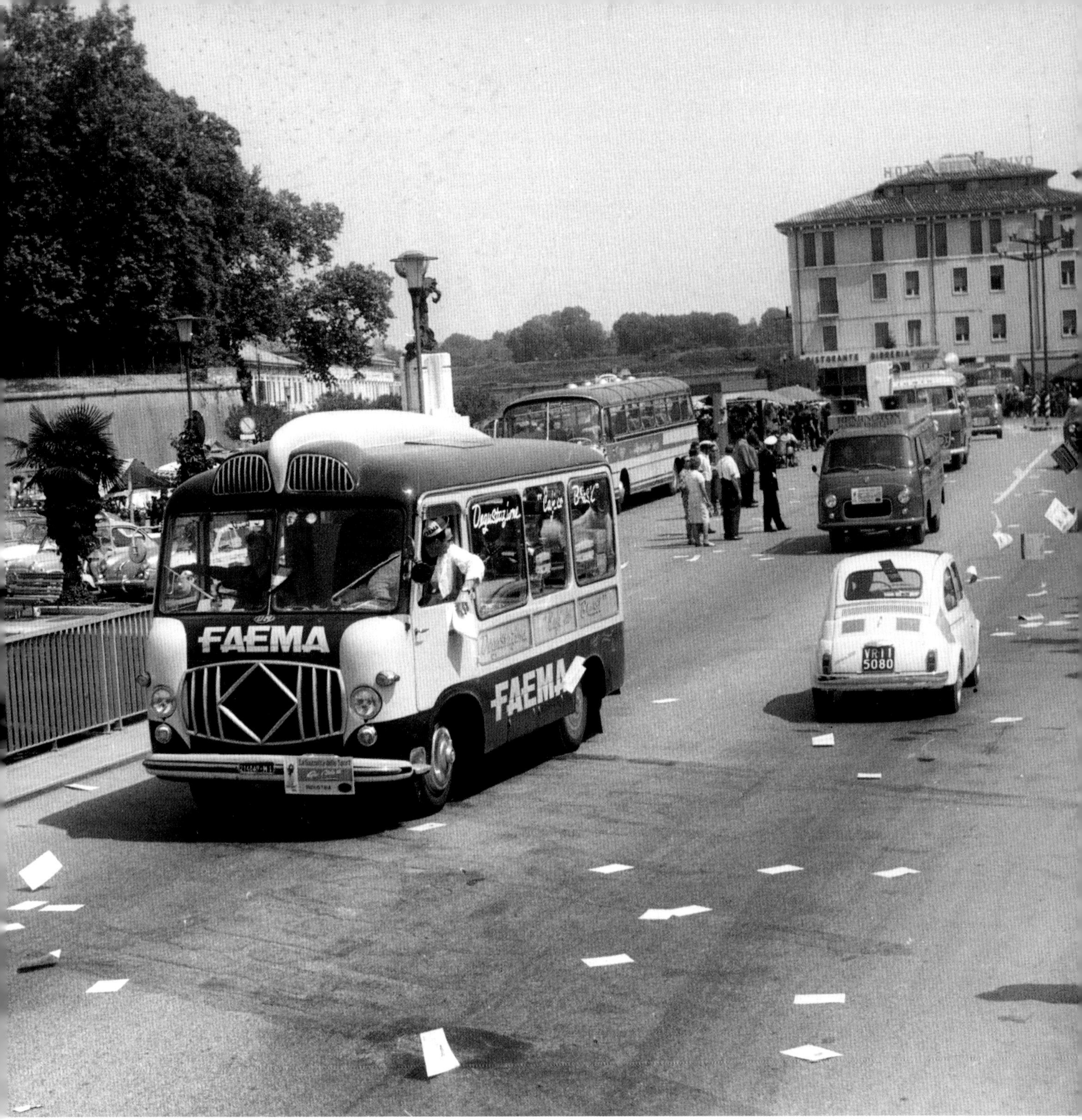
FAEMA
FAEMA

116

Anno 1968, la squadra di ciclismo del Gruppo Sportivo Faema ritratto in una foto autografata dai campioni Vittorio Adorni e Eddy Merckx.

1968. The cycling team from the Gruppo Sportivo Faema captured in a photo bearing the autographs of champions Vittorio Adorni and Eddy Merckx.

1968: Das Radrennfahrerteam der Faema-Sportgruppe, abgebildet auf einem Foto mit Autogrammen der Champs Vittorio Adorni und Eddy Merckx.

in tutto il mondo...

FAEMA VINCE!

Campionato di Spagna su strada
(a cronometro)

1° Antonio SUAREZ della FAEMA

che si conferma "Campione di Spagna"

FAEMA VINCE!

Un nuovo successo
nello sport
un continuo successo
sui mercati di tutto il mondo
grazie alla insuperabile
produzione FAEMA.

- **MACCHINE PER CAFFE'**
- **BANCHI PER BAR**
- **ACCESSORI PER BAR**
- **ELETTRODOMESTICI**
- **JUKE-BOX**
- **MACCHINE PER GELATI**

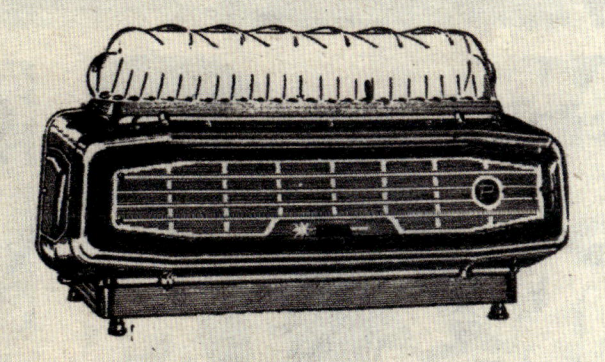

FAEMA *ha la vittoria in pugno!*

I corridori della **FAEMA** vincono con biciclette equipaggiate da
Gomme CLEMENT - Gruppo completo CAMPAGNOLO «RECORD»
Catena e ruota libera REGINA EXTRA - Freni UNIVERSAL - Cerchi NISI
Manubrio CINELLI - Serie tubazioni LIBELLULA - Raggi LARIO - Nastro GASLO

MERCKX 1969 visto da Marino

LA VITTORIA DI MERCKX VISTA DA MARINO

Il grande prodigio del « mago » Valente

1950 – 1960

149

118 - 119
Caricature del campione di ciclismo Eddy Merckx.
Caricatures of cycling champion, Eddy Merckx.
Karikaturen des Radrennfahrers Eddy Merckx.

1950 – 1960

150

120 - 121
Faema modello President, gruppi uno. Prima serie.
Faema 1-group President model. First series.
Faema-Maschine, Modell President, eine Brühgruppe. Erste Baureihe.

1950 – 1960

151

122 - 123
Faema modello President L'autolivellotermica del 1956, gruppi due.
1956 Faema 2-group President L'autolivellotermica model.
Faema-Maschine, Modell President L'autolivellotermica, aus dem Jahr 1956, zwei Brühgruppen.

1950 – 1960

153

124 - 125
Faema modello President L'autolivellotermica del 1956, gruppi tre.
1956 Faema 3-group President L'autolivellotermica model.
Faema-Maschine, Modell President L'autolivellotermica, aus dem Jahr 1956, drei Brühgruppen.

1950 – 1960

126 - 127
Faema modello President L'autolivellotermica del 1956, gruppi quattro.
1956 Faema 4-group President L'autolivellotermica model.
Faema-Maschine, Modell President L'autolivellotermica, aus dem Jahr 1956, vier Brühgruppen.

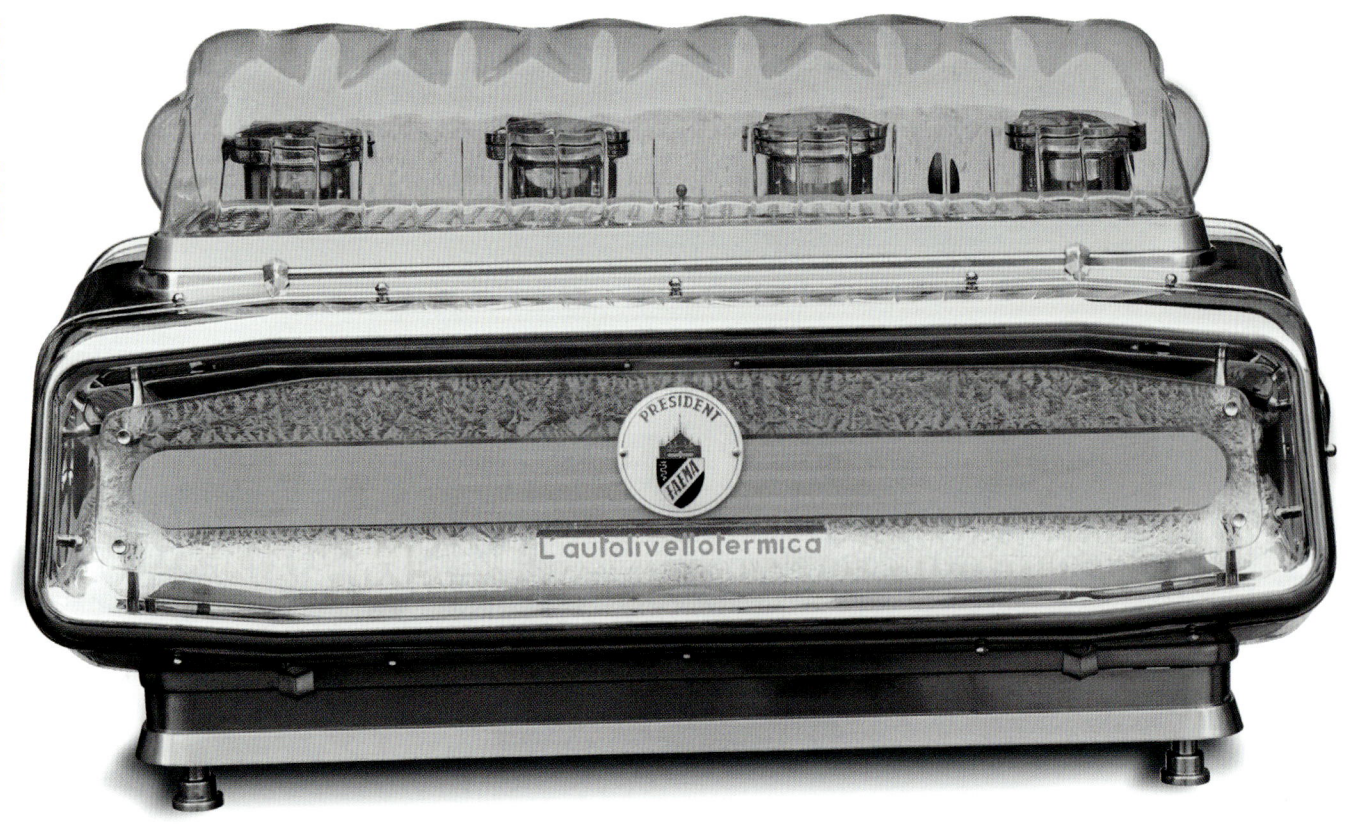

128 - 129
Faema modello President L'autolivellotermica del 1956, gruppi cinque.
1956 Faema 5-group President L'autolivellotermica model.
Faema-Maschine, Modell President L'autolivellotermica, aus dem Jahr 1956, fünf Brühgruppen.

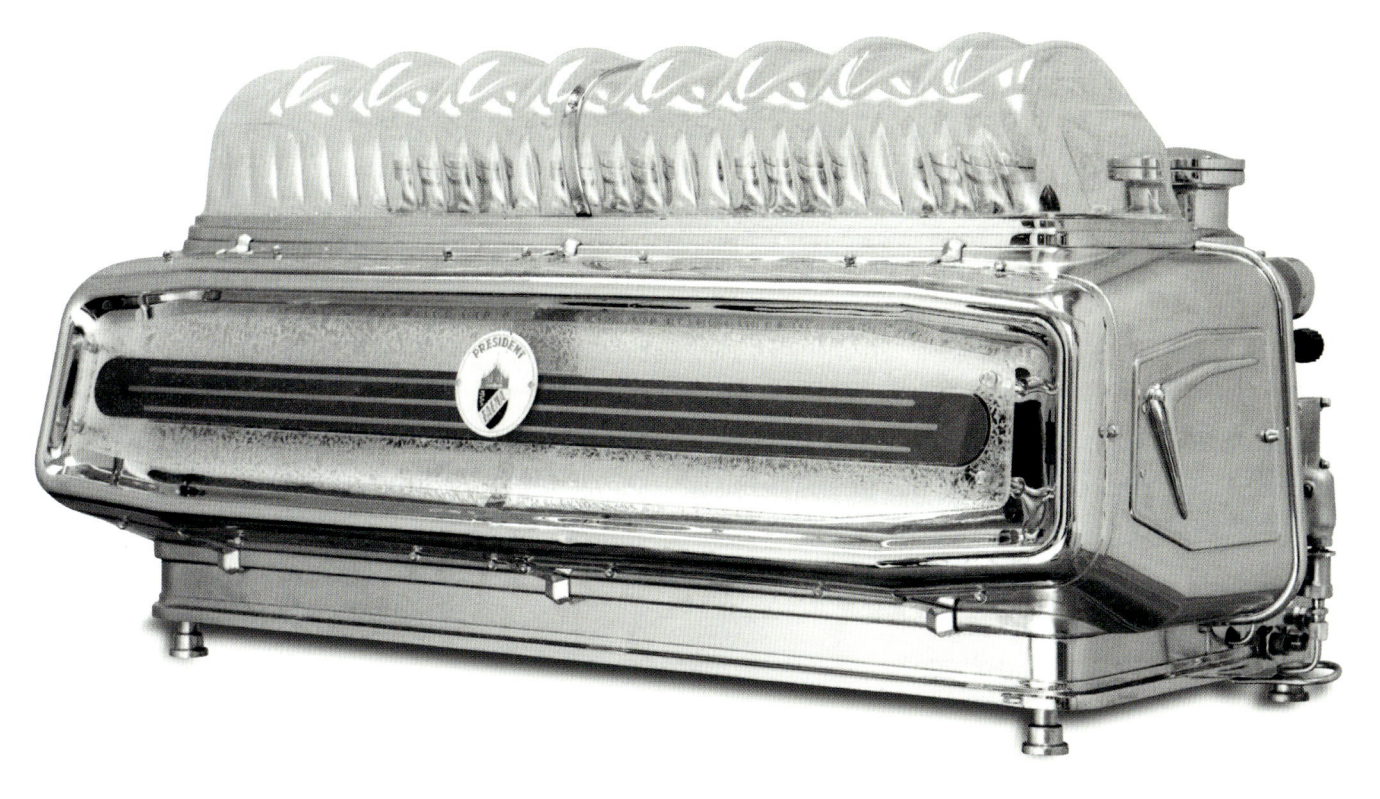

1950 – 1960

130
Anno 1959, Rimini. Il sig. Alberto Betti, concessionario Faema.
1959, Rimini. Alberto Betti, a local Faema dealer.
1959, Rimini. Alberto Betti, Faema-Händler.

156

131
Gruppo idraulico O/4.
O/4 hydraulic group.
hydraulische Brühgruppe O/4.

132
Gruppo idraulico O/2.
O/2 hydraulic group.
hydraulische Brühgruppe O/2.

133

Visita allo stabilimento produttivo di via Ventura. Fasi di montaggio della Faema modello President L'autolivellotermica, dotata di doppia caldaia.

A visit to the industrial plant in via Ventura.
Assembly phases of the Faema President L'autolivellotermica coffee machine equipped with a double boiler.

Besuch der Produktionsstätte in der via Ventura.
Montagephasen der Faema-Maschine, Modell President L'autolivellotermica, ausgestattet mit zwei Heizkesseln.

BIFFI

134 - 135
Caffè Biffi, Galleria Vittorio Emanuele II, Milano. Faema modello President L'autolivellotermica del 1957, gruppi sei.
Biffi Café, Galleria Vittorio Emanuele II, Milan. 1957 Faema 6-group President L'autolivellotermica model.
Caffè Biffi, Galleria Vittorio Emanuele II, Mailand. Faema-Maschine, Modell President L'autolivellotermica, aus dem Jahr 1957, sechs Brühgruppen.

136

Anno 1955, Fiera di Milano. Viene presentata la nuova consociata "EMI Espresso Machines Incorporated SpA" che avviò nello stabilimento di via Ventura la produzione di macchine dalla carrozzeria più semplice e caratterizzate da un'offerta economica speciale, e creò una nuova rete commerciale anche per la produzione di arredamento da bar e accessori fino alla fine del '67.

1955, Milan Trade Fair. The newly opened "EMI Espresso Machines Incorporated SpA" controlled company is officially presented. This company began producing coffee machines with a simpler body at a more convenient cost, at the via Ventura plant. It created a new commercial network for the production of bar furniture and accessories operating through to the end of 1967.

1955, Mailänder Messe. Vorstellung der neuen Tochtergesellschaft „EMI Espresso Machines Incorporated S.p.A.", die in der Produktionsstätte in der via Ventura Maschinen mit einfachem Gehäuse und besonderem Preisangebot herstellte. Eingerichtet wurde außerdem ein neues Vertriebsnetz auch zur Produktion von Ausstattungen für Bars und Zubehör bis Ende 1967.

1950 – 1960

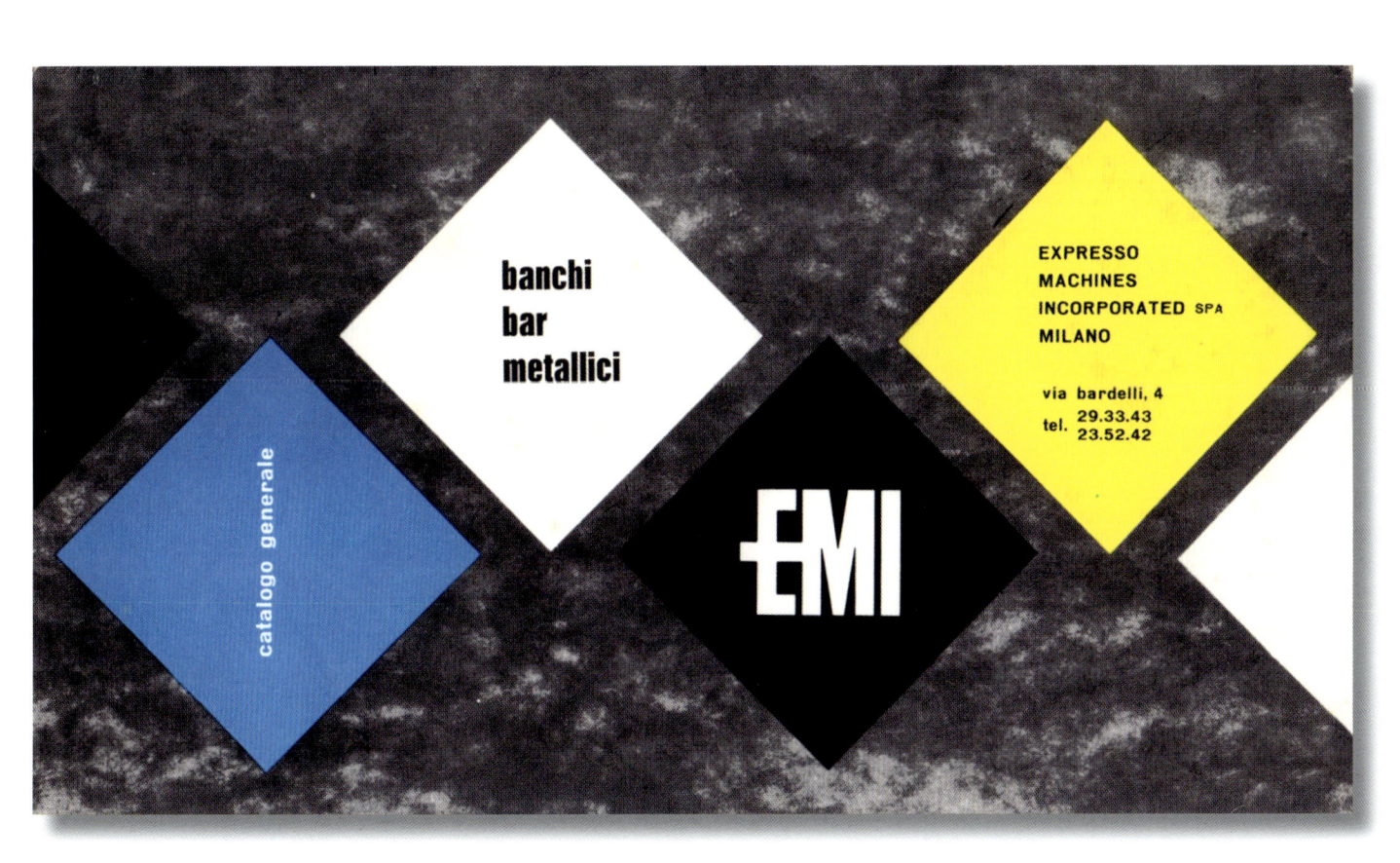

140

Anno 1959, Fiera di Milano. Nello stand è esposto il modello Continental, uno e tre gruppi.
1959, Milan Trade Fair. 1- and 3-group Continental models displayed at the Faema stand.
1959, Mailänder Messe. Auf dem Messestand ist das Modell Continental ausgestellt, eine und drei Brühgruppen.

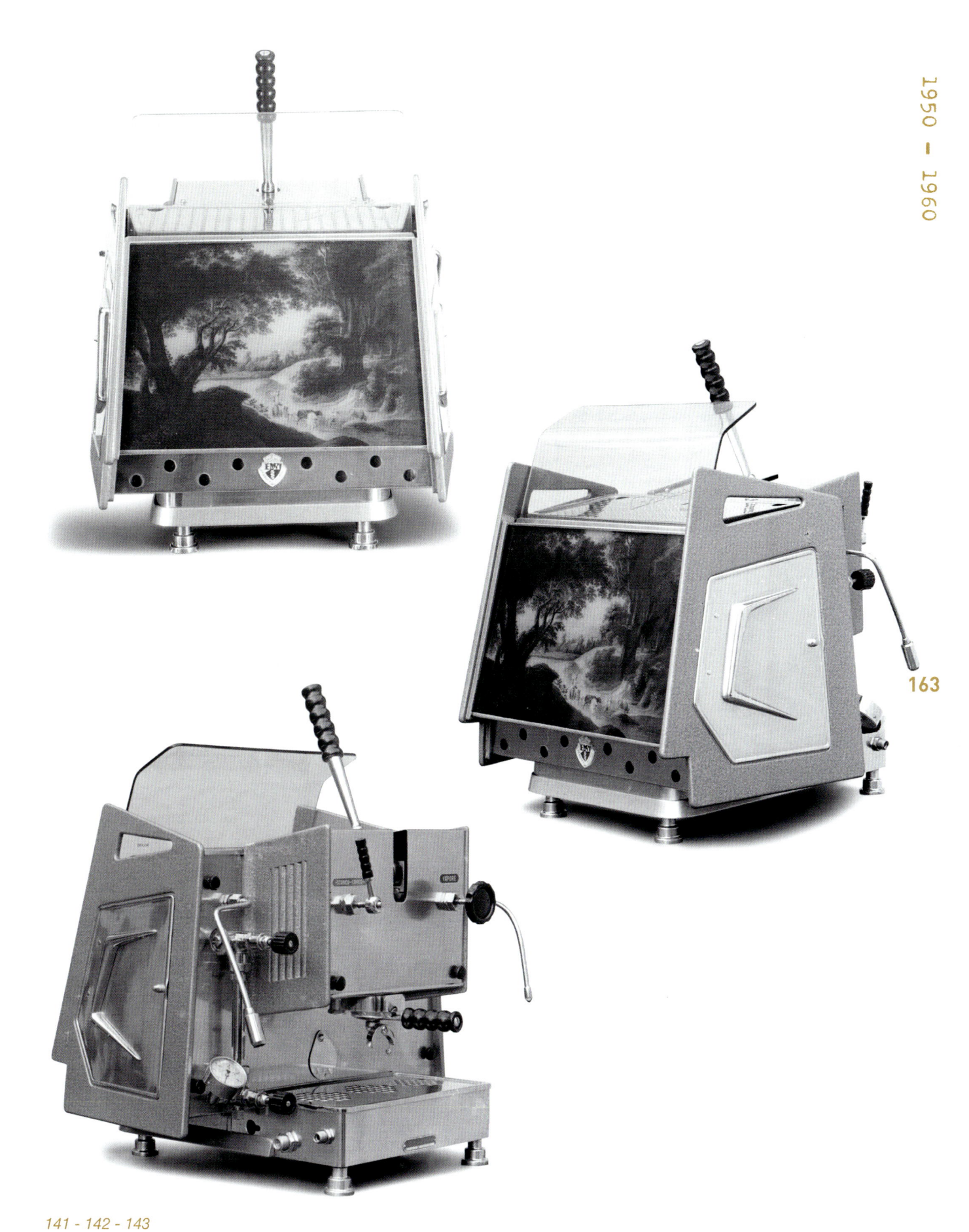

141 - 142 - 143
EMI, modello Continental del 1955, gruppi uno.
1955 EMI 1-group Continental model.
EMI-Maschine, Modell Continental aus dem Jahr 1955, eine Brühgruppe.

144 - 145
EMI, modello Continental del 1955, gruppi due.
1955 EMI 2-group Continental model.
EMI-Maschine, Modell Continental aus dem Jahr 1955, zwei Brühgruppen.

1950 – 1960

165

1950 – 1960

166

146 -147 - 148
EMI, modello Continental del 1956, gruppi due - idraulici ed automatici.
1956 EMI Continental model with 2 groups: hydraulic and automatic.
EMI-Maschine, Modell Continental aus dem Jahr 1956, zwei Brühgruppen (hydraulisch und automatisch).

1950 — 1960

149 - 150 - 151
EMI, modello Consul del 1955, gruppi due a pistone.
1955 EMI Consul model with 2 piston groups.
EMI-Maschine, Modell Consul aus dem Jahr 1955, zwei Brühgruppen mit Kolben.

152
Faema, modello Veloxtermo, anno 1952.
Vero miracolo nel campo delle macchine per caffè, questo gruppo, assolutamente senza vapore, alimentato da una caldaietta autotermoregolata, è l'ideale per ottenere un'ottima crema-caffè, in quantità illimitata. Adattissimo anche a piccoli locali pubblici.
1952 Faema Veloxtermo model.
A true miracle in the coffee machine industry, with absolutely no steam, this group was fed by a small boiler with a self-controlled temperature gauge, ideal to produce an unlimited quantity of excellent coffee cream. The model was also suitable for small bars and cafés.
Faema-Maschine, Modell Veloxtermo, 1952.
Diese absolut dampflose Brühgruppe stellte ein richtiges Wunder im Bereich Kaffeemaschinen dar. Versorgt wird sie über einen kleinen Heizkessel mit Selbsttemperaturregelung: Ideal für einen optimalen Crema-Caffè in begrenzten Mengen. Gut geeignet auch für kleine Lokale.

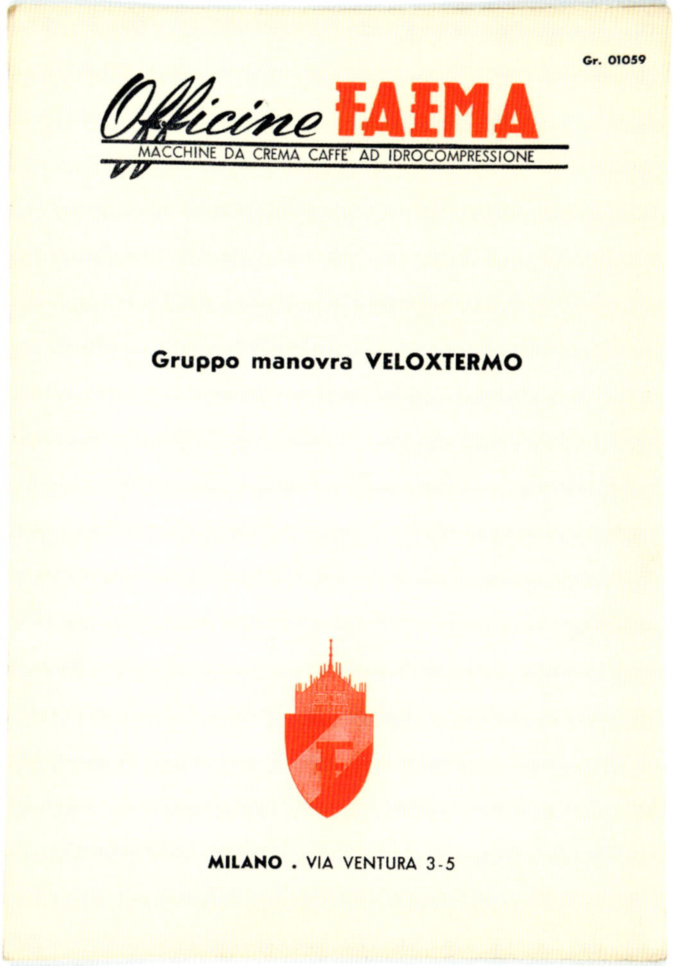

1950 – 1960

153 - 154 - 155

Gruppo manovra Veloxtermo.
Dépliant originale del 1952.
Veloxtermo operational group. Original 1952 brochure.
Bedieneinheit Veloxtermo.
Original-Prospekt aus dem Jahr 1952.

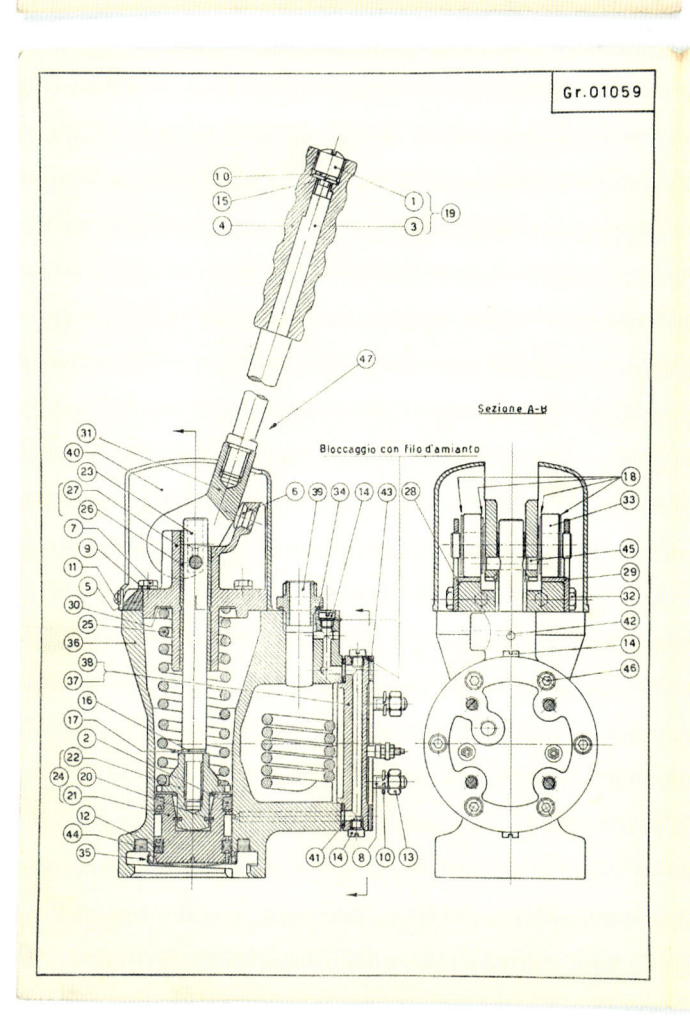

169

N° Fig.	DENOMINAZIONE	PEZZO N.°	PREZZO L.
1	Bussola fissaggio asta	P. 61	
2	Guarnizione superiore del pistone	P. 1016/3	
3	Asta per maniglia	P. 1027/1	
4	Manopola	P. 1029/1	
5	Paracolpi inferiore della leva	P. 1030	
6	Gommino superiore fermo leva	P. 1032	
7	Vite a testa esagona fissaggio testa	St. 1048/Z	
8	Prigionieri fissaggio gruppo	St. 2634/Z	
9	Rosetta elastica per viti fissaggio testa	St. 3163/X	
10	Rosetta elastica per dadi fiss. gruppo e manopola	St. 3164/X	
11	Vite a testa es. con calotta fissaggio calotta	St. 3200/C	
12	Guarnizione inferiore a 2 V per pistone	P. 4199	
13	Dado es. alto per prigionieri fiss. gruppo	St. 5279/X	
14	Vite speciale a testa cil. con int. per chiusura foro passaggio acqua	St. 5486/N	
15	Rosetta speciale piana fissaggio manopola	St. 7119/X	
16	Rosetta speciale piana di compensazione	St. 7126/X	
17	Rosetta speciale piana per compensazione ridotta	St. 7127/X	
18	Rosetta speciale piana per tenuta cuscinetti	St. 7319/X	
19	Asta con bussola di fissaggio	F. 13567	
20	Anello d'unione corpi pistone	P. 13722	
21	Corpo del pistone	P. 13734	
22	Ghiera porta molla	P. 13735	
23	Stelo	P. 13736	
24	Pistone completo	A. 13737	
25	Mollone	P. 14637	
26	Bussola da incorporare nella testina	P. 14712/1	
27	Testina	A. 14713	
28	Piastrina destra di fermo	P. 14714	
29	Piastrina sinistra di fermo	P. 14715	
30	Ranella appoggio molla	P. 14723	
31	Forcella	P. 14724	
32	Vite speciale a testa esagona fissaggio piastrine	P. 14725	
33	Cuscinetto a sfere per forcella	P. 14726	
34	Guarnizione per nipples 16049	P. 15499	
35	Doccia tipo PASMA	P. 16020	
36	Corpo di gruppo	A. 16046	
37	Flangia portaresistenza	P. 16047	
38	Flangia completa di resistenza elettrica	A. 16048/1	
39	Nipples attacco termostato	P. 16049	
40	Calotta per testa a snodo articolato	P. 16057/1	
41	Guarnizione per flangia portaresistenza	P. 16207	
42	Spina chiusura foro superiore passaggio acqua	P. 16209	
43	Guarnizione per flangia portaresistenza	P. 16229	
44	Guarnizione portafiltro	P. 16528	
45	Spina fissaggio stelo alla forcella	P. 17835	
46	Vite a testa cil. con es. incassato fiss. flangia portaresistenza	P. 18715	
47	Sistema premente completo	F. 13781	

156
Faema modello President del 1958, gruppi quattro. Prima serie.
1958 Faema 4-group President model. First series.
Faema-Maschine, Modell President, aus dem Jahr 1958, vier Brühgruppen. Erste Baureihe.

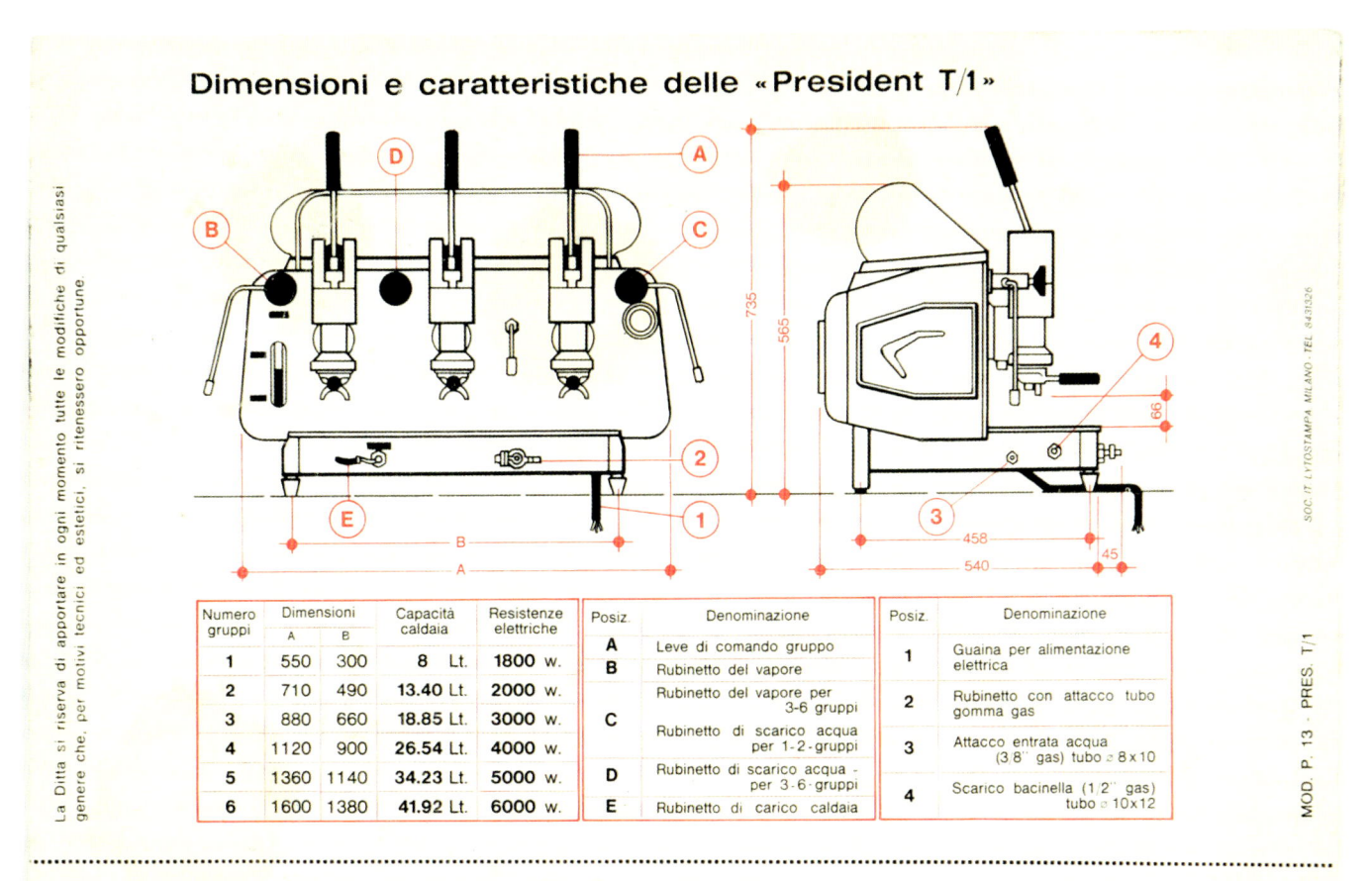

Dimensioni e caratteristiche delle «President T/1»

Numero gruppi	Dimensioni A	Dimensioni B	Capacità caldaia	Resistenze elettriche
1	550	300	8 Lt.	1800 w.
2	710	490	13.40 Lt.	2000 w.
3	880	660	18.85 Lt.	3000 w.
4	1120	900	26.54 Lt.	4000 w.
5	1360	1140	34.23 Lt.	5000 w.
6	1600	1380	41.92 Lt.	6000 w.

Posiz.	Denominazione
A	Leve di comando gruppo
B	Rubinetto del vapore
C	Rubinetto del vapore per 3-6 gruppi
C	Rubinetto di scarico acqua per 1-2 gruppi
D	Rubinetto di scarico acqua - per 3-6 gruppi
E	Rubinetto di carico caldaia

Posiz.	Denominazione
1	Guaina per alimentazione elettrica
2	Rubinetto con attacco tubo gomma gas
3	Attacco entrata acqua (3/8" gas) tubo ⌀ 8x10
4	Scarico bacinella (1/2" gas) tubo ⌀ 10x12

La Ditta si riserva di apportare in ogni momento tutte le modifiche di qualsiasi genere che, per motivi tecnici ed estetici, si ritenessero opportune.

MOD. P. 13 - PRES. T/1

Confermate la vostra fiducia al nome mondiale: **FAEMA** spa
Milano via Ventura 3-15

157
Faema modello President T/1. Dépliant originale, caratteristiche tecniche.
Faema President T/1 model. Original brochure, technical specifications.
Faema-Maschine, Modell President T/1, Original-Prospekt, technische Daten.

1950 – 1960

172

158 - 159
Faema modello President T/1 del 1960, gruppi due a pistone.
1960 Faema President T/1 model with 2 piston groups.
Faema-Maschine, Modell President T/1 aus dem Jahr 1960, zwei Brühgruppen mit Kolben.

1950 — 1960

FAEMA - 1 MAGGIO 1958

FAEMA
FAEMA
MAGGIO 1958

FAEMA
FAEMA

FAEMA
PACCO DONO

160 - 161 - 162 - 163 - 164 - 165

Anni cinquanta.
Consegna ai dipendenti dei pacchi dono, regalati in occasione delle feste natalizie e pasquali oltre che in occasione del Primo Maggio.

1950s. Handing out gift hampers to employees. These gifts were generally given at Christmas and Easter, but also on the 1st May, Labour Day.

50er Jahre, Verteilung der Geschenkpakete an die Mitarbeiter (Weihnachten, Ostern, 1. Mai).

166

Moto Guzzi modello Galletto, con carrello mobile. Mezzo pubblicitario in dotazione al personale Faema addetto all'assistenza tecnica. In alto, sulla destra, sorridente, il sig. Benito Vetrano ex dipendente.

Moto Guzzi Galletto model, with removable trolley. This promotional vehicle was used by Faema technical service personnel. Top right, a smiling Benito Vetrano, former employee.

Moto Guzzi, Modell Galletto, mit Anhänger. Werbefahrzeug des Faema-Kundendienstpersonals. Oben rechts, lächelnd, Benito Vetrano, ehemaliger Mitarbeiter.

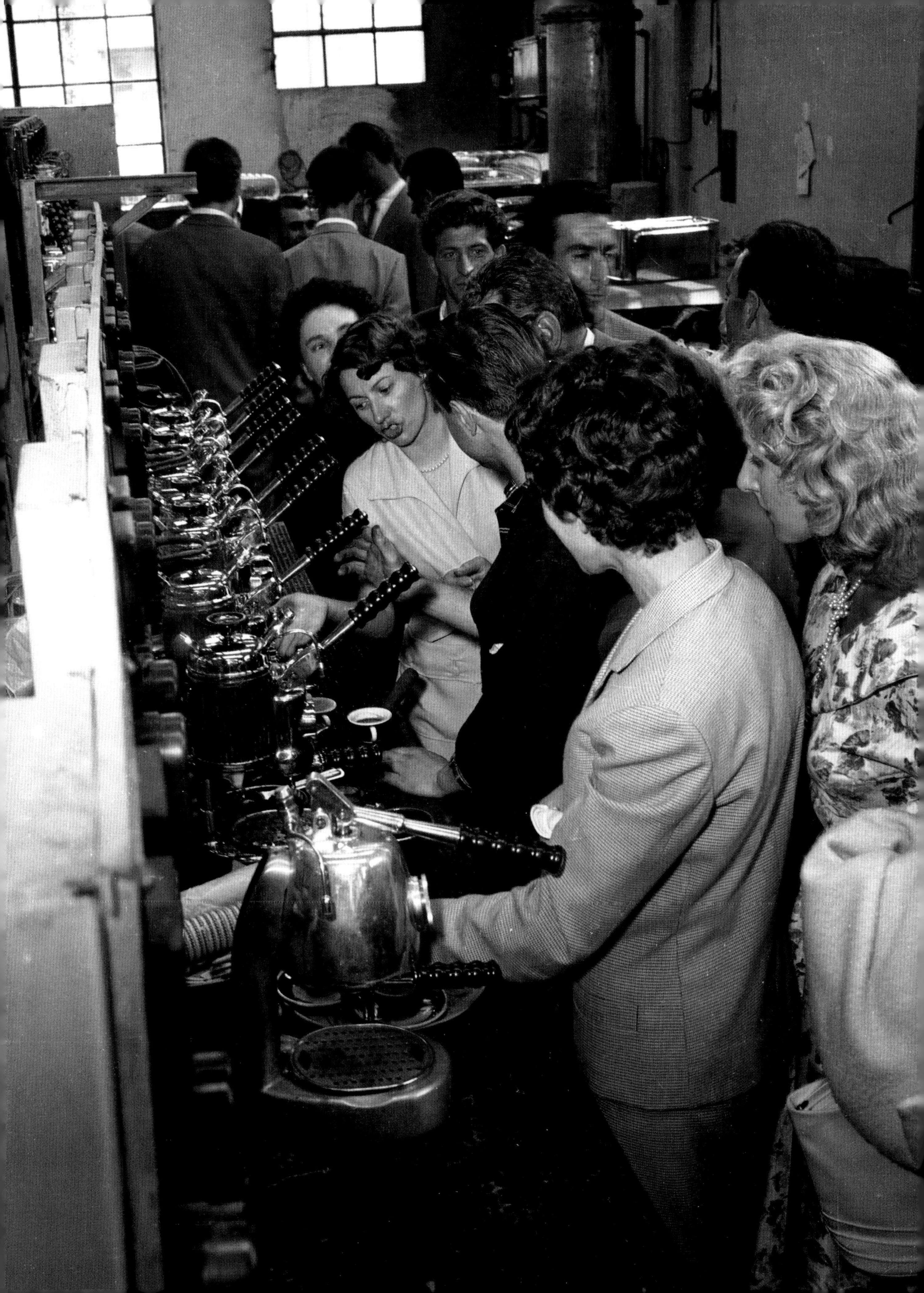

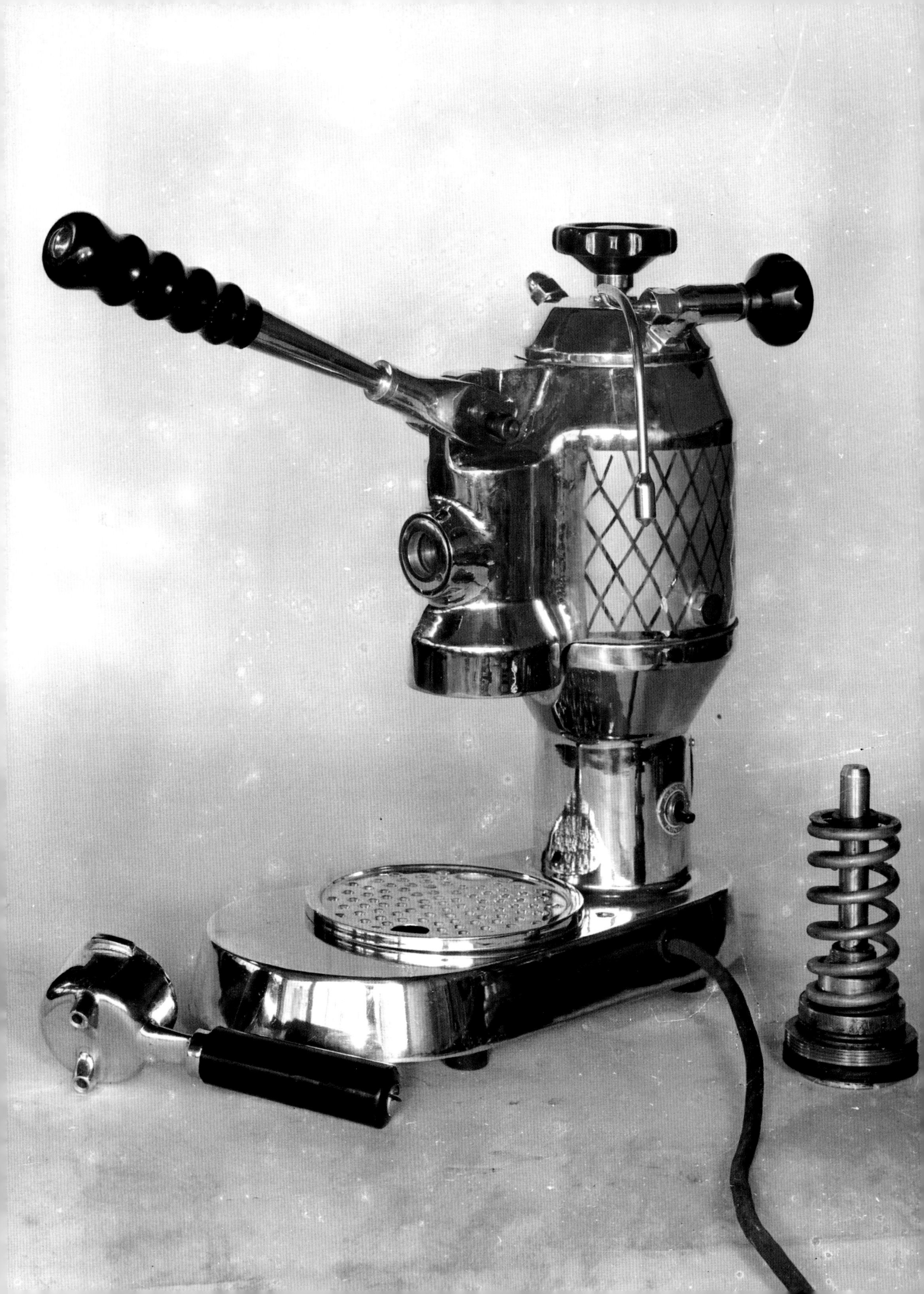

169

Delegazione in visita al reparto produzione della Faemina nello stabilimento di via Ventura.
Visiting delegation at the Faemina production division in the via Ventura industrial plant.
Gruppe beim Besuch der Fertigungsabteilung der Faemina in der Produktionsstätte in der via Ventura.

168
Piccola macchina per caffè, studiata per l'abitazione e l'ufficio. Precedente alla Faemina, verrà prodotta in poche unità.
Small coffee machine designed for home and office use. Small quantities of this model were produced before the Faemina model.
Kleine Espressomaschine für den Gebrauch zu Hause und im Büro. Vorläufermodell der Faemina, nur in geringer Stückzahl hergestellt.

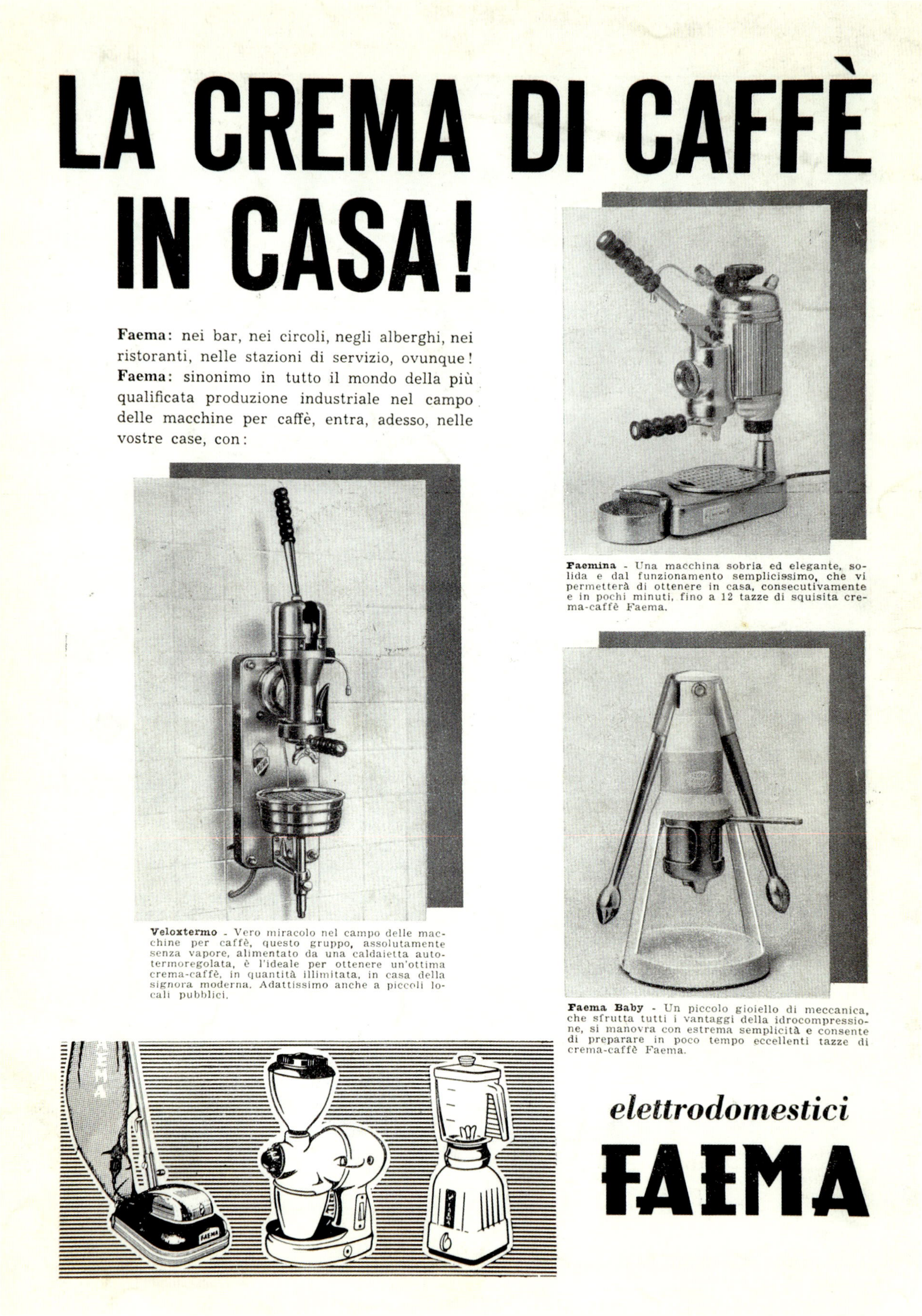

LA CREMA DI CAFFÈ IN CASA!

Faema: nei bar, nei circoli, negli alberghi, nei ristoranti, nelle stazioni di servizio, ovunque!
Faema: sinonimo in tutto il mondo della più qualificata produzione industriale nel campo delle macchine per caffè, entra, adesso, nelle vostre case, con:

Faemina - Una macchina sobria ed elegante, solida e dal funzionamento semplicissimo, che vi permetterà di ottenere in casa, consecutivamente e in pochi minuti, fino a 12 tazze di squisita crema-caffè Faema.

Veloxtermo - Vero miracolo nel campo delle macchine per caffè, questo gruppo, assolutamente senza vapore, alimentato da una caldaietta auto-termoregolata, è l'ideale per ottenere un'ottima crema-caffè, in quantità illimitata, in casa della signora moderna. Adattissimo anche a piccoli locali pubblici.

Faema Baby - Un piccolo gioiello di meccanica, che sfrutta tutti i vantaggi della idrocompressione, si manovra con estrema semplicità e consente di preparare in poco tempo eccellenti tazze di crema-caffè Faema.

elettrodomestici **FAEMA**

Linea di elettrodomestici Faema. Dépliant illustrativo originale.
Faema line of household appliances. Original brochure with photos.
Faema-Haushaltsgeräte. Original-Prospekt.

Pavimenti a specchio con la lucidatrice FAEMA

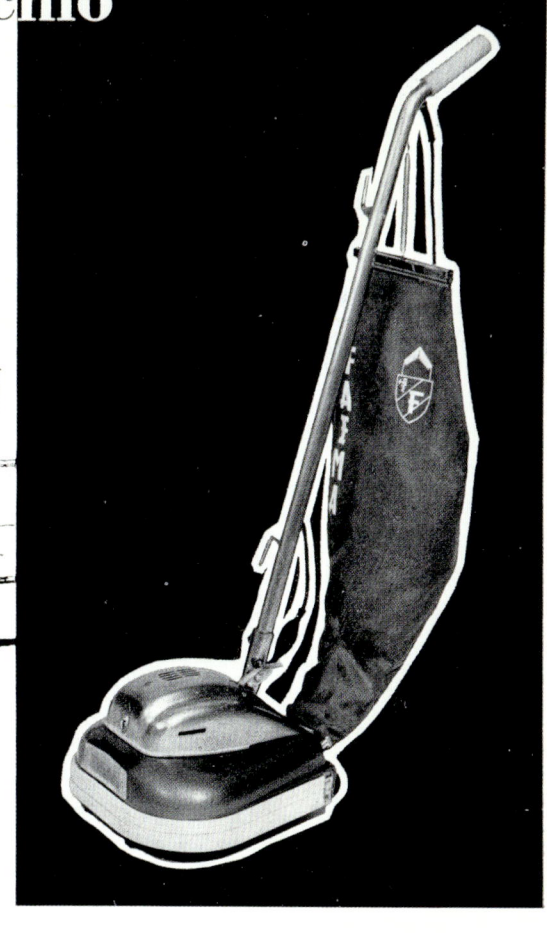

Avere la casa sempre splendente, come uno specchio, è il desiderio di ogni donna.

Con la nuova lucidatrice Faema, gioiello di perfezione tecnica, dall'uso semplicissimo, vedrete i vostri pavimenti diventare brillanti in brevissimo tempo.

La lucidatrice aspirante Faema si trasporta rapidamente, con facilità, ed è munita di spazzole oscillanti, che vi consentono anche la pulizia di pavimenti non perfettamente in piano.

E' garantita per 2 anni. FAEMA: un nome conosciuto ed apprezzato ovunque.

171
La lucidatrice Faema. Dépliant illustrativo originale.
Faema floor polisher. Original brochure with photos.
Faema-Bohnermaschine. Original-Prospekt.

1950 – 1960

182

2 nuovi gioielli FAEMA per la vostra casa!

Macinacaffè elettrico Faema
Tipo Famiglia

Un moderno apparecchio elettrodomestico, di linea elegante e funzionale, offerto in 5 diversi colori, secondo il gusto di ogni Cliente.
Un apparecchio di uso semplicissimo, che vi darà in pochi secondi la quantità voluta di caffè, macinato nella grossezza desiderata.

Frullatore elettrico Faema

Risolve, in pochi secondi, i problemi per la preparazione delle vivande in cucina, dei cocktails e dei frullati per i ricevimenti, grazie alla sua semplicità d'uso e alla potenza del suo motore.
Con il frullatore elettrico Faema, di linea modernissima e di eccezionale solidità, si può produrre una varietà illimitata di preparati, a base di frutta, uova, verdura, liquori, salse ecc.

ELETTRODOMESTICI FAEMA

172

Macinacaffè elettrico e frullatore elettrico Faema. Dépliant originale.
Faema electric coffee grinder and electric mixer. Original brochure.
Elektrische Kaffeemühle und elektrischer Mixer der Marke Faema. Original-Prospekt.

173
La Faemina. Dépliant originale. Del 1954.
Faemina coffee machine. Original brochure. Produced in 1954.
Faemina. Original-Prospekt. 1954.

Officine FAEMA
MACCHINE DA CREMA CAFFE' AD IDROCOMPRESSIONE

Gr. 0570

Mont. gener. 10/20 { Gr. 0570/1
,, 0571

Macchina:

FAEMINA semplice

FAEMINA con rubinetto vaporizzatore

MILANO . VIA VENTURA 3 - 5

185

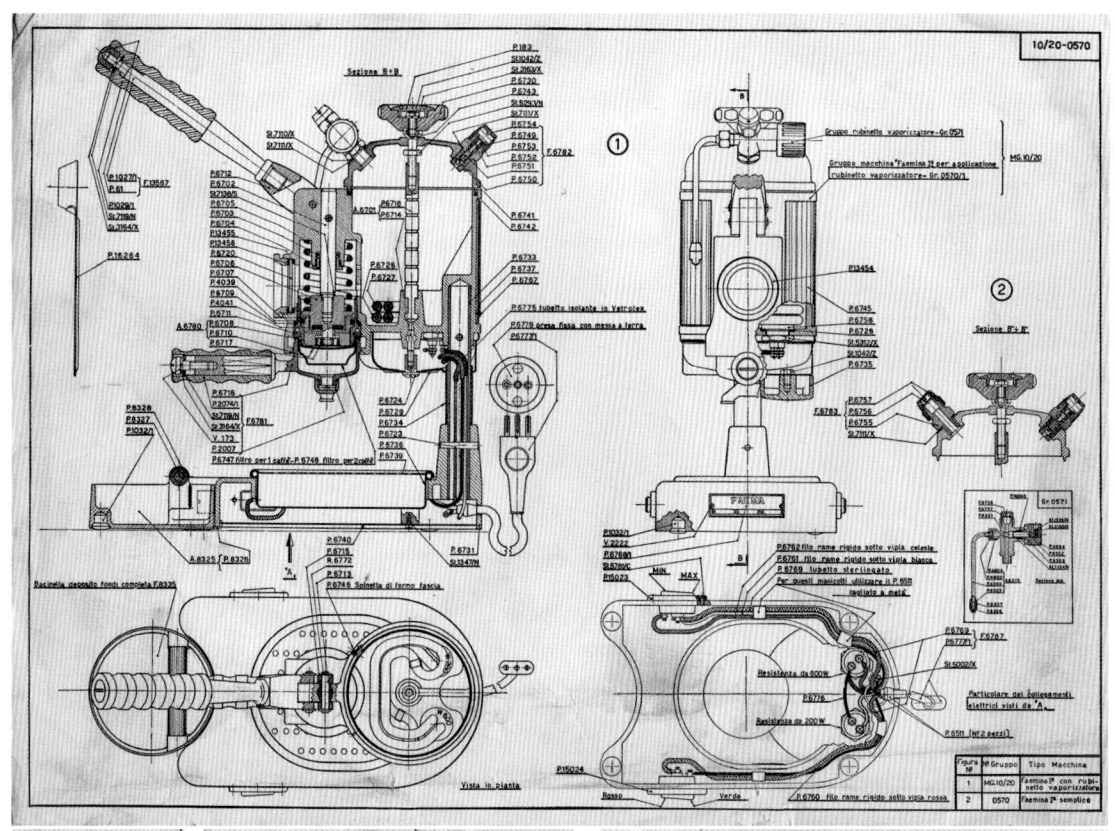

174 - 175 - 176 - 177

Modello Faemina del 1954. Schema di funzionamento. Dépliant originale.

1954 Faemina model. Functioning diagram. Original brochure.

Modell Faemina aus dem Jahr 1954. Funktionsprinzip. Original-Prospekt.

178
Modello Feamina del 1950. Una delle prime ad essere prodotte nello stabilimento di via Casella.
1950 Faemina model. One of the first coffee machines to be produced in the industrial plant in via Casella.
Modell Faemina aus dem Jahr 1950. Eine der ersten Maschinen, die in der Produktionsstätte in der via Casella hergestellt wurden.

179
Sulla sinistra la squadra di ciclismo del Gruppo Sportivo Faema in visita al reparto della Faemina.
On the left, the cycling team from the Gruppo Sportivo Faema visiting the Faemina production division.
Links das Radrennfahrerteam der Faema-Sportgruppe beim Besuch der Faemina-Fertigungsabteilung.

In casa come al bar un'ottima crema caffè con Faemina

185
Fiera di Milano. Stand Faema allestito con i prodotti ad uso domestico.
Milan Trade Fair. Faema stand displaying products for home use.
Mailänder Messe. Faema-Messestand mit Produkten für den Hausgebrauch.

186

186 - 187 - 188 - 189
Linea di ventilatori da tavolo e da muro, prodotti dal 1955 al 1960.
Line of desk and wall-mounted fans, produced from 1955 to 1960.
Tisch- und Wandventilatoren, hergestellt von 1955 bis 1960.

1950 — 1960

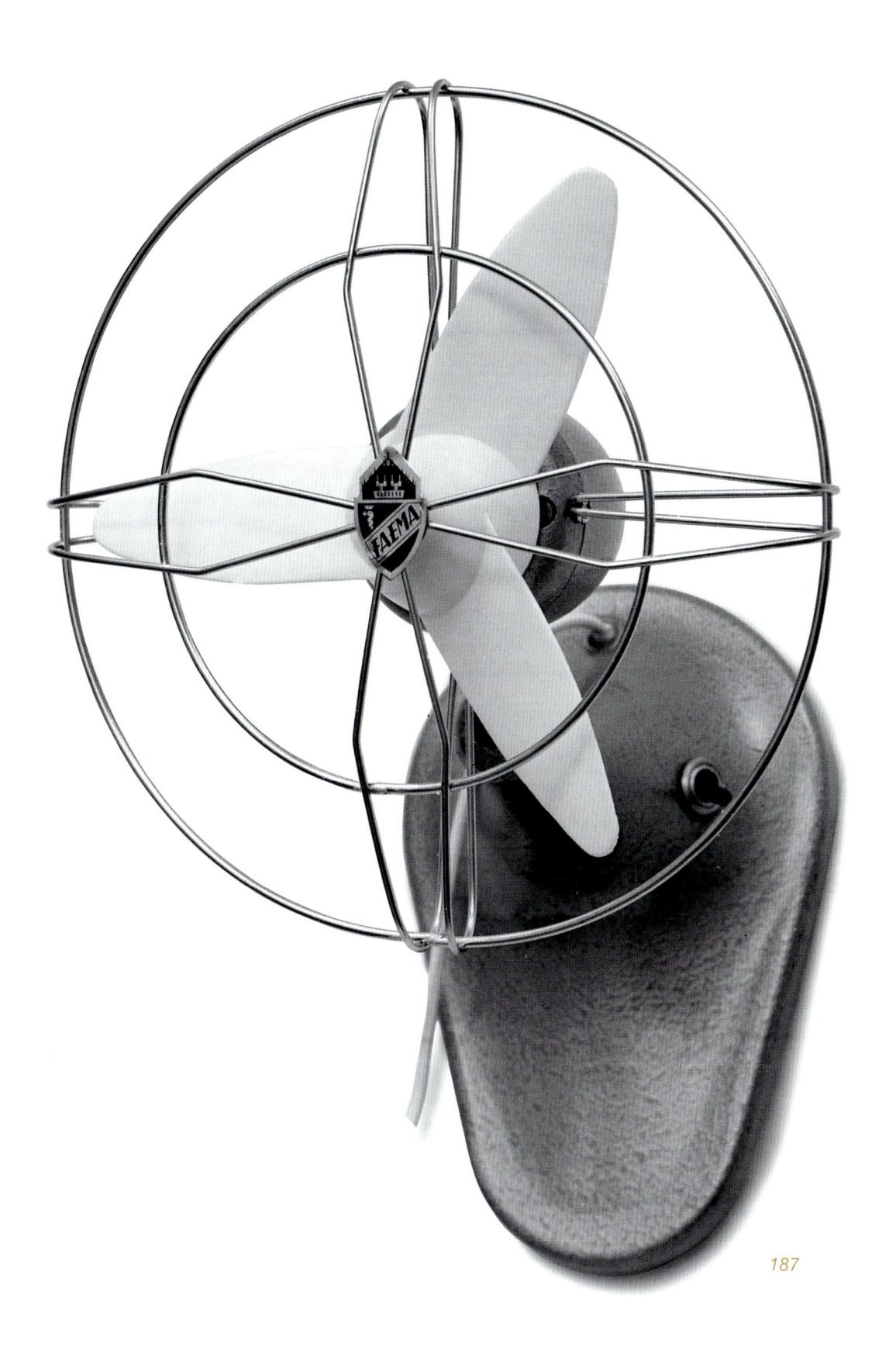

191

187

1950 – 1960

192

188

1950 — 1960

193

189

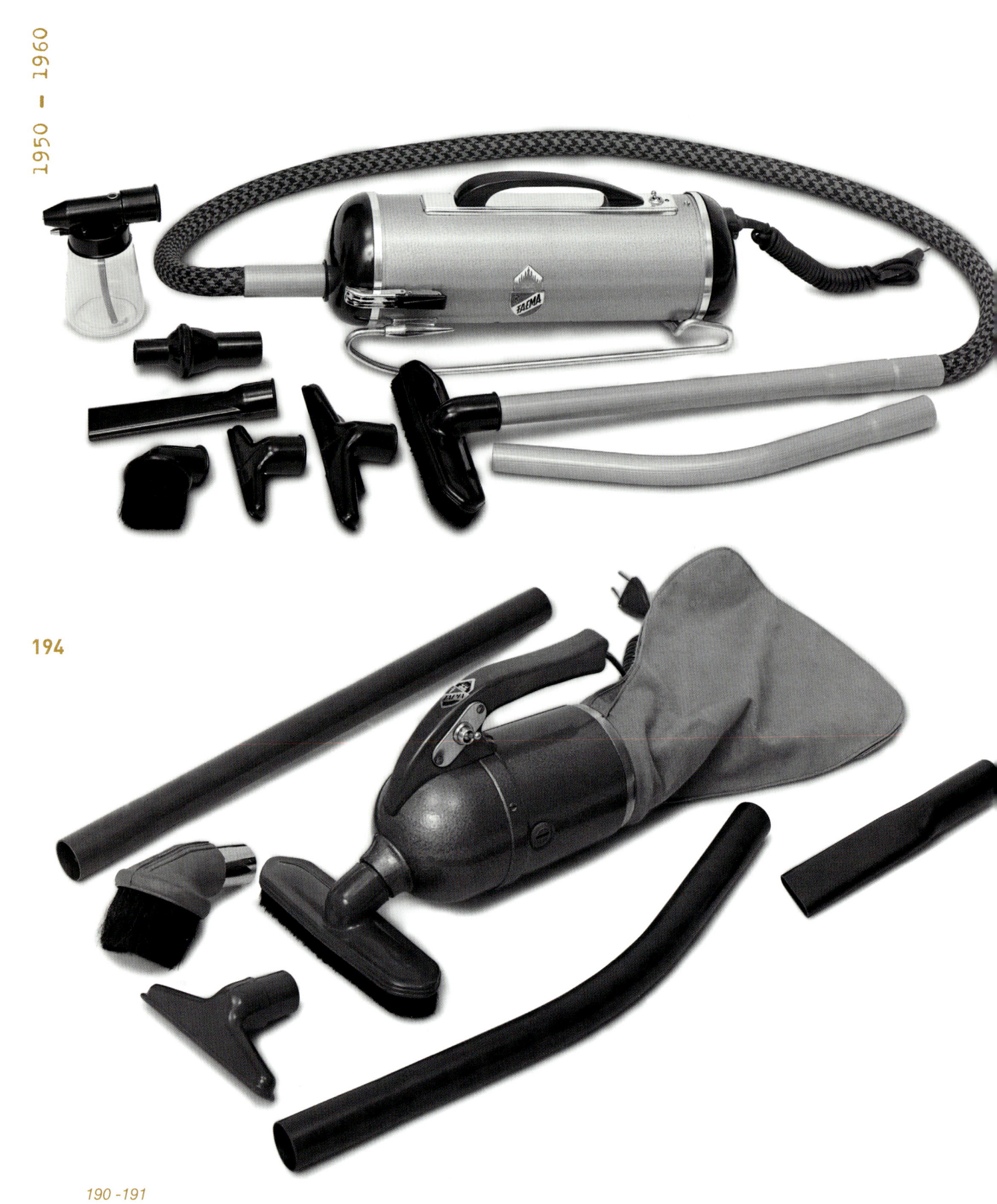

190 -191

Aspirapolveri completi di accessori, prodotti dal 1955 al 1960.
Vacuum cleaners, with accessories, produced from 1955 to 1960.
Staubsauger mit Zubehör, hergestellt von 1955 bis 1960.

1950 – 1960

195

192 - 193
Macinino Faema per uso domestico.
Faema coffee grinder for home use.
Faema-Kaffeemühle für den Hausgebrauch.

1950 – 1960

194

194 - 195 - 196
Frullatori elettrici Faema.
Faema electric mixers.
Faema-Elektromixer.

195

1950 — 1960

196

197

197
Asciugacapelli Faema.
Faema hairdryer
Faema-Haartrockner.

1950 – 1960

198

198
Tostapane, modello A, linea bar.
Model A, Bar line toaster.
Toaster, Modell A, Produktlinie Bar.

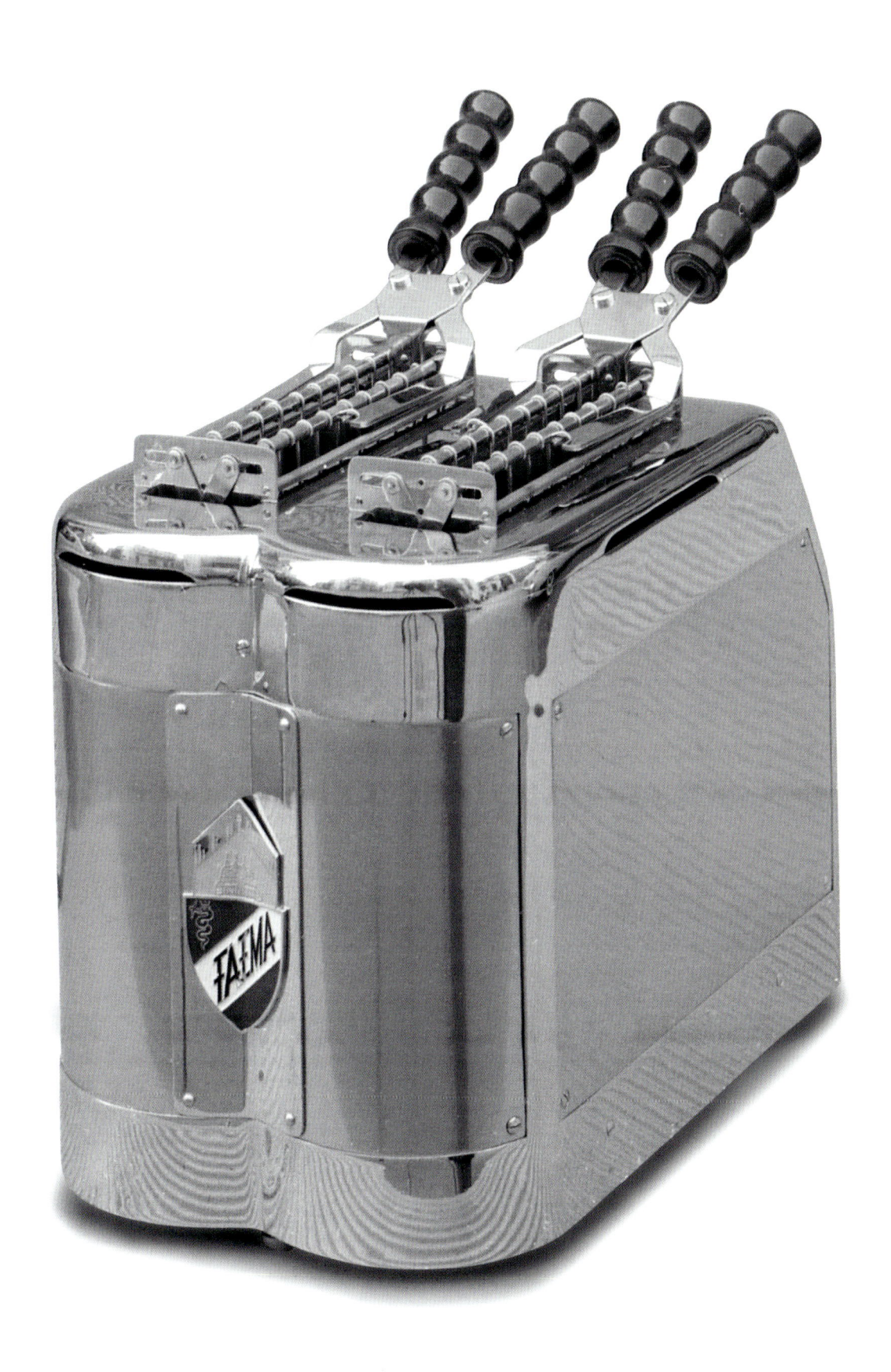

199
Tostapane, modello B, linea bar.
Model B, Bar line toaster.
Toaster, Modell B, Produktlinie Bar.

1950 - 1960

200

FAEMA baby

è un piccolo
miracolo
della meccanica
moderna
che sfrutta
tutti i vantaggi
della
idrocompressione
senza il ricorso alla forza motrice
e consente di preparare
in brevissimo tempo
squisite tazzine di CREMA CAFFÈ
in numero illimitato

vastissimo assortimento di colori
adattabili a qualunque arredamento,
o servizio di porcellane.

costa solo L. 5000

A. G. P. . milano . tel. 24 30 20

RENDETE AUTOMATICA
la preparazione
della vostra
CREMA CAFFE'
con la nuovissima
macchina per casa
Faema Baby

FAEMA baby

la macchina smontata — preparazione — il caffè è pronto

la FAEMA BABY
TRAE DAL CAFFÈ
TUTTO QUELLO CHE C'È DI BUONO!

si alzano le leve

si sgancia il portafiltro
e la prima volta lo si
riscalda con acqua bollente

si mette nel portafiltro caffè macinato
per una o due tazze

si può scegliere
la miscela che si preferisce
ma si raccomanda
di farla macinare molto fine, uso bar

si ricopre con la doccetta
premendo leggermente

si versa acqua a bollore
e si aggancia il portafiltro
all'apparecchio

le tazzine,
si sistemano sotto i beccucci di scarico

premendo lentamente e con regolarità
le leve
dall'alto in basso più volte
fino a che non si vedano bolle d'aria
uscire dai beccucci,
si ottiene la più aromatica
delle "creme del caffè,,
la Crema-caffè Faema

L'UNICA MACCHINA CASALINGA
BREVETTATA IN TUTTO IL MONDO
CHE PREPARA
LA CREMA-CAFFÈ

con ospiti — soli — in ufficio

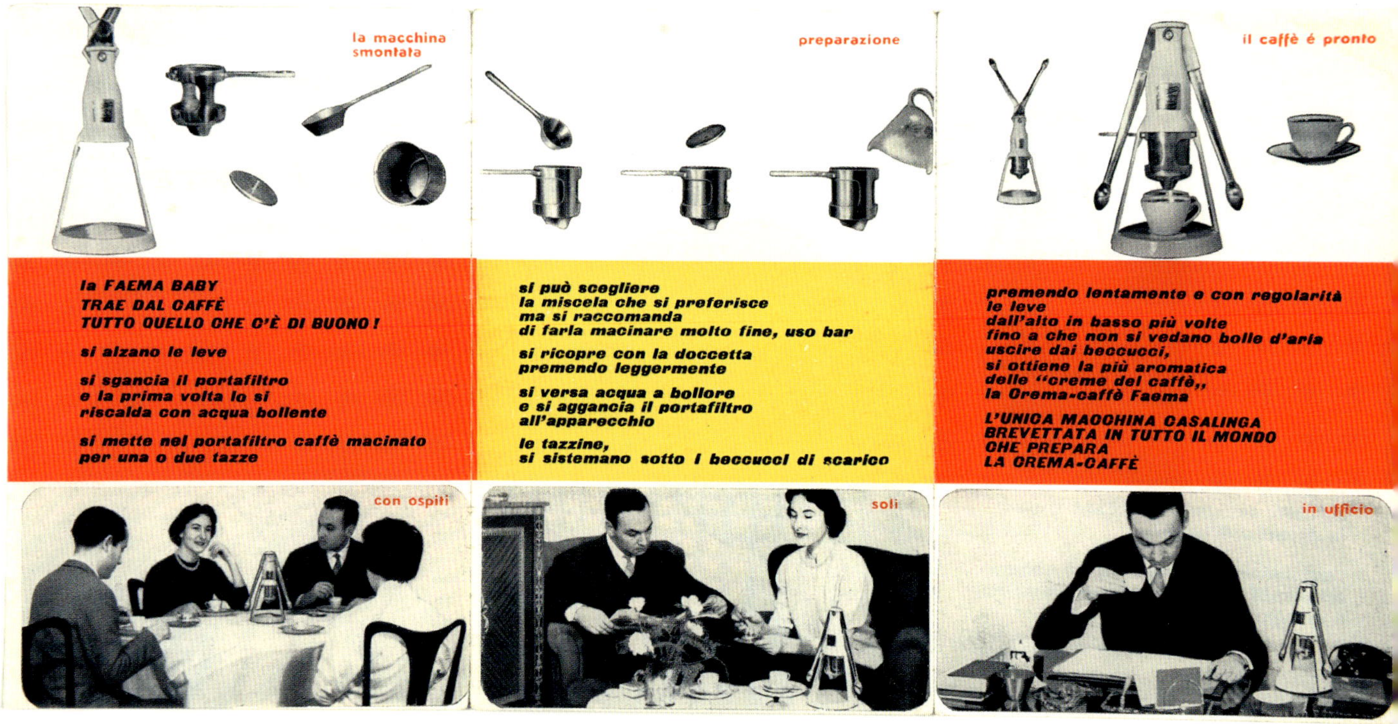

200 - 201
Faema Baby, dépliant originale.
Faema Baby, original brochure.
Faema Baby, Original-Prospekt.

202
Fiera Campionaria, stand Crema Caffè Faema Baby.
Trade Fair - stand displaying the Faema Baby Coffee Cream.
Fiera Campionaria, Messestand Crema Caffè Faema Baby.

FAEMA baby

crema caffè...
FAEMA baby

ASSAGGIO

preparata con la nuovissima macchina per casa baby

crema caffè...
FAEMA baby

203 - 204 - 205 - 206 - 207 - 208

La Faema Baby è un piccolo miracolo della meccanica moderna che sfrutta tutti i vantaggi della idrocompressione senza il ricorso alla forza motrice e consente di preparare in brevissimo tempo squisite tazzine di crema-caffè in numero illimitato.
La Faema Baby trae dal caffè tutto quello che c'è di buono! Si alzano le leve, si sgancia il portafiltro e la prima volta lo si riscalda con acqua bollente.
Si mette nel portafiltro il caffè macinato per una o due tazze, si può scegliere la miscela che si preferisce, ma si raccomanda di farla macinare molto fine, uso bar.
Si ricopre con la doccetta premendo leggermente; si versa acqua a bollore e si aggancia il portafiltro all'apparecchio. Le tazzine, si sistemano sotto i beccucci di scarico.
Premendo lentamente e con regolarità le leve dall'alto in basso più volte fino a che non si vedano bolle d'aria uscire dai beccucci, si ottiene la più aromatica delle "creme del caffè" la crema-caffè Faema.
L'unica macchina casalinga brevettata in tutto il mondo che prepara la crema-caffè.
Nelle foto il campione Rik Van Looy.
Dimostrazione pratica.

The Faema Baby coffee machine is a real miracle of modern mechanics, using all the advantages of water-compression, with no use of driving force. This model makes it possible to brew exquisite cups of coffee cream in unlimited quantities, in a very short time. Faema Baby extracts all the goodness from coffee. When you use it for the first time, the levers rise, while the filter is released and warmed with boiling water. Pour ground coffee into the filter for 1 or 2 cups. You can choose the blend you prefer, and finely ground is recommended for bar use. You then cover it with the perforated water jet disk by slightly pushing over; hot boiling water is then added and the filter is attached to the appliance. Cups are positioned under the pouring spouts. Slowly and regularly press the levers downwards, repeatedly, until you can see air bubbles coming out of the spouts, to make the tastiest "coffee cream" ever produced by Faema. The only coffee machine for home use, patented all over the world, for preparation of coffee cream. Photos of cycling champion Rik Van Looy. Demonstration of how to make coffee.

Die Faema Baby ist ein kleines Wunder der modernen Mechanik und nutzt alle Vorteile der Hydrokompression ohne Antriebskraft. In kürzester Zeit kann eine unbegrenzte Anzahl an Tassen mit köstlichem Crema Caffè zubereitet werden. Die Faema Baby holt aus dem Kaffee das Beste heraus! Die Hebel anheben, den Filtereinsatz herauslösen und bei der ersten Benutzung mit heißem Wasser erwärmen. Den gemahlenen Kaffee (für eine oder zwei Tassen) in den Filtereinsatz geben. Gewählt werden kann die Lieblingsmischung, die jedoch sehr fein gemahlen sein sollte (für Bars). Mit der Haube abdecken und dabei leicht drücken. Kochendes Wasser eingießen und den Filtereinsatz am Gerät befestigen. Die Tassen unter die Ausläufe stellen. Die Hebel mehrmals langsam und gleichmäßig von oben nach unten drücken, bis Luftblasen aus den Düsen heraustreten: Ergebnis ist der aromatischste „Crema Caffè": der Faema-Crema Caffè.

Weltweit die einzige patentierte Maschine für den Hausgebrauch, mit der Crema Caffè zubereitet werden kann. Auf den Fotos der Spitzensportler Rik Van Looy. Praktische Vorführung.

209

Faema modello TRR del 1959, gruppi tre. Il nome "Termo Rimessa Regolata" o "Termo Riscaldamento Regolato" è dovuto al fatto che i gruppi erano flangiati e mantenuti in temperatura non dal vapore bensì dall'acqua che entrava direttamente nella cavità degli stessi passando per la caldaia orizzontale. C'era poi una seconda caldaia predisposta per il vapore. Entrambe le caldaie erano aiutate da una pompa volta a spingere l'acqua con maggiore pressione passando attraverso un addolcitore a resine. Il risultato era eccellente, sia per la praticità, sia per la qualità di erogazione in tazza. La temperatura dell'acqua era termo-regolata e controllata da un termostato. Nel 1960 tale modello prenderà il nome Tartaruga.

1959 Faema 3-group TRR model. The name TRR ("Termo Rimessa Regolata" or "Termo Riscaldamento Regolato") came from the fact that the groups were flanged and maintained at a specific temperature not by the steam, but by the water, which entered the group chamber directly, passing through the horizontal boiler. A second boiler was then integrated for steam. Both boilers were supported by a pump used to push the water with greater pressure, passing through a resin water softener. The result was excellent, both in terms of practicality and in-cup supply quality. The water temperature was thermo-regulated and controlled by a thermostat. In 1960, the name of this model was changed to Tartaruga.

Faema-Maschine, Modell TRR aus dem Jahr 1959, drei Brühgruppen. Die Bezeichnung „Termo Rimessa Regolata" (geregelte Temperaturrückführung) oder „Termo Riscaldamento Regolato" (geregelte Temperaturerhöhung) ist darauf zurückzuführen, daß die Brühgruppen mit Flanschen ausgestattet waren und ihre Temperatur nicht durch Dampf, sondern durch Wasser gehalten wurde, das über den waagerechten Heizkessel direkt in ihre Hohlräume floss. Die Maschine war außerdem mit einem zweiten Heizkessel für den Dampf ausgestattet. Beide Heizkessel wurden von einer Pumpe unterstützt, die das Wasser mit erhöhtem Druck durch einen Kunstharzenthärter drückte. Das Ergebnis war exzellent – sowohl was die Benutzerfreundlichkeit als auch die Qualität in der Tasse betraf. Die Wassertemperatur wurde über einen Thermostat geregelt und überwacht. 1960 wurde dieses Modell in Tartaruga umbenannt.

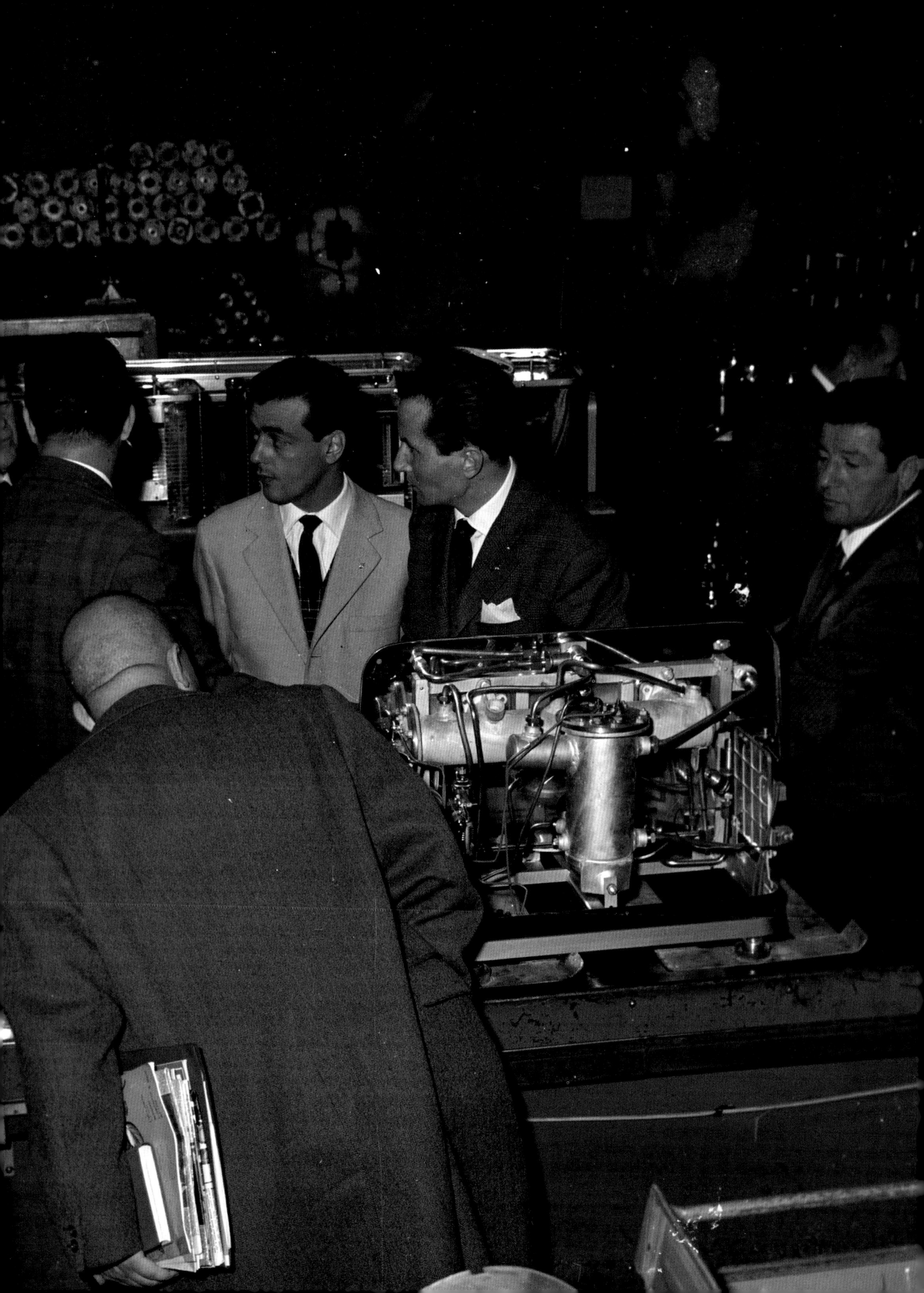

211
Faema modello Nordica, del 1959.
1959 Faema Nordica model.
Faema-Maschine, Modell Nordica, 1959.

212
Faema modello Tartaruga del 1960, gruppi tre.
1960 Faema 3-group Tartaruga model.
Faema-Maschine, Modell Tartaruga aus dem Jahr 1960, drei Brühgruppen.

213
Faema modello Tartaruga del 1960, gruppi quattro.
1960 Faema 4-group Tartaruga model.
Faema-Maschine, Modell Tartaruga aus dem Jahr 1960, vier Brühgruppen.

THE NEW "TARTA

- Without Pistons!

- Without Joints!

- Without Handles!

**BACKSIDE O

COMPLETE WITH:
- AUTOMATIC WATER FEEDER
- AUTOMATIC ELECTRICITY AND OR GAS CONTROL
- AUTOMATIC PRESSURE CONTROL
- SEPARATE WATER AND STEAM BOILERS

FAEMA *PRESENTS ITS LATEST PRODUCTION!*

1950 – 1960

RUGA" MACHINE!

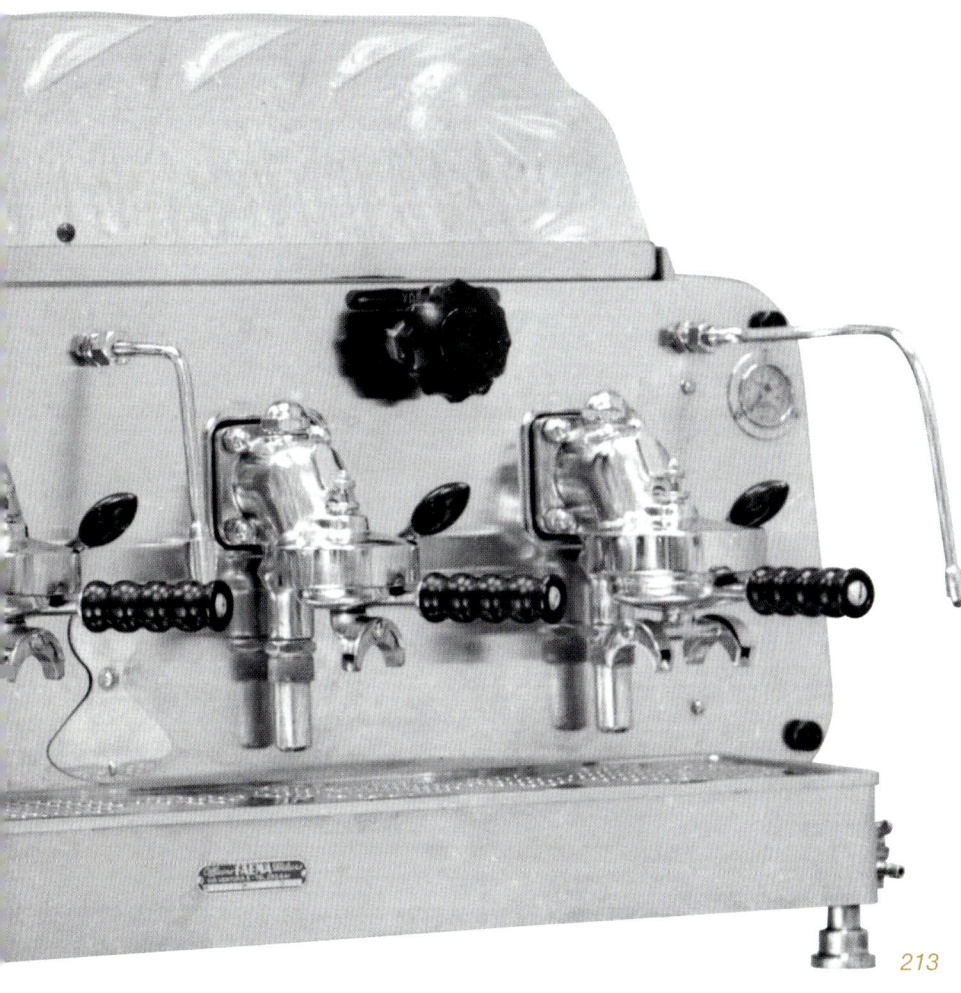

- Expresso coffee!
- Weak Coffee!
- What You Need!

E TARTARUGA

THE "DRIVER STARTER" MACHINE
The only in the WORLD
From 2 to 6 groups

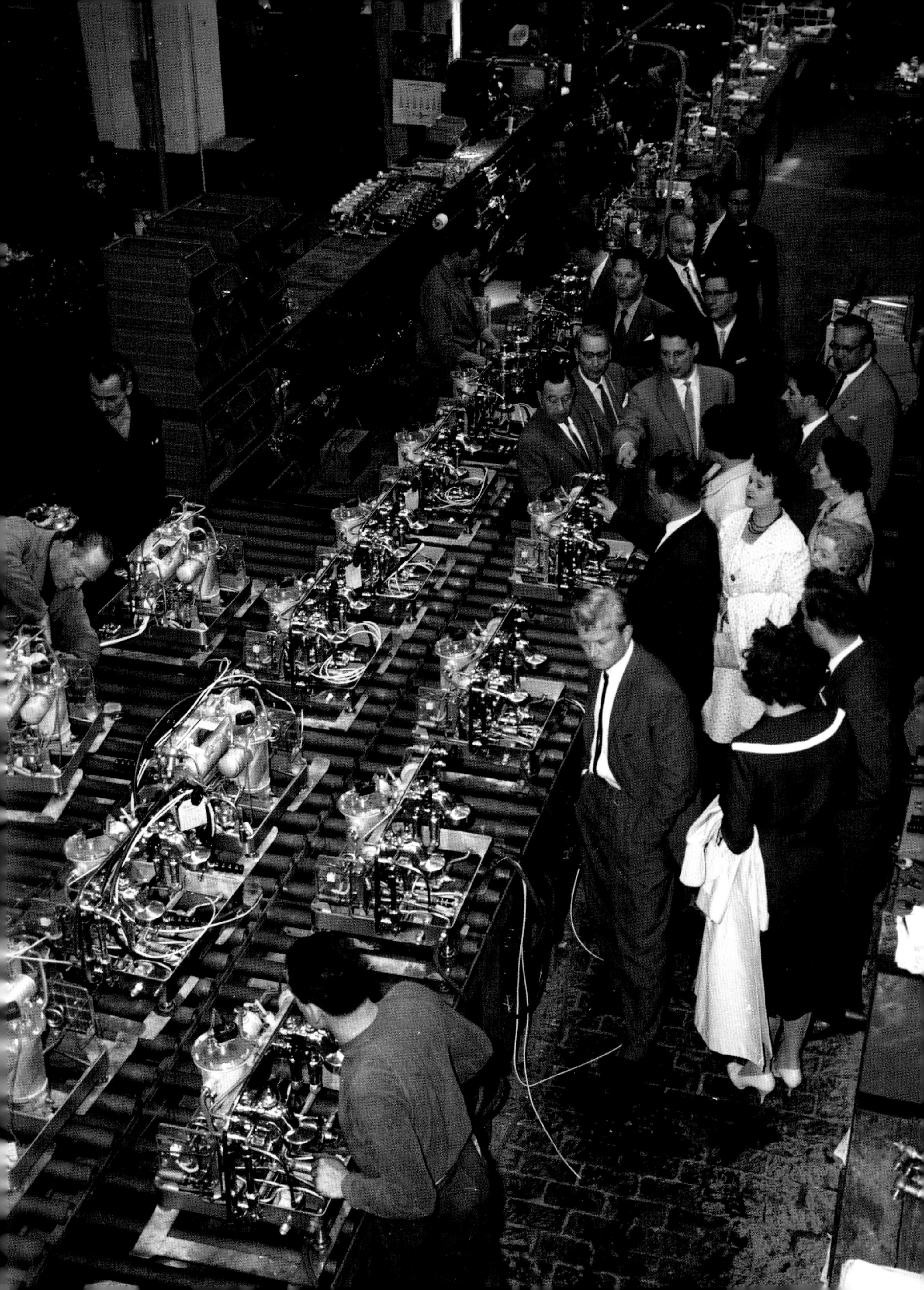

215
Gruppo erogatore Faema, modello TRR.
Faema supply group, TRR model.
Brühgruppe, Faema-Maschine, Modell TRR.

214
Delegazione straniera in visita presso lo stabilimento di via Ventura, reparto di montaggio in serie della Faema modello Tartaruga.
A foreign delegation visiting the chain assembly division of the Faema Tartaruga model at the via Ventura plant.
Ausländische Gruppe beim Besuch der Produktionsstätte in der via Ventura, Abteilung für die Serienmontage der Faema-Maschine, Modell Tartaruga.

1950 – 1960

216 - 217
Anni '50, caffè milanesi.
1950s, cafés and bars in Milan.
50er Jahre, Mailänder Cafés.

1950 — 1960

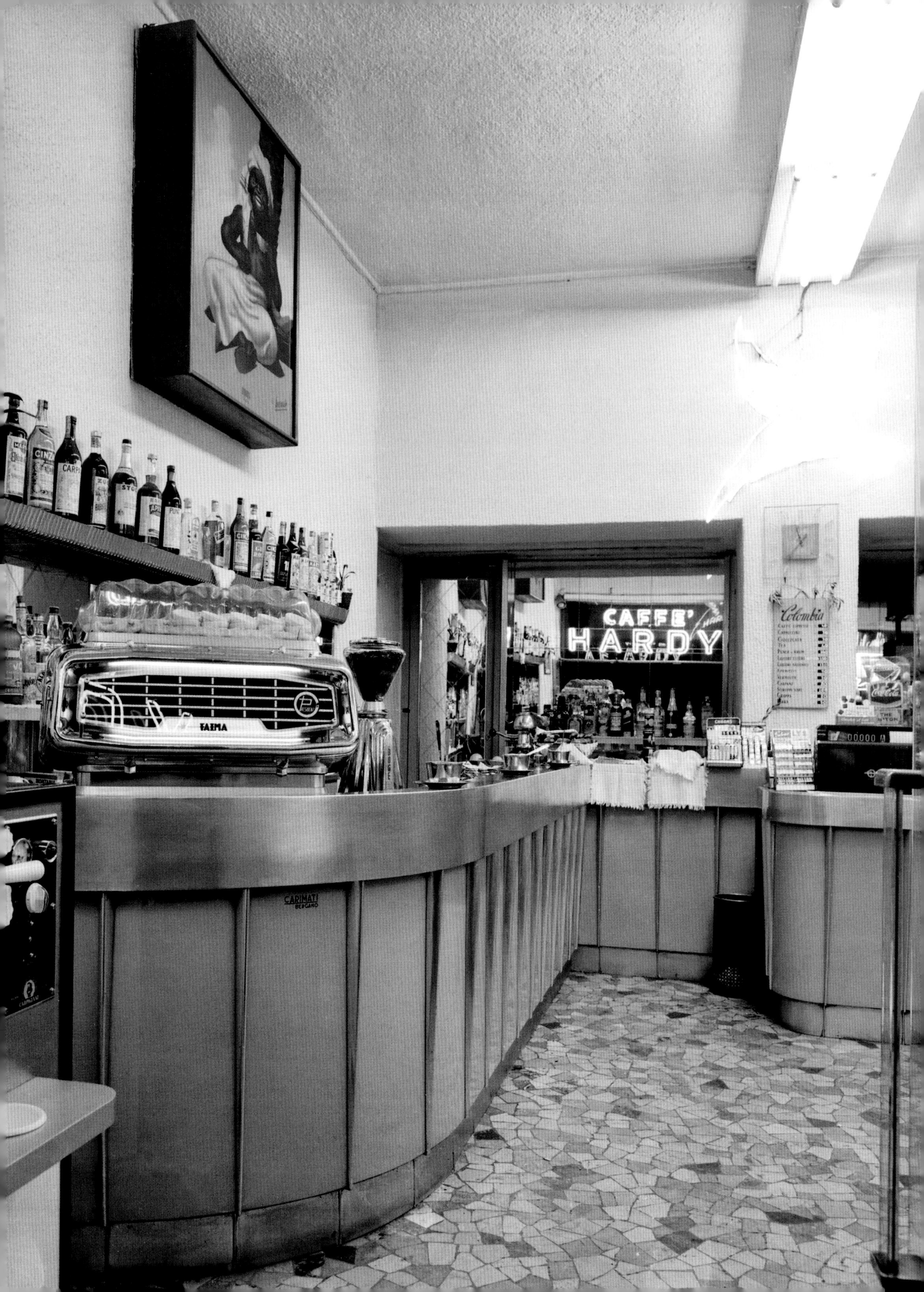

CAFFE'
HARDY
Colombia
FAEMA
CARIMATI
BERGAMO

219
Anno 1960, Fiera di Milano. Sulla sinistra del banco bar una Faema modello Tartaruga e sulla destra modello President con gruppo idraulico.
1960, Milan Trade Fair. A Faema Tartaruga model to the left of the bar counter; a President model with hydraulic group to the right.
1960, Mailänder Messe. Links von der Bartheke eine Faema-Maschine, Modell Tartaruga, und rechts das Modell President mit hydraulischer Brühgruppe.

218
Anni '50, caffè milanesi.
1950s, cafés and bars in Milan.
50er Jahre, Mailänder Cafés.

elettrodomus

Una veduta del reparto **GALVANO - FAEMA** ▼

1950 – 1960

216

mensile di elettrodomestica

IL ROSTRO

Ed

221
Anno 1958, stabilimento di via Ventura, reparto galvano (a ciclo completo di produzione).
1958, industrial plant in via Ventura, electrotype division (complete production cycle).
1958, Produktionsstätte in der via Ventura, Abteilung Galvanotechnik (mit komplettem Fertigungszyklus).

220
Copertina originale del mensile di elettrodomestica "elettrodomus".
Original cover of the "elettrodomus" magazine dedicated to household appliances.
Original-Titelseite der einmal pro Monat erscheinenden Zeitschrift „elettrodomus" für Elektrohaushaltsgeräte.

222 - 223 - 224

Faema modello Lambro del 1960, gruppi uno. Il nome di questa macchina lo si deve al fiume Lambro a poca distanza dallo stabilimento milanese.

1960 Faema 1-group Lambro model. The name of this coffee machine came from the Lambro river, not far from the Milan plant.

Faema-Maschine, Modell Lambro aus dem Jahr 1960, eine Brühgruppe. Ihren Namen verdankt diese Maschine dem Fluss Lambro, der in der Nähe des Mailänder Werk fließt.

1950 — 1960

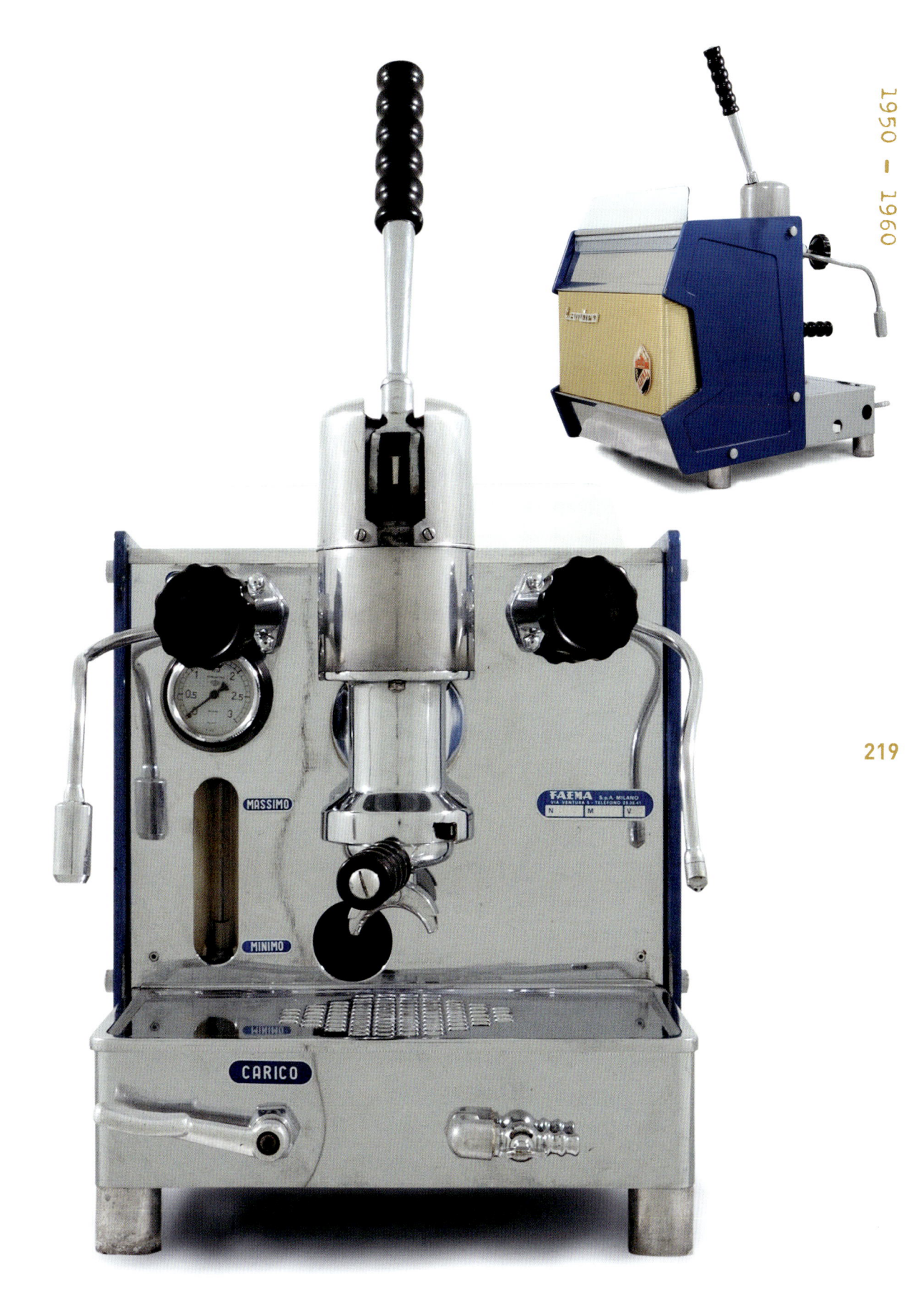

225 - 226

Faema modello Consul del 1960, gruppi quattro a leva.
1960 Faema Consul model, with 4 lever groups.
Faema-Maschine, Modell Consul aus dem Jahr 1960, vier Hebelbrühgruppen.

1950 — 1960

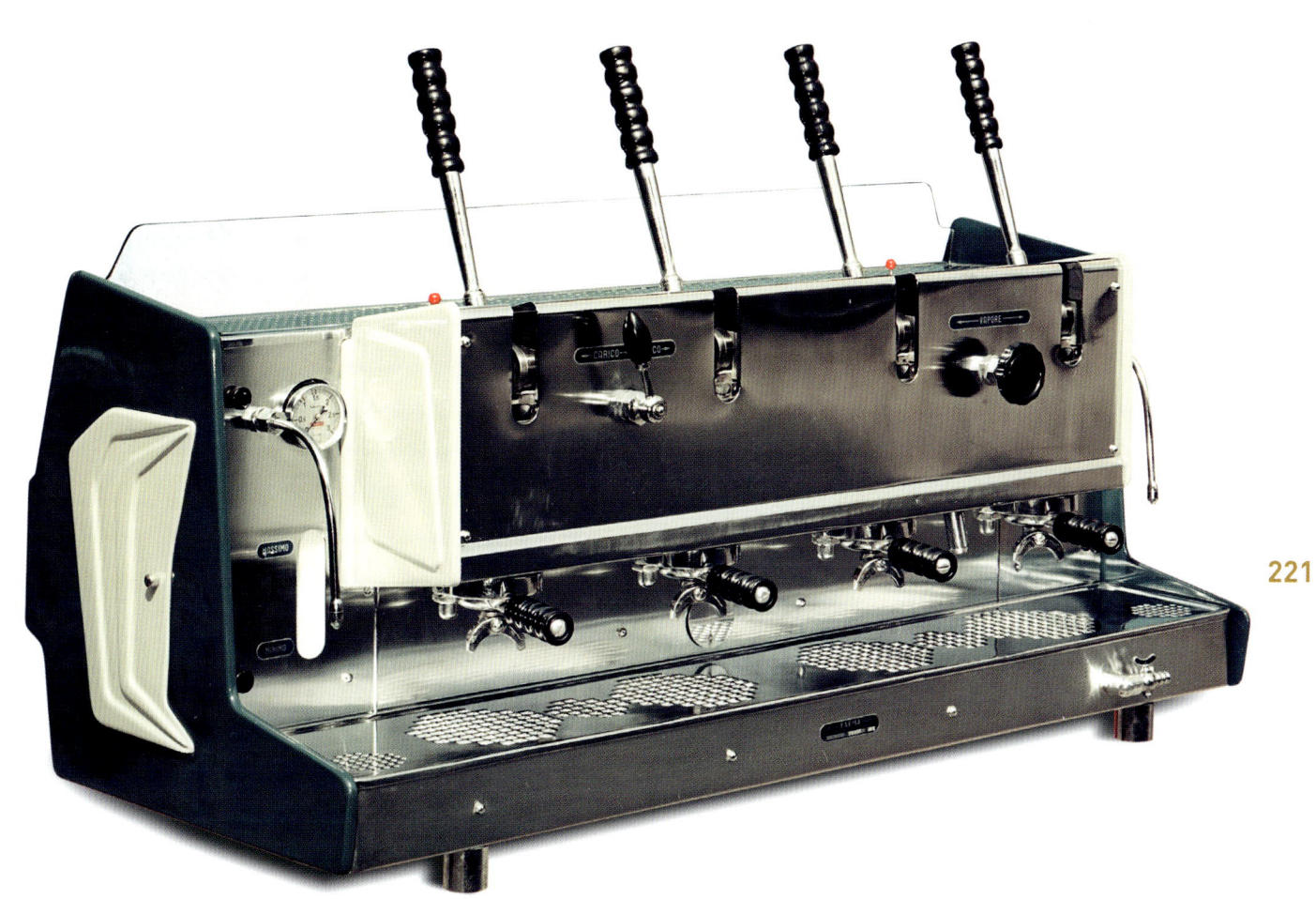

GRUPPO EROGAZIONE

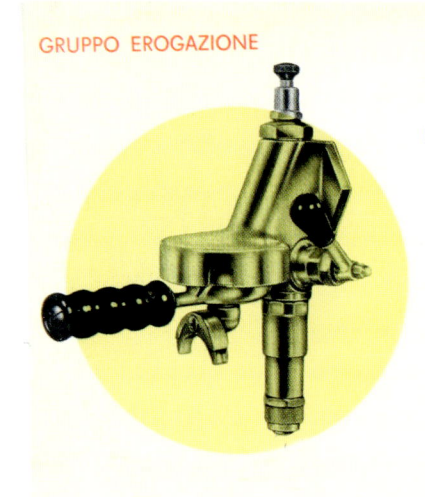

NON BRUCIA IL caffè perchè NON SURRISCALDA

La **E61**, sottoposta a lavoro veloce e prolungato, non brucia il caffè nè accenna a surriscaldare e, anche se il gruppo rimane fermo per un lungo periodo, l'erogazione avviene a temperatura ideale. La sua regolazione è ottenuta col normale pressostato e con il regolatore gas. Non essendovi prelievo d'acqua, le resistenze si trovano in migliori condizioni di funzionamento ed escludono il pericolo che il livello possa scendere al di sotto del limite di sicurezza. La tenuta delle guarnizioni dei gruppi risulta migliorata, non rimanendo sottoposte a pressione elevata e continua. L'usura delle cammes di apertura delle valvole dei gruppi è eliminata.

vantaggi:
- alimentazione diretta dell'acqua a pressione
- abbondanza di acqua e vapore per i servizi
- aumento della temperatura dell'acqua a volontà, elevando proporzionalmente la pressione di esercizio della caldaia (da 0,8 a 1,1 atm.)
- ingombro limitato delle apparecchiature di alimentazione

È LA MACCHINA GARANTITA 18 MESI

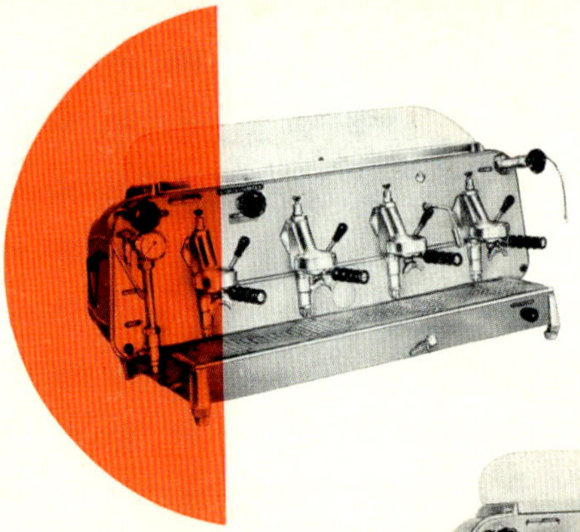

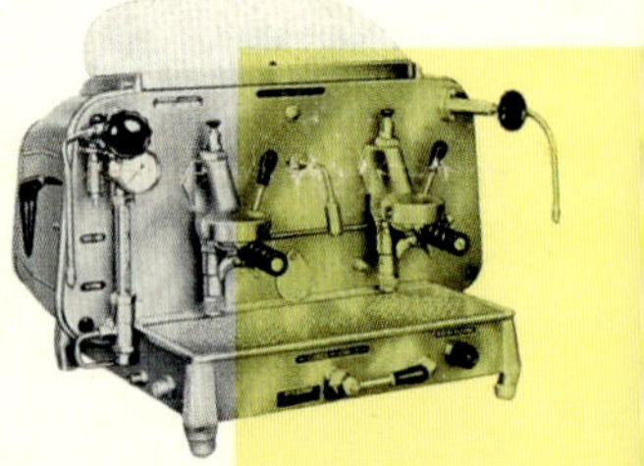

Il perfetto automatismo della **E61** consente un notevole risparmio di tempo, e quindi un maggior guadagno. Il tempo di infusione è costante e determina la perfetta regolarità dell'erogazione.

La Macchina viene costruita a 2 - 3 - 4 - 5 - 6 Gruppi

FAEMA al servizio di ogni Bar con una serie di prodotti famosi:

MACCHINE PER CAFFÈ
MACINADOSATORI PER CAFFÈ
BANCHI BAR METALLICI
CONSERVATORI PER GELATI
MACCHINE PER GELATI
APPARECCHIATURE PER BAR
JUKE-BOXES - ELETTRODOMESTICI

FAEMA S.p.A. Via G. Ventura 3/5 MILANO Telefoni 293641 (5 linee aut.)

La macchina **E61** è la prima del genere che risolve **tutti i problemi** connessi all'erogazione continua. Le sue note caratteristiche sono la semplicità del funzionamento e la produzione di crema-caffè di qualità veramente eccezionale.

NON RICHIEDE ASSISTENZA

Acqua sempre a temperatura condizionata e a pressione costante

La caldaia è attraversata da tanti collettori quanti sono i gruppi. Ogni collettore alimenta il proprio gruppo con acqua a temperatura perfettamente condizionata ed a pressione costante.
Il riscaldamento avviene per conduzione termica, quindi l'acqua per fare il caffè è indipendente dall'acqua contenuta in caldaia.

CALDAIA DI GRANDE CAPACITÀ

EQUILIBRIO TERMICO COSTANTE

La caldaia lavora ad una pressione media di **0,8 atm.**

pompa FAEMA

La pressione necessaria è ottenuta dalla pompa FAEMA di piccolissime dimensioni e dal ridottissimo consumo.

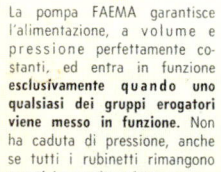

SILENZIOSITÀ ASSOLUTA

Dimensione pompa cm. 12.

La pompa FAEMA garantisce l'alimentazione, a volume e pressione perfettamente costanti, ed entra in funzione **esclusivamente quando uno qualsiasi dei gruppi erogatori viene messo in funzione.** Non ha caduta di pressione, anche se tutti i rubinetti rimangono aperti in continuazione.

CONSUMO: 100 Watt

L'alimentazione può essere ottenuta, sia col collegamento diretto alla rete dell'acqua potabile, qualunque sia la pressione di esercizio della stessa, sia aspirando acqua da un recipiente.

227 - 228

Faema, modello E61 del 1968. Catalogo pubblicitario originale.
1968 Faema E61 model. Original advertising catalogue.
Faema-Maschine, Modell E61 aus dem Jahr 1968, Original-Werbekatalog.

Riduttore di pressione tarato a 3 Atm.

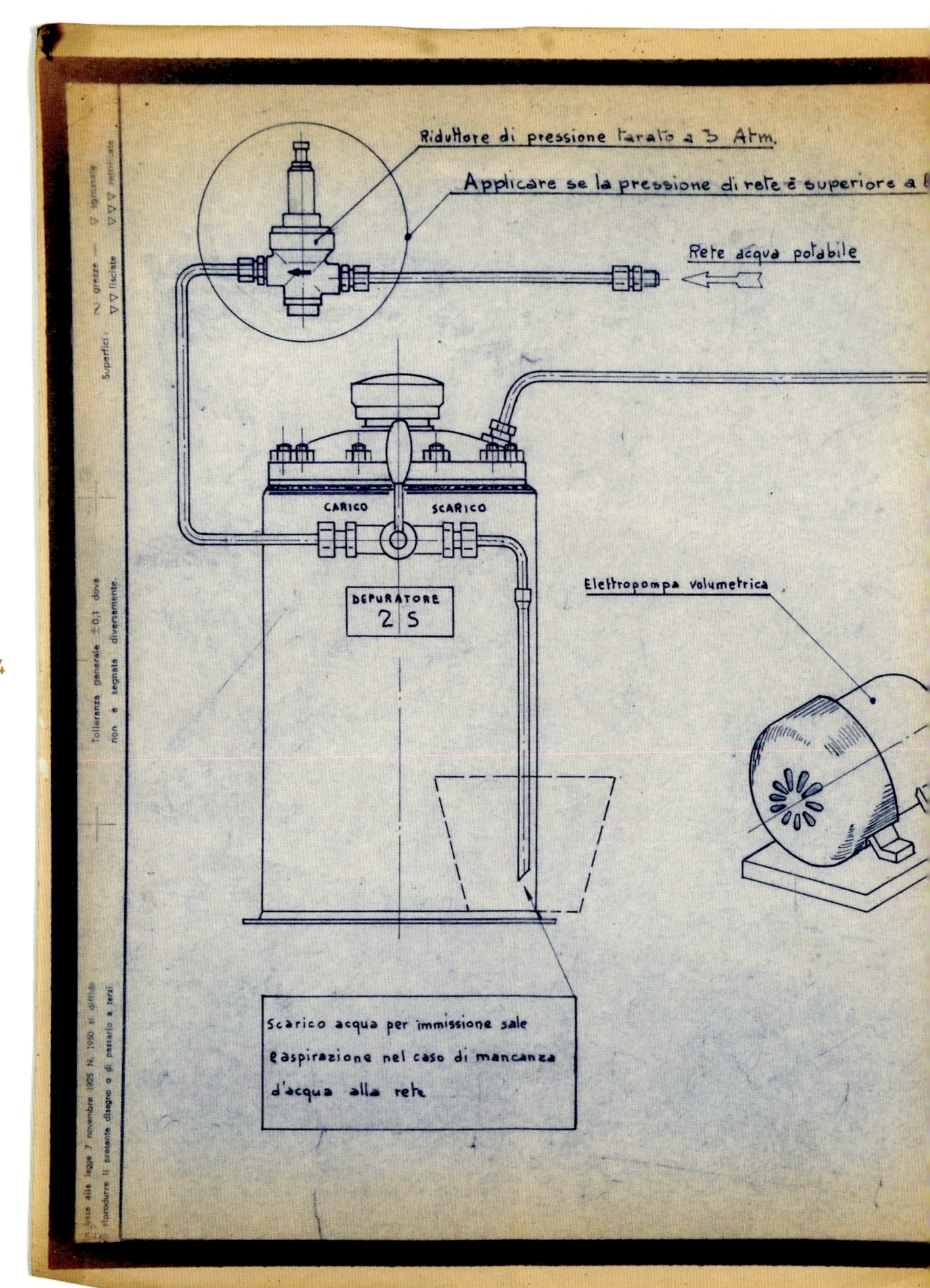

Applicare se la pressione di rete è superiore a

Rete acqua potabile

CARICO SCARICO

DEPURATORE
2 S

Elettropompa volumetrica

Scarico acqua per immissione sale
e aspirazione nel caso di mancanza
d'acqua alla rete

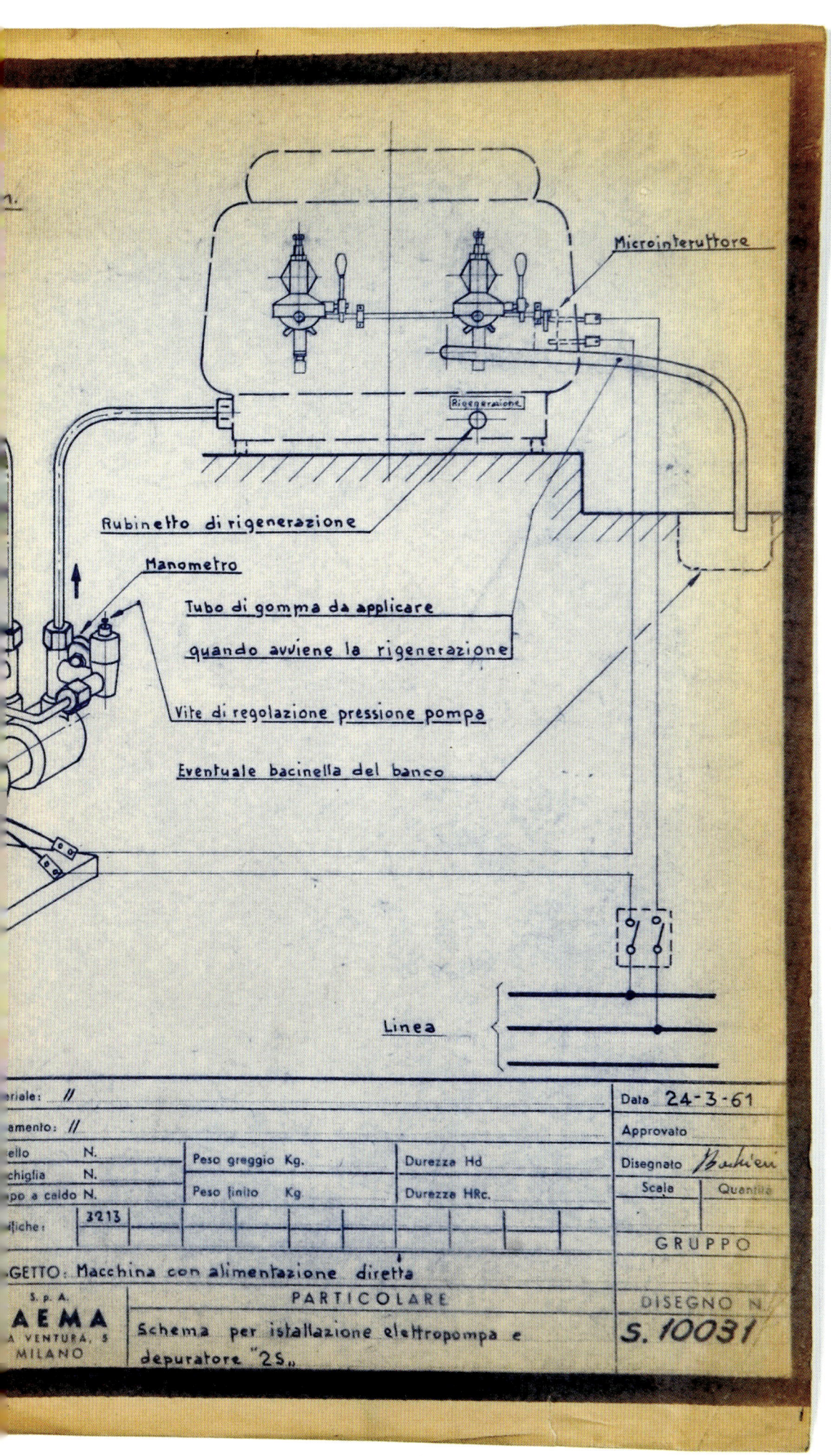

229
Schema di funzionamento della Faema modello E61 disegnato dal sig. Luigi Barbieri dell'ufficio tecnico dell'azienda. Progetto originale.

Functional diagram of the Faema E61 model, designed by Luigi Barbieri from the company's technical office. Original design.

Funktionsprinzip der Faema-Maschine, Modell E61, entworfen von Luigi Barbieri der Konstruktionsabteilung des Unternehmens. Original-Projekt.

230 - 231 - 232 - 233
Il nuovo depuratore Faema modello 2S.
Catalogo pubblicitario originale.
The new Faema depurator model 2S.
Original advertising catalogue.
Das neue Faema-Reinigungsgerät, Modell 2S.
Original-Werbekatalog.

IL depuratore FAEMA 2S

impedisce la formazione del calcare

Col DEPURATORE FAEMA 2S
dopo lungo tempo di funzionamento la caldaia si presenta come nuova

---

ecco l'effetto delle incrostazioni di calcare che si forma durante l'esercizio della macchina con acqua non depurata,

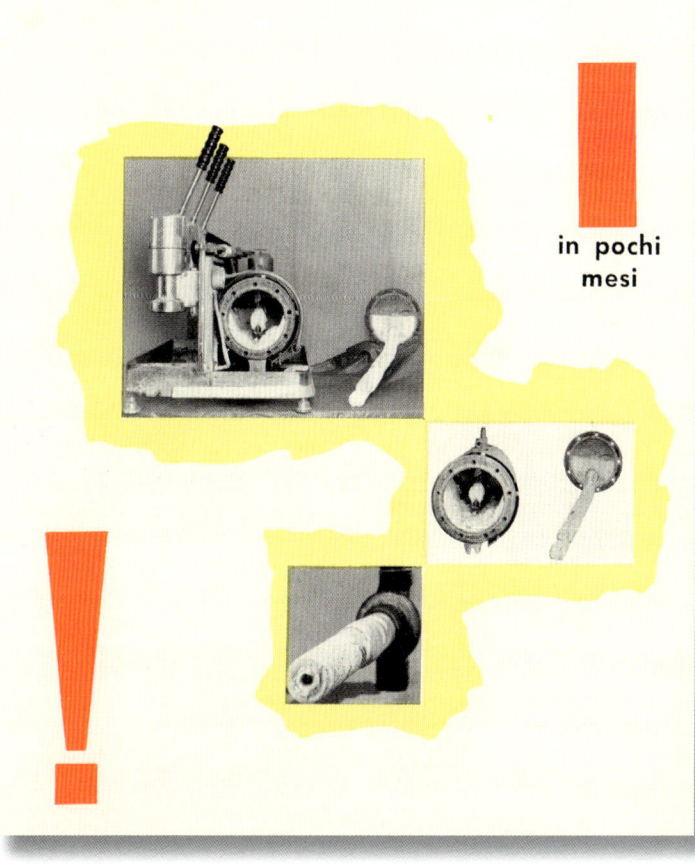

in pochi mesi

!

1960 – 1970

228

234 - 235 - 236 - 237
Faema modello E61 del 1961.
Catalogo pubblicitario originale.
1961 Faema E61 model. Original advertising catalogue.
Faema-Maschine, Modell E61 aus dem Jahr 1961, Original-Werbekatalog.

Schema di funzionamento della E/61

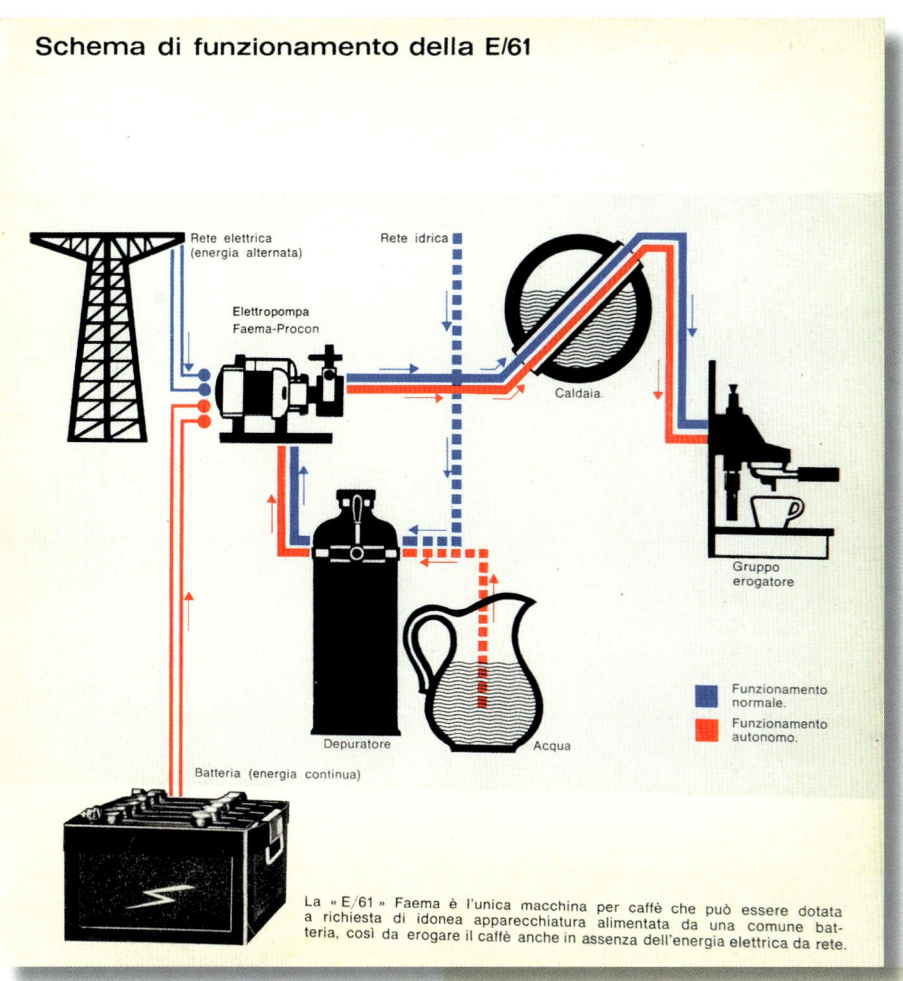

- Rete elettrica (energia alternata)
- Rete idrica
- Elettropompa Faema-Procon
- Caldaia
- Gruppo erogatore
- Depuratore
- Acqua
- Batteria (energia continua)

Funzionamento normale.
Funzionamento autonomo.

La « E/61 » Faema è l'unica macchina per caffè che può essere dotata a richiesta di idonea apparecchiatura alimentata da una comune batteria, così da erogare il caffè anche in assenza dell'energia elettrica da rete.

Misure d'ingombro della E/61

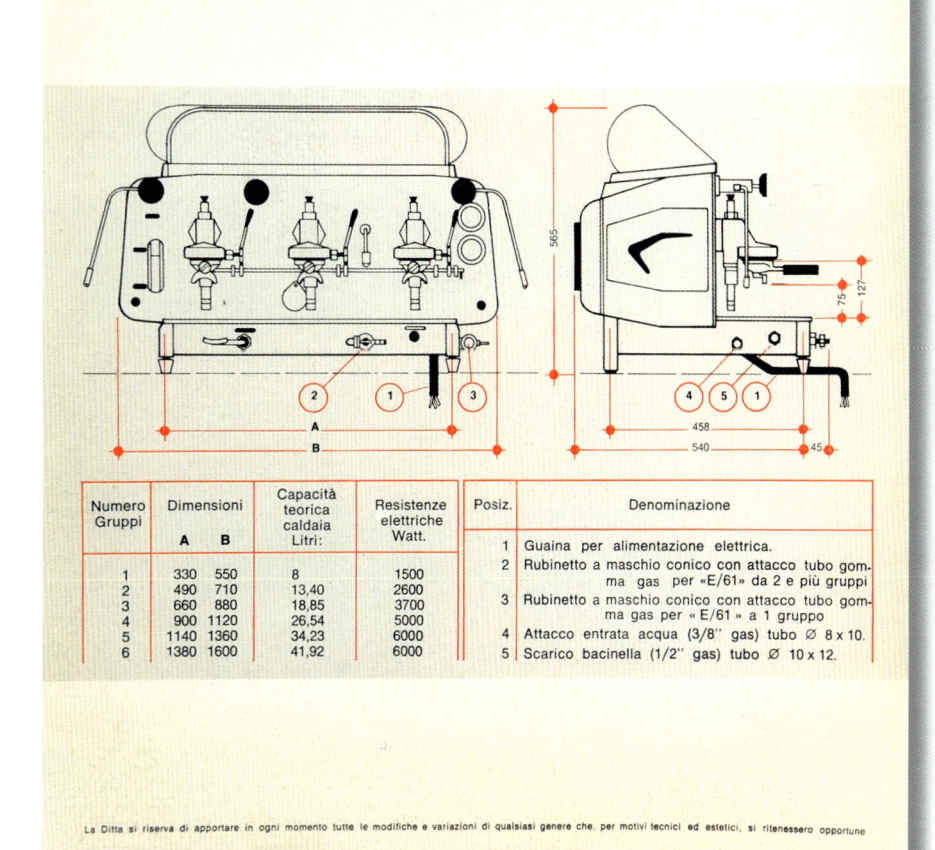

Numero Gruppi	Dimensioni A	Dimensioni B	Capacità teorica caldaia Litri	Resistenze elettriche Watt
1	330	550	8	1500
2	490	710	13,40	2600
3	660	880	18,85	3700
4	900	1120	26,54	5000
5	1140	1360	34,23	6000
6	1380	1600	41,92	6000

Posiz.	Denominazione
1	Guaina per alimentazione elettrica.
2	Rubinetto a maschio conico con attacco tubo gomma gas per «E/61» da 2 e più gruppi
3	Rubinetto a maschio conico con attacco tubo gomma gas per «E/61» a 1 gruppo
4	Attacco entrata acqua (3/8" gas) tubo Ø 8 x 10.
5	Scarico bacinella (1/2" gas) tubo Ø 10 x 12.

La Ditta si riserva di apportare in ogni momento tutte le modifiche e variazioni di qualsiasi genere che, per motivi tecnici ed estetici, si ritenessero opportune

1 - CARATTERISTICHE TECNICHE

238 - 239 - 240 - 241
Schema di funzionamento della Faema modello E61.
Functional diagram of the Faema E61 model.
Funktionsprinzip der Faema-Maschine, Modell E61.

FAEMA

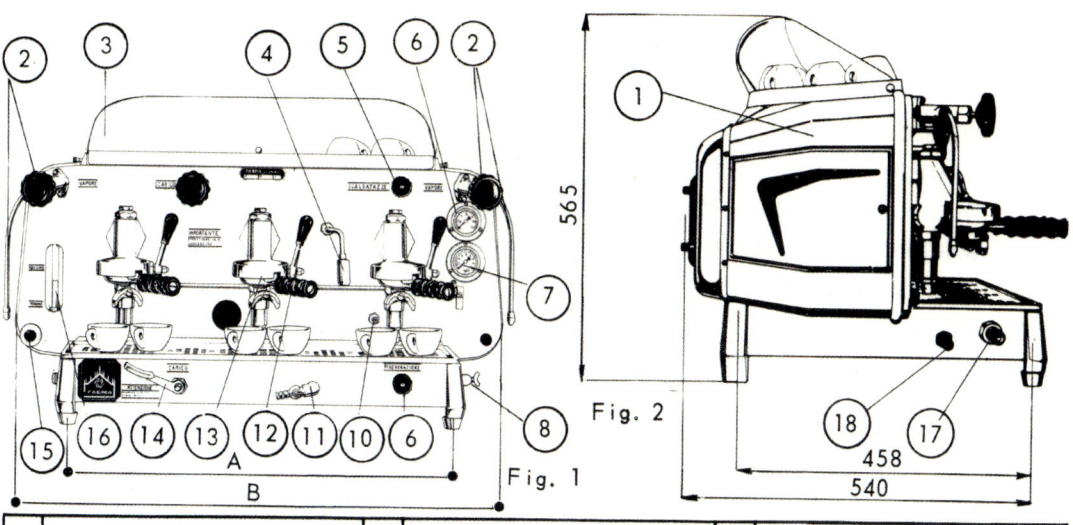

Fig. 1 / **Fig. 2**

1	CARROZZERIA PRESIDENT	12	LEVA COMANDO GRUPPO	23	VALVOLA INFUSIONE
2	RUBINETTO E LANCIA VAPORE	13	GRUPPO	24	VALVOLA SCARICO
3	SCALDATAZZE	14	RUBINETTO CARICO CALDAIA	25	VALVOLA SICUREZZA A PESO
4	RUBINETTO E LANCIA ACQUA CALDA	15	DISCO PER CONTROLLO A.N.C.C.	26	VALVOLA RITEGNO
5	RUBINETTO SCALDATAZZE	16	LIVELLO OTTICO	27	VALVOLA ESPANSIONE
6	MANOMETRO CALDAIA	17	ATTACCO SCARICO	28	SCAMBIATORE DI CALORE
7	MANOMETRO RETE E POMPA	18	ATTACCO ENTRATA ACQUA	29	GRUPPO ELETTROPOMPA
8	RUBINETTO GAS (1 GR.)	19	DEPURATORE	30	ALIMENTAZIONE DA SERBATOIO
9	RUBINETTO RIGENERAZIONE	20	TAPPO DEPURATORE	31	ALIMENTAZIONE DA RETE
10	ATTACCO PORTATUBO	21	RUBINETTO DEPURATORE	32	RIDUTTORE DI PRESSIONE
11	RUBINETTO DEL GAS	22	VALVOLA EROGAZIONE	33	RUBINETTO DI ESCLUSIONE

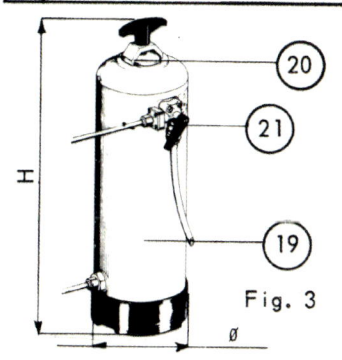

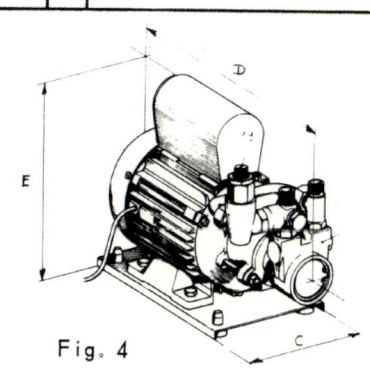

Fig. 3 / **Fig. 4**

MACCHINA E/61					DEPURATORE				ELETTROPOMPA					
N° dei grup.	Dimensioni in mm		Peso Kg	Capacità teorica caldaia Litri	Resist. elettrica Watt.	Tipo	Dimens. in mm		Peso Kg	Tipo	Portata litri/h	Dimensioni in mm			Potsn. motore HP.
	A	B					Ø	H				C	D	E	
1	330	550	42	7,35	1800	1 S	190	485	10	Normale	72	165	310	210	0.15
2	490	710	57	11,98	2600	2 S	190	590	16						
3	660	880	72	16,34	3700					Maggior.	110	165	310	210	0.24
4	900	1120	89	28,92	5000	3 S	190	930	25						

1960 – 1970

231

FAEMA
Ufficio Informazioni Tecniche

RIGENERAZIONE NORMALE E RAPIDA DEL DEPURATORE

DATA 1-12-1966

RIGENERAZIONE NORMALE

LA RIGENERAZIONE NORMALE SI EFFETTUA ALLA CHIUSURA DEL LOCALE.
QUESTO TIPO DI RIGENERAZIONE E CONSIGLIABILE PER I LOCALI CON PERIODO DI **CHIUSURA DA 6 A 11 ORE.**
LE DATE DI RIGENERAZIONE SONO RIPORTATE DALLO **SCADENZIARIO.**
PREPARARE PER LA SERA STABILITA **1 O 2 Kg. DI SALE GROSSO** DA CUCINA SECONDO CHE SI TRATTI DEL DEPURATORE 1 S O 2 S E L'APPOSITO **TUBO DI PLASTICA** PER DIRIGERE L'ACQUA DI RIGENERAZIONE AD UNO SCARICO.

COME SI REGENERA

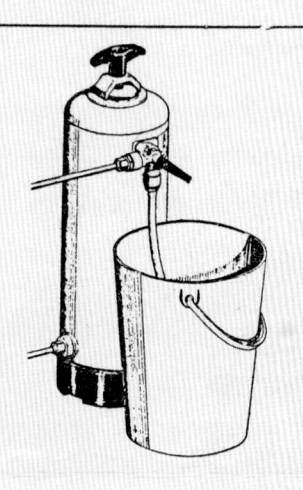

A - Mettere sotto il tubo di plastica del depuratore un recipiente atto a ricevere due litri di acqua. Girare la leva del rubinetto nella posizione SCARICO.

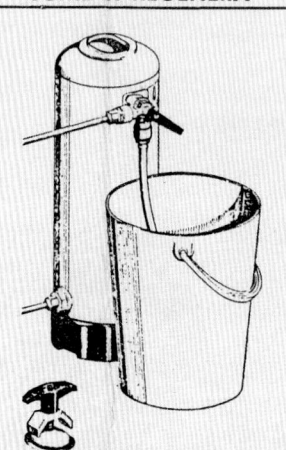

B - Svitare la manopola del tappo e lasciare scaricare tutta l'acqua che fuoriesce dal tubo di plastica.
Introdurre il sale grosso nel quantitativo consigliato.

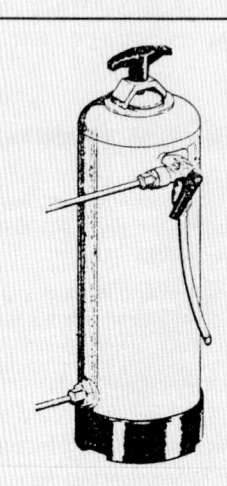

C - Pulire l'imboccatura del depuratore da residui di sale e riavvitare il tappo.
Riportare la leva del rubinetto nella posizione di carico.

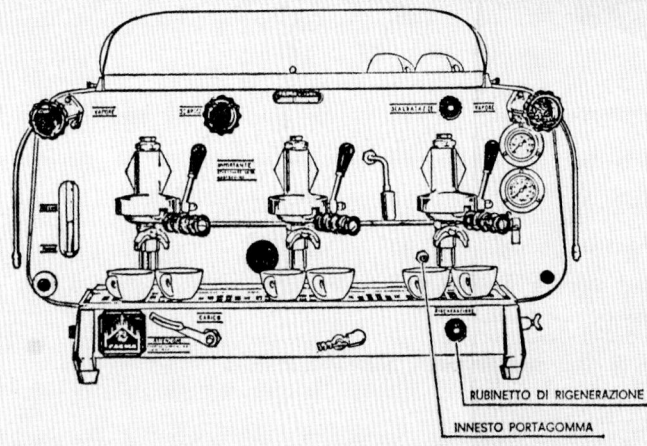

D - Collegare un capo del tubetto di plastica all'innesto portagomma e dirigere l'altro capo al lavello o scarico più vicino.
Aprire il rubinetto di rigenerazione e controllare che dal tubo esca acqua.
Se dal tubetto non dovesse uscire acqua o comunque uscisse meno di una tazza da caffé in mezzo minuto svitare l'attacco e pulire il forellino.
Provvedere all'aggiornamento dello scadenziario.

E- All'apertura del locale il mattino successivo, assaggiare l'acqua che esce dal tubo di plastica.
Se l'acqua risultasse salata, lasciare scorrere altra acqua fino a che diventi dolce.
Allo scopo di accelerare questa operazione è possibile mettere in moto la pompa comando gruppi.
Questo inconveniente potrebbe essere derivato:

1) Dalla centrale d'acqua che ha fermato la distribuzione, per riparare un guasto.

2) Dalla otturazione del foro capillare all'interno dell'innesto portagomma.

RIGENERAZIONE RAPIDA

QUESTO SISTEMA DI RIGENERAZIONE DEVE ESSERE EFFETTUATO **IN NON MENO DI 35 MINUTI**. LA MACCHINA VIENE PREDISPOSTA PER LA RIGENERAZIONE RAPIDA, APPLICANDO L'APPOSITO INNESTO PORTAGOMMA AL MOMENTO DELL'INSTALLAZIONE.

QUESTO SISTEMA E' PARTICOLARMENTE INDICATO PER I LOCALI SOTTOINDICATI:

— LOCALI CON ACQUA DI ALIMENTAZIONE PROVENIENTE DA CASSONI.
— LOCALI CON PRESSIONE D'ACQUA INFERIORE AD 1,5 ATM.
— CAMPI SPORTIVI, TEATRI, ECC.
— LOCALI CON PERIODO DI CHIUSURA SUPERIORE ALLE 11 ORE ED INFERIORE A 6 ORE.

COME SI FA LA RIGENERAZIONE RAPIDA

F - Eseguire le operazione riportate ai punti A-B-C della RIGENERAZIONE NORMALE.

G - Collegare il tubetto di plastica all'innesto portagomma e dirigerlo allo scarico più vicino.

H - Aprire il rubinetto di rigenerazione.

I - Per le macchine E/61, inserire tra il mozzo di un gruppo ed il nasello applicato all'asta di comando della pompa uno spessore sufficiente a mantenere in moto la pompa stessa.
Per le macchine E/64 ed E/66 si dovrà comandare un gruppo, avendo tuttavia l'avvertenza di inserire nel portafiltro, un filtro completamente cieco, in modo da tenere in moto la pompa per tutto il tempo necessario alla rigenerazione.

N.B. - Per le macchine E/66, si dovrà posizionare il dosatore sull'erogazione continua, lettera C.

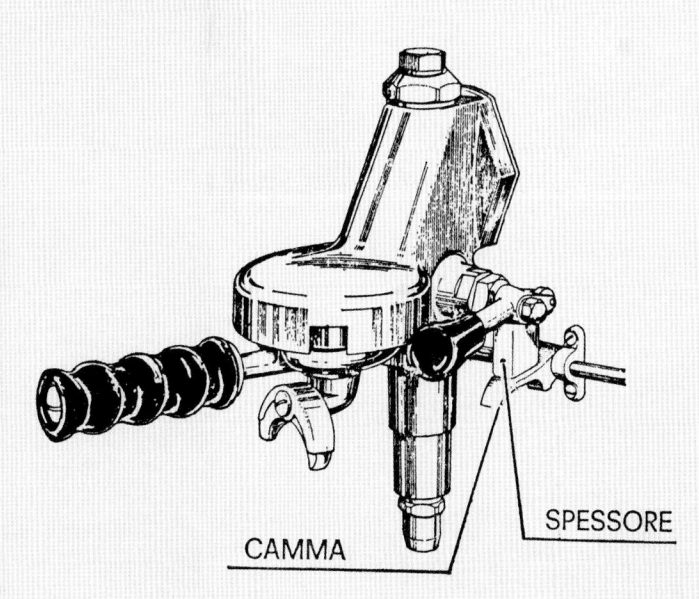

L - Dopo 35 minuti, se l'acqua che fluisce è dolce, chiudere il rubinetto di rigenerazione, togliere il tubo di plastica e riportare i gruppi nella posizione di riposo.

M - Se l'acqua uscisse salata, prolungare la rigenerazione fino a quando esca dolce.

NB. Durante l'operazione di rigenerazione non si deve caricare la caldaia e nemmeno azionare i gruppi.

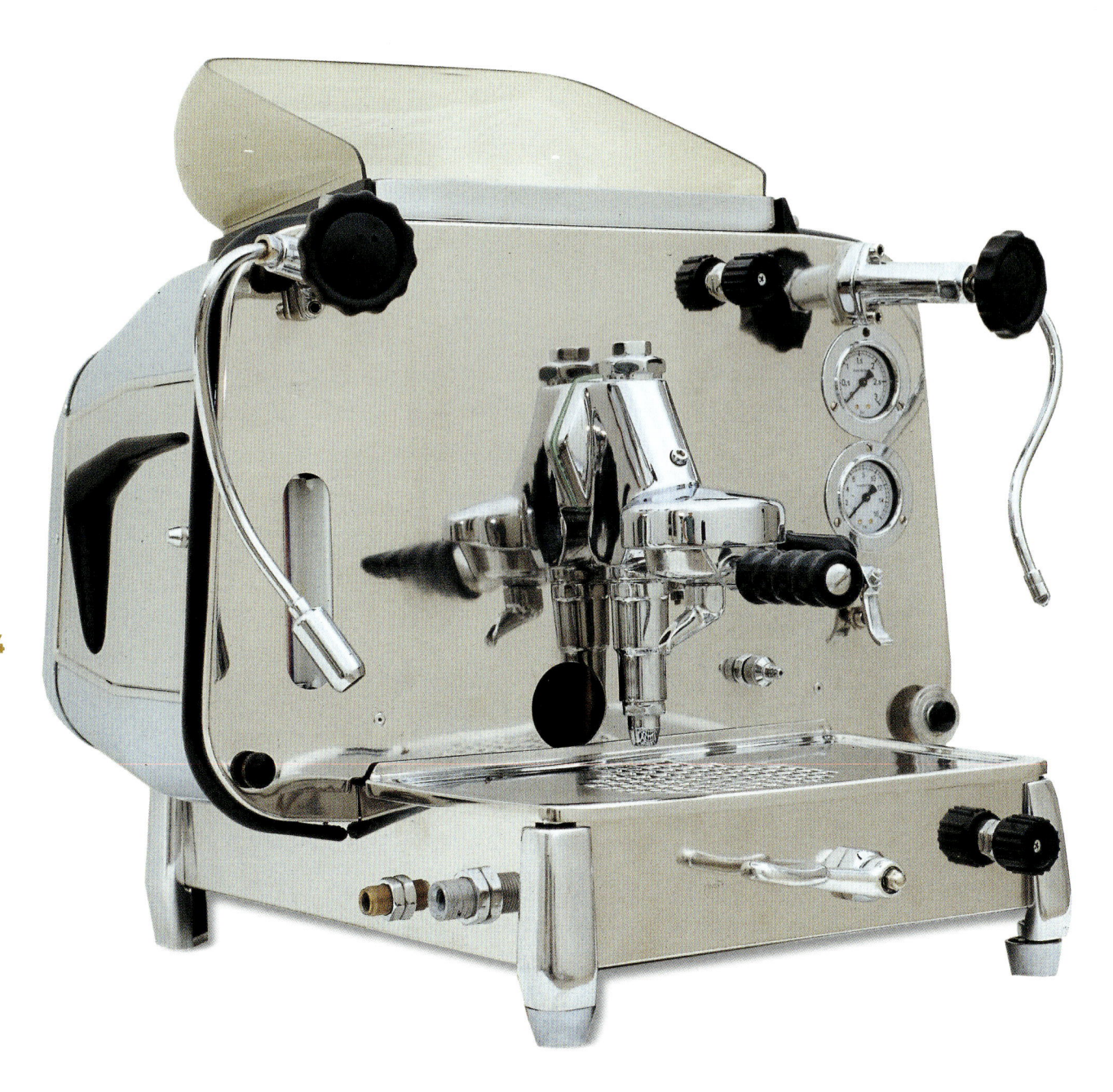

242 - 243
Faema modello E61 del 1961, gruppi uno. Restaurata.
1961 Faema 1-group E61 model. Restored.
Faema-Maschine, Modell E61 aus dem Jahr 1961, eine Brühgruppe. Restauriert.

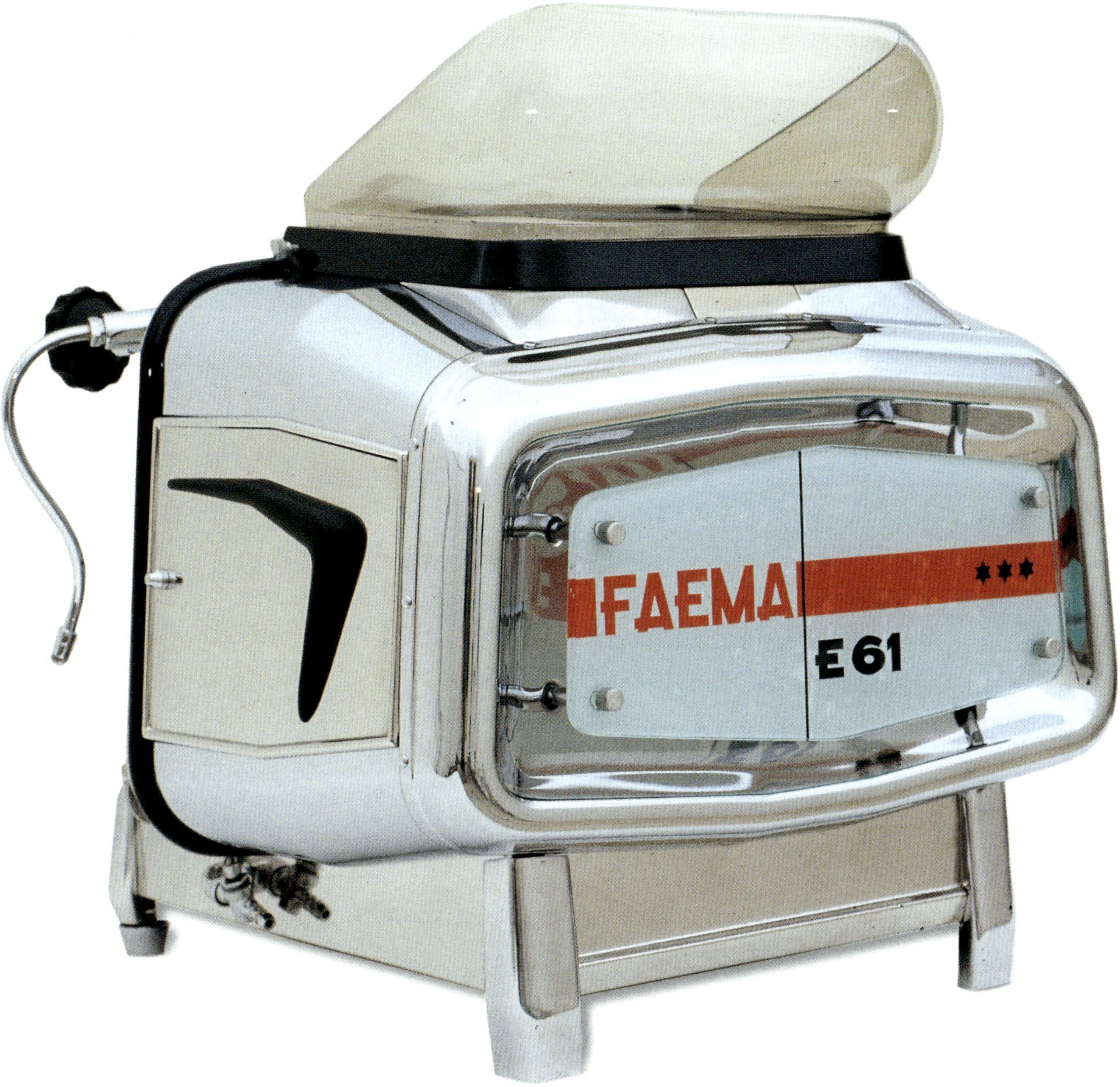
FAEMA
E 61

1960 – 1970

236

244 - 245
Faema modello E61 del 1961, gruppi tre. Restaurata.
1961 Faema 3-group E61 model. Restored.
Faema-Maschine, Modell E61 aus dem Jahr 1961, drei Brühgruppen. Restauriert.

1960 – 1970

237

246

Anno 1967, bar Supermoka in via Torino, Milano. Sul banco una Faema E61 del 1961, gruppi tre.
1967, Supermoka Bar in via Torino, Milan. There is a 1961 Faema 3-group E61 model on the counter.
1967, Bar Supermoka in der via Torino, Mailand. Auf der Theke eine Faema-Maschine, Modell E61 aus dem Jahr 1961, drei Brühgruppen.

247
Cartolina pubblicitaria. Sul banco Faema modello E61 del 1961, gruppi quattro.
Advertising postcard. There is a 1961 Faema 4-group E61 model on the counter of the bar.
Werbekarte. Auf der Theke eine Faema-Maschine, Modell E61 aus dem Jahr 61, vier Brühgruppen.

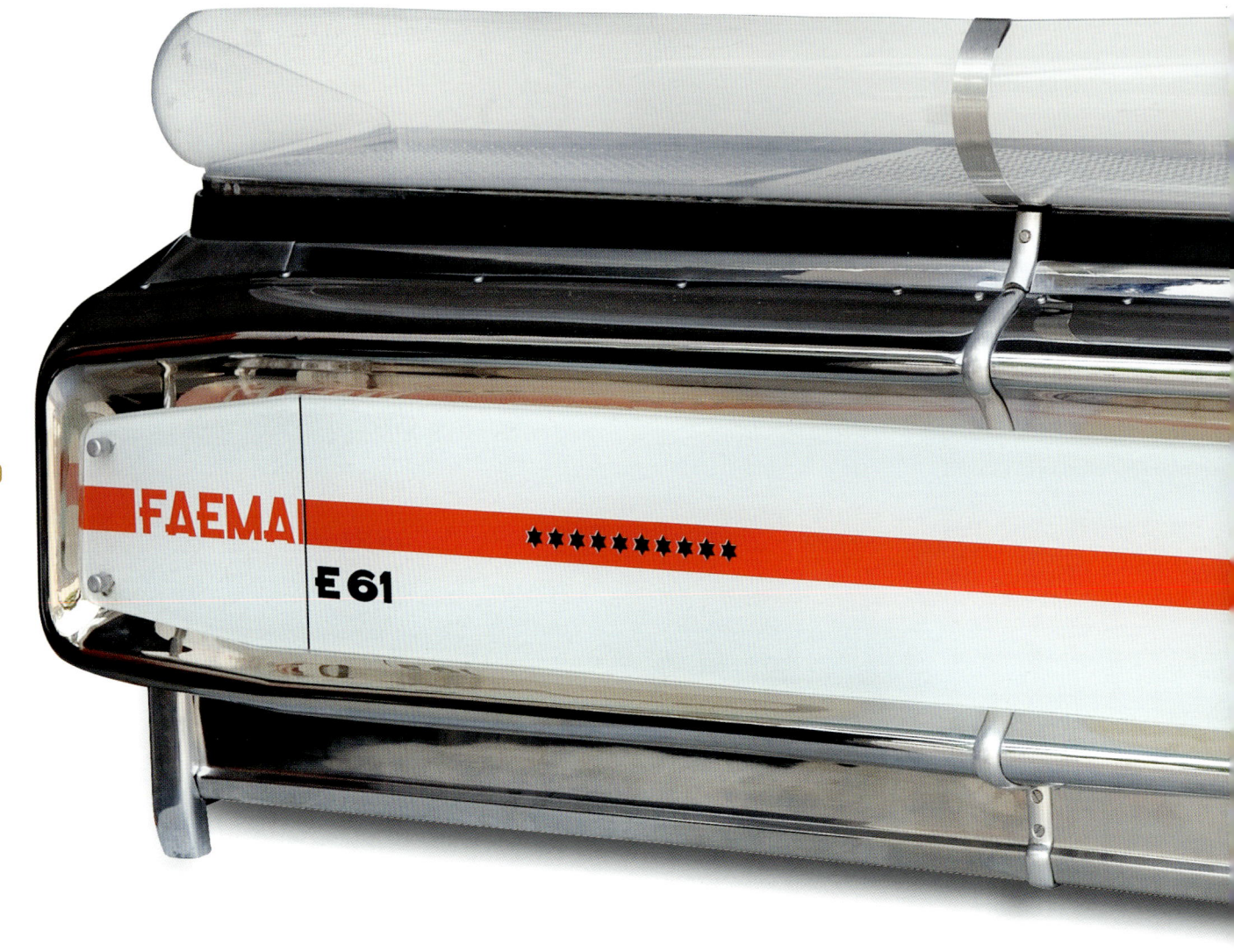

248 - 249
Faema, modello E61 del 1961, gruppi sei. Completamente restaurata.
1961 Faema 6-group E61 model. Fully restored.
Faema-Maschine, Modell E61 aus dem Jahr 1961, sechs Brühgruppen. Komplett restauriert.

241

1960 — 1970

242

249

1960 — 1970

Tutti conoscono la Faema E/61 quindi tutti sanno che E/61 President:

- è la sola macchina al mondo ad iniezione diretta:
- risparmia la fatica dell'operatore
- fa il caffè anche senza corrente elettrica
- è di una velocità sorprendente
- non ha bisogno di pressione idrica
- non spreca acqua
- e fa il caffè dal gusto nuovo!

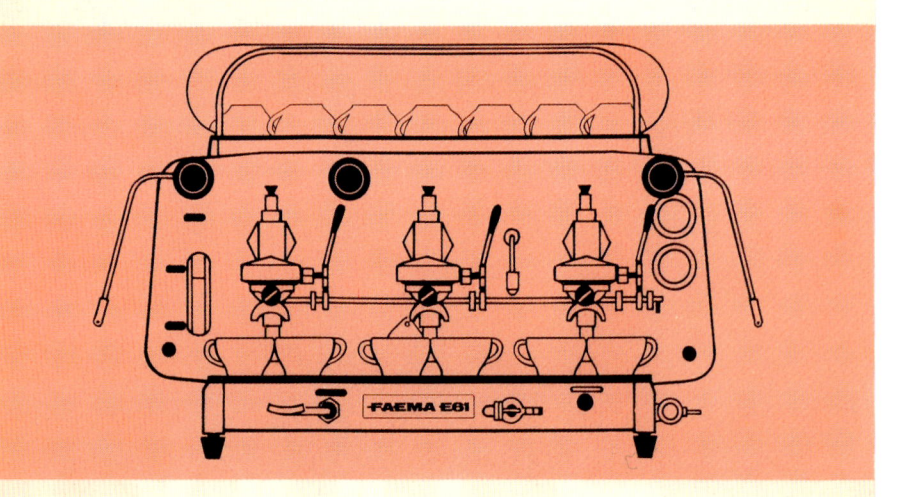

Tutti questi pregi sono anche nella «E/61 Diplomatic» +quattro

1 — 7 Programmi di lavoro:
1 erogazione continua;
6 selezioni automatiche di erogazione dosate per ottenere una gamma praticamente infinita di infusi.

2 — Carrozzeria nuova ultrabassa:
una nuova tecnica: la carrozzeria bassa
(altezza massima della «E/61 Diplomatic» cm. 43)

3 — Grande scaldatazze:
più grande di quello di qualsiasi altra macchina per caffè, utilizzando interamente la parte superiore della carrozzeria.

4 — Tutta in acciaio inox:
anche la caldaia della «E/61 Diplomatic» è in acciaio inossidabile.

«Faema E/61 President» e «Faema E/61 Diplomatic» sono garantite 18 mesi!
Le 76 Filiali Faema sono a disposizione per illustrare dettagliatamente tutta la produzione.

250 - 251

Faema modello E61 del 1961.
Dépliant originale.
Faema E61 model. Original brochure.
Faema-Maschine, Modell E61 aus dem Jahr 1961, Original-Prospekt.

Oggi c'è...

E61 E61 E61

nelle due versioni:

President

Diplomatic

La sola macchina al mondo ad iniezione diretta

Macinadosatori Faema

I macinadosatori prodotti dalla Faema sono il miglior complemento delle vostre macchine per caffè

Robusti.
Eleganti.
Perfetti.

Faema produce:

Macchine per crema caffè
Macinadosatori per Bar
Banchi Bar metallici brevettati
Banchi Bar gelateria
Attrezzature per Bar
Distributori automatici a moneta
Condizionatori d'aria
Elettrodomestici

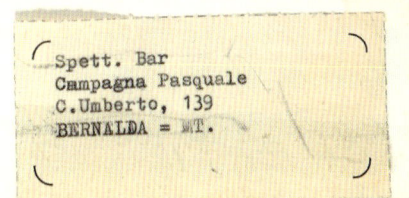

Panoramafaema 2
Giugno 1965
Pubblicazione semestrale
Anno I - numero 2

Spedizione in abbonamento postale gruppo IV

Spett. Bar
Campagna Pasquale
C.Umberto, 139
BERNALDA = MT.

Confermate la vostra fiducia nel nome mondiale:

FAEMA spa. Milano via Ventura 15

1960 – 1970

252

Stabilimento di via Ventura, Milano. Al quarto piano il laboratorio chimico. Il dott. Giancarlo Lorenzini sperimenta il caffè Faemino.

Plant in via Ventura, Milan. Dr. Lorenzini is testing Faemino coffee in the chemical laboratory on the 4th floor.

Produktionsstätte in der via Ventura, Mailand. Das Chemielabor im vierten Stockwerk. Dr. Giancarlo Lorenzini testet den Faemino-Kaffee.

253

Anno 1966, l'ufficio tecnico Faema. Alla scrivania, in primo piano, Gianfranco Delle Donne, capo progettista del settore refrigerazione.

1966. Faema technical office. Gianfranco Delle Donne, head designer of the refrigeration division is at the desk in the foreground.

1966, Faema-Konstruktionsabteilung. Am Schreibtisch im Vordergrund Gianfranco Delle Donne, Chefplaner des Bereichs Kühlung.

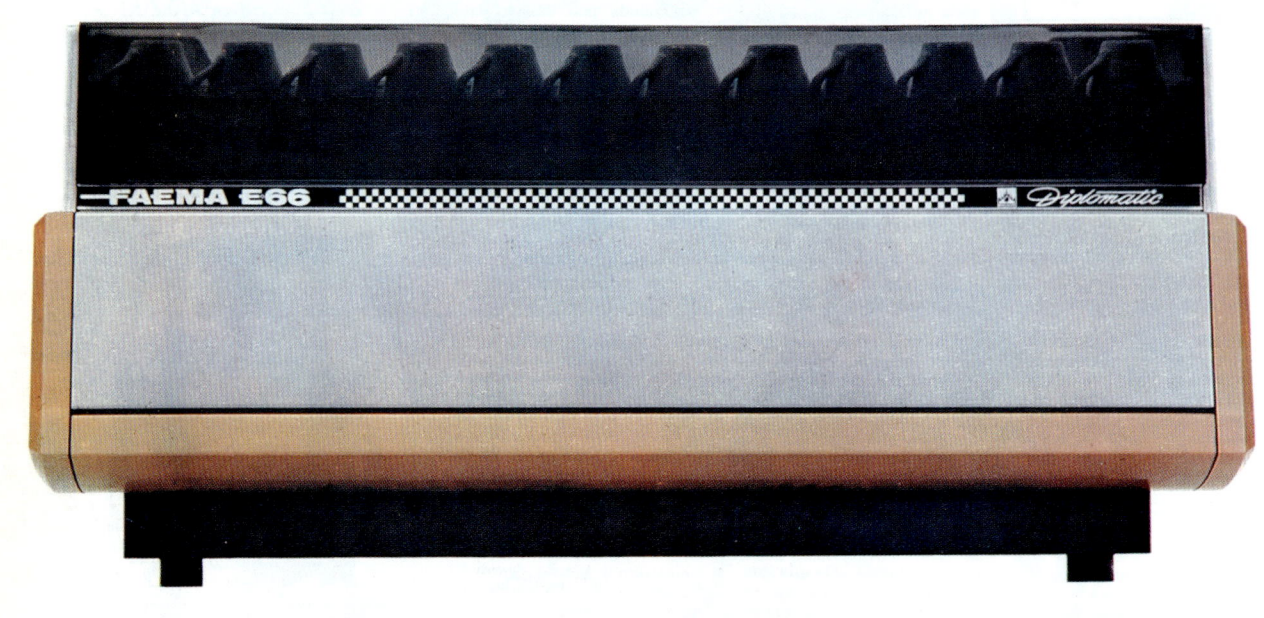

per un Bar sempre migliore!

Faema E/66 Diplomatic
tutti i pregi della «E/61» + 5:
Nuova carrozzeria ultrabassa
Nuovo ampio scaldatazze
Nuova caldaia inox
Dosatore con 7 programmi
automatici di lavoro
Caffè a temperatura
calibrata, ed inoltre
servizio tecnico gratuito.

Faema E/64 Diplomatic
tutti i pregi della «E/61» + 3:
Nuova carrozzeria ultrabassa
Nuovo ampio scaldatazze
Nuova caldaia inox
ed inoltre servizio tecnico
completamente gratuito.

Le macchine Diplomatic vengono
costruite a 1-2-3 e 4 gruppi.

Faema produce:
Macchine per crema-caffè
Banchi bar metallici brevett.
Macinadosatori
Attrezzature per bar
Condizionatori d'aria
Produttori di ghiaccio
Distributori automatici
a moneta.

FAEMA ● E66
FAEMA ● E64
DIPLOMATIC

Faema spa.   Milano Via Ventura 15

FAEMA E66 Diplomatic

« E/66 *Diplomatic* » è una macchina nuova.
Elenchiamo qui, le principali caratteristiche
e le più importanti novità della « E/66 *Diplomatic* »
Ritenendo però che nessun pieghevole
possa sostituire l'esperienza diretta,
vi invitiamo a voler prendere contatto
con una delle nostre Filiali;
i nostri funzionari saranno lieti di dimostrarvi
la « E/66 *Diplomatic* ».

La Faema ha creato una nuova macchina per caffè: la «E/66 Diplomatic»,
che è la sintesi delle passate esperienze e dei più recenti ritrovati
tecnologici. Per questa macchina la Faema ha inoltre ideato un nuovo tipo
di carrozzeria che risponde sia alle esigenze del più avanzato disegno
industriale, sia alle necessità estetiche di ogni locale e che realizza
la assoluta razionalità dei servizi.
Mettendo la «E/66 Diplomatic» a disposizione di tutti gli esercenti,
la Faema ritiene di corrispondere alle loro richieste, certa che non le
mancherà ancora una volta il plebiscito di consensi che hanno resa la sua
precedente produzione famosa in Italia e nel mondo.

Propaganda Faema/65 Carrara

---

254 - 255 - 256 - 257 - 258 - 259
260 - 261 - 262 - 263 - 264 - 265
266 - 267 - 268

Faema modelli E66, E64, del 1964. Dépliant originali.

Faema E66 and E64 models. Original brochures.

Faema-Maschinen, Modelle E66 und E64 aus dem Jahr 1964, Original-Prospekt.

FAEMA E66 Diplomatic

Prima novità assoluta:
Dosatore con 7 programmi di lavoro:
1 erogazione continua
6 selezioni di erogazione dosate per ottenere una gamma praticamente infinita di infusi.

Seconda novità assoluta:
Caffè a temperatura calibrata.
La temperatura dell'infuso erogato dalla « E/66 Diplomatic » può essere regolata, evitando così gli inconvenienti dovuti alle condizioni ambientali in cui opera la macchina.

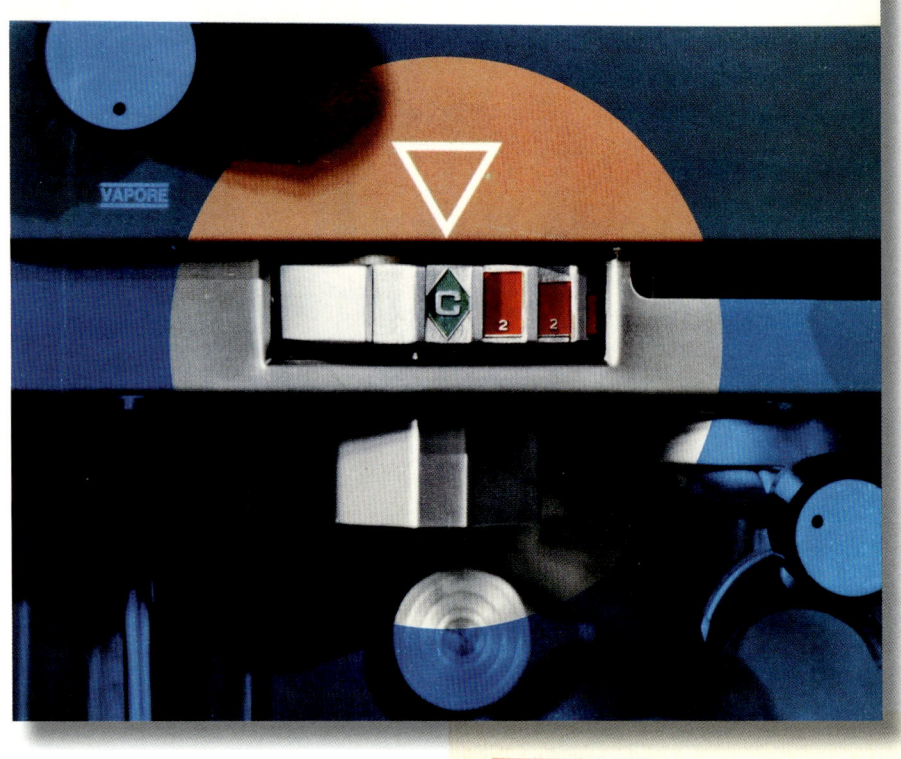

Tutte le macchine « E/66 Diplomatic », sono dotate di:

Depuratore a resine che assicura l'eliminazione completa del calcare, evitandone così i depositi nella caldaia, che sono causa di sprechi di energia elettrica, di usura e di guasti.
Pompa Faema-Procon di piccole dimensioni, che garantisce l'alimentazione della macchina a volume e pressione costanti.

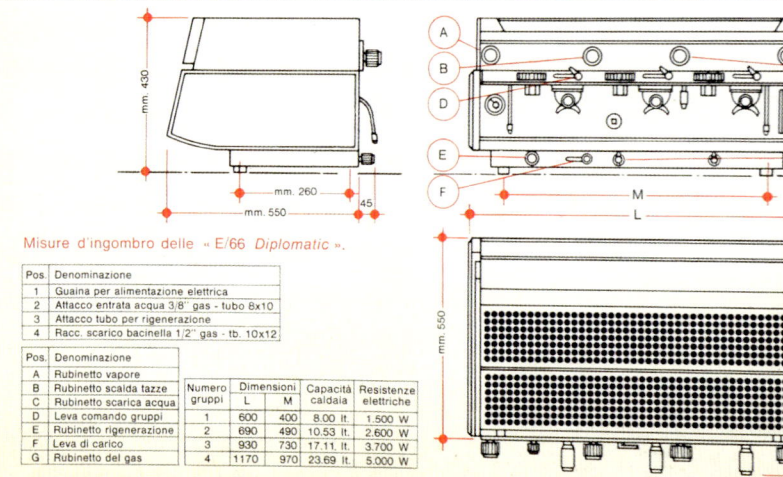

Misure d'ingombro delle « E/66 Diplomatic ».

Pos.	Denominazione
1	Guaina per alimentazione elettrica
2	Attacco entrata acqua 3/8" gas - tubo 8x10
3	Attacco tubo per rigenerazione
4	Racc. scarico bacinella 1/2" gas - tb. 10x12

Pos.	Denominazione
A	Rubinetto vapore
B	Rubinetto scalda tazze
C	Rubinetto scarica acqua
D	Leva comando gruppi
E	Rubinetto rigenerazione
F	Leva di carico
G	Rubinetto del gas

Numero gruppi	Dimensioni L	Dimensioni M	Capacità caldaia	Resistenze elettriche
1	600	400	8.00 lt.	1.500 W
2	690	490	10.53 lt.	2.600 W
3	930	730	17.11 lt.	3.700 W
4	1170	970	23.69 lt.	5.000 W

FAEMA E66 Diplomatic

Nuova carrozzeria ultra bassa.
Ancora una volta la Faema si pone decisamente all'avanguardia risolvendo oggi il problema della carrozzeria delle macchine per caffè, presentando la « E/66 *Diplomatic* » che unisce alla purezza della linea estetica, secondo i dettami dei più avanzati studi di disegno industriale, la più completa funzionalità di esercizio.
(Altezza massima della « E/66 *Diplomatic* » cm. 43).

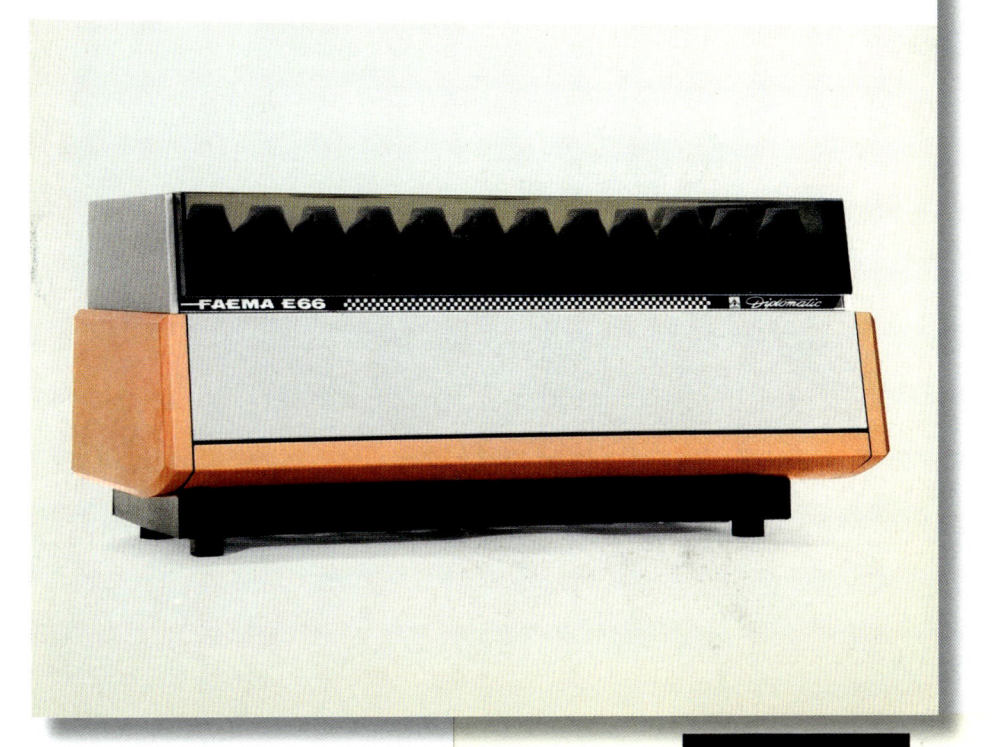

FAEMA E66 Diplomatic

Nuova concezione tecnica:
che consente alla Faema di dichiarare la superiorità della « E/66 *Diplomatic* » nei confronti di qualsiasi altra macchina sino ad oggi realizzata.
Nuova maggiore velocità di erogazione:
Con la « E/66 *Diplomatic* » si possono ottenere 2 caffè anche in un tempo di 18 secondi!

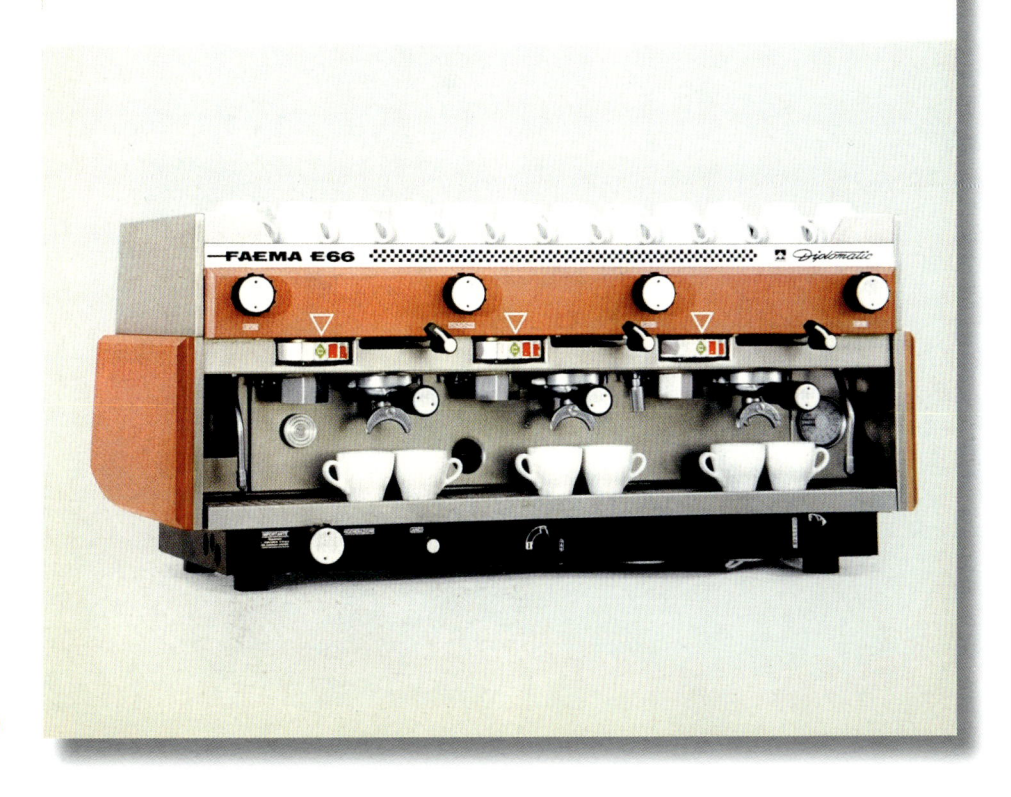

1960 – 1970

FAEMA E66 Diplomatic

Nuovo grande scaldatazze con vaporizzatore
di dimensioni superiori a quello delle altre macchine attualmente sul mercato.
Capacità dello scaldatazze:
macchina a 1 gruppo = 40 tazze su un solo piano
macchina a 2 gruppi = 45 tazze su un solo piano
macchina a 3 gruppi = 60 tazze su un solo piano
macchina a 4 gruppi = 85 tazze su un solo piano
E tutte le tazze sono a portata di mano dell'operatore!

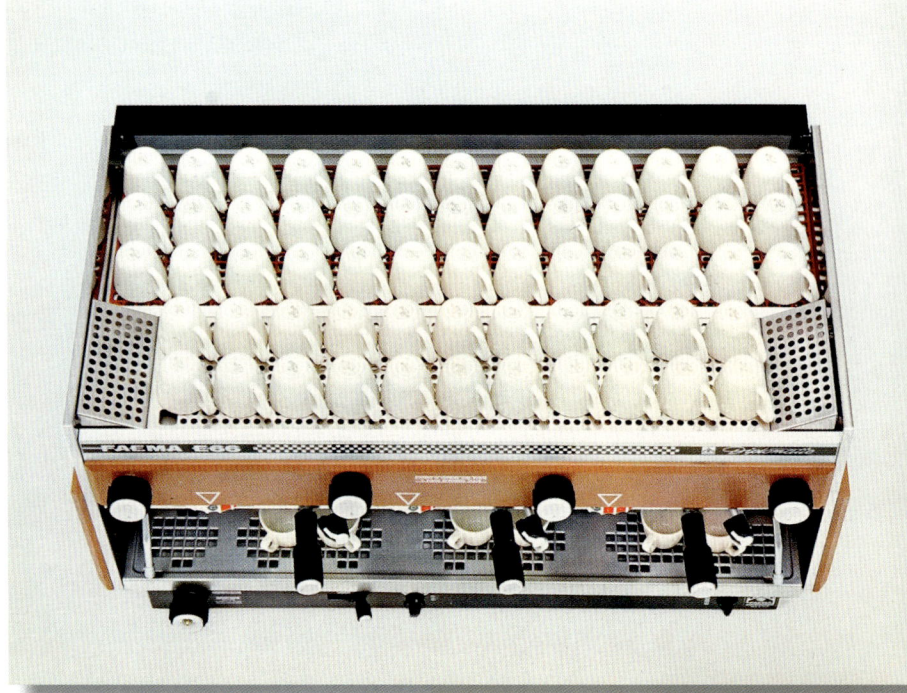

FAEMA E66 Diplomatic

Nuova maggiore economia di esercizio:
per un miglior sfruttamento della polvere di caffè, per l'abolizione di qualsiasi spreco d'acqua, e per un minor consumo di energia calorifica. (Funzionamento d'esercizio 0,9 atm.).

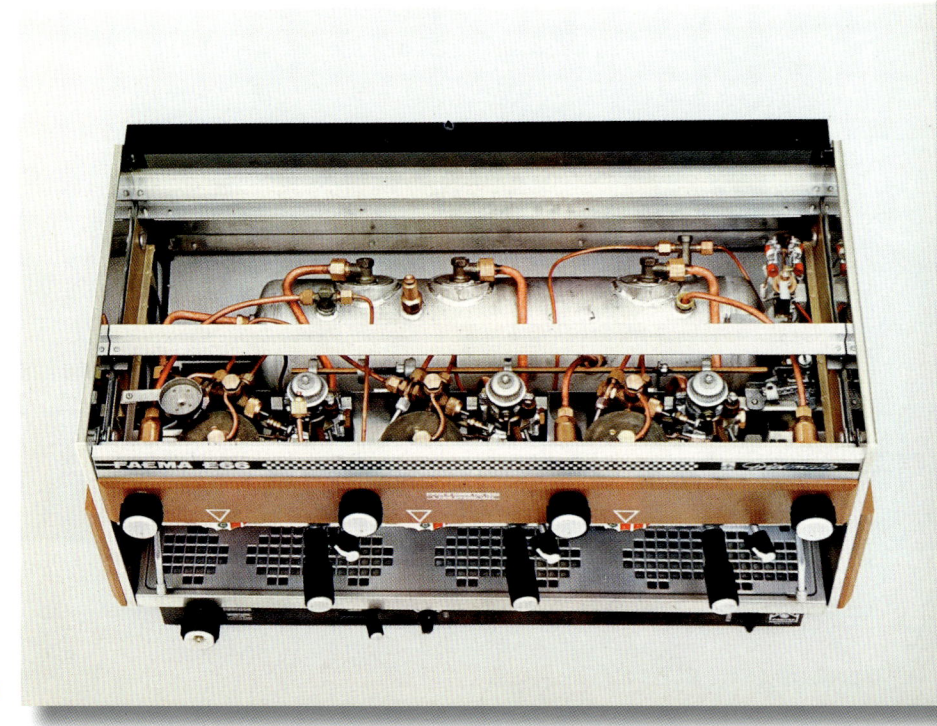

FAEMA

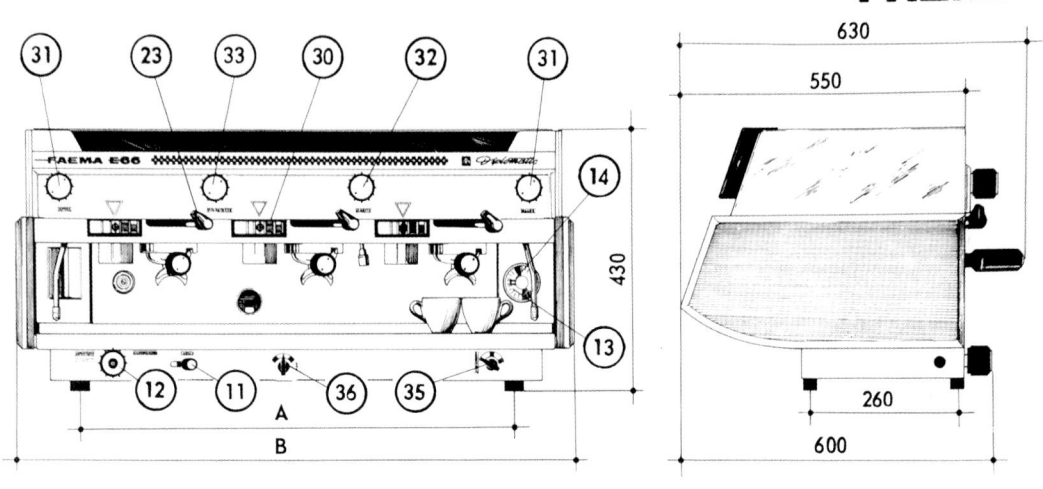

1	Rubinetto di esclusione	20	Valvola di erogazione
2	Riduttore di pressione (a richiesta)	21	Valvola di infusione
3	Alimentazione da rete idrica	22	Valvola di scarico
4	Alimentazione da serbatoio	23	Leva comando gruppo
5	Rubinetto a due vie	24	Cricchetto
6	Depuratore	25	Distanziale (ghiera selezione dosi)
7	Pompa	26	Mensola
8	Valvola di ritegno	27	Pistone
9	Valvola di espansione	28	Cilindro dosatore
10	Valvola di carico caldaia	29	Valvola del dosatore
11	Leva per carico caldaia	30	Distanziale
12	Rubinetto di rigenerazione	31	Rubinetto vapore
13	Manometro rete e pompa	32	Rubinetto acqua calda
14	Manometro caldaia	33	Rubinetto scaldatazze
15	Livello ottico	34	Tappo depuratore
16	Stabilizzatore di temperatura	35	Interruttore elettrico
17	Tubo andata circolazione a termosifone	36	Rubinetto del gas
18	Tubo ritorno circolazione a termosifone	37	Preriscaldatore
19	Valvola di sicurezza a peso		

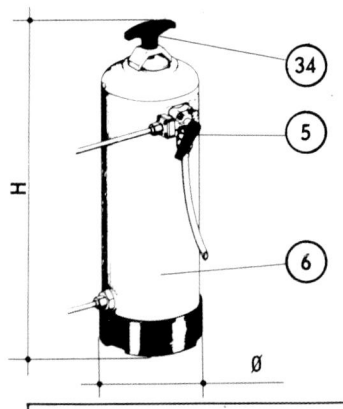

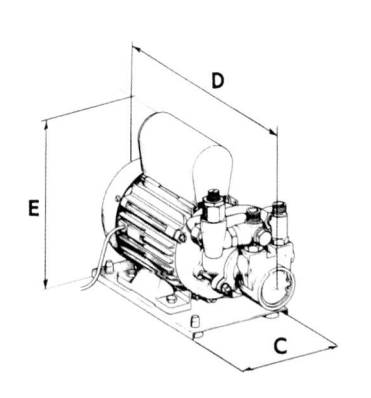

MACCHINA E/66					DEPURATORE				ELETTROPOMPA					
N° dei gruppi	Dimensioni in mm		Peso	Capacità teorica caldaia	Resist. elettrica	Tipo	Dimens. in mm		Peso	Tipo	Portata	Dimensioni in mm			Potenza motore
	A	B	Kg.	Litri	Watt.		Ø	H	Kg.		Litri/h	C	D	E	HP.
1	400	600	68	8.00	1500	1S	190	485	10	Normale	72	165	310	210	0.15
2	490	690	85	10,53	2600	2S	190	590	16						
3	730	930	110	17,11	3700	3S	190	930	25	Maggior.	110	165	310	210	0.24
4	970	1170	130	23,69	5000										

I nuovi prezzi Faema
una piacevole realtà per i pubblici esercizi.

Rispondiamo collettivamente — e ci auguriamo compiutamente — alle molte lettere ricevute e alle richieste di chiarimenti pervenute, tramite l'organizzazione di vendita FAEMA, sui nuovi prezzi FAEMA « tutto compreso ».
Anticipiamo sin da ora la conclusione: il nuovo listino FAEMA ha raggiunto l'obiettivo che si proponeva: facilitare il lavoro e i guadagni dei baristi, instaurando un nuovo clima fra casa produttrice e pubblici esercizi.
I risultati di questi primi mesi di applicazione del nuovo listino sono superiori alle attese della stessa FAEMA: questo fatto dà l'esatta dimensione del successo dell'iniziativa.

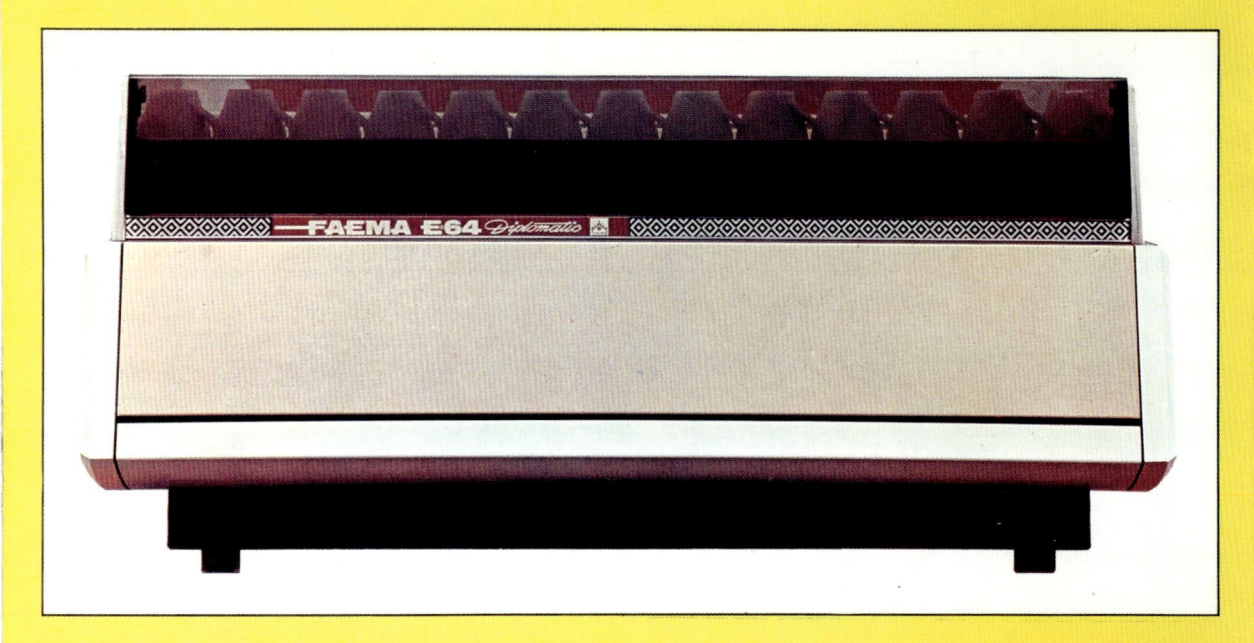

Come è possibile la riduzione di prezzo?

Ogni prodotto comprende nel prezzo di vendita due elementi:

— SPESE FISSE; — SPESE VARIABILI.

Le spese variabili si modificano in rapporto all'aumento del numero dei pezzi venduti: sono i costi delle materie prime, le spese di vendita, ecc. per cui più pezzi si vendono e più l'azienda produttrice spende. Naturalmente però anche queste spese possono subire delle riduzioni per pezzo fatturato in rapporto, ad esempio, al migliore acquisto delle materie prime determinato dalle assai maggiori quantità acquistate.
Le spese fisse invece restano costanti — almeno entro certi limiti — qualunque sia il numero dei pezzi venduti: sono le spese di montaggio, ove questo avvenga in catena, le spese amministrative, ecc. Quindi più pezzi si vendono e meno queste spese incidono sui singoli pezzi venduti.
Da qui risparmi anche notevoli in rapporto alle maggiori vendite, dei quali la FAEMA ha voluto far fruire gli esercenti, sicura che l'incremento delle vendite derivato dal minor prezzo avrebbe compensato tutti gli oneri.
Ma c'è di più: la moderna tecnica industriale ha evidenziato la necessità delle grandi serie, per compensare i sempre crescenti costi di produzione. FAEMA ha quindi investito notevoli somme per aggiornare le catene di montaggio dei suoi cinque stabilimenti, riducendo così i costi di produzione.

Quali sono i nuovi prezzi?

Li riportiamo dal precedente numero di CAFFE' CLUB

Zodiaco a leva	1 gruppo	L. 224.000
Zodiaco a leva	2 gruppi	L. 280.000
Ariete erogazione	1 gruppo	L. 325.000
Ariete erogazione	2 gruppi	L. 358.000
Ariete erogazione	3 gruppi	L. 426.000
E/64 erogazione	1 gruppo	L. 358.000
E/64 erogazione	2 gruppi	L. 403.000
E/64 erogazione	3 gruppi	L. 481.000
E/64 erogazione	4 gruppi	L. 537.000
E/66 erogazione automatica	1 gruppo	L. 392.000
E/66 erogazione automatica	2 gruppi	L. 470.000
E/66 erogazione automatica	3 gruppi	L. 582.000
E/66 erogazione automatica	4 gruppi	L. 683.000

Prezzi di ieri e prezzi di oggi

Perché allora le macchine per caffè ieri costavano molto di più? Oltre alle ragioni suddette, vi è una esigenza — per il vero dalla FAEMA perseguita da decenni — di avere dei listini prezzi veritieri e certi. Non c'è ragione di « gonfiare » i listini, per dimostrare poi la concessione di mirabolanti sconti, ai quali per la verità ormai non crede più nessuno! Il prezzo giusto, dichiarato ufficialmente e applicato ovunque: quindi niente sconti, è evidente, ma certezza di non pagare una lira in più di qualsiasi altro su tutto il territorio nazionale!
E nel settore della macchina per caffè anche questa è una rivoluzione non da poco.

L'operazione cambio

Ma se i prezzi sono fissi, la macchina per caffè attualmente in esercizio non vale niente?
Tutt'altro: FAEMA valuta giustamente la cosiddetta « macchina di permuta »: anche questa ha un prezzo preciso, dichiarato ufficialmente; basato sul tipo di macchina acquistata:

per acquisto di macchina a	1 gruppo	L. 30.000
per acquisto di macchina a	2 gruppi	L. 40.000
per acquisto di macchina a	3 gruppi	L. 50.000
per acquisto di macchina a	4 gruppi	L. 60.000

Installazione

Se è un prezzo tutto compreso, vi è anche l'installazione?
Purtroppo non è stato possibile inserire nel « tutto compreso » anche l'installazione, essendo essa un rapporto diretto (anche per precise disposizioni di legge relative all'IVA) fra il tecnico installatore e l'acquirente. Naturalmente la FAEMA interviene nello stabilire delle quote massime fisse che, per le macchine per caffè, sono di L. 15.000 in qualsiasi località d'Italia.

I.V.A.

E' compreso nel prezzo anche l'I.V.A.?
Certamente. Se l'esercizio ha un giro d'affari annuo superiore ai 5.000.000 e quindi fa la denuncia I.V.A., questo importo viene completamente recuperato, con un ulteriore diminuzione di costo.

Rateazione

Si possono ottenere rateazioni?
Come noto FAEMA applica ancora le rateazioni a sei, dodici, diciotto e ventiquattro mesi. Quindi un'altra sostanziale facilitazione per i pubblici esercizi.

Vantaggi per il pubblico esercizio

Quali sono i vantaggi per i pubblici esercizi?
Una minore spesa, quindi un reale risparmio, innanzi tutto. Da questo derivano le possibilità di guadagnare di più nella erogazione del caffè — incidendo meno l'ammortamento della macchina — e di poterla cambiare più spesso. Si sa quale prestigio — quindi quanta maggior clientela più soddisfatta — dia al locale una macchina per caffè nuova, « ultimo modello ».

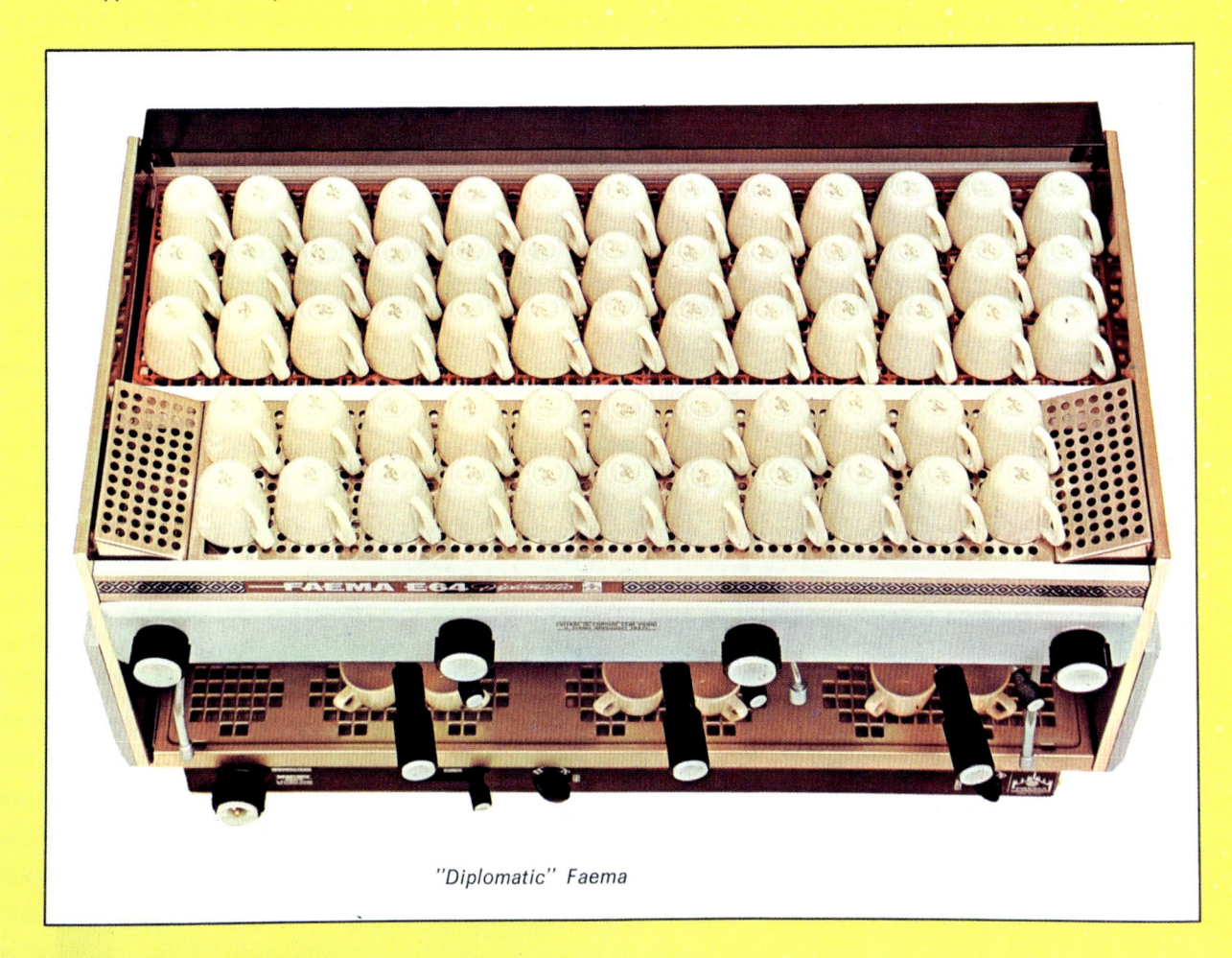

"Diplomatic" Faema

FAEMA E64 Diplomatic

Nuovo grande scaldatazze con vaporizzatore

di dimensioni superiori a quello delle altre macchine attualmente sul mercato.
Capacità dello scaldatazze:
macchina a 1 gruppo = 40 tazze su un solo piano
macchina a 2 gruppi = 45 tazze su un solo piano
macchina a 3 gruppi = 60 tazze su un solo piano
macchina a 4 gruppi = 85 tazze su un solo piano
Tutte le tazze sono a portata di mano dell'operatore!

Tutte le macchine « E/64 *Diplomatic* » sono dotate di:

Depuratore a resine che assicura l'eliminazione completa del calcare, evitandone così i depositi nella caldaia, che sono causa di sprechi di energia elettrica, di usura e di guasti.
Pompa Faema-Procon di piccole dimensioni, che garantisce l'alimentazione della macchina a volume e pressione costanti.

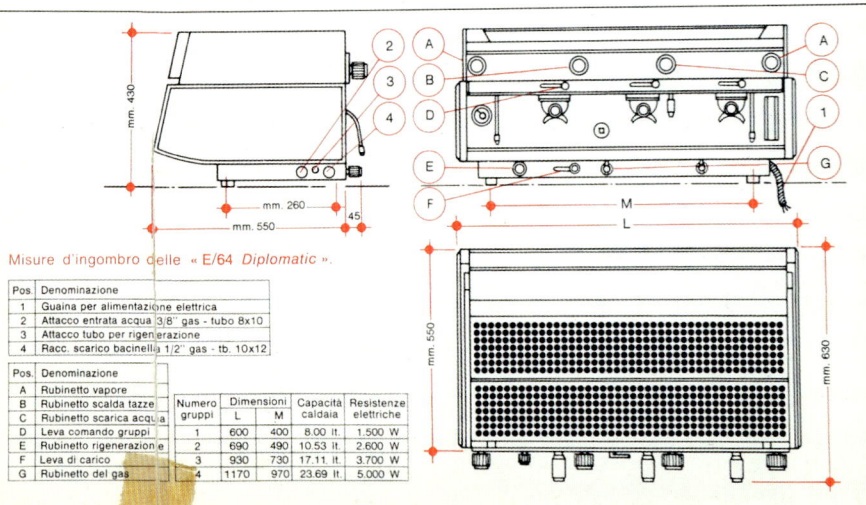

Misure d'ingombro delle « E/64 *Diplomatic* ».

Pos.	Denominazione
1	Guaina per alimentazione elettrica
2	Attacco entrata acqua 3/8" gas - tubo 8x10
3	Attacco tubo per rigenerazione
4	Racc. scarico bacinella 1/2" gas - tb. 10x12

Pos.	Denominazione
A	Rubinetto vapore
B	Rubinetto scalda tazze
C	Rubinetto scarica acqua
D	Leva comando gruppi
E	Rubinetto rigenerazione
F	Leva di carico
G	Rubinetto del gas

Numero gruppi	Dimensioni L	Dimensioni M	Capacità caldaia	Resistenze elettriche
1	600	400	8.00 lt.	1.500 W
2	690	490	10.53 lt.	2.600 W
3	930	730	17.11 lt.	3.700 W
4	1170	970	23.69 lt.	5.000 W

Nuova caldaia in acciaio inossidabile

poichè l'acciaio inox è il materiale che garantisce l'assoluta inalterabilità dei liquidi. Per la prima volta una casa costruttrice di macchine per caffè adotta le norme degli Istituti Internazionali per il controllo della alimentazione.
« E/64 *Diplomatic* » è disponibile nei colori: senape, rosso, ghiaccio, blu.

Nuovo servizio assistenza gratuita

L'acquirente della « E/64 *Diplomatic* » avrà gratuitamente numero 12 visite dei Tecnici Faema nell'anno, con la eventuale sostituzione, altrettanto gratuita, di tutte le parti della macchina, ivi comprese quelle elettriche e quelle soggette ad usura (guarnizioni, ecc.).

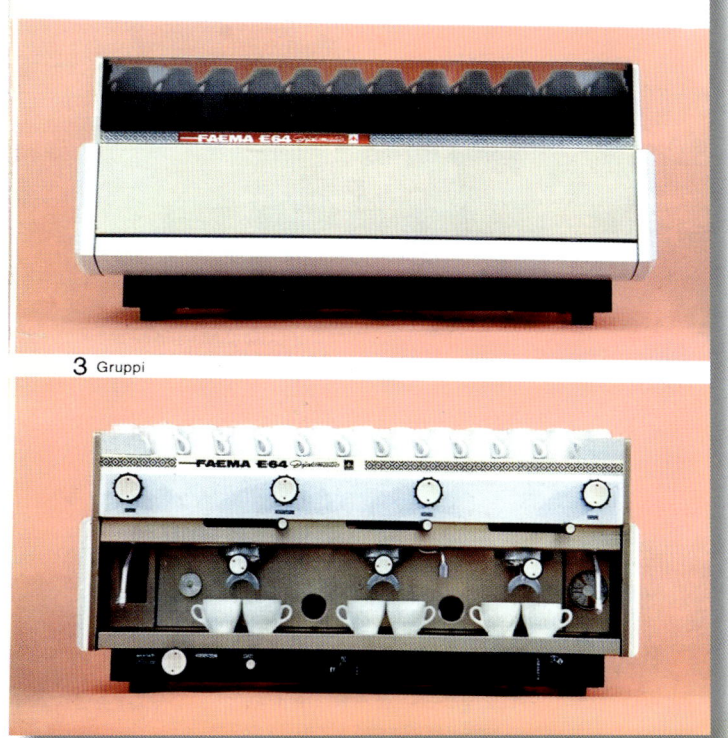

3 Gruppi

La Ditta si riserva di apportare in ogni momento tutte le modifiche e variazioni di qualsiasi genere che, per motivi tecnici ed estetici, ritenesse opportune

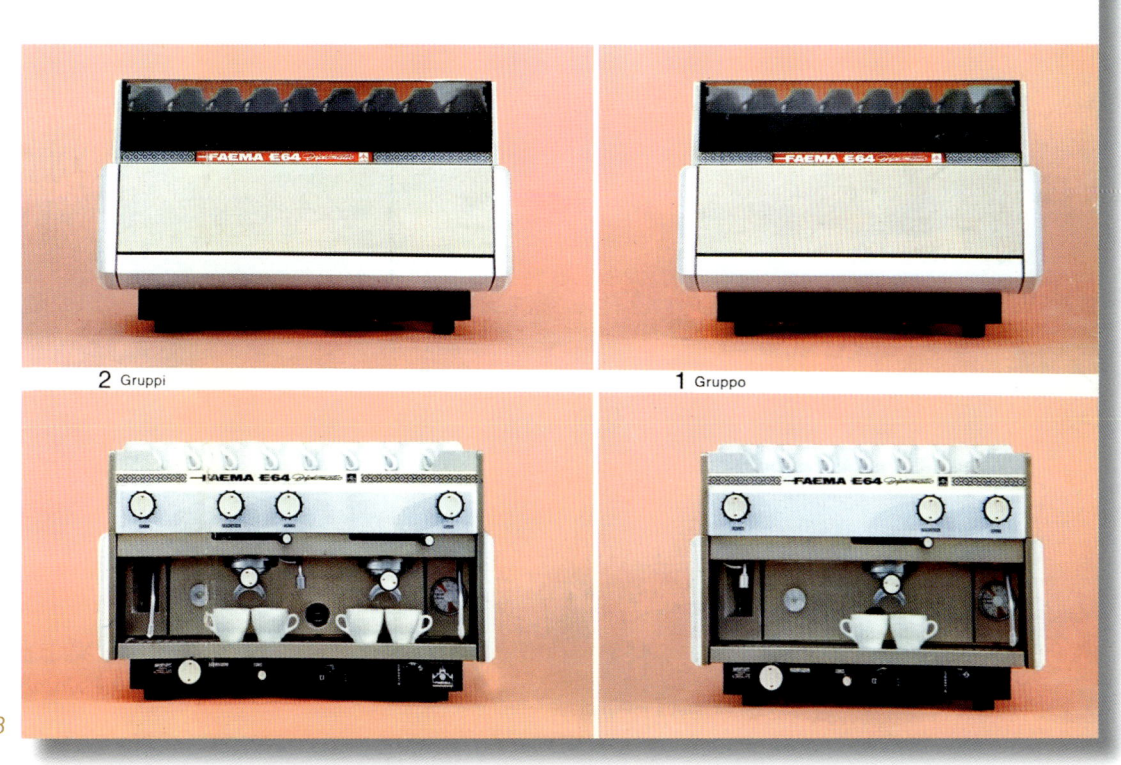

2 Gruppi   **1** Gruppo

269
Anno 1965, Milano. Showroom.
1965, Milan. Showroom.
1965, Mailand. Showroom.

270
L'organizzazione Faema in Italia. Dépliant del 1965.
Faema corporate organization in Italy. 1965 brochure.
Faema-Organisation in Italien. Prospekt aus dem Jahr 1965.

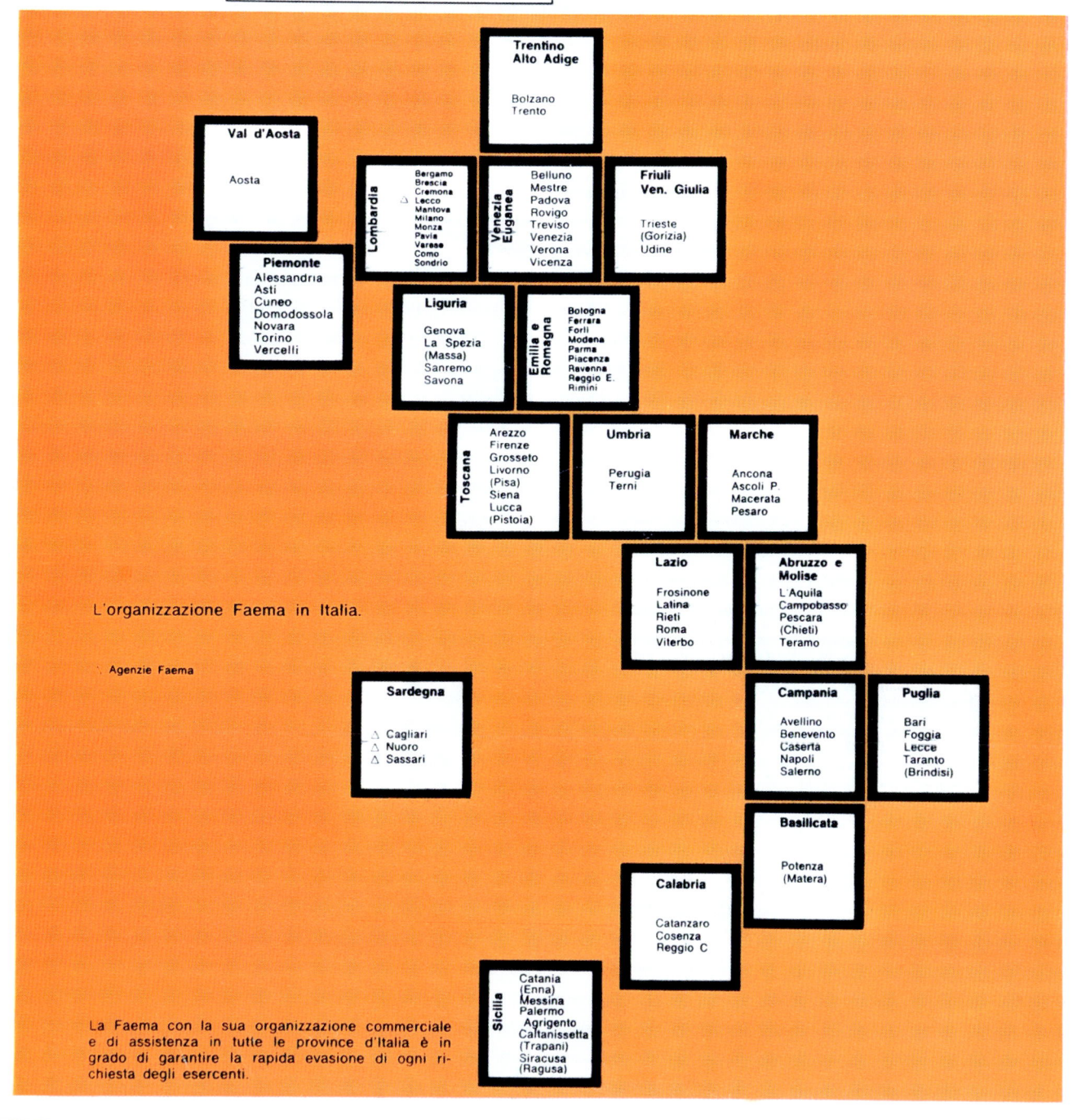

GARANZIA TOTALE E MANUTENZIONE PREVENTIVA: UNA NUOVA FORMULA CHE GARANTISCE VERAMENTE L'ESERCENTE

L'organizzazione Faema in Italia.

Agenzie Faema

Val d'Aosta
Aosta

Trentino Alto Adige
Bolzano
Trento

Lombardia
Bergamo
Brescia
Cremona
△ Lecco
Mantova
Milano
Monza
Pavia
Varese
Como
Sondrio

Venezia Euganea
Belluno
Mestre
Padova
Rovigo
Treviso
Venezia
Verona
Vicenza

Friuli Ven. Giulia
Trieste
(Gorizia)
Udine

Piemonte
Alessandria
Asti
Cuneo
Domodossola
Novara
Torino
Vercelli

Liguria
Genova
La Spezia
(Massa)
Sanremo
Savona

Emilia e Romagna
Bologna
Ferrara
Forlì
Modena
Parma
Piacenza
Ravenna
Reggio E.
Rimini

Toscana
Arezzo
Firenze
Grosseto
Livorno
(Pisa)
Siena
Lucca
(Pistoia)

Umbria
Perugia
Terni

Marche
Ancona
Ascoli P.
Macerata
Pesaro

Lazio
Frosinone
Latina
Rieti
Roma
Viterbo

Abruzzo e Molise
L'Aquila
Campobasso
Pescara
(Chieti)
Teramo

Sardegna
△ Cagliari
△ Nuoro
△ Sassari

Campania
Avellino
Benevento
Caserta
Napoli
Salerno

Puglia
Bari
Foggia
Lecce
Taranto
(Brindisi)

Basilicata
Potenza
(Matera)

Calabria
Catanzaro
Cosenza
Reggio C.

Sicilia
Catania
(Enna)
Messina
Palermo
Agrigento
Caltanissetta
(Trapani)
Siracusa
(Ragusa)

La Faema con la sua organizzazione commerciale e di assistenza in tutte le province d'Italia è in grado di garantire la rapida evasione di ogni richiesta degli esercenti.

1960 – 1970

1960 – 1970

260

IN TUTTO IL MONDO SI APPREZZA LA CREMA-CAFFÈ ALL'ITALIANA

Faema in Europa
Francia - Spagna - Germania - Svizzera: l'organizzazione Faema è simile a quella italiana con sede centrale (in Spagna a Barcellona c'è anche un nuovo stabilimento) e filiali o concessionari nelle principali città. Nelle altre Nazioni i concessionari sono pure organizzati con filiali. Possiamo dire che in tutta Europa (persino a Mosca, nei principali Hotels.) si può bere caffè Faema

Faema in America
Nord - Centro - Sud America sono uniti nell'apprezzare e preferire la crema-caffè Faema.

Faema in Africa
Paesi di nuova indipendenza: per la Faema un'occasione in più per valorizzare un tipico prodotto italiano.

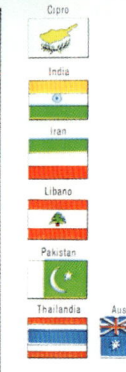

Faema in Asia
Per la Faema, l'Asia specialmente il vicino e il Medio Oriente, sono terre interessanti: le macchine per caffè Faema sono molto apprezzate.

Anche in Australia si vendono molto bene i prodotti della Faema.

Le bandiere indicano le Nazioni ove vi sono società Faema, o concessionari Faema, e dove sono presenti in misura rilevante, prodotti Faema.

Il possessore di una macchina per caffè Faema è membro ideale di una Comunità che va ben al di là della nostra Italia e della stessa Europa per estendersi in tutte le parti del mondo: perchè dappertutto dove si beve caffè, vi è una macchina Faema, per chi vuol bere un buon caffè.

272

Anno 1964, Milano. Il Presidente della Repubblica Antonio Segni consegna a Carlo Ernesto Valente, Amministratore Unico della Faema SpA, la Medaglia d'oro di Benemerenza del Comune di Milano.

1964, Milan. Italian President, Antonio Segni, awards Carlo Ernesto Valente - Managing Director of Faema SpA - the gold medal and honours from the Municipality of Milan.

1964, Mailand. Antonio Segni, Präsident der Republik, übergibt Carlo Ernesto Valente, alleiniger Geschäftsführer der Faema SpA, die goldene Verdienstmedaille (Medaglia d'Oro di Benemerenza) der Stadt Mailand.

271

Dépliant pubblicitario originale.
Original advertising brochure.
Original-Werbeprospekt.

1960 – 1970

Sviluppo degli stabilimenti Faema Milano e Barcellona dal 1955 al 1965.

Desarrollo de los establecimientos Faema Milán y Barcelona desde el 1955 al 1965.
Expansion of Faema plants in Milan and Barcelona, from 1955 to 1965.
Développements des éstablissements Faema Milan et Barcelone de 1955 à 1965.
Entwicklung der Faema-Werke in Mailand und Barcellona von 1955 bis zum 1965.

Anno	Faema Milano	Faema Barcellona	Totale mq.	Incremento %
1956	mq. coperti 8.000	mq. coperti 2.000	10.000	
1960	mq. coperti 11.000	mq. coperti 4.000	14.000	40 %
1964	mq. coperti 22.000	mq. coperti 6.000	28.000	180 %
1965	mq. programmati 8.000	mq. programmati 19.000	55.000	450 %

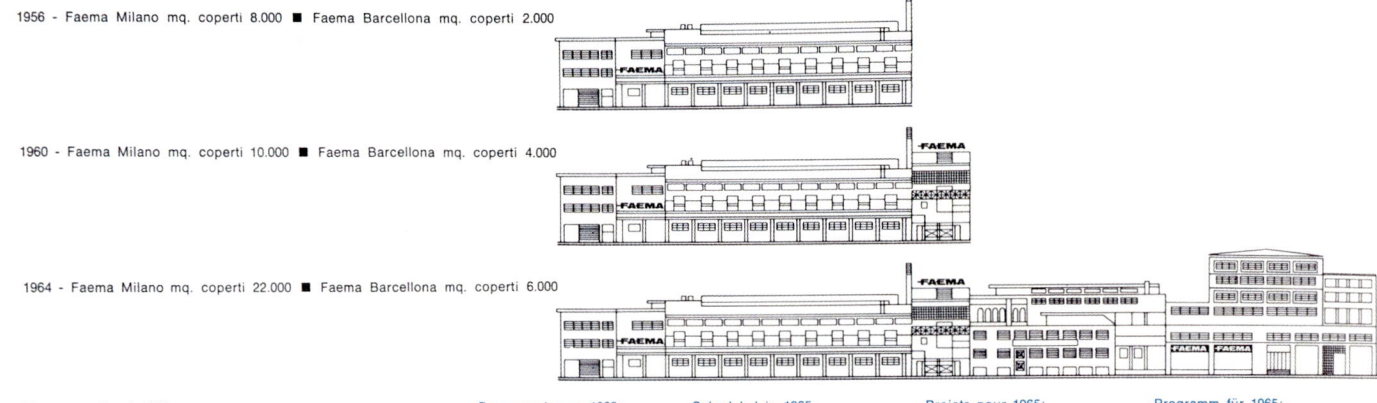

1956 - Faema Milano mq. coperti 8.000 ■ Faema Barcellona mq. coperti 2.000

1960 - Faema Milano mq. coperti 10.000 ■ Faema Barcellona mq. coperti 4.000

1964 - Faema Milano mq. coperti 22.000 ■ Faema Barcellona mq. coperti 6.000

Programmati nel 1965:
Faema Milano mq. 8.000
Faema Barcellona mq. 19.000;
pertanto al termine dei lavori
gli stabilimenti Faema avranno
una superficie complessiva di
mq. 55.000.

Programados en 1965:
Faema Milán, 8.000 mc.
Faema Barcelona, 19.000 mc.
por tanto, al término de los
trabajos los establecimientos
Faema tendrán una superficie
total de 55.000 mc.

Scheduled in 1965:
Faema Milan 8.000 sq.m
Faema Barcelona 19.000 sq.m
Therefore by the end of the
work that is already completed,
the Faema Factories will have
a total area of 55.000 sq.m.

Projets pour 1965:
Faema de Milan 8.000 m²
Faema de Barcelone 19.000 m²
A la fin des travaux,
les Etablissements Faema
auront donc une superficie
totale de 55.000 m².

Programm für 1965:
Faema Mailand qm. 8.000
Faema Barcellona qm. 19.000
Nach Beendigungen der Arbeiten
haben die Fabriken Faema
eine Gesamtfläche von 55.000 mq.

Sviluppo capitale sociale, riserve ed immobilizzi Faema spa 1954-1964.

Desarrollo del capital social, reservas y inmobilizaciones Faema spa. 1954-1964.
Increase of Faema spa. capital, reserves and fixed assets from 1954 to 1964.
Développement du capital social, des réserves et des biens immobiliers Faema spa.1964-1964.
Entwicklung des Gesellschaftskapitals, Reserven und Immobilien Faema spa. 1954-1964.

Anno	Capitale Sociale	Immobilizzi	Incremento sul 1954	Riserve	Incremento sul 1954
1945	300.000				
1946	300.000				
1947	300.000				
1948	300.000				
1949	300.000				
1950	300.000				
1951	1.200.000				
1952	30.000.000				
1953	30.000.000				
1954	120.000.000	163.879.000		79.042.000	
1955	120.000.000	223.557.000	36,42 %	96.648.000	22,27 %
1956	300.000.000	307.512.000	87,65 %	99.417.000	25,78 %
1957	450.000.000	363.656.000	121,90 %	117.957.000	49,23 %
1958	450.000.000	474.586.000	189,59 %	296.624.000	275,27 %
1959	450.000.000	615.555.000	275,61 %	270.925.000	242,76 %
1960	450.000.000	737.961.000	350,31 %	266.012.000	263,54 %
1961	450.000.000	828.601.000	405,62 %	274.531.000 ★	247,32 %
1962 luglio	600.000.000	—	—	—	—
1962 dicembre	1.000.000.000	1.035.572.000	531,91 %	157.030.000	98,67 %
1963	1.000.000.000	1.265.799.000	672,40 %	189.646.000	139,93 %
1964	1.000.000.000 ✻				

✻ Bilancio in corso di elaborazione.
Balance en curso de confecion.
Balance in course of elaboration.
Bilan en cours d'élaboration.
Bilanz in der Ausarbeitung.

★ Trasferimento a capitale £. 150.000.000.
Transferencia a capital de £. 150.000.000.
Tranfer to capital: 150.000.000 £.
Transfert au capital de £. 150.000.000.
Uebertrag in das Kapital von £. 150.000.000.

Media dipendenti Faema spa. 1956-1964.

Media empleados Faema spa. 1956-1964.
Faema spa. personnel (average 1956-1964).
Moyenne des subalternes Faema spa. 1956-1964.
Durchschnittszahl der Angestellten Faema 1956-1964.

	1956	1960	1964
Dipendenti in sede	475	573	703
Dipendenti c/o Filiali: Funzionari Regionali	—	—	14
Funzionari di vendita	34	29	184
Tecnici assistenza	42	88	107
Impiegati amministrativi	20	21	80
	571	711	1088

Fatturato gruppo Faema 1954-1964.

Facturación grupo Faema 1954-1964.
Proceeds of sales from Faema group 1954-1964.
Facturé groupe Faema 1954-1964.
Factureubetrag gruppe Faema 1954-1964.

Anno	Fatturato	Incremento %
1954	1.670.000.000	
1955	1.800.000.000	7,78 %
1956	2.280.000.000	36,52 %
1957	2.560.000.000	53,29 %
1958	2.558.500.000	53,21 %
1959	3.339.000.000	99,94 %
1960	4.547.000.000	172,27 %
1961	5.057.000.000	202,81 %
1962	6.394.000.000	282,87 %
1963	7.614.000.000	355,93 %
1964	9.470.000.000	467,06 %
	47.289.500.000	

273 - 274

Sviluppo degli stabilimenti in Italia ed all'estero, e fatturato della Faema SpA.
Tratto dall'originale de: "Monografia Faema del 1965".

Development of the industrial plants in Italy and abroad and total turnover of Faema SpA.
Excerpt from an original copy of: "Monografia Faema del 1965".

Entwicklung der Werke in Italien und im Ausland und Umsatz der Faema SpA.
Auszug aus dem Original: "Monografia Faema del 1965".

Sviluppo Filiali Faema in Italia 1959-1964.

Desarrollo sucursales Faema en Italia 1959-1964.
Expansion of Faema branches in Italy, 1959-1964.
Développement des succursales Faema en Italie 1959-1964.
Entwicklung der Filialen Faema in Italien 1959-1964.

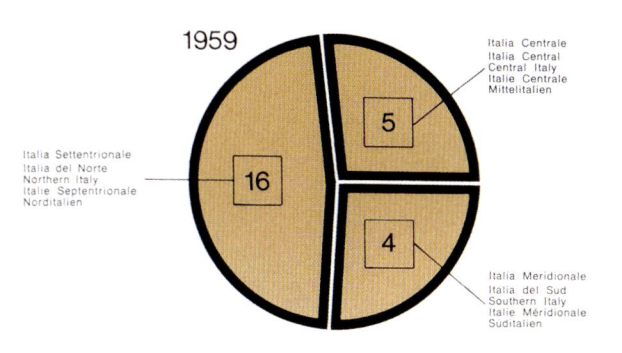

1959

Italia Centrale
Italia Central
Central Italy
Italie Centrale
Mittelitalien
5

Italia Settentrionale
Italia del Norte
Northern Italy
Italie Septentrionale
Norditalien
16

Italia Meridionale
Italia del Sud
Southern Italy
Italie Méridionale
Suditalien
4

1964

Italia Centrale
Italia Central
Central Italy
Italie Centrale
Mittelitalien
21

Italia Settentrionale
Italia del Norte
Northern Italy
Italie Septentrionale
Norditalien
38

Italia Meridionale
Italia del Sud
Southern Italy
Italie Méridionale
Suditalien
18

Al termine del 1964 vi sono in Italia 77 Filiali dirette Faema, oltre a due concessionari.
Al final del 1964 en Italia hay 77 Sucursales directas Faema, además de 2 concesionarios.
At the end of 1964 there are in Italy 77 Faema own branches, plus two concessionary agents.
A la fin de 1964 il y a 77 succursales Faema en Italie et deux concessionnaires.
Ende 1964 bestehen in Italien 77 direkte Filialen Faema, ausserdem zwei Konzessionare.

Esportazioni 1962-1964 Faema spa.

Exportaciones 1962-1964 Faema spa.
Faema Co.'s exports, 1962-1964.
Exportations 1962-1964 Faema spa.
Ausfuhr 1962-1964 Faema spa.

Anno	Lire
1962	754.602.000
1963	928.599.000
1964	1.552.425.000
	3.235.626.000

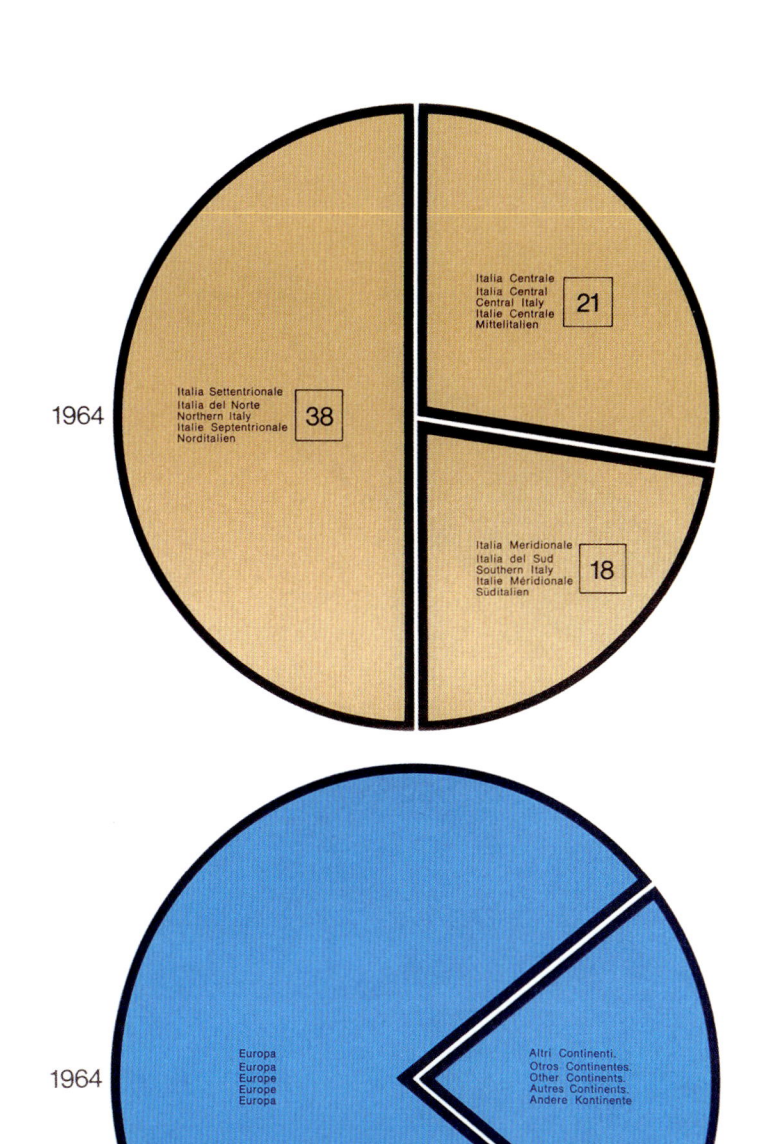

1964

Europa
Europa
Europe
Europe
Europa

Altri Continenti.
Otros Continentes.
Other Continents.
Autres Continents.
Andere Kontinente

275
Anno 1965, stabilimento di via Ventura, Milano.
1965. Industrial plant in via Ventura, Milan.
1965, Produktionsstätte in der via Ventura, Mailand.

276
Campagna pubblicitaria nella rivista "Caffè Club" del 1973.
Advertising campaign in a 1973 copy of "Caffè Club" magazine.
Werbekampagne in der Zeitschrift „Caffè Club" (1973).

Cinque stabilimenti per i Cinque continenti

Dicono che sia merito anche nostro se il caffè all'italiana si chiama "espresso" in tutto il mondo! Nei 5 stabilimenti Faema nascono le macchine per caffè espresso più vendute in Europa, Asia, Africa, America e Australia.

Faema produce:
Arredamenti completi per bar
Distributori automatici a moneta
Produttori di ghiaccio in cubetti
Attrezzature per bar
Macchine per crema caffè
Prodotti alimentari liofilizzati

« Caffè Club » Faema s.p.a. Via Gallina, 10 - 20129 Milano · Spedizione in abb. post. gruppo IV · In caso di mancato recapito, restituire al mittente.

1960 – 1970

266

277 - 278
La produzione. Stabilimento in via Ventura, Milano.
Production. Industrial plant in via Ventura, Milan.
Fertigung. Produktionsstätte in der via Ventura, Mailand.

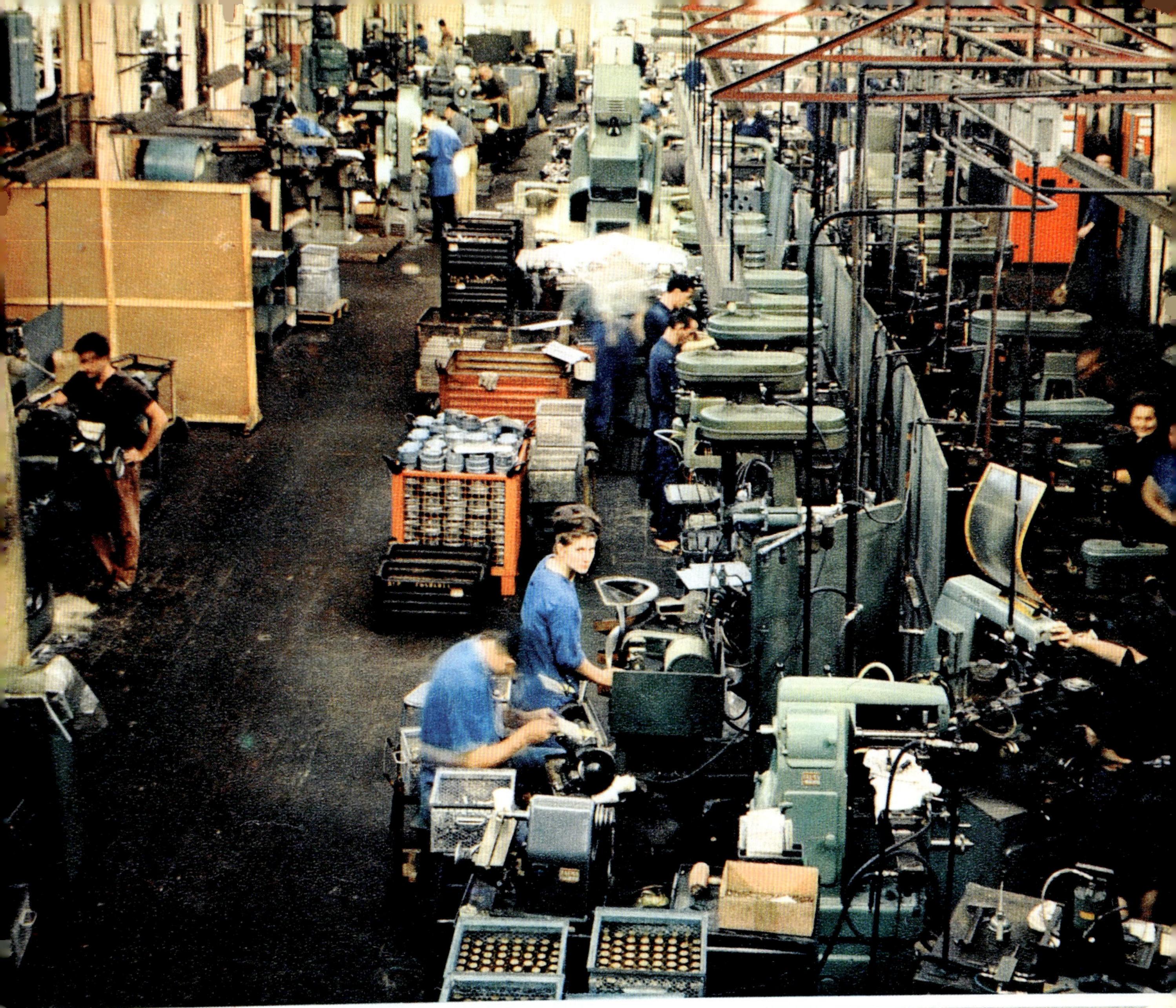

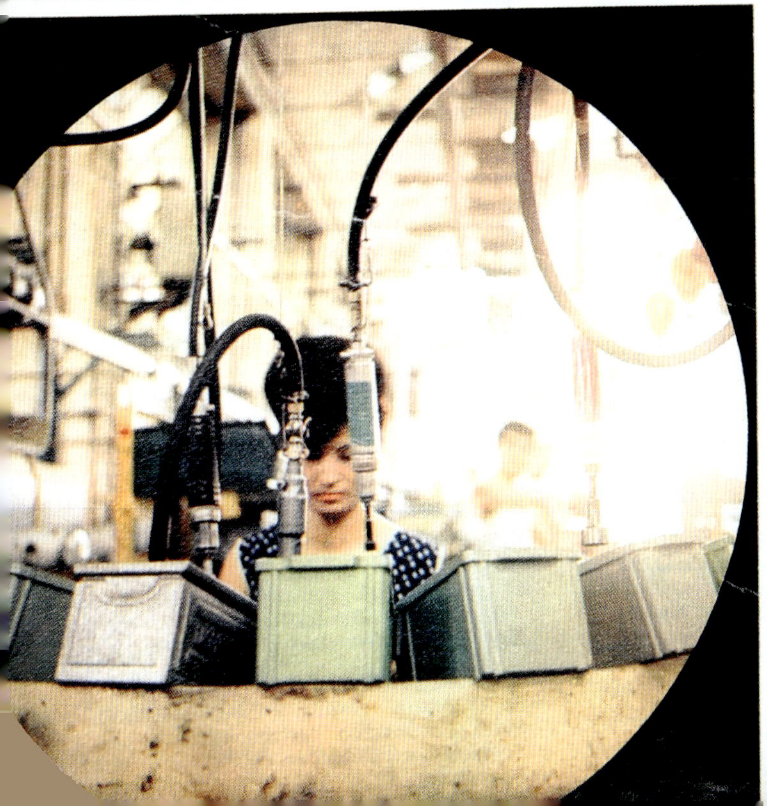

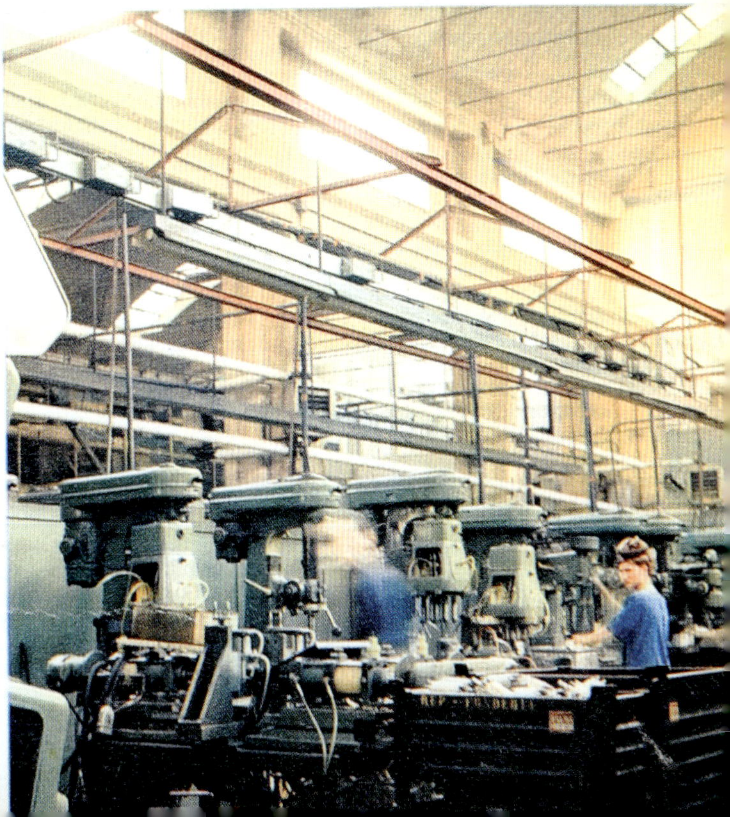

ZODIACO T1

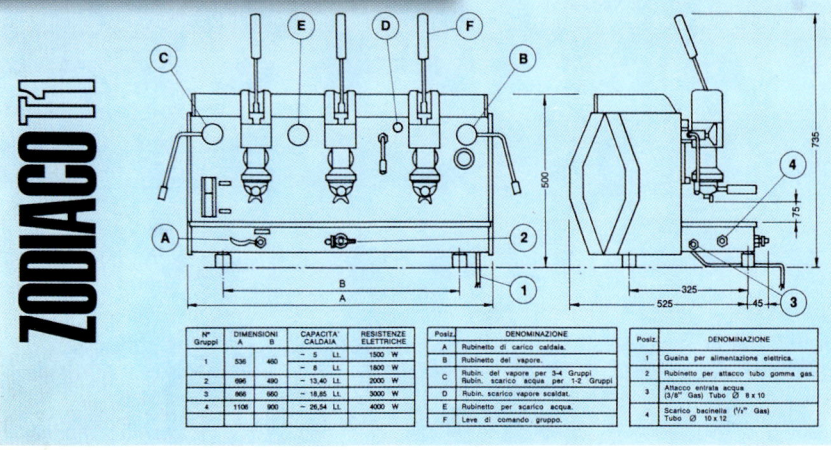

1960 – 1970

268

279 - 280 - 281 - 282

Faema modello Zodiaco T1 del 1968, gruppi uno, due e tre. Cataloghi originali.

1968 Faema 1-, 2- and 3-group Zodiaco T1 models. Original catalogues.

Faema-Maschine, Modell Zodiaco T1 aus dem Jahr 1968, eine, zwei und drei Brühgruppen. Original-Kataloge.

1960 — 1970

ZODIACO T1

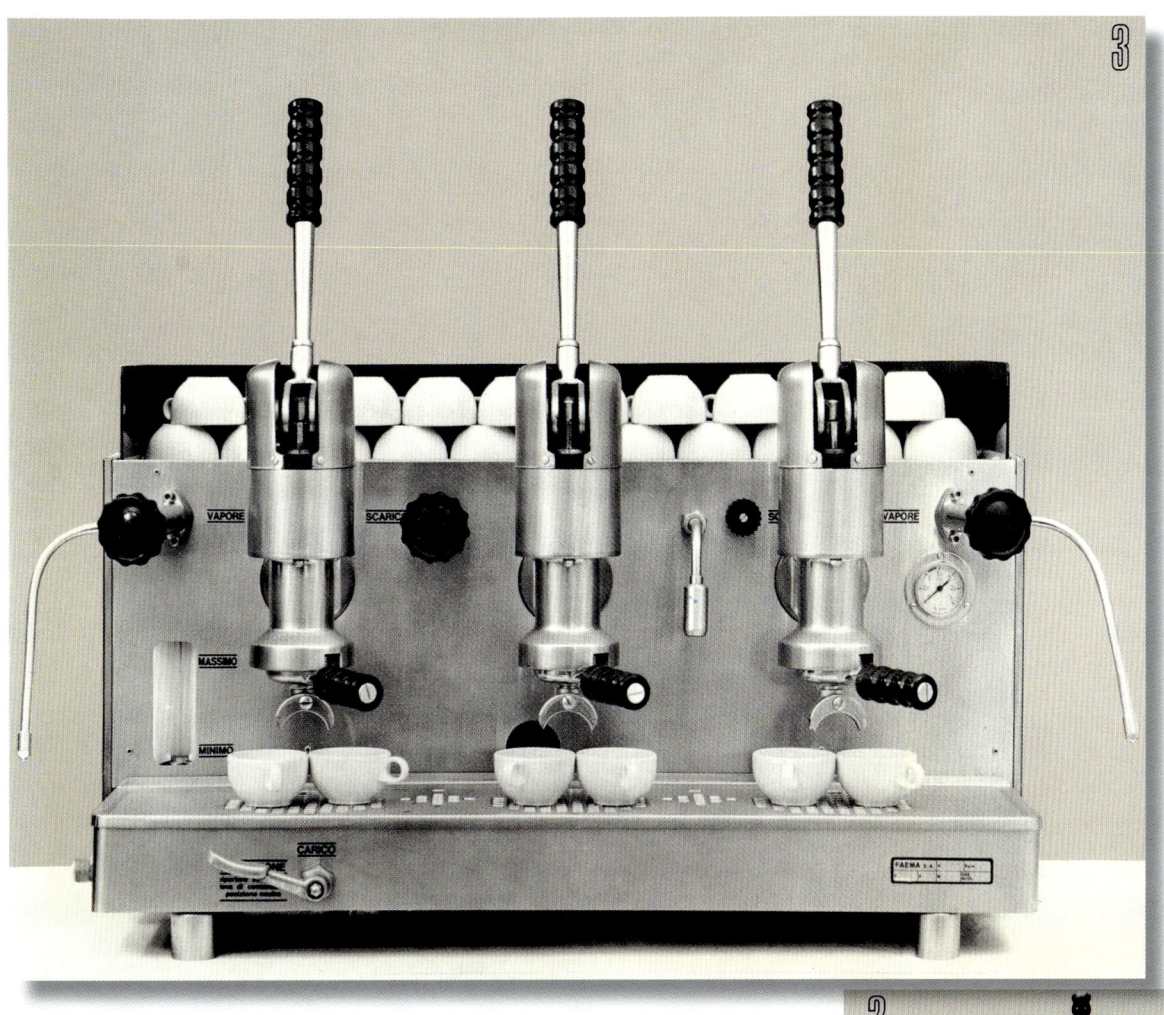

Pregi essenziali delle macchine a leva serie « Zodiaco T/1 »

Con le « Zodiaco » avrete:
un caffè più caldo perché i gruppi erogatori sono autoriscaldati con una circolazione a termosifone che mantiene costante la temperatura dei gruppi stessi;
un completo sfruttamento del caffè perché l'acqua calda prelevata dalla caldaia è equilibratamente pressata nel gruppo autoriscaldato e messa a contatto con la miscela;
una minor fatica per l'operatore perché i gruppi erogatori sono di leggera e facile manovra.
La « Zodiaco T/1 » a leva è garantita dalla Faema, la più grande industria del mondo nel settore delle attrezzature per bar.

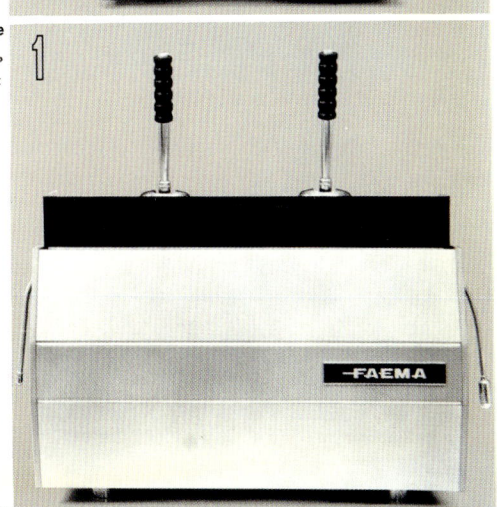

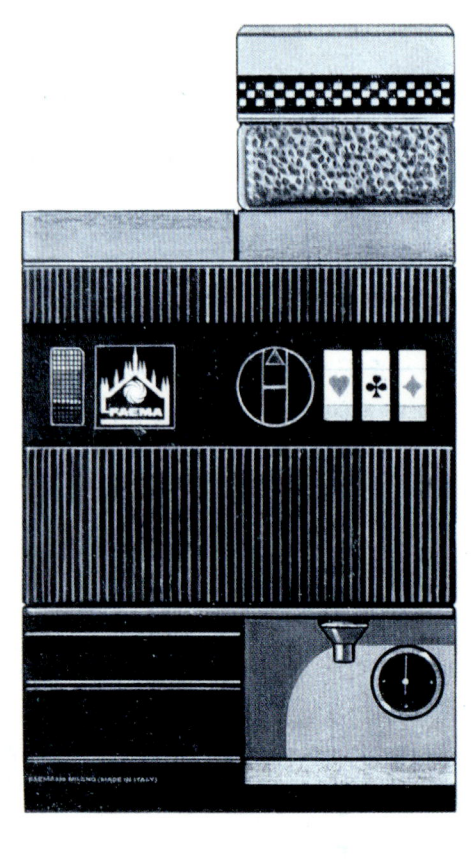

Cerchiamo un nome!

La **FAEMA S.p.A.** indice un referendum fra tutti i titolari, i gestori e il personale dei pubblici esercizi, per la ricerca del nome della sua nuova macchina per caffè, esposta alla Fiera di Milano e denominata per ora X.
Le principali caratteristiche della nuova macchina sono:
— Completa automaticità, dalla macinazione del caffè all'erogazione. Tutte le operazioni si ottengono con la semplice pressione di un pulsante;
— massima facilità di collocazione sul banco o sul retro, secondo le necessità di un più funzionale servizio;
— eccezionale rapidità di erogazione, in conseguenza della eliminazione dei « tempi morti ».

1) Possono partecipare al referendum tutti i titolari, i gestori e il personale dei pubblici esercizi italiani.
Eccezionalmente possono anche parteciparvi tutti coloro che, pur non rientrando nelle suddette categorie, siano presentati, mediante la firma della cartolina recante la denominazione, da un titolare o gestore di un pubblico esercizio.
2) Nessuna limitazione vien posta per quanto riguarda la denominazione che si va ricercando, pur tenendo presente che sarebbe preferibile una denominazione che sottolineasse una o più caratteristiche tra quelle sopra elencate
3) Le proposte di denominazione dovranno pervenire alla FAEMA S.p.A. - Casella Postale 3759 - Milano, preferibilmente su cartolina postale, entro il 30 giugno 1967.
Le cartoline potranno anche essere trasmesse tramite le 82 Filiali Faema.
4) Entro il mese di luglio un'apposita giuria sceglierà la denominazione, e sarà in sua facoltà, oltre a proclamare il vincitore, segnalare altre eventuali denominazioni degne di nota.
5) Al vincitore verrà assegnato un premio di L. 300.000 in gettoni d'oro.
Vengono inoltre messi a disposizione della giuria dalla FAEMA S.p.A. altri premi da L. 100.000 cadauno in gettoni d'oro, per le eventuali segnalazioni.

Faema produce:
Macchine per crema caffè
Macinadosatori per bar
Banchi bar metallici brevettati
Attrezzature per bar
Condizionatori d'aria
Produttori di ghiaccio in cubetti
Distributori automatici a moneta

Confermate la vostra fiducia nel nome mondiale:

FAEMA

Faema spa. Milano - Via G. Ventura 15

LA NUOVA ‹X› DELLA FAEMA

283 - 284

Locandina originale inerente il referendum indetto dalla Faema fra tutti i titolari, i gestori e il personale dei pubblici esercizi per la ricerca del nome della sua nuova macchina per caffè esposta alla Fiera di Milano.
Fu poi nominata X5. Prodotta nel 1967 fu presentata alla Fiera di Milano come un modello super-automatico, capace di erogare molte tazzine di caffè in poco tempo. Completamente autonoma, fu programmata per dosare e macinare caffè con la giusta pressione, caricare il gruppo erogatore, scaricare i fondi, lavare il filtro e, ovviamente, erogare il caffè, eliminando i lunghi tempi di lavoro. Ne furono costruite diverse varianti e la produzione durò per alcuni anni.

Original poster of the survey Faema carried out among bar owners, managers and staff to choose a name for the new coffee machine exhibited at the Milan Trade Fair. The machine was eventually named X5. Produced in 1967, it was launched at the Milan Trade Fair as a super-automatic model, able to dispense many cups of coffee quickly. Completely automated, this coffee machine was designed to dose and grind coffee with the appropriate pressure; load the supply group correctly; discharge the coffee dregs; wash the filter automatically and, obviously, to dispense coffee instantly. Various versions were developed and production of this machine continued for a number of years.

Original-Plakat betreffend die von Faema veranstaltete Umfrage bei allen Inhabern, Betreibern und dem Personal von Gaststätten zur Suche nach einem Namen für die neue, auf der Mailänder Messe ausgestellte Kaffeemaschine. Genannt wurde die Maschine X5. Das 1967 hergestellte Modell wurde auf der Mailänder Messe als vollautomatische Ausführung vorgestellt, mit der in kurzer Zeit viele Tassen Kaffee zubereitet werden können. Die komplett automatische Maschine wurde für die Dosierung und das Mahlen von Kaffee mit dem richtigen Druck, das Befüllen der Brühgruppe, das Auswerfen des Kaffeesatzes, das Reinigen des Filters und natürlich die Zubereitung des Kaffees programmiert, wodurch lange Zubereitungszeiten vermieden wurden. Hergestellt wurden mehrere Varianten, und die Produktion lief einige Jahre.

285 - 286

Prontuario per la manutenzione della Faema E61 a moneta, primo distributore automatico per caffè presentato nell'aprile del 1962, in occasione della Fiera Campionaria di Milano.

Maintenance handbook for the coin-operated Faema E61 model, the first automatic coffee dispensing machine launched in April 1962 at the Milan Trade Fair.

ABC für die Wartung der Faema-Maschine E61 – mit Münzeinwurf, des ersten Kaffeeautomaten, der im April 1962 auf der Fiera Campionaria in Mailand präsentiert wurde.

1960 — 1970

273

1. CAMPANA CAFFE' IN GRANA
2. CARICATORE ZOLLETTE
3. CARICATORE PALETTE
4. CARICATORE BICCHIERI
5. CASSETTA RICEVIMONETE
6. RECIP. SINISTRO SCARICO FONDI
7. RECIPIENTE DESTRO SCARICO FONDI

VISTA INTERNA A PORTA APERTA

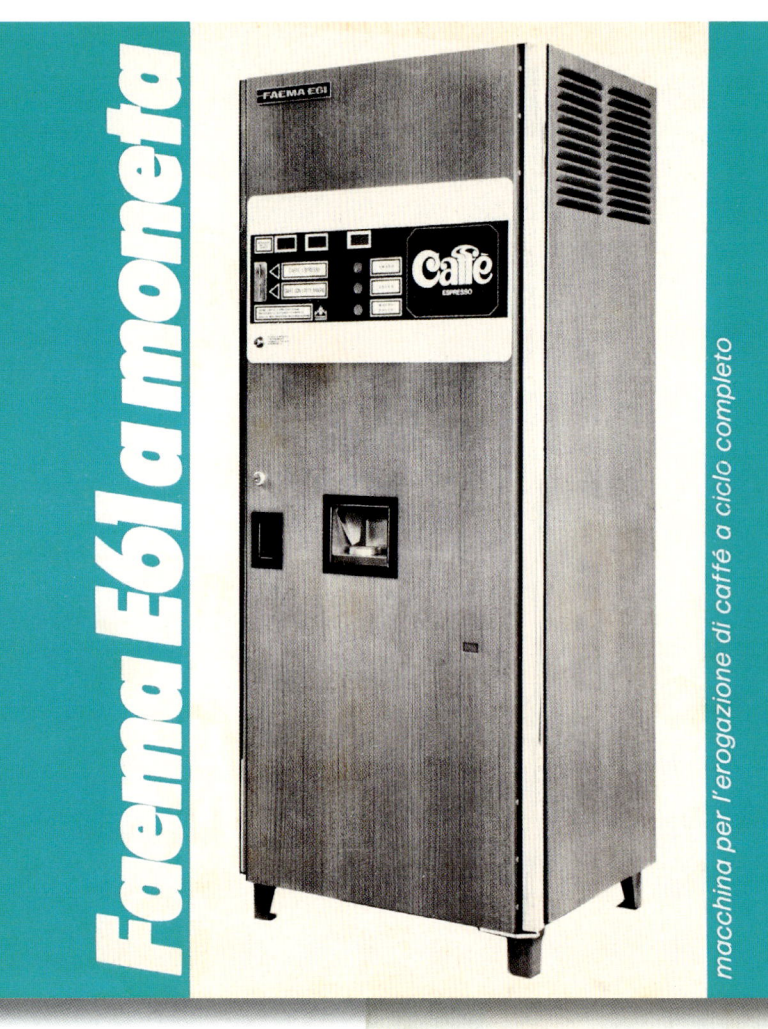

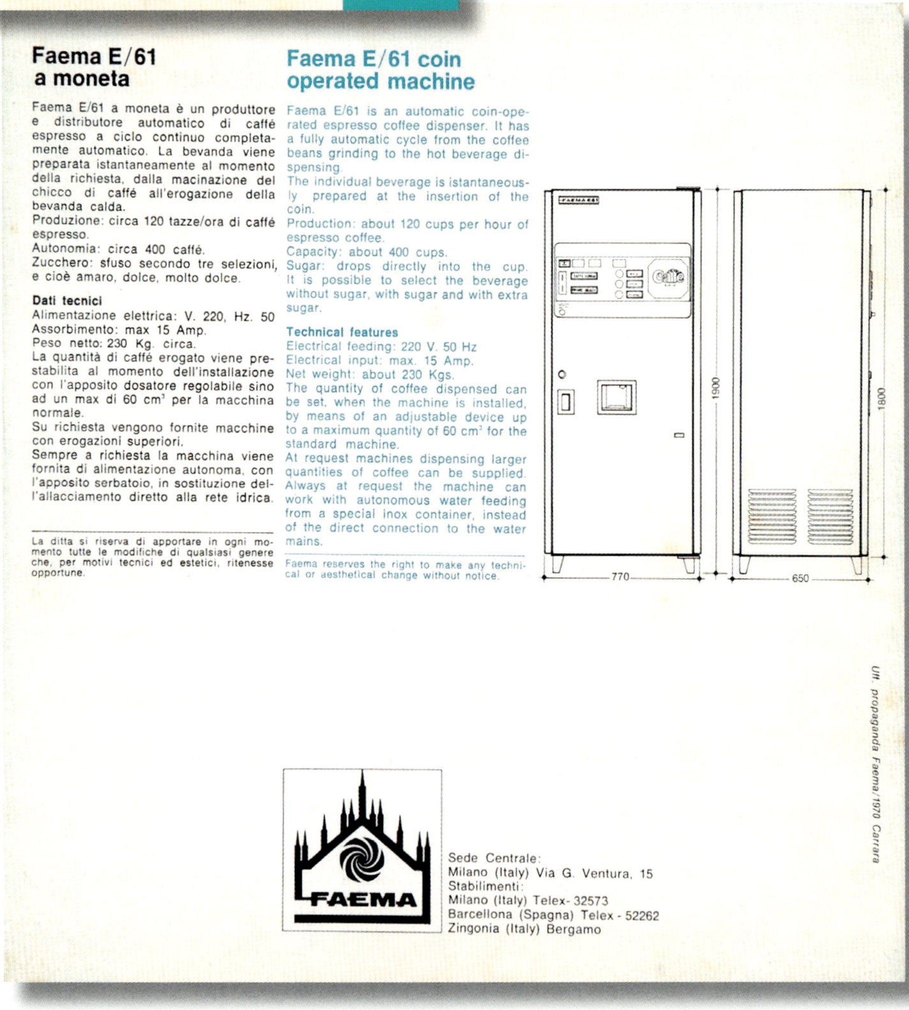

1960 – 1970

Faema E61 a moneta

macchina per l'erogazione di caffè a ciclo completo

287 - 288

Dépliant pubblicitario del distributore automatico Faema E61 a moneta del 1970.

Advertising brochure for the Faema 1970 coin-operated E61 model.

Werbeprospekt für den Kaffeeautomaten Faema E61 mit Münzeinwurf (1970).

Faema E/61 a moneta

Faema E/61 a moneta è un produttore e distributore automatico di caffè espresso a ciclo continuo completamente automatico. La bevanda viene preparata istantaneamente al momento della richiesta, dalla macinazione del chicco di caffè all'erogazione della bevanda calda.
Produzione: circa 120 tazze/ora di caffè espresso.
Autonomia: circa 400 caffè.
Zucchero: sfuso secondo tre selezioni, e cioè amaro, dolce, molto dolce.

Dati tecnici
Alimentazione elettrica: V. 220, Hz. 50
Assorbimento: max 15 Amp.
Peso netto: 230 Kg. circa.
La quantità di caffè erogato viene prestabilita al momento dell'installazione con l'apposito dosatore regolabile sino ad un max di 60 cm³ per la macchina normale.
Su richiesta vengono fornite macchine con erogazioni superiori.
Sempre a richiesta la macchina viene fornita di alimentazione autonoma, con l'apposito serbatoio, in sostituzione dell'allacciamento diretto alla rete idrica.

La ditta si riserva di apportare in ogni momento tutte le modifiche di qualsiasi genere che, per motivi tecnici ed estetici, ritenesse opportune.

Faema E/61 coin operated machine

Faema E/61 is an automatic coin-operated espresso coffee dispenser. It has a fully automatic cycle from the coffee beans grinding to the hot beverage dispensing.
The individual beverage is istantaneously prepared at the insertion of the coin.
Production: about 120 cups per hour of espresso coffee.
Capacity: about 400 cups.
Sugar: drops directly into the cup. It is possible to select the beverage without sugar, with sugar and with extra sugar.

Technical features
Electrical feeding: 220 V. 50 Hz
Electrical input: max. 15 Amp.
Net weight: about 230 Kgs.
The quantity of coffee dispensed can be set, when the machine is installed, by means of an adjustable device up to a maximum quantity of 60 cm³ for the standard machine.
At request machines dispensing larger quantities of coffee can be supplied.
Always at request the machine can work with autonomous water feeding from a special inox container, instead of the direct connection to the water mains.

Faema reserves the right to make any technical or aesthetical change without notice.

FAEMA
Sede Centrale:
Milano (Italy) Via G. Ventura, 15
Stabilimenti:
Milano (Italy) Telex- 32573
Barcellona (Spagna) Telex - 52262
Zingonia (Italy) Bergamo

FAEMA NEL MONDO

La Faema porta il nome dei prodotti italiani in tutto il mondo.
Diamo ai lettori una documentazione fotografica recentemente pervenuta alla redazione di «Caffeclub».
Sulla spiaggia di Varna (Bulgaria) i bagnanti possono ristorarsi con caffè erogato dai distributori automatici Faema (prime due foto dalla sinistra). Danzatrici cecoslovacche riprese in un momento di riposo davanti ai distributori automatici di bibite Faema in occasione degli spettacoli artistici alla Fiera di Ostrava, Cecoslovacchia (terza foto).

FAEMA NEL MONDO

Anche nei Paesi di recente indipendenza i prodotti Faema vanno introducendosi molto bene. Ad Abidjan (capitale della Costa d'Avorio) i distributori di caffè Faema sono installati nei locali pubblici, ai mercati e nelle sale d'attesa.

FAEMA NEL MONDO

289
Faema nel mondo. Articolo pubblicitario del 1970.
Faema all over the world. 1970 promotional article.
Faema weltweit. Werbeartikel aus dem Jahr 1970.

1960 – 1970

Faema Bar
Distributore automatico a moneta
di bibite refrigerate a tre selezioni

«tipo post-mix»

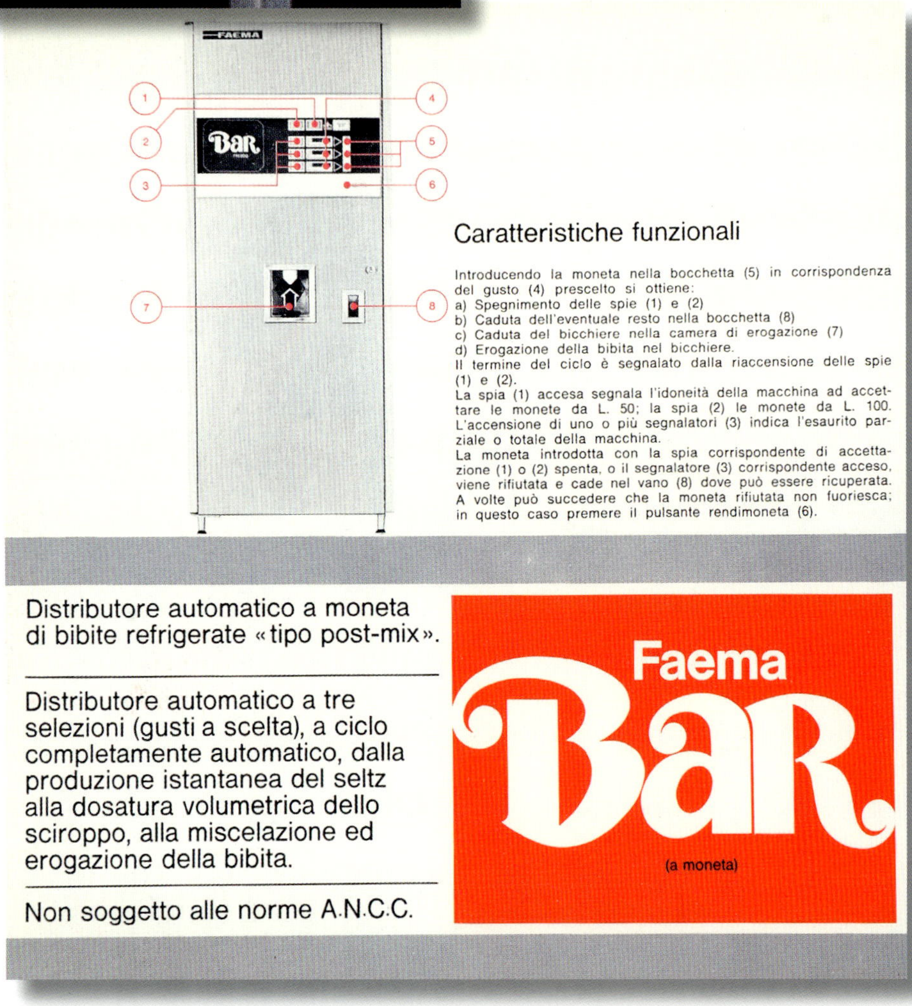

Caratteristiche funzionali

Introducendo la moneta nella bocchetta (5) in corrispondenza del gusto (4) prescelto si ottiene:
a) Spegnimento delle spie (1) e (2)
b) Caduta dell'eventuale resto nella bocchetta (8)
c) Caduta del bicchiere nella camera di erogazione (7)
d) Erogazione della bibita nel bicchiere.
Il termine del ciclo è segnalato dalla riaccensione delle spie (1) e (2).
La spia (1) accesa segnala l'idoneità della macchina ad accettare le monete da L. 50; la spia (2) le monete da L. 100. L'accensione di uno o più segnalatori (3) indica l'esaurito parziale o totale della macchina.
La moneta introdotta con la spia corrispondente di accettazione (1) o (2) spenta, o il segnalatore (3) corrispondente acceso, viene rifiutata e cade nel vano (8) dove può essere ricuperata.
A volte può succedere che la moneta rifiutata non fuoriesca; in questo caso premere il pulsante rendimoneta (6).

Distributore automatico a moneta
di bibite refrigerate «tipo post-mix».

Distributore automatico a tre selezioni (gusti a scelta), a ciclo completamente automatico, dalla produzione istantanea del seltz alla dosatura volumetrica dello sciroppo, alla miscelazione ed erogazione della bibita.

Non soggetto alle norme A.N.C.C.

Faema Bar (a moneta)

290 - 291 - 292
Distributore automatico a moneta di bibite refrigerate. Dépliant originale.

Coin-operated automatic dispensing machine for cold drinks. Original brochure.

Automat mit Münzeinwurf für gekühlte Getränke. Original-Prospekt.

1960 — 1970

FAEMA junior

Nuovo
Distributore
automatico
a tre selezioni di
Cremacaffè Espresso
FAEMINO
+ bevande calde
da solubile

FAEMA JUNIOR
il piccolo bar automatico
- completo
- autonomo
- funzionale

Il piccolo bar automatico Faema Junior. Dépliant originale del 1970.
Small Faema Junior automatic bar model. Original 1970 brochure.
Der kleine Barautomat Faema Junior. Original-Prospekt aus dem Jahr 1970.

Nuovo Distributore automatico FAEMA JUNIOR

Faema Junior rappresenta la vera innovazione nel campo della distribuzione automatica.
L'ingombro ridottissimo, la perfetta funzionalità, l'estrema semplicità di gestione concorrono a rendere Faema Junior la soluzione ideale per il « servizio caffè e bevande calde » nelle piccole e medie comunità.

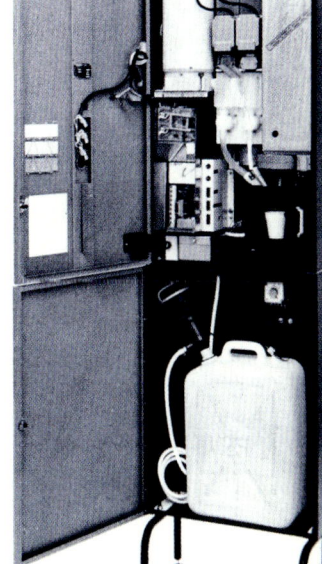

Arrodamenti Faema S.p.A.
Uffici Commerciali:
Milano - Via Gallina 10

Oltre 250 Punti di Vendita e di Assistenza in Italia

Caratteristiche e dati tecnici

Selezioni a pulsante:
3 bevande calde
(Espresso Faemino dolce, Espresso Faemino amaro e cioccolata oppure 3 bevande calde da prodotti solubili a scelta tra cioccolata, cappuccio, tè, ecc.).

Gettoniera:
per l'accettazione di monete da 50 e 100 lire, con rendiresto automatico ad accumulo.

Autonomia:
— 240 bicchieri da 180 cc.
— 1 contenitore di prodotto da 6700 cm^3.
— 2 contenitori di prodotto da 3800 cm^3.

Controllo esaurito:
la macchina non accetta la moneta ad esaurimento dei bicchieri e in caso di mancanza d'acqua.

Durata del ciclo:
12 secondi.

Alimentazione idrica:
dalla rete oppure da apposita centralina con serbatoio autonomo inserita nel mobiletto di supporto.

Alimentazione elettrica:
220V/50Hz, monofase
potenza massima: 1000 Watt

Installazione:
— direttamente a parete o sul fianco di un altro distributore automatico.
— con supporto autonomo

Peso a vuoto:
50 Kg.

Dimensioni:
— altezza con supporto cm. 192
             pensile cm. 100
— larghezza cm. 52
— profondità cm. 23

La Ditta si riserva di apportare in ogni momento tutte le modifiche di qualsiasi genere che, per motivi tecnici od estetici ritenesse opportune.

1960 – 1970

FAEMA GRANBAR

Distributore automatico a sei selezioni di caffè espresso, cappuccio (caffè + latte) e bevande calde da prodotti solubili.

SISTEMA BREVETTATO per vendita a prezzi frazionati

FAEMA GRANBAR sintesi di una grande esperienza, risultato di una tecnologia d'avanguardia.

295 - 296

Distributore automatico Faema Granbar. Dépliant pubblicitario originale del 1970.
Faema Granbar automatic dispensing machine. Original 1970 promotional brochure.
Kaffeeautomat Faema Granbar. Original-Werbeprospekt aus dem Jahr 1970.

GRANBAR
FAEMA

Il distributore automatico Granbar Faema è la risposta più razionale alle attuali e future esigenze del mercato della distribuzione automatica.
Granbar Faema, grazie ad un nuovo sistema brevettato di gettoniere, risolve in modo definitivo il problema del «giusto» prezzo di vendita dell'erogazione.

CARATTERISTICHE E DATI TECNICI

Prezzi di vendita:
(gettone + moneta)
Prezzo di vendita dell'erogazione L. 75:
L. 100 resto 1 gettone
1 gettone + L. 50
1 gettone + L. 100 resto L. 50.
Possibilità di altre soluzioni.

Gettoniere:
Una gettoniera, con sistema brevettato, per l'accettazione del gettone e per il reintegro automatico nell'accumulo del rendigettone.
Una gettoniera per l'accettazione delle monete da L. 50 e L. 100 con rendiresto automatico ad accumulo.
L'apparecchio è dotato di un contaerogazioni elettrico.

Selezioni:
N. 6 selezioni
caffè dolce, caffè amaro più 4 bevande da prodotti solubili.

Dosatura prodotti:
Caffè dolce: 6 gr. caffè macinato - 50 cc. acqua - 10 gr. zucchero;
Caffè amaro: 6 gr. caffè macinato - 50 cc. acqua.
La dosatura dei prodotti solubili è regolabile a seconda del tipo di prodotto utilizzato.
I filtri del caffè vengono puliti meccanicamente e i fondi secchi raccolti in un sacchetto di plastica a perdere.

Autonomia:
Caffè in grani (Kg. 3)   500 erogaz.
Bicchieri da 160 cc.   500 erogaz.
Palette   600 erogaz.
Zucchero per caffè (Kg. 5)   500 erogaz.
Zucchero per cappuccino (Kg. 3)   120 erogaz.
Cioccolata (Kg. 4)   150 erogaz.
Tè al limone (Kg. 2,5)   210 erogaz.
Latte in polvere (come ingrediente)   120 erogaz.

Tempo di erogazione:
20".

Alimentazione idrica:
Direttamente dalla rete.
Possibilità di alimentazione da serbatoio autonomo esterno della capacità di 120 litri, fornito a richiesta.

Alimentazione elettrica:
220 V / 50 Hz monofase.

Resistenza caldaia:
1200 W.

Peso:
Netto Kg. 185.

Depurazione:
La macchina è munita di depuratore dell'acqua a cartuccia rigenerabile per l'eliminazione di depositi calcarei. A richiesta può essere munita di depuratore «1 S».

Spie «esaurito»:
All'esaurimento dei prodotti si spegne la spia corrispondente alla bocchetta di selezione con conseguente rifiuto della moneta.
L'esaurimento dei bicchieri, la mancanza dell'acqua, il secchio di raccolta scarichi pieno, vengono segnalati dalla spia «tutto esaurito» e la macchina non accetta monete.
L'esaurimento dei gettoni causa lo spegnimento della spia «L. 100 resto 1 gettone» ed il conseguente rifiuto della moneta da L. 100.
L'esaurimento delle monete da L. 50 causa lo spegnimento della spia «1 gettone + L. 100 resto L. 50.» ed il conseguente rifiuto delle monete da L. 100.

Dimensioni:
Altezza: cm. 191
Larghezza: cm. 62
Profondità: cm. 58

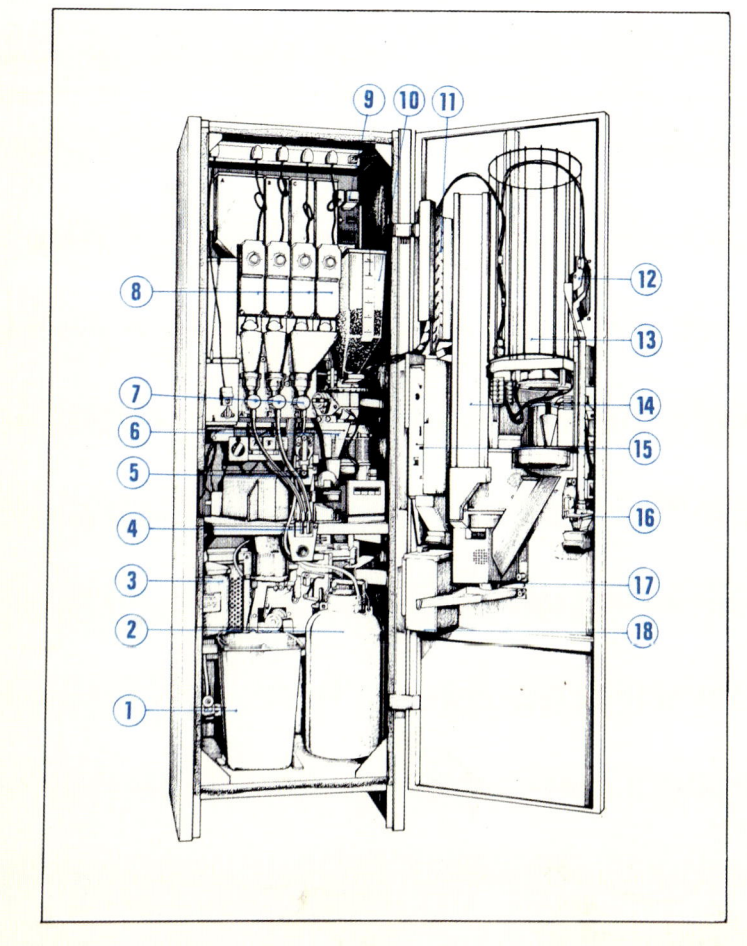

1   *Secchio raccolta fondi*
2   *Contenitore raccolta scarichi*
3   *Depuratore*
4   *Beccucci di erogazione*
5   *Gruppo erogatore caffè*
6   *Macinadosatore caffè*
7   *Frullatori*
8   *Dosatori prodotti*
9   *Pannello elettrico*
10   *Campana caffè*
11   *Selezionatore bevande*
12   *Gettoniera accettazione gettoni*
13   *Distributore bicchieri*
14   *Distributore palette*
15   *Gettoniera accettazione monete*
16   *Dispositivo rendigettone*
17   *Vano erogazione*
18   *Cassetta di credito*

La Ditta si riserva di apportare in ogni momento tutte le modifiche e variazioni di qualsiasi genere che, per motivi tecnici ed estetici, ritenesse opportune

FAEMA

Sede Centrale:
Milano (Italy) Via G. Ventura, 15
Stabilimenti in Italia (Milano e Zingonia) e in Spagna (Barcellona)

Oltre 250 Punti di Vendita e di Assistenza in Italia

1960 – 1970

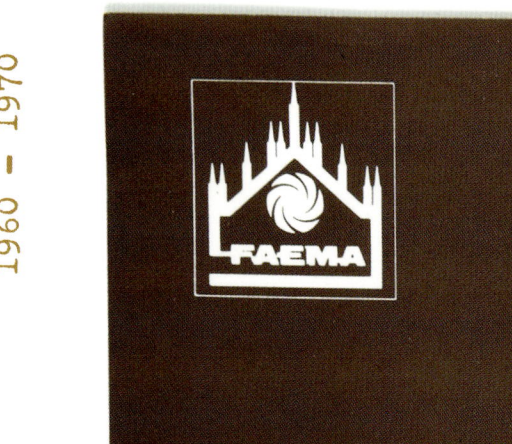

FAEMA

NUOVO
ESPRESSO

Distributeur Automatique
de café espresso,
à 4 sélections

*Distribuidor Automático
para café expresso
a 4 selecciones.*

Synthèse d'une grande
expérience
résultat d'une technologie
d'avant-garde.

*Sintesis de una grande
experiencia
resultado de una tecnologia
de vanguardia.*

297 - 298
Distributore automatico Faema Nuovo Espresso. Dépliant pubblicitario del 1979.
Faema Nuovo Espresso automatic dispensing machine. 1979 promotional brochure.
Kaffeeautomat Faema Nuovo Espresso. Werbeprospekt aus dem Jahr 1979.

NUOVO ESPRESSO FAEMA

PRODUITS DEBITES
- Café espresso sucré
- Café espresso sans sucre
- Café espresso au lait sans sucre
ou
- Café espresso long sucré.

PRODUCTOS VENDIDOS
- Café expreso dulce
- Café expreso amargo
- Café expreso dulce con leche
- Café expreso amargo con leche
u:
- Café expreso diluido dulce.

DONNEES TECNIQUES
1. ALIMENTATION ELECTRIQUE: 220 V / 50 Hz. monoph.
   (autres tensions sur demande).
2. RESISTANCE CHAUDIERE: 1200 W
3. ALIMENTATION EAU: du réseau (sur demande avec réservoir autonome).
4. AUTONOMIE:
   Café en grains   Kgs. 4   600 débits
   Gobelets 100 cc.   600 débits
   sucre   Kgs. 6   600 débits
   lait en poudre   Kgs 1   400 débits
   spatules   600 débits
5. PRODUCTION HORAIRE: 180 sélections environ.
6. MONNAYEURS: FF. 1,00 ou jeton
              FF. 1,00+0,50 ou FF. 1,00+1,00 reste 0,50
   sur demande: monnayeurs à prix multiple (plus monnaies).
7. LAMPES VIDES:
   gobelets - défaut eau - seau écoulement plein - sûreté moto-pompe.
8. DEPURATION: la machine est munie de dépurateur de l'eau. à resines de grande capacité régénérable.

DIMENSIONS ET POIDS
Hauteur   mm.   1910
Largeur   mm.   620
Profondeur   mm.   580
Poids net   Kgs. 165

CARACTERISTICAS TECNICAS
1. ALIMENTACION ELECTRICA: 220 V / 50 Hz, monofasica
   (otros voltajes a pedido).
2. RESISTENCIA CALDERA: 1200 W.
3. ALIMENTACION HIDRICA: de la red (a pedido con tanque autonomo).
4. AUTONOMIA:
   café en granos   Kg. 4   600 erogaciones
   vasos 100 cc.   600 erogaciones
   azucar   Kg. 6   600 erogaciones
   leche en polvo   Kg. 1   400 erogaciones
   palitas   600 erogaciones
5. PRODUCCION HORARIA: 180 selecciones m/o/m.
6. MONEDERO: 1 moneda u ficha
              2 monedas con vuelto
   a pedido: monedero a precio multiple (mas monedas).
7. ESPIAS AGOTADO:
   vasos - falta de agua - balde descargo lleno - seguridad motobomba.
8. DEPURACION: la maquina esta suplida de depurador de la agua de grande capacidad regenerable.

DIMENSIONES Y PESO
Altura   mm   1910
Anchura   mm   620
Profundidad   mm   580
Peso neto   Kg   165

FARFAGLIA San Bonifacio (Verona) - Italy - Tel. 045/610242

La maison se reserve d'apporter à tout instant de s'avérer opportunes pour motifs techniques ou esthétiques.

Podran efectuarse modificaciones de cualunquier momento, y sin previo aviso.

1960 – 1970

Nuova Bianchi S.P.A.
DISTRIBUTORI AUTOMATICI

Sede Legale, Amministrativa
Commerciale e Stabilimento:
24040 ZINGONIA DI VERDELLINO (BG)
Viale Parigi 5/7/9
Telef. 035/88 22 25 (4 linee a ric. autom.)
Capitale Sociale: L 500.000.000
Telex: 31310 Bianchi

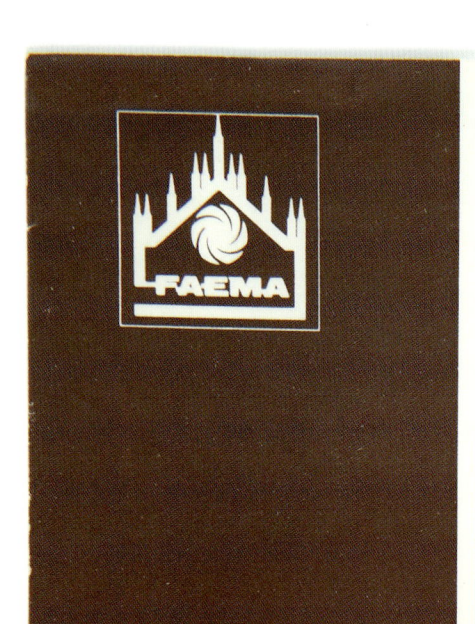

FAEMA
PRONTOBAR 200/230/240
Distributore a moneta di caffé liofilizzato e bevande.

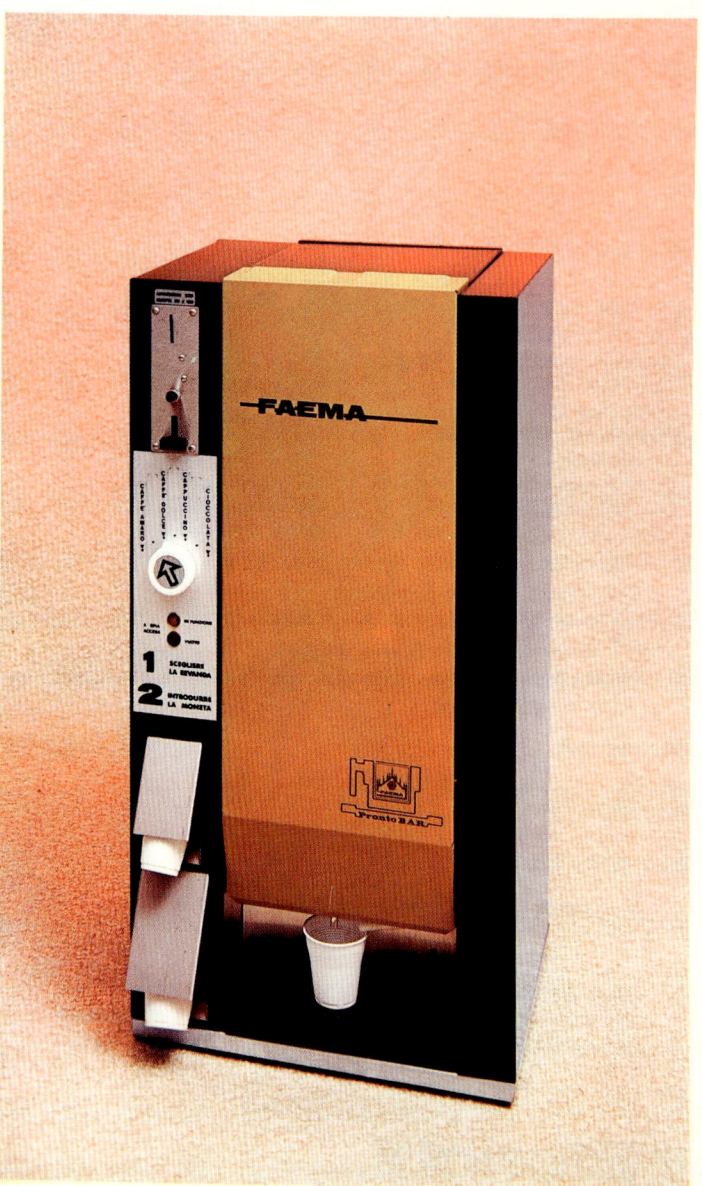

Per tutte le comunità dove non è economico un distributore di grandi dimensioni

PRONTOBAR FAEMA risolve economicamente il problema della distribuzione della distribuzione rapida di due o più bevande.

299 - 300
Distributore a moneta di caffè liofilizzato e bevande Faema Prontobar. Dépliant pubblicitario.
Faema Prontobar dispensing machine for freeze-dried coffee and drinks. Promotional brochure.
Automat mit Münzeinwurf für gefriergetrockneten Kaffe und andere Getränke, Faema Prontobar. Werbeprospekt.

PRONTOBAR 200/230/240 FAEMA

Distributore a moneta di caffé liofilizzato e bevande.

PRODOTTI VENDUTI

- caffè amaro
- caffè dolce
- 1 bevanda calda da prodotti solubili (per versione P. 200)

- caffè amaro
- caffè dolce
- 2 bevande calde da prodotti solubili (versioni P. 230 - P. 240).

CARATTERISTICHE TECNICHE

1. ALIMENTAZIONE ELETTRICA: 220 V / 50 Hz. monofase (altre tensioni a richiesta).
2. RESISTENZA CALDAIA: 1000 W.
3. ALIMENTAZIONE IDRICA: con serbatoio autonomo capacità 10 lt. a richiesta è possibile l'allacciamento diretto dalla rete.
4. AUTONOMIA:
   caffè liofilizzato   Kg. 0,5   350 erogazioni
   bicchieri 160 cc.   100 erogazioni
   bicchieri 100 cc.   100 erogazioni
   zucchero   Kg. 2   200 erogazioni
   cioccolata   Kg. 2   85 erogazioni (P. 230 / P. 240)
   cioccolata   Kg. 3   120 erogazioni (P. 200)
   tè al limone   Kg. 2   160 erogazioni
   latte (ingrediente)   Kg. 0,5   75 erogazioni
5. PRODUZIONE ORARIA: 180 selezioni circa.
6. GETTONIERE: L. 100 o gettone
   a richiesta: gettoniera a prezzo multiplo (più monete).
7. SPIE ESAURITO: mancanza d'acqua.
8. DEPURAZIONE: la macchina può essere munita di depuratore.
9. ASPIRATORE VAPORI

DIMENSIONI E PESO

Altezza   mm. 800
Larghezza   mm. 410
Profondità   mm. 330
Peso netto   Kg. 40

LA MACCHINA È DISPONIBILE IN TRE VERSIONI.

P. 200	P. 250	P. 240
caffè dolce	caffè dolce	caffè dolce
caffè amaro	caffè amaro	caffè amaro
cioccolata	cappuccino	cioccolata
	cioccolata	tè

NUOVA Bianchi S.P.A.
DISTRIBUTORI AUTOMATICI

Sede Legale, Amministrativa
Commerciale e Stabilimento:
24040 ZINGONIA DI VERDELLINO (BG)
Viale Parigi 5/7/9
Telef. 035/88 22 25 (4 linee a ric. autom.)
Capitale Sociale L 500.000.000
Telex: 31310 Bianchi

Modifiche e variazioni di qualsiasi genere potranno essere apportate in qualsiasi momento e senza preavviso.

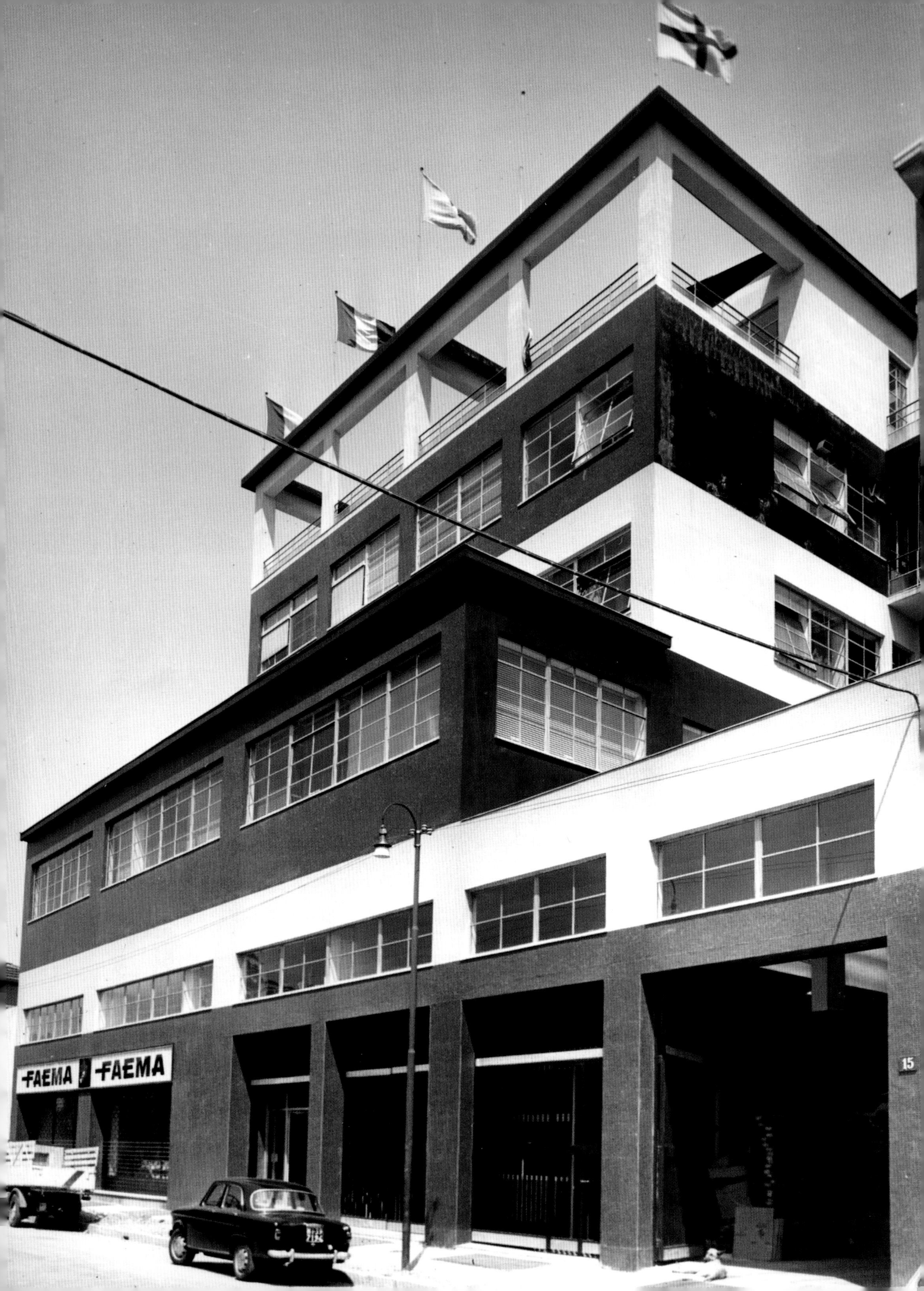
FAEMA
FAEMA
15

L'arredamento dei pubblici esercizi, e a maggior ragione quello di locali più complessi che allineano accanto al bar, la tavola calda, la birreria ecc., non è cosa di poca importanza, ma la grandissima esperienza della Faema in questo specifico settore, si traduce in un'ampia casistica di alto valore tecnico e funzionale, richiamo per chi voglia operare le proprie scelte in maniera razionale.

Faema sezione arredamenti
progetta e realizza arredamenti completi e loro componenti per bar, ristoranti, alberghi e negozi collaborando anche con l'architetto di fiducia del committente.
La produzione arredamenti Faema
☐ è studiata tenendo conto delle caratteristiche specifiche del locale
☐ è frutto dell'esperienza e della capacità produttiva dei tecnici dell'Azienda «leader» nel suo settore
☐ è venduta a prezzi qualitativamente competitivi.
Presso la sezione arredamenti
funziona un servizio di consulenza gratuito riservato ai titolari dei pubblici esercizi e agli architetti, per l'esame preventivo delle soluzioni, caso per caso, più valide e funzionali.

Faema spa. sede: Milano via G. Ventura, 15 - 84 Filiali in Italia

302 - 303 - 304 - 305 - 306 - 307 - 308 - 309
Dépliant pubblicitario Faemarredi.
Advertising brochure for Faemarredi.
Werbeprospekt Faemarredi.

301
Anno 1965, stabilimento di via Ventura, Milano. Ampliato in occasione del Ventennale della Faema.
1965, industrial plant in via Ventura, Milan. The plant was expanded for Faema's 20th anniversary.
1965, Produktionsstätte in der via Ventura, Mailand. Vergrößert anlässlich des 20-jährigen Bestehens von Faema.

1960 – 1970

Arredamenti componibili Faema

Un esempio per arredare un piccolo locale bar-gelateria.
Si notino le cinque diverse soluzioni di rivestimento,
tutte moderne e di grande effetto.
La gamma delle soluzioni proposte dalla Faema risulta assai
ampia e tale per cui è possibile ottenere una svariatissima
serie di accostamenti estetici e cromatici sempre aggiornati
secondo l'evoluzione del disegno industriale.
Così ogni esercizio potrà « personalizzare »
il proprio arredamento Faema, usufruendo dei vantaggi
del modulare e insieme del prestigio
di avere un arredamento « diverso ».

288

303

1960 — 1970

289

304

1960 – 1970

COMPLETATE I VOSTRI LOCALI !

Vi sono inoltre altri 18 modelli per ogni esigenza

♣ Banco tabacchi o pasticceria
♥ Mobile vetrina da parete
♠ Vetrina refrigerata
♦ Banco tavola calda
★ Banco gelateria

La FAEMA spa. - Sezione Arredamenti - ha predisposto una serie di banchi speciali che da soli, o insieme al banco bar tradizionale, servono a completare il vostro locale, ed a dotarlo di quei moderni servizi (snack bar, tavola calda, esposizione refrigerata, ecc.) che lo rendono funzionale.
Informazioni presso la FAEMA spa. - Sez. arredamenti oppure presso una delle 82 Filiali Faema in Italia.

FAEMA spa. Milano - via Ventura, 15

per un Bar sempre migliore!

Bar Nuova Mensa Fratelli Fabbri Editori-Milano. Direzione Lavori: Ing. B.E. Franco Chinetti. Realizzazione: « Arredamenti Faema »

Arredamenti Faema

Faema Sezione Arredamenti: progetta e realizza arredamenti completi e loro componenti per bar, ristoranti, alberghi e negozi collaborando anche con l'architetto di fiducia del committente.

La produzione Arredamenti Faema:
✻ è studiata tenendo conto delle caratteristiche specifiche del locale,
✻ è frutto dell'esperienza dei tecnici di una Azienda 'leader' nel settore,
✻ è venduta a prezzi competitivi.

Presso la Sezione Arredamenti funziona un servizio di consulenza gratuito riservato ai titolari dei pubblici esercizi e agli architetti, per l'esame preventivo delle soluzioni, caso per caso, più valide e funzionali.

Confermate la vostra fiducia al nome mondiale: **FAEMA**

Faema produce:
Arredamenti completi per bar
Distributori automatici a moneta
Produttori di ghiaccio in cubetti
Attrezzature per bar
Macchine per crema caffè

Faema spa.
Sede: Milano via Ventura, 15
82 Filiali in Italia.

Faemino LIOFILIZZATO
CAFFE' ESPRESSO
CAFFE' TRANQUILLO
CAFFELATTE
CAPPUCCINO

1960 — 1970

BAR GELATERIA - V° TECNHOTEL DI GENOVA — Designer Osvaldo Carrara

292

BAR TABACCHI - V° TECNHOTEL DI GENOVA — Designer Osvaldo Carrara

AF
ARREDAMENTI FAEMA

307

1960 — 1970

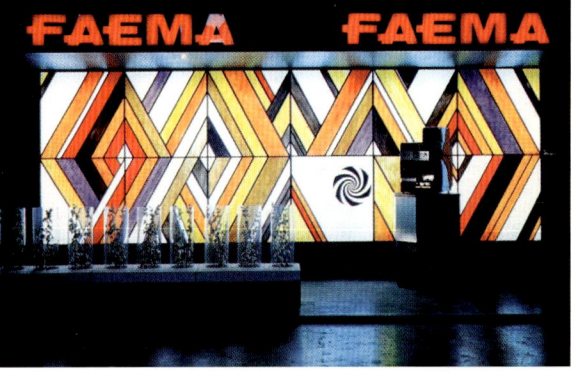

293

308

SOC. WIMPY ITALIANA - ROMA *Progetto Arch. Castiglioni - Studio Minale Trattersfield Provinciali - Milano*

1960 – 1970

295

Produttore istantaneo di seltz Faema verticale da banco

Produttore istantaneo di seltz Faema verticale da banco

Il produttore istantaneo di seltz Faema evita i frequenti ricambi imposti dall'esaurimento del normale barilotto.

La formazione del seltz avviene automaticamente e l'erogazione è sempre alla pressione ed alla temperatura giusta.

Componenti: l'apparecchio è composto dall'elettropompa, dal saturatore e dalla caraffa.

Applicazione: il produttore di seltz Faema non comporta alcuna variante all'impianto frigorifero del banco e pertanto può essere installato sia su banchi già in funzione sia su banchi nuovi.

Funzionamento: il rendimento del produttore è di 180 l/ora di seltz a 4 volumi CO_2.
La bombola della CO_2 e il riduttore di pressione devono essere predisposti dall'esercente.
Sicurezza: l'elettropompa è dotata di temporizzatore di sicurezza.

Dati tecnici:
Alimentazione elettrica 220 V 50 Hz.
Potenza motore 0,24 HP (0,186 Kw).
Pressione mandata pompa 9-12 Atm.
Press. alimentaz. CO_2 al saturatore 7 Atm.
Produzione 180 litri/h.
Dimensioni saturatore ⌀ 150x500 (H) mm.
Dimens. elettropompa 380x240x250 (H) mm.

Confermate la vostra fiducia al nome mondiale: FAEMA

Faema produce:
Arredamenti completi per bar
Distributori automatici a moneta
Produttori di ghiaccio in cubetti
Attrezzature per bar
Macchine per crema caffè

Faema spa.
Sede: Milano via Ventura, 15
83 Filiali in Italia

FAEMINO LIOFILIZZATO
CAFFE' ESPRESSO
CAFFE' TRANQUILLO
CAFFELATTE
CAPPUCCINO

310 - 311

Produttore istantaneo di seltz Faema verticale da banco. Dépliant pubblicitario.

Faema instantaneous vertical soda maker for bar counters. Promotional brochure.

Faema-Gerät zur Instant-Zubereitung von kohlesäurehaltigem Mineralwasser, vertikale Ausführung für Theke. Werbeprospekt.

312
Germania, concessionario per la distribuzione delle macchine per caffè espresso Faema.
Germany, local Faema dealer for the distribution of espresso coffee machines.
Deutschland, Händler für den Vertrieb der Faema-Espressomaschinen.

313
Pubblicazione bimestrale per i pubblici esercizi edita dalla Faema SpA, Milano.
Bimonthly publication issued to bars, cafés and restaurants, edited by Faema SpA, Milan.
Alle zwei Monate erscheinende Veröffentlichung für Gaststätten, herausgegeben von Faema SpA, Mailand.

caffè CLUB

Pubblicazione
bimestrale per i
pubblici esercizi
edita dalla
Faema spa. Milano
Settembre/Ottobre 1967
Anno 1° - Numero 3

GLI ESERCENTI DELLA LOMBARDIA
I MACININI DELLA COLL. DELACHAUX
L'OSPITE DI CAFFECLUB: AJMONE
LO SPORT - I GIOVANI

COLD-DRINK refrigeratore da banco per bevande non gassate.

Impiego dell'apparecchio: Il refrigeratore COLD-DRINK è studiato per refrigerare, conservare e distribuire bevande perfettamente miscelate allo stato naturale.
L'apparecchio è particolarmente adatto per la mescita del caffè freddo e del the, oltre alla mescita delle bevande tradizionali a base di sciroppi o succhi di frutta.
Contenitore di grande capienza - circa 16 litri.
Completamente automatico, silenzioso e sicuro.
Caratteristiche tecniche: Carrozzeria e telaio interamente in acciaio inox 18/8. Pannelli di rifinitura asportabili in lamiera plastificata tipo legno noce.
Contenitore in Makrolon, perfettamente igienico ed infrangibile, estraibile per pulizia periodica.
Bacinella raccogligocce con griglia in acciaio inox.
Rubinetto erogatore ad autochiusura di facile manovra, tipo « NO-DRIP ».
Sistema frigorifero sigillato, compressore ermetico da HP 1/8, ventilazione ad aria forzata, funzionamento automatico.
Agitatore di bevanda meccanico estraibile in acciaio inox 18/8, con due pale rotanti.
Evaporatore a cupola in acciaio inox direttamente immerso nella bevanda.
Temperatura della bevanda regolabile da +3°C a +12°C.
Alimentazione elettrica: 220 V - 50 Hz, monofase.
Peso netto Kg. 21 ca.

FAEMARTIC 15/40/60
produttori automatici di ghiaccio in cubetti
Nuova serie Compact.

I produttori di ghiaccio FAEMARTIC sono la risposta moderna alle nuove esigenze dei pubblici esercizi, di linea sobria ed elegante, realizzati con i materiali ed i metodi e le tecniche più avanzate.
Sono automatici, silenziosi, sicuri.
La purezza del ghiaccio è assicurata dal contenitore in plastica inodore, e dall'uso di acqua sempre fresca per ogni ciclo operativo.

Faemartic 15 - Produzione: kg. 15 circa giornalieri, pari a oltre 1.000 cubetti di ghiaccio.
Faemartic 40 - Produzione kg. 40 circa giornalieri, pari a oltre 3.000 cubetti di ghiaccio.
Faemartic 60 - Produzione kg. 60 circa giornalieri, pari a oltre 4.400 cubetti di ghiaccio.

Faema produce:
Arredamenti completi per bar
Distributori automatici a moneta
Produttori di ghiaccio in cubetti
Attrezzature per bar
Macchine per crema caffè

Confermate la vostra fiducia nel nome mondiale:

FAEMA
Faema spa. Milano - Via G. Ventura 15

314

Faemartic 15/40/60 produttori automatici di ghiaccio in cubetti e Cold-Drink refrigeratore da banco per bevande non gassate, nuova serie Compact. Dépliant del 1967.

Faemartic 15/40/60 automatic ice-cube makers and Compact new series Cold-Drink refrigerator for non-sparkling drinks for bar counters. 1967 brochure.

Faemartic 15/40/60 – Eiswürfelautomaten – und Cold-Drink – Thekenkühlgerät für Getränke ohne Kohlensäure, neue Baureihe Compact. Prospekt aus dem Jahr 1967.

Faemartic
produttore automatico di ghiaccio in cubetti

*I produttori di ghiaccio « FAEMARTIC » sono la risposta moderna
alle nuove esigenze dei pubblici esercizi, di linea sobria ed elegante, realizzati con
i materiali ed i metodi e le tecniche più avanzate.
Sono automatici, silenziosi, sicuri.
La purezza del ghiaccio è assicurata dal contenitore in plastica inodore,
e dall'uso di acqua sempre fresca per ogni ciclo operativo.*

Faemartic 15
Produzione: kg 15 circa giornalieri, pari a oltre 1.000 cubetti di ghiaccio

Faemartic 35
Produzione: kg. 35 circa giornalieri, pari a oltre 2.300 cubetti di ghiaccio.

Faemartic 50
Produzione: kg. 50 circa giornalieri, pari a oltre 3.500 cubetti di ghiaccio.

Faema produce:
Macchine per crema caffè
Macinadosatori per bar
Banchi bar metallici brevettati
Attrezzature per bar
Condizionatori d'aria
Produttori di ghiaccio in cubetti
Distributori automatici a moneta

Confermate la vostra fiducia nel nome mondiale:

FAEMA

Faema spa. Milano - Via G. Ventura 15

315

Faemartic 15/35/50 produttori automatici di ghiaccio in cubetti. Dépliant pubblicitario.
Faemartic 15/35/50 automatic ice-cube makers. Promotional brochure.
Faemartic 15/35/50 – Eiswürfelautomaten. Werbeprospekt.

316

Il 3 giugno 1969, in coincidenza con l'arrivo della tappa Pavia-Zingonia, del Giro d'Italia, fu inaugurato lo stabilimento della Salda (Società Alimentari Liofilizzati per Distribuzione Automatica) a Zingonia (Comune di Ciserano - provincia di Bergamo), che divenne uno dei più importanti complessi industriali d'Europa per la produzione del caffè liofilizzato Faemino.

On 3rd June, 1969, during the arrival of Giro d'Italia cyclists on the Pavia-Zingonia lap, the Salda plant (Società Alimentari Liofilizzati per Distribuzione Automatica) was opened in Zingonia (in the province of Bergamo), becoming one of the most important industrial complexes in Europe for the production of Faemino freeze-dried coffee.

Am 3. Juni 1969 wurde mit der Ankunft der Radrennfahrer bei der Etappe Pavia–Zingonia des Giro d'Italia die Produktionsstätte der Salda (Società Alimentari Liofilizzati per Distribuzione Automatica) in Zingonia (Gemeinde Ciserano, Provinz Bergamo) eingeweiht. Sie entwickelte sich zu einem der wichtigsten europäischen Industriekomplexe für die Herstellung des gefriergetrockneten Faemino-Kaffees.

317

A Zingonia, città dell'avvenire, nasce anche il nuovo stabilimento per gli arredamenti Faema.

In Zingonia, city of the future, a new industrial plant was also opened for the bar furniture division of Faema.

In Zingonia, einer zukunftsträchtigen Stadt, entstand auch das neue Werk für Faema-Einrichtungsgegenstände.

318

Nando Martellini intervista per la RAI-TV Carlo Ernesto Valente.

Nando Martellini interviews Carlo Ernesto Valente for RAI-TV.

Nando Martellini interviewt Carlo Ernesto Valente für RAI-TV.

319

L'arrivo della tappa Pavia-Zingonia del Giro d'Italia dinnanzi allo stabilimento Faemino.

The arrival of cyclists on the Giro d'Italia Pavia-Zingonia lap, in front of the Faemino plant.

Ankunft der Radrennfahrer bei der Etappe Pavia–Zingonia des Giro d'Italia vor dem Faemino-Werk.

320

Il cordiale incontro tra il Sottosegretarlo Zonca, Carlo Ernesto Valente e l'organizzatore del Giro d'Italia Vincenzo Torriani. Non c'è dubbio, parlano di ciclismo. In secondo piano Roberto Valente.

Friendly encounter between deputy-minister Zonca, Carlo Ernesto Valente and Giro d'Italia organiser, Vincenzo Torriani. They are undoubtedly talking about cycling. Roberto Valente is in the background.

Die herzliche Begegnung zwischen Staatssekretär Zonca, Carlo Ernesto Valente und Vincenzo Torriani, Veranstalter des Giro d'Italia. Kein Zweifel – sie sprechen über Radrennen. Im Hintergrund Roberto Valente.

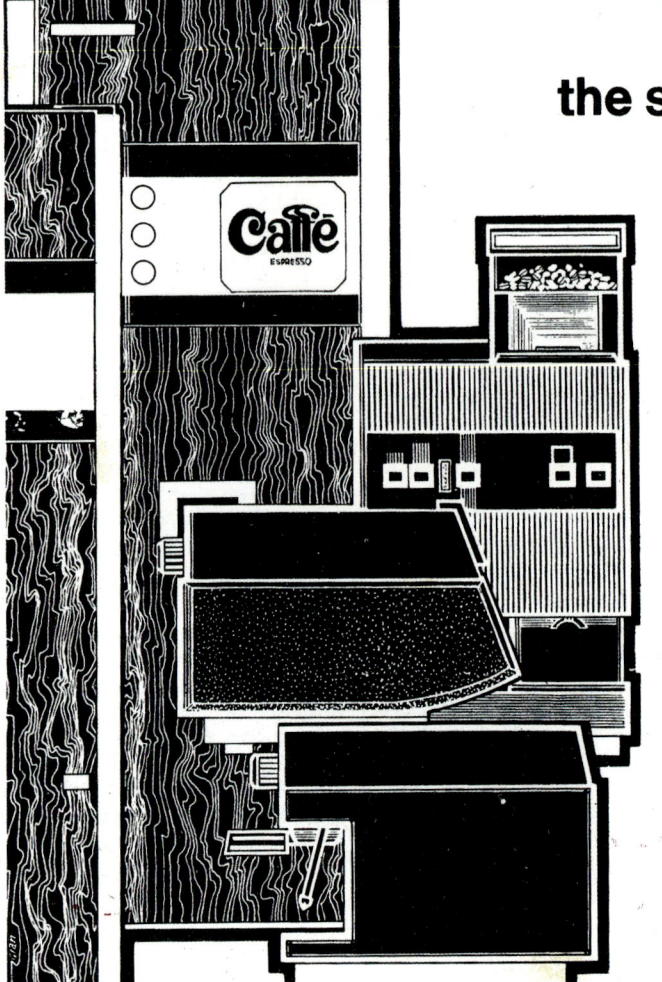

FAEMINO

the secret of espresso

Why is it possible for us to say that from each dose of FAEMINO a real espresso coffee can be obtained? Because the liquid coffee, at the beginning of the process, is obtained under the same conditions of work of the bar machines, of which we have just automated the process and then **FREEZE-DRIED** expressly for you.

Sede Centrale:
Milano (Italy) Via G. Ventura, 15
Stabilimenti in Italia (Milano e Zingonia)
e in Spagna (Barcellona)
Oltre 200 punti di Vendita
e Assistenza in Italia

ieri un caffè
oggi un espresso

crema caffè espresso FAEMINO

«espressamente» per voi e per i vostri clienti

321 - 322 - 323
Il Faemino, dépliant pubblicitari del 1970.
The Faemino, 1970 promotional brochures.
Faemino, Werbeprospekt aus dem Jahr 1970.

L'aroma del caffè viene bloccato
nelle confezioni sotto vuoto, che vengono poi imballate in cartoni; la miscela E 61 è pronta per la spedizione.

1960 – 1970

303

1960 – 1970

304

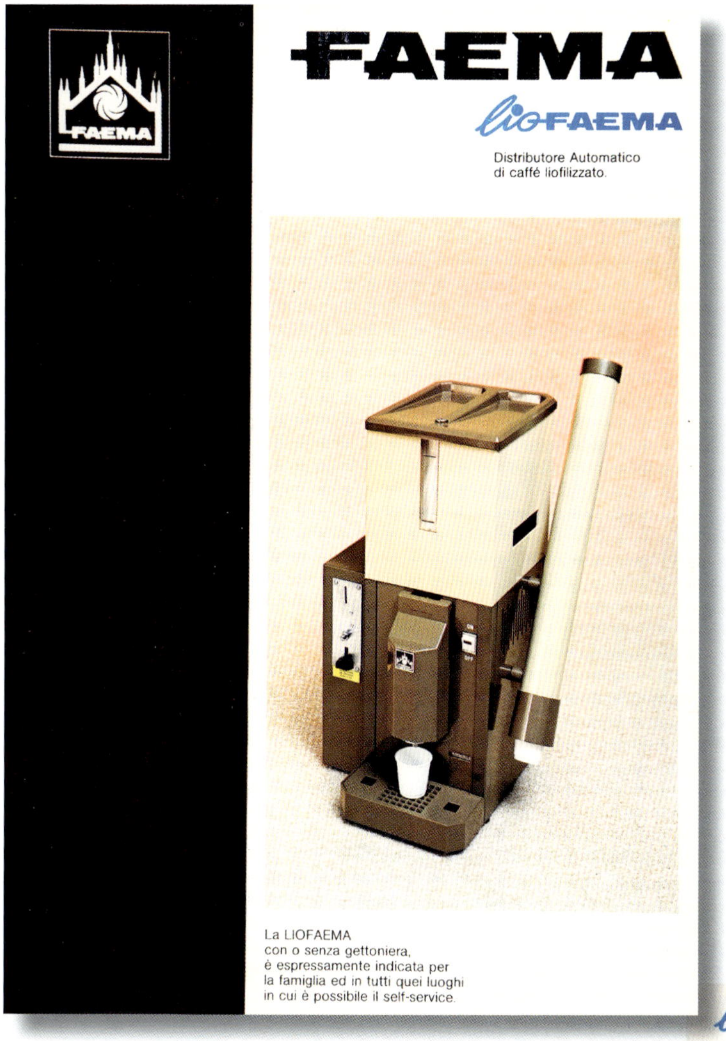

1970 – 1980

FAEMA
lioFAEMA
Distributore Automatico di caffè liofilizzato.

La LIOFAEMA, con o senza gettoniera, è espressamente indicata per la famiglia ed in tutti quei luoghi in cui è possibile il self-service.

327 - 328
La Liofaema. Dépliant pubblicitario, dati tecnici.
Liofaema model. Promotional brochure, technical data.
Liofaema. Werbeprospekt, technische Daten.

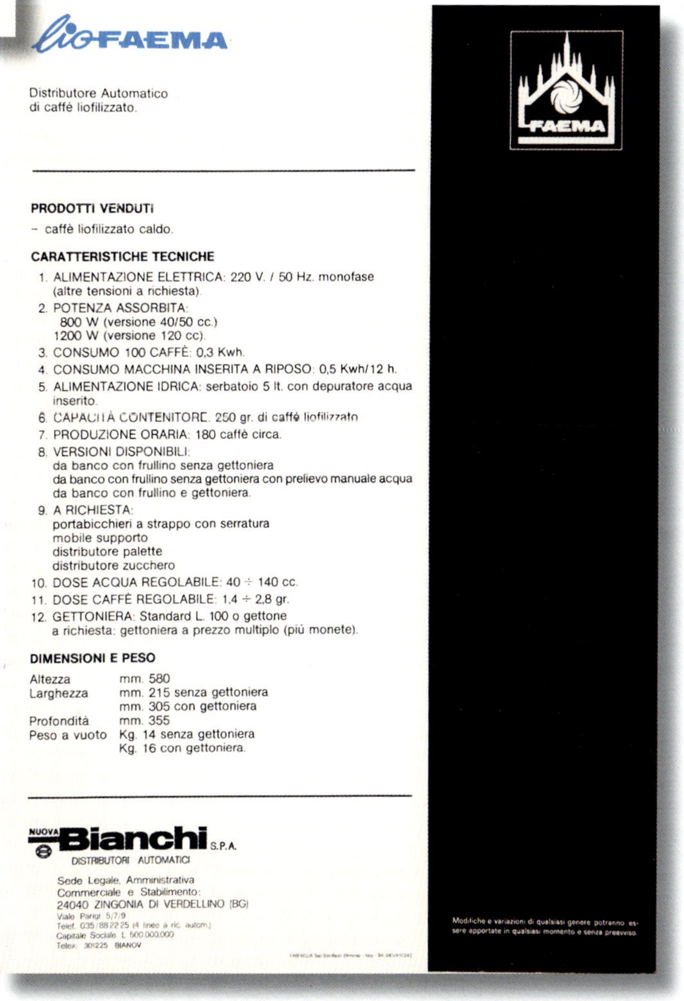

305

lioFAEMA
Distributore Automatico di caffè liofilizzato.

PRODOTTI VENDUTI
– caffè liofilizzato caldo.

CARATTERISTICHE TECNICHE
1. ALIMENTAZIONE ELETTRICA: 220 V. / 50 Hz. monofase (altre tensioni a richiesta).
2. POTENZA ASSORBITA:
   800 W (versione 40/50 cc.)
   1200 W (versione 120 cc).
3. CONSUMO 100 CAFFÈ: 0,3 Kwh.
4. CONSUMO MACCHINA INSERITA A RIPOSO: 0,5 Kwh/12 h.
5. ALIMENTAZIONE IDRICA: serbatoio 5 lt. con depuratore acqua inserito.
6. CAPACITÀ CONTENITORE: 250 gr. di caffè liofilizzato
7. PRODUZIONE ORARIA: 180 caffè circa.
8. VERSIONI DISPONIBILI:
   da banco con frullino senza gettoniera
   da banco con frullino senza gettoniera con prelievo manuale acqua
   da banco con frullino e gettoniera.
9. A RICHIESTA:
   portabicchieri a strappo con serratura
   mobile supporto
   distributore palette
   distributore zucchero
10. DOSE ACQUA REGOLABILE: 40 ÷ 140 cc.
11. DOSE CAFFÈ REGOLABILE: 1,4 ÷ 2,8 gr.
12. GETTONIERA: Standard L. 100 o gettone a richiesta: gettoniera a prezzo multiplo (più monete).

DIMENSIONI E PESO
Altezza   mm. 580
Larghezza   mm. 215 senza gettoniera
                       mm. 305 con gettoniera
Profondità   mm. 355
Peso a vuoto Kg. 14 senza gettoniera
                          Kg. 16 con gettoniera.

NUOVA Bianchi S.P.A.
DISTRIBUTORI AUTOMATICI
Sede Legale, Amministrativa Commerciale e Stabilimento:
24040 ZINGONIA DI VERDELLINO (BG)

324 - 325 - 326
Furgone pubblicitario per la consegna dei prodotti crema caffè espresso Faemino.
Promotional van used to deliver Faemino espresso coffee cream products.
Werbetransporter für die Lieferung der Faemino-Crema-Caffè-Espresso-Produkte.

Riportiamo le notizie di mercoledì 26 novembre 1975 "La Notte" quotidiano nazionale

Si cercano acquirenti per la società di Lambrate Faema giù di pressione. L'azienda è in crisi dal 1973: la recessione internazionale e la caduta della domanda interna l'hanno messa in ginocchio - Forse a gennaio verrà liquidato l'intero gruppo (3 stabilimenti) - 500 dipendenti di troppo?

Lambrate, capitale della disoccupazione? Dove finisce la innocenti Leyland comincia la Faema. La crisi occupazionale da via Pitteri giunge direttamente in via Giovanni Ventura 15. Nel raggio di qualche chilometro 4470 dipendenti della fabbrica automobilistica e 1372 della casa delle macchine del caffè stanno vivendo momenti drammatici. Per la Innocenti sono in discussione 1500 licenziamenti, per la Faema si cercano acquirenti: la società è in piena crisi finanziaria, ha 500 dipendenti di troppo (dice il proprietario). È in atto un concordato preventivo. A gennaio probabilmente verrà messa all'asta quanto meno dall'attuale proprietario Carlo Ernesto Valente, 62 anni passerà in altre mani. Pubbliche, private non si sa. Come è stato possibile che la grande Faema, nota nel mondo, sia arrivata a questo punto cruciale? È solo una crisi congiunturale o strutturale? C'è una via d'uscita? La fiammella della macchina da caffè tornerà a splendere come negli anni '60? Sentiamo il parere dei sindacati e del proprietario.

L'anno - boom

La Faema (Fabbrica Articoli Elettromeccanici Meccanici Affini), è sorta come società, nel 1945, in via Progresso, in fondo a via Melchiorre Gioia, in uno scantinato poco più grande di 50 metri quadrati. La produzione delle macchine per il caffè ha inizio poco dopo il '48, e si allarga dopo gli anni del "boom" ponendo l'azienda al primo posto nel mondo, primato che detiene tuttora in periodo di crisi. Da via Casella, intanto, lo stabilimento viene trasferito in via Ventura a Lambrate. Nel 1964 la Faema "diversifica" la produzione immettendo sul mercato distributori automatici di caffè espresso e poi di bevande calde fredde. Le macchinette che sono nei corridoi di tutte le fabbriche e di tutti gli uffici. Dai 400 dipendenti, in questo periodo, l'azienda passa a 800 in più si sviluppa a Zingonia (Bergamo) uno stabilimento per la costruzione di arredamenti per bar. È in questi anni che la Faema, con il modello E61, completamente automatico conquista, prima il mercato interno (il più importante) e poi il mercato estero. Nel 1972 l'azienda acquista il settore distributori automatici della Bianchi di Treviglio che nel '64 era stata rilevata dall'IMI e che come ha precisato Carlo Valente "era nostra concorrente più forte nel campo dei distributori automatici: tanto più che lavoravano in perdita vendeva a sottocosto. Tanto, i debiti li pagava l'istituto finanziario". Nel 1972 si registra il periodo di massimo splendore dell'azienda: è di questo la costruzione "Lio Faemina", la macchinetta automatica che è entrata dappertutto e la fama del caffè liofilizzato prodotto da un'affiliata (la Salda) è veramente meritata.

Nel biennio '73-'74 il livello occupazionale sale complessivamente a 1500 unità alle quali vanno aggiunte altre 1000, impiegate nelle attività indotte: riparazioni, caricatori di caffè e altre. Contemporaneamente in Italia e all'estero viene creata una vasta rete commerciale che è stata in seguito ristrutturata tenendo conto delle esigenze dei mercati esteri. Nel '73 la crisi si fa sentire, soprattutto nel settore distributore automatici, poi in quello delle macchine destinate al mercato interno. L'estero "tira" ancora oggi benissimo. La direzione dell'azienda, a primi del '75, dice che per rimettere in sesto l'economia della Faema bisogna licenziare 500 operai.

I dirigenti: "invece di comprare le nuove macchine riparano le vecchie: così nasce la crisi"

" Quello che più ci ha messo in ginocchio - dicono i dirigenti responsabili - è l'immobilismo di tutte le aziende che non investono più soldi in macchinari moderni o non cambiano quelli vecchi preferendo farli aggiustare. Intendiamo i distributori automatici di caffè e bevande calde e fredde in genere, di cui nel 1972 abbiamo prodotto, solo del tipo "Liofaemino", ben 42631 esemplari.

Nel 1970 ne costruivamo appena 92. Due anni fa ne abbiamo immessi sul mercato 41.119. Lo scorso anno una caduta verticale: appena 17.000 esemplari. I dati relativi al '75 sono ancora più sconfortanti. Dopo avere saturato con i nostri prodotti il mercato nazionale siamo riusciti a rimpiazzare pochissimi esemplari poiché nelle aziende si preferisce destinare i soldi ad altri investimenti o addirittura a non spendere.

A chi ci accusa di avere fatto investimenti sbagliati, di non aver adottato le tecnologie più avanzate rispondiamo che, a tutt'oggi, con la situazione di concordato preventivo in atto noi andiamo avanti a programmare nuovi metodi di produzione e a ricercare nuovi mercati d'espansione.

Teniamo presente che la Faema è una azienda solida con un mercato estero che "tira" perfettamente.

La vera causa della crisi, oltre a qualche scelta tecnica sbagliata risiede nel mutato quadro economico nazionale ed internazionale e la Faema è la più grossa industria nel suo settore, ha risentito più di tutte le altre fabbriche i contraccolpi della recessione economica.

"Certo è ben triste dovere celebrare il trentennio di fondazione della società - a concluso un dirigente - combattendo per evitare l'estinzione".

Un uomo che si è fatto da sé

Carlo Ernesto Valente, fondatore della Faema, ha 62 anni, un magnifico paio di baffi e basettoni "risorgimentali". È basso di statura, grassoccio. Alla mano destra gli mancano tre dita mozzate alla falange: " Un incidente sul lavoro. Tanti anni fa, quando facevo caldaie, laggiù in via Progresso a Cassina dè Pomm". Parla con calma, e non si agita troppo sulla poltrona in stile Luigi XV del suo studio. Eppure l'argomento è scottante. Solo a metà intervista, quando per la seconda volta gli abbiamo chiesto come si sentisse senza più l'azienda in mano, l'uomo ha ceduto. Si è messo a piangere silenziosamente, senza vergogna. " A scuola ho fatto solo la sesta. Poi mia madre a 12 anni, mi ha mandato al lavoro a calci: ho rilegato libri, aggiustato strumenti musicali e ho fatto mille altri lavori. Tempi duri allora! Poi, dopo la guerra, mi sono messo con altri due che avevano i soldi. Abbiamo aperto l'officina in via del Progresso. Facevamo un gran qualità di cose". Poi l'incontro con Gaggia, il brevetto di una macchina per il caffè "costruendola ho pensato che la macchina avrebbe dovuto essere leggera e il caffè che ne usciva molto caldo".

Ottenuti questi requisiti, la grande avventura fino alle dimensioni attuali della Faema, leader nel settore. "Chi ha fatto mettere le macchinette automatiche in tutti i corridoi delle industrie sono stato io". Ammette compiaciuto. E quello è stato uno dei momenti più belli della Faema: "Oggi ci criticano per scelte sbagliate. In tutte le aziende si fanno cose buone e cose cattive. In momenti di crisi profonda come questi, vengono fuori solo le cose cattive".

"Eppure la Faema è stata, ed è tuttora, una azienda all'avanguardia nel suo settore e io, con i miei collaboratori, ho sempre cercato di diversificare la produzione per poter affrontare le diverse esigenze di mercato. Abbiamo anche rischiato, come nel caso del caffè liofilizzato, che era da sempre monopolio dei tedeschi e degli svizzeri. Ci è andata bene e la collegata che lo produce ci ha consentito di tirare avanti fino a oggi. Anche in campo sportivo le mie scelte si sono dimostrate giuste: nella Faema squadra ciclistica, a suo tempo ingaggiai per 60 mila lire al mese Van Looy. Nessuno lo conosceva. Per 200.000 lire al mese Charles Gaul, che aveva vinto un paio di gare. Infine Eddy Merckx per 20 milioni l'anno: sembrò allora una cifra spropositata. Mi diedero del matto. Merckx vince ancora oggi, e la squadra della Faema non c'è più".

Che cosa dicono i sindacalisti. L'azienda non deve morire

"Il nuovo proprietario della Faema forse lo conosce solo Golfari, il presidente della Regione. In ogni caso è una fabbrica che non deve morire. Sarebbe un delitto": lo afferma Sergio Rossi, dell'esecutivo della fabbrica di Lambrate, che in compagnia di Antonio Albani e Mario Mandelli, pure dell'esecutivo, Plinia Ferro e Mario Schiavon, del consiglio di fabbrica analizza la situazione della Faema. La congiuntura attuale è causata - secondo Rossi - dalla crisi internazionale esplosa nel '73. Questa crisi è ancora più grave e sentita dove c'è stato spreco di risorse, parassitismo, mancanza di programmazione, come è avvenuto in Italia. In particolare, la Faema è giunta allo stato attuale a causa della logica, una imprenditorialità tipica del dopoguerra, "che basa la sua attività sull'empirismo e sulla compressione dei costi attraverso basso salario e sfruttamento della manodopera".

"È vero – prosegue Rossi – che questi imprenditori avevano notevoli capacità e intelligenza tecnica, un attaccamento quasi viscerale all'azienda, e al lavoro, ma anche un irremovibile paternalismo, ostinato e ottuso".

La conduzione familiare dell'azienda è entrata in crisi negli anni scorsi di fronte alla crisi di liquidità e ad alcuni investimenti sbagliati. A questo punto (secondo i sindacati) sono emersi gli errori dei dirigenti, tanto più rimarchevoli se si considera che la Faema controlla il 65% del mercato nazionale e il 35% di quello internazionale, che il fatturato dagli anni '60 è stato in continuo crescendo, che lo stato attuale degli impianti non teme confronti in fatto di aggiornamenti tecnologici. Insomma, un'azienda sana che non deve morire soprattutto a spese dei lavoratori. " il ramo secco dice ancora Rossi – sono i dirigenti. Per noi tutte le soluzioni sono buone: pubbliche, private, o miste. L'importante è un intervento che eviti i licenziamenti, lo scorporamento dell'azienda, ma prima che il tribunale metta all'asta la società, cioè prima del gennaio prossimo".

Una postilla è necessaria: se la Faema è sana e ha enormi possibilità di ripresa, è chiaro che le colpe non possono essere solo dei dirigenti. La crisi economica internazionale non risparmia nessuno, tanto meno chi non ha protettori alle spalle.

Stabilimenti a Milano, Zingonia e Treviglio

La Faema S.p.a produce macchine da caffè, macinini banchi-bar, distributori automatici di caffè, fabbricatori di ghiaccio ecc., con un fatturato nel 1973 di 24 miliardi, nel 1974 di 17 e quest'anno di appena 12. Nel 1964 era di 8 miliardi. I dipendenti impiegati sono attualmente 1372 (395 impiegati, 37 equiparati, 916 operai) divisi in tre stabilimenti di Milano, Zingonia e Treviglio. Altre 1500 persone circa costituiscono l'indotto (150-180 falegnami, lavoratori dipendenti delle società di gestione distributrici di alcuni prodotti e artigiani di piccole fabbriche che fanno i prezzi di ricambio).

Servizio a cura di Gigi Foti e Costantino Muscau

An article from national newspaper "La Notte", Wednesday, 26th November, 1975, has been published below.

Based in Lambrate, Faema is in serious difficulty, and currently seeking new buyers. The company has been having problems since 1973: the international recession and a drop in domestic demand has brought it to its knees. The entire group may be liquidated (3 plants) in January - 500 workers too many?

Lambrate – the new capital of unemployment? Faema takes up where the Innocenti Leyland group has left off. The employment crisis has moved straight from via Pitteri to via Giovanni Ventura 15. Within just a few kilometres, 4,470 workers from the automotive company and 1,372 from the coffee machine manufacturing company have been experiencing a dramatic crisis. For Innocenti, 1,500 dismissals are under discussion, whilst Faema is on the look out for new buyers: the company is in complete financial recession, and has 500 workers too many (says the owner). An agreement before bankruptcy is being defined. In January, the company will probably be put up for auction by current owner Carlo Ernesto Valente, 62 years old, and pass into other hands. Whether public or private nobody knows yet. How was it possible for the great Faema - a world famous company - to come to this crucial point? Is it due to the international recession or a structural crisis? Is there a way out? Will the flame of the coffee machine come back to glow again as it did in the Sixties? Let's listen to the opinions of the trade unions and owner.

The Boom year

Faema (Fabbrica Articoli Elettromeccanici e Affini, a factory manufacturing electro-mechanical and similar kinds of appliances), was established in 1945 in a basement a little larger than 50 square metres, in via Progresso, at the very end of via Melchiorre Gioia. The production of coffee machines began shortly after 1948, and the company expanded after the years of the economic boom, making Faema a leader in the international coffee machine industry, a leadership it still holds today despite the crisis. The plant was transferred from via Casella to via Ventura, in Lambrate. In 1964, Faema "diversified" production, launching its products on the market of automatic machines dispensing espresso coffee initially, and hot and cold drinks later on. We are talking about the vending machines still available in the corridors of many companies and offices today. During this period, Faema increased its workforce from 400 to 800, and developed a new plant in Zingonia (Bergamo) for designing and producing bar furniture. It was in these years that Faema conquered the important domestic market and then the foreign market with its completely automatic E61 model. In 1972, the company acquired the automatic dispensing sector of Bianchi - a company based in Treviglio - formerly taken over by IMI in 1964. The company, Carlo Valente commented, "was our main competitor in the automatic vending machine industry. Moreover, as it was in difficulty, it was selling its products below cost, and the debts were being paid by the financial institute". In 1972, Faema enjoyed its finest – and indeed well-deserved - moment, with both the creation of "Lio Faemina", a small automatic coffee maker sold everywhere and the huge success of freeze-dried coffee, produced by affiliate Salda.

During the two years running from 1973-74, the overall employment level rose to 1,500, with the addition of another 1,000 people working in the spin-off sector: repair work, coffee loaders, and other activities. At the same time, a large commercial network was being created both in Italy and abroad, also based on the demand of the foreign market. In 1973, the recession became manifest, especially in the automatic vending machine industry, and then in that of coffee machines for the domestic market. The foreign market is still in good condition today. In early 1975, the company's top management stated that it was necessary to dismiss 500 workers in order to settle Faema's finances.

The managers: "Instead of buying new coffee machines, people are repairing the ones they already have: that's why we are in difficulty".

"What really brought us to our knees," say the managers, "was the inactivity of companies, which chose neither to invest capital in modern technology nor change their old machinery, but preferred to have it repaired. We mean the automatic coffee and hot and cold drinks vending machines, of which we produced 42,631 of the "Liofaemino" series alone in 1972.

In 1970, we only produced 92. Two years ago, we sold 41,119. But last year we experienced a vertical drop: only selling 17,000 machines. The 1975 data are even more discouraging. After overstocking the national market with our products, we have only been able to replace a few machines, as companies prefer either to invest in other sectors or not at all.

In answer to those who have accused us of having invested badly or not having used the most advanced technologies, we wish to say that, today, with the ongoing agreement with creditors, we try to keep programming new methods of production, and find new markets on which to expand. We wish to remind people that Faema is a solid company, with a foreign target market in good condition.

The true cause of the crisis, in addition to a few incorrect technical choices, is the change in the national and international economical situation and Faema - the largest company in the industry – has suffered the effects of the economic recession.

"It really is quite sad to celebrate the company's 30th anniversary," concluded the manager, "while striving to avoid extinction".

A self-made man

Carlo Ernesto Valente - founder of Faema - is 62 years old. He has a magnificent nineteenth-century style moustache and sideburns. He is short and plump. Part of three fingers on his right hand are missing: "An accident at work. Many years ago, when I was making boilers in via Progresso, at Cassina dè Pomm". He speaks calmly, and does not look upset, seated in a Louis XV armchair in his studio. But this is a burning question. It is only halfway through the interview, when we ask how he feels now he no longer holds the reins of the company a second time, that he concedes. He starts to cry silently, and shamelessly. "I only went to school until the sixth year. My mother forced me to go to work when I was just 12 years old: I bound books, repaired musical instruments and did several jobs. Very hard times! Then, after the war, I started to work with two men who had a lot of money. We opened a workshop in via del Progresso. We made a large variety of items". Then came the encounter with Gaggia, the patent for a coffee machine. When I created it, I thought coffee machines had to be light and produce very hot coffee".

I achieved these results, and then the great adventure began, and continued until Faema reached its current size, and the position of leader in the industry. "I was the person who sold automatic vending machines in all rooms and corridors", he admits with satisfaction. That was one of Faema's best moments: "Today they criticize us for bad choices. In all companies there are good things and bad things, but at difficult times like these only the bad emerge".

"Yet Faema was and is a very advanced company in its industry. My collaborators and I have always tried to diversify production to cope with the different needs of the market. We have also taken risks like with freeze-dried coffee for example, a market which was mainly controlled by Germany and Switzerland at the time. But we succeeded, and the affiliate which produces it has helped us survive to date. In the sports sector, my choices have also proved to be correct. I hired cyclist Van Looy for the Faema cycling team for 60,000 lira a month. Nobody knew him. For 200,000 Italian lira a month, I hired Charles Gaul, who had won a couple of racing competitions. And finally Eddy Merckx for 20 million a year: at the time the prices seemed excessive. People thought I was mad. But Merckx is still winning today, and the Faema team no longer exists".

The trade unions' opinion. The company must not close down.

"It's probably only Golfari, president of the Region, who knows the new owner of Faema. Under no circumstances must this company go out of business. It would be a crime," says Sergio Rossi, Executive Manager at the company based in Lambrate, who has been analyzing Faema's current situation with Antonio Albani and Mario Mandelli, also executives, as well as Plinia Ferro and Mario Schiavon, members of the company administration. The current economic crisis has been caused – according to Rossi – by the international recession which exploded in 1973. This crisis is even worse and more damaging where a waste of resources, economic parasitism and lack of programming has occurred, like in Italy. In particular, Faema has come to the present state due to a logic, an entrepreneurship which is typical of the post-war period, and which is "based on empiricism and on cutting costs by paying low wages and exploiting the labour force".

"It's true," continues Rossi, "that these entrepreneurs had high skills and technical ingeniousness, a strong affection for the company and their jobs, but also inflexible paternalism, and were often obstinate and dull-minded".

The family business began experiencing serious problems in the last few years, when it had to deal with a shortage of liquidity and due to a series of erroneous investments. The trade unions hold that this is the point where the top management's mistakes emerged, mistakes which are even more remarkable if one considers that Faema controls 65% of the national market and 35% of the international market; that turnover has increased continuously since the Sixties; and that the current condition of the plants is technologically advanced. To conclude, Faema is a healthy company which should not close down, especially if one considers the effects this will have on the workers. "The dead wood," says Rossi, "are the managers. Any solution is good for us: public, private or mixed. The important thing is to develop a plan which will make it possible to avoid dismissals, the parcelling out of the company's businesses. However, everything must be done before the court decides to put the company up for auction, basically before January".

At this point, a note should be added: if Faema is a healthy company and has a good chance of recovery, it is clear this is not only the managers' fault. The international economic recession spares nobody, especially if no support or aid is provided.

Plants in Milan, Zingonia and Treviglio

Faema S.p.a produces coffee machines, coffee grinders for bars, automatic coffee vending machines and ice makers, etc.. In 1973, turnover amounted to 24 billion Lira, 17 billion in 1974 and 12 billion this year. In 1964, turnover was 8 billion. The company currently employs a total of 1,372 (395 employees, 37 equivalent contracts, 916 workers) divided into three plants based in Milan, Zingonia and Treviglio. Another 1,500 units are employed in the spin-off sector (150-180 carpenters, employees in distribution channel companies, and artisans of small companies producing spare parts).

Report by Gigi Foti and Costantino Muscau

Für die Gesellschaft aus Lambrate werden Käufer gesucht.
Bei Faema ist der Dampf raus

Das Unternehmen steckt seit 1973 in der Krise: Die internationale Rezession und der starke Abfall der Binnennachfrage haben es in die Knie gezwungen – im Januar wird vielleicht der gesamte Konzern (3 Werke) abgewickelt – 500 Arbeitsplätze bedroht? Ist Lambrate das Zentrum der Arbeitslosigkeit? Nachdem die Innocenti Leyland ihre Toren geschlossen hat, beginnt bei der Faema gerade das Aus. Die Beschäftigungskrise weitet sich von der via Pitteri direkt auf die via Giovanni Ventura 15 aus. Im Umkreis von einem Kilometer erleben 4470 Beschäftigte der Automobilwerke und 1372 Mitarbeiter einer Kaffeemaschinenfabrik dramatische Stunden. Für die Innocenti stehen 1500 Entlassungen zur Diskussion, für die Faema werden Käufer gesucht: Die Gesellschaft stecke in einer Finanzkrise und es gebe 500 Arbeitsplätze zu viel (so behauptet der Eigentümer). Es läuft zurzeit ein Vergleichsverfahren. Im Januar wird die Firma durch den gegenwärtigen, 62 Jahre alten Eigentümer Carlo Ernesto Valente zwangsversteigert und in den Besitz anderer Eigentümer übergehen. Es ist noch nicht bekannt, ob es sich um öffentliche oder private Käufer handelt. Wie konnte es dazu kommen, daß ein weltweit führendes Großunternehmen wie Faema sich an diesem Scheidepunkt befindet? Handelt es sich nur um eine Struktur- oder um eine Konjunkturkrise? Gibt es einen Ausweg? Wird die Flamme auf der Espressomaschine wie in den Sechziger Jahren wieder aufleuchten? Hören wir dazu die Meinung der Gewerkschaften und des Eigentümers.

Das Boom-Jahr

Die Firma Faema (Abkürzung vom Italienischen „Fabbrica Articoli Elettromeccanici e Affini", d. h. Fabrik elektromechanischer und gleichartiger Erzeugnisse) wurde 1945 in der via Progresso, am Ende der via Melchiorre Gioia, in einem Kellergeschoss von knapp 50 Quadratmetern Fläche gegründet. Die Herstellung von Espressomaschinen begann kurz nach dem Jahr 1948 und entwickelte sich nach den Boomjahren so stark, daß die Firma zum führenden Unternehmen der Branche weltweit wurde und diese Vormachtstellung bis zu den heutigen Krisenzeiten bewahrt hat.

Von der via Casella zog das Werk in der Zwischenzeit in die via Ventura in Lambrate um. 1964 wurde die Produktion in verschiedene Zweige unterteilt, indem man zuerst Espressoautomaten und später Automaten für kalte und warme Getränke auf den Markt brachte. Es sind Automaten, die in allen Fabrik- und Bürokorridoren stehen. Die Zahl der Beschäftigten erhöhte sich von 400 auf 800, und in Zingonia (Bergamo) wurde ein Werk zur Herstellung von Bareinrichtung eröffnet. In diesen Jahren eroberte die Firma Faema mit ihrem vollautomatischen Modell E61 zuerst den heimischen Markt (den wichtigsten) und dann das Ausland. 1972 erwarb die Firma den Zweig der Getränkeautomaten von der Firma Bianchi aus Treviglio, die 1964 von der IMI gekauft wurde und die, wie Carlo Valente betonte, „unser stärkster Konkurrent im Bereich der Getränkeautomaten war, der mit Verlusten arbeitete und unter Preis verkaufte. Die Schulden wurden sowieso vom Finanzinstitut bezahlt". 1972 erlebte die Firma ihre größte Glanzzeit: Davon zeugen die Produktion von „Lio Faemina", einem Espressoautomaten, der sich überall verbreitet hat, sowie der gut verdiente Ruf des von einer Tochterfirma (Salda) hergestellten Instant-Kaffees.

In der Zeit zwischen 1973 und 1974 stieg das Beschäftigungsniveau insgesamt auf 1500 Arbeitnehmer an; dazu kamen über 1000 Menschen, die in der Zulieferindustrie (Reparaturen, Füllgeräte) und anderen Zweigen, beschäftigt waren.

Gleichzeitig wurde in Italien und im Ausland ein weites Verkaufsnetz aufgebaut, das später unter der Berücksichtigung ausländischer Märkte umstrukturiert wurde. 1973 wurde die Krise überwiegend im Bereich der Getränkeautomaten spürbar, dann im Bereich der Maschinen, die für den heimischen Markt bestimmt waren. Das Ausland „lief" immer noch sehr gut. Die Unternehmensleitung kündigte Anfang 1975 die Notwendigkeit der Entlassung von 500 Arbeitern an, um die wirtschaftliche Lage von Faema zu retten.

Die Geschäftleitung: "Anstatt neue Maschinen zu kaufen, wurden alte Maschinen repariert – das verursachte die Krise"

„Das, was uns am stärksten in die Knie gezwungen hat", behaupten die verantwortlichen Geschäftsleiter, „ist die Starrheit aller Firmen, die kein Geld mehr in moderne Maschinen investieren oder alte Geräte nicht auswechseln. Wir meinen damit Automaten für Espresso, warme und kalte Getränke im Allgemeinen, von denen wir 1972 selbst in der Ausführung „Liofaemino" ganze 42.631 Stück hergestellt haben. 1970 haben wir gerade 92 Stück produziert. Vor zwei Jahren haben wir 41.119 Maschinen auf den Markt gebracht. Im letzten Jahr ein totaler Absturz: Es wurden kaum 17.000 Maschinen verkauft. Nachdem wir den heimischen Markt mit unseren Produkten gesättigt haben, ist es uns nur gelungen, eine ganz kleine Anzahl durch neue Geräte zu ersetzen, weil man in den Firmen vorzieht, das Geld woanders zu investieren oder sogar gar nichts auszugeben. Auf die Beschuldigung, daß wir falsche Investitionen gemacht und nicht die modernsten Technologien eingesetzt haben, antworten wir, daß wir in der sich abspielenden Vergleichssituation mit der Planung neuer Produktionsmethoden vorwärts gehen und neue Expansionsmärkte erschließen. Vergessen wir nicht, daß Faema ein solides Unternehmen mit starkem Auslandsabsatz ist. Die wahre Krisenursache liegt neben einigen falschen technischen

Entscheidungen in der Veränderung der nationalen und internationalen wirtschaftlichen Gesamtlage; als führendes Industriewerk der Branche hat die Firma stärker als jede andere Fabrik die Rückschläge der wirtschaftlichen Rezession zu Spüren bekommen".
„Es ist sicherlich sehr traurig, das 30-jährige Jubiläum der Firmengründung", sagte einer der Firmenleiter, „mit der Bekämpfung ihrer Schließung zu feiern".

Ein Self-Made-Man
Carlo Ernesto Valente, der Gründer von Faema, ist 62 Jahre alt, hat einen wunderbaren Schnurrbart und Koteletten wie aus der Gründerzeit, ist klein und rundlich. An seiner rechten Hand fehlen die Glieder an drei Fingern: „Ein Arbeitsunfall, der vor vielen Jahren passiert ist, als ich mit Kesseln arbeitete, da unten in der via Progresso in Cassina dè Pomm". Er spricht langsam und sitzt ruhig auf dem Sessel im Louise-Quinze-Stil in seinem Büro. Das Thema ist dennoch heikel. Nur in der Mitte des Interviews, als wir ihm zum zweiten Mal die Frage stellen, wie er sich ohne das Unternehmen in der Hand fühlen werde, gab er nach. Er fing an, leise und ohne Scham zu weinen. „Ich habe die Schule nach der sechsten Klasse beendet. Mit zwölf Jahren hat mich dann meine Mutter gezwungenermaßen arbeiten geschickt: Ich habe Bücher gebunden, Musikinstrumente repariert und tausend andere Arbeiten erledigt. Schwere Zeiten damals! Dann, nach dem Krieg, habe ich mich mit zwei anderen, die Geld hatten, zusammengetan. Wir hatten ein Werk in der via Progresso eröffnet. Dort hatten wir eine ganze Menge Sachen gemacht". Dann sei es zum Treffen mit Gaggia und zum Patent für die Espressomaschine gekommen. „Beim Bauen dachte ich daran, daß die Maschine leicht und der daraus herauskommende Kaffe sehr heiß sein sollte. Nach der Erreichung dieser Ergebnisse begann ein großes Abenteuer, bis das Unternehmen die heutigen Ausmaße erreicht hat, bis Faema zum Branchenleader geworden ist. Ich war es, der die Kaffee- und Getränkeautomaten in den Korridoren aller Fabriken aufgestellt hatte", verkündet er stolz. Und dies sei einer der schönsten Momente von Faema gewesen. Heute würden sie wegen falscher Entscheidungen kritisiert. In allen Unternehmen geschehen gute und schlechte Dinge. In den heutigen Zeiten, in denen eine tiefe Krise herrsche, werde nur Schlechtes sichtbar.
„Und dennoch war und ist immer noch Faema ein Unternehmen, das in seiner Branche am fortschrittlichsten ist, und ich habe zusammen mit meinen Mitarbeitern immer die Produktion zu diversifizieren versucht, um verschiedene Marktansprüche zu befriedigen. Wir haben auch etwas riskiert, wie im Fall des Instant-Kaffees, der immer im Monopolbereich der Deutschen und Schweizer lag. Wir hatten Glück, und die Konzerngesellschaft, die diesen Kaffee produzierte, erlaubte uns, bis zum heutigen Tag vorwärts zu kommen. Auch im Sportbereich erwiesen sich meine Entscheidungen als Volltreffer, als ich in der Faema-Radmannschaft für 60.000 Lire monatlich Van Looy, den niemand kannte, und Charles Gaul, der einige Rennen gewonnen hat, und dann auch noch Eddy Merckx für 20 Millionen Lire im Jahr engagiert hatte; damals schien es ein übermäßig hoher Betrag zu sein. Man sagte, ich sei verrückt. Merckx gewinnt heute noch und die Faema-Mannschaft existiert nicht mehr".

Die Gewerkschaften sagen: Das Unternehmen darf nicht sterben
„Den neuen Eigentümer von Faema kennt vielleicht nur Golfari, der Präsident der Region. Auf jeden Fall darf diese Fabrik nicht schließen. Es wäre ein Verbrechen", sagt Sergio Rossi, Mitglied des Exekutivausschusses des Werks in Lambrate, der zusammen mit Antonio Albani und Mario Mandelli, ebenfalls im Exekutivausschuss, sowie Plina Ferro und Mario Schivon vom Betriebsrat, die Situation von Faema analysiert. Die gegenwärtige schwache Konjunktur sei, meint Rossi, auf die internationale Krise, die 1973 begann, zurückzuführen. Diese Krise sei dort noch schwerwiegender, wo Mittelverschwendung, Schmarotzertum und eine fehlende Planung geherrscht haben, wie es in Italien bisher der Fall gewesen sei. Insbesondere sei Faema in diese Situation aufgrund der für die Nachkriegszeit typischen Denkweise des Unternehmertums geraten, das sich „bei seinen Tätigkeiten auf den Empirismus und ein Kostenverständnis durch niedrige Löhne und Ausbeutung von Arbeitskräften stütze."
„Es stimmt," – führt Rossi fort – „daß diese Unternehmer über außerordentliche Fähigkeiten und technische Intelligenz verfügten, an ihrer Firma und ihrer Arbeit mit Leib und Seele hingen, diese aber mit einem starren, apodiktischen und vernagelten Paternalismus leiteten".
Die familiäre Betriebsführung sei in den letzten Jahren aufgrund von Liquiditätsproblemen und einiger falscher Anlagen in die Krise geraten. An dieser Stelle (nach Meinung der Gewerkschaften) seien die Fehler der Geschäftsleitung deutlich geworden, vor allem wenn man berücksichtige, daß Faema 65 % des nationalen und 35 % des internationalen Marktes kontrolliere, daß der Umsatz des Unternehmens in den 60er Jahren stetig angestiegen sei und daß der aktuelle Zustand der Anlagen in puncto technologischer Anpassung nichts zu befürchten habe. Insgesamt sei es ein gesundes Unternehmen, das nicht geschlossen werden dürfe, und vor allem nicht auf Kosten von Arbeitnehmern. „Wer zu entlassen ist, das ist die Geschäftsführung", ergänzt Rossi. Für sie seien alle Lösungen in Ordnung: öffentliche, private oder in gemischter Form. Wichtig sei, daß mit einem Eingriff Entlassungen und eine Ausgliederung des Unternehmens vermieden werden, und zwar noch bevor das Gericht das Unternehmen zwangsversteigere, d. h. noch vor Januar nächsten Jahres. Eine Randbemerkung sei hier vonnöten: Wenn Faema gesund sei und enorme Aufschwungmöglichkeiten habe, sei es klar, daß die Schuld nicht nur die Betriebsleitung trage. Von der internationalen Wirtschaftskrise bleibe niemand verschont, und noch weniger diejenigen, die keine Beschützer im Rücken haben.

Werke in Mailand, Zingonia und Treviglio
Die Faema Spa stellt Kaffeemaschinen, Kaffeemühlen für Bartresen, Kaffeeautomaten, Speiseeismaschinen usw. her und verzeichnet einen Umsatz, der sich 1973 auf 24 Milliarden, 1974 auf 17 Milliarden und dieses Jahr auf gerade 12 Milliarden Lire beläuft. Im Jahr 1964 betrug der Umsatz 8 Milliarden. Die Zahl der Beschäftigten erreicht heute 1372 Menschen (395 Angestellte, 37 ihnen Gleichgestellte, 916 Arbeiter), die sich auf drei Werke in Mailand, Zingonia und Treviglio verteilen. Über 1500 Menschen arbeiten in der Zulieferindustrie (150–180 Tischler sowie Arbeitnehmer, die in Vertriebsgesellschaften von einigen Produkten beschäftigt sind, und Handwerker, die in kleinen Betrieben für die Zubehörherstellung arbeiten).

Artikel und Interview von Gigi Foti und Costantino Muscau

329

Presentazione della Faema, modello Metodo, macchina modulare con caldaie separate.
Al centro, il sig. Marcellino Zanesi, ex impiegato dell'ufficio assistenza e ricambi.

Presentation of the Faema Metodo model - modular coffee machine with separate boilers.
At the centre, Marcellino Zanesi, former employee in the service and spare parts office.

Präsentation der Faema-Maschine, Modell Metodo, mit modularem Aufbau mit getrennten Heizkesseln.
In der Mitte Marcellino Zanesi, ehemaliger Mitarbeiter der Service- und Ersatzteilabteilung.

330
Faema modello Metodo, disegnata da Osvaldo Carrara. La carrozzeria è realizzata in materiale plastico (Makrolon).
Faema Metodo model designed by Osvaldo Carrara. The body is made in plastic material (Makrolon).
Faema-Maschine, Modell Metodo, Entwurf: Osvaldo Carrara. Das Gehäuse ist aus Kunststoff gefertigt (Makrolon).

1970 – 1980

314

1970 — 1980

PRESTIGIO DI UNA AZIENDA	PRESTIGE D'UNE INDUSTRIE	PRESTIGE OF A COMPANY	PRESTIGE EINES UNTERNEHMENS
PRESTIGIO DI FAEMA	PRESTIGE DE FAEMA	PRESTIGE OF FAEMA	PRESTIGE DER FAEMA
PRESTIGIO DI UN BAR	PRESTIGE D'UN BAR	PRESTIGE OF A BAR	PRESTIGE EINES LOKALS
PRESTIGIO DI UN BUON CAFFÈ ESPRESSO	PRESTIGE D'UN BON CAFE EXPRESSO	PRESTIGE OF A GOOD ESPRESSO COFFEE	PRESTIGE EINES GUTEN ESPRESSO KAFFEES

PRESTIGE FAEMA

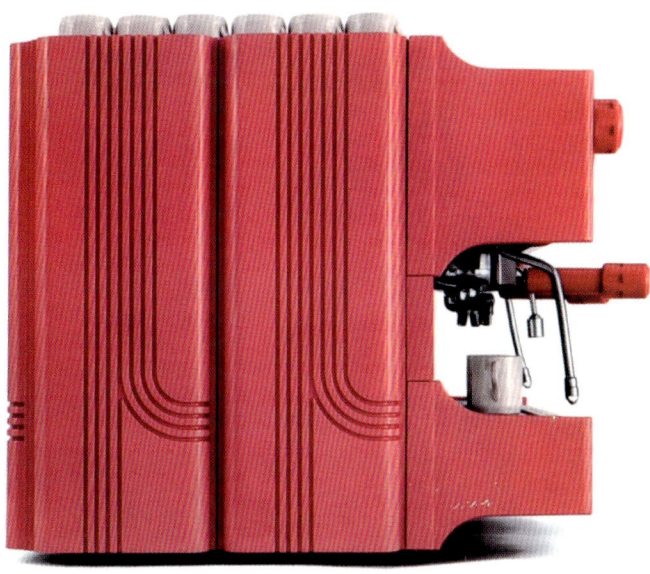

315

In tutto il mondo Faema significa caffè espresso!
Il tuo bar - con macchina per caffè Faema - è certo un bar dove si beve un buon caffè espresso.
Ovunque tu sia, a Milano o a New York, a Parigi o a Tokyo, il tuo caffè espresso è il prestigio del tuo locale.

Dans le monde entier Faema signifie café-expresso!
Votre bar - avec une machine à café Faema - est certainement un bar où l'on boit un bon café expresso.
Où que vous soyez, à Milan, à New York, à Paris ou à Tokyo, votre café expresso est le prestige de votre établissement.

All over the world Faema means excellent espresso coffee!
A bar with a Faema coffee machine will, undoubtedly, offer good coffee.
Wherever you maybe, Milan, London, Paris or Tokyo, the espresso enhances the prestige of a bar.

Überall auf der Welt steht Faema für Espresso - Kaffee! Dein Lokal - mit einer Kaffeemaschine Faema - ist ganz bestimmt ein Lokal, wo man einen guten Espresso-Kaffee trinkt. Wo immer Du sein magst, in Mailand oder New York, in Paris oder Tokyo, Dein Espresso-Kaffee ist das Prestige Deines Lokals.

PRESTIGE

Prestige: la macchina per caffè, sintesi della esperienza Faema.

Prestige la machine à café synthèse de l'expérience Faema.

Prestige: the coffee machine evolved around the Faema expertise.

Prestige: die Kaffeemaschine, Synthese der Erfahrung Faemas.

PRESTIGE

Faema Prestige viene prodotta a 2, 3, e 4 gruppi, nei modelli:
P/4 - semiautomatica
P/6 - automatica, con dosatore a 7 programmi di lavoro, 6 selezioni dosate e 1 erogazione continua.
Faema Prestige viene fornita completa di depuratore.
La elettropompa può essere chiesta al momento dell'ordine.
A richiesta può essere pure fornito il dispositivo di autolivello per la regolazione automatica dell'acqua in caldaia.

Numero dei gruppi Numéro des groupes Groups number Gruppenzahl	Dimensioni Dimensions Dimensions Abmessungen		Capacità caldaia Capacité chaudière Boiler capacity Kesselinhalt	Resistenza elettrica Puissance resistance Heater rating Heizkörperleistung
	A	B		
2	mm 592 (23,3")	mm 722 (24,5")	litri 10,53 (US. gallons 2,78)	watt 2600
3	mm 844 (33,2")	mm 974 (38,3")	litri 17,11 (US. gallons 4,52)	watt 3700
4	mm 1096 (43,1")	mm 1226 (48,2")	litri 23,69 (US. gallons 6,23)	watt 5000

Die Faema Prestige wird 2-, 3- und 4- gruppig hergestellt in der Ausführung
P/4 - halbautomatisch
P/6 - vollautomatisch, mit einem Düsenzylinder für 7 Programme, sechs verschiedene Ausgabemengen und eine ununterbrochene Ausgabe.
Die Faema Prestige wird mit Entkalker geliefert.
Die Elektropumpe kann nach Anfrage bei der Bestellung hinzugefügt werden. Auf Wunsch kann der automatische Wasserniveauregler mitgeliefert werden.

These Faema Prestige machines are available in 2 models with 2, 3 or 4 groups.
P/4 - semi-automatic.
P/6 - automatic, with doser having 7 operating settings, 6 dosed selections and 1 continuous output setting.
Faema Prestige is supplied with a water softener. An electric pump can be supplied when required. An automatic water level control for the boiler can be supplied on request.

La Faema si riserva di apportare tutte quelle modifiche che, per motivi estetici o funzionali, si ritenessero opportune.

Faema se réserve d'apporter sans préavis toute modification jugée nécessaire pour raisons techniques et esthétiques.

Faema reserves the right to make any changes which it may consider fit for technical and aesthetical reason.

Änderungen in Technik und Ausführung durch die Faema jederzeit vorbehalten.

Faema Prestige ha un piano scaldatazze ancora più capiente.

Le chauffe-tasses de Faema Prestige a une capacité encore plus grande.

Faema Prestige has an even more holding cup-warmer.

Die Faema Prestige hat ein noch grösseres Fassungsvermögen des Tassenwärmers.

FAEMA

Faema produce:
Arredamenti completi per bar
Distributori automatici a moneta
Produttori di ghiaccio in cubetti
Attrezzature complete per bar
Macchine per caffè espresso
Prodotti alimentari liofilizzati.

Faema produit:
Ameublements complets pour bar
Distributeurs automatiques à monnaie
Producteurs de glaçons
Equipement complet pour bar
Machine à café espresso
Produits alimentaires lyophilisés.

Faema produces:
Complete furnishings for bars
Automatic coin-operated dispensers
Ice-cube makers
Complete bar equipment
Espresso coffee machines
Freeze-dried products.

Faema produziert:
Komplette Lokaleinrichtungen
Münzautomaten
Eiswürfelbereiter
Komplette Serie an Bargeräten
Espresso-Kaffeemaschinen
Gefriergetrocknete Produkte.

Faema spa.
Sede Centrale: Milano, Via Ventura 15.
Italia: 3 Società/4 Stabilimenti, oltre 200 punti di vendita e di assistenza.
Estero: 5 Società Consoc./4 Stabilimenti/ 32 Filiali/144 Concessionari in Europa, Asia, Africa, Americhe.

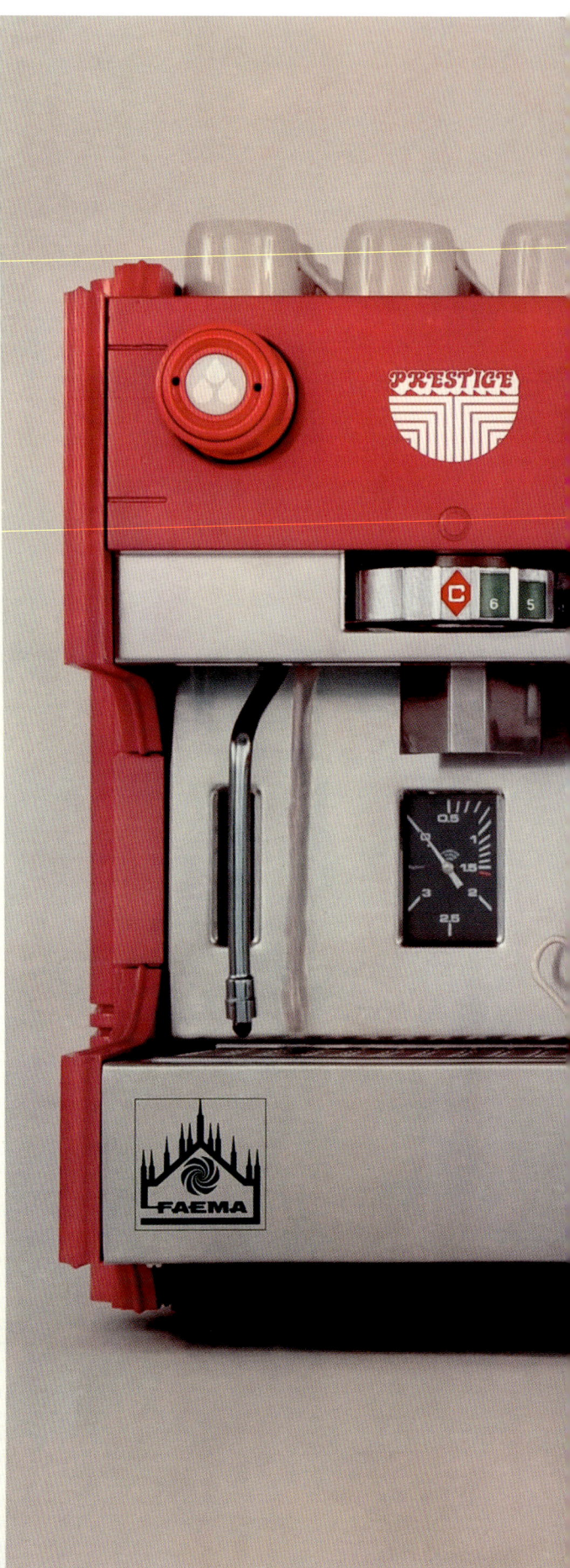

Faema spa.
Siège Central: Milano, Via Ventura 15.
Italie: 3 Sociétés/4 Établissements, plus de 200 points de vente et assistance.
Étranger: 5 Sociétés Associées/4 Établissements/32 Filiales/144 Concessionnaires en Europe, Asie, Afrique et Amériques.

Faema spa.
Head Office: Milano, Via Ventura 15.
Italy: 3 Companies/4 Factories, more than 200 points for sale and technical assistance.
Abroad: 5 Associated Companies/4 Works/ 32 Branches/144 Sole agents in Europe, Asia, Africa, and America.

Faema spa.
Hauptsitz: Mailand, Via Ventura 15.
Italien: 3 Gesellschaften/4 Werke, ferner 200 Kundendienst- und Verkaufspunkte.
Ausland: 5 Niederlassungen/4 Werke/32 Filialen/144 Konzessionäre in Europa, Asien, Afrika, Nord- und Südamerika.

1970 – 1980

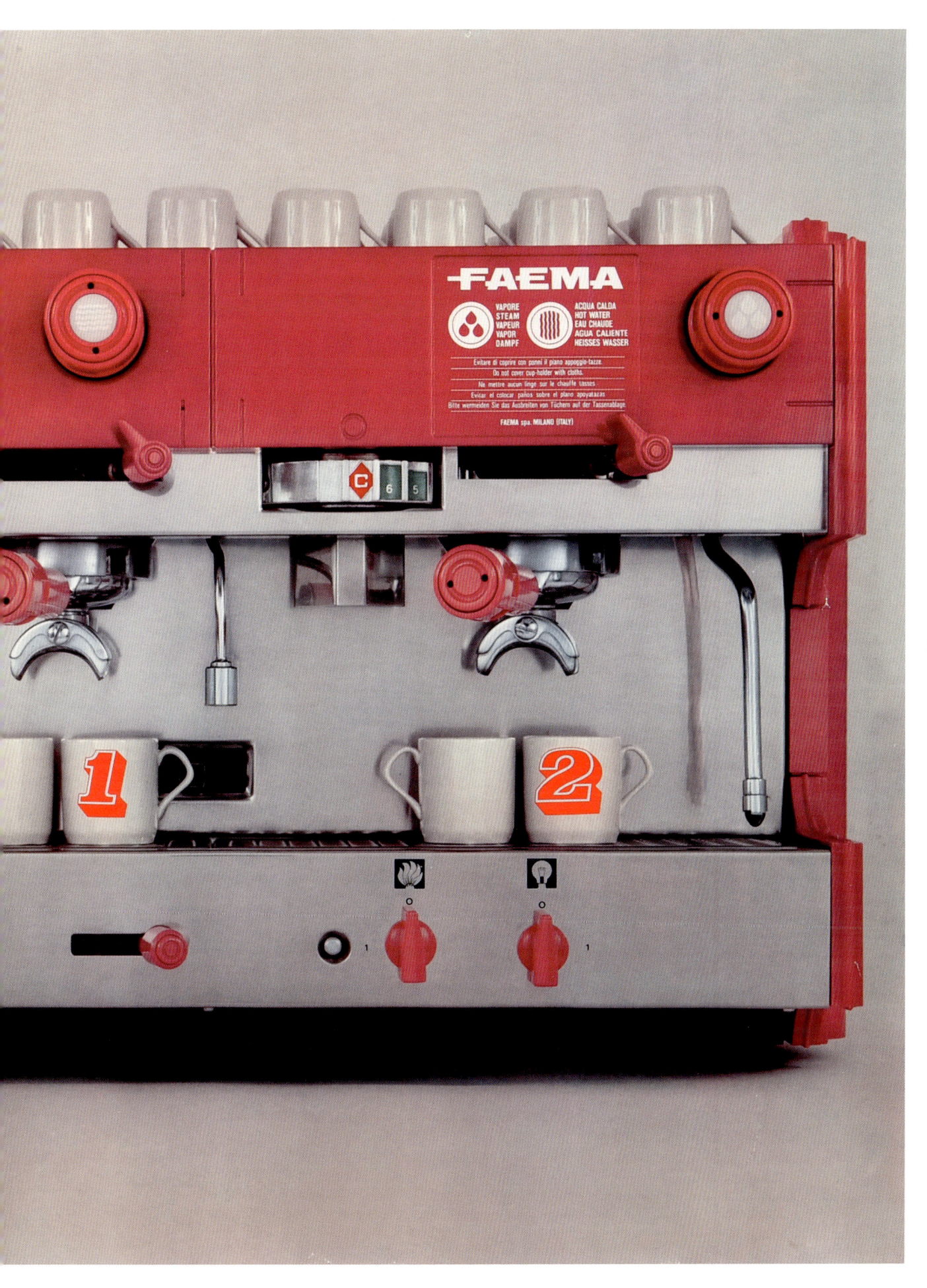

PRODURRE DI PIÙ PER VENDERE A MENO. PREZZI PIÙ GIUSTI IN UNA REALTÀ NUOVA DI COSTI INDUSTRIALI.

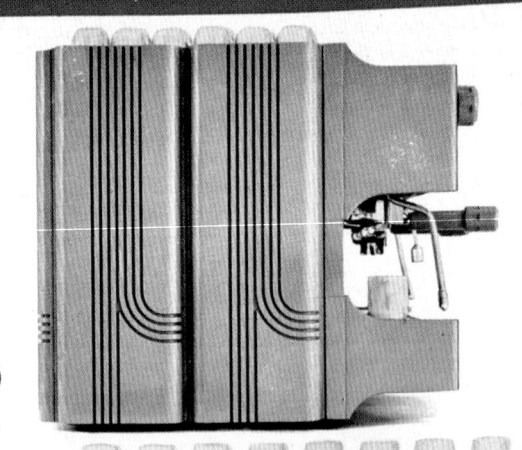

I PREZZI DELLA *PRESTIGE* SONO GLI STESSI DEL 1972
(e i prezzi del 1972 erano gli stessi del 1969!)

MACCHINE PER CAFFÈ FAEMA
PRESTIGE (listino prezzi dal 1/4/74)

PRESTIGE P/4 erogazione 2 gruppi L. 403.000
PRESTIGE P/4 erogazione 3 gruppi L. 481.000
PRESTIGE P/4 erogazione 4 gruppi L. 537.000

PRESTIGE P/6 erogazione automatica
    2 gruppi L. 470.000
PRESTIGE P/6 erogazione automatica
    3 gruppi L. 582.000
PRESTIGE P/6 erogazione automatica
    4 gruppi L. 683.000

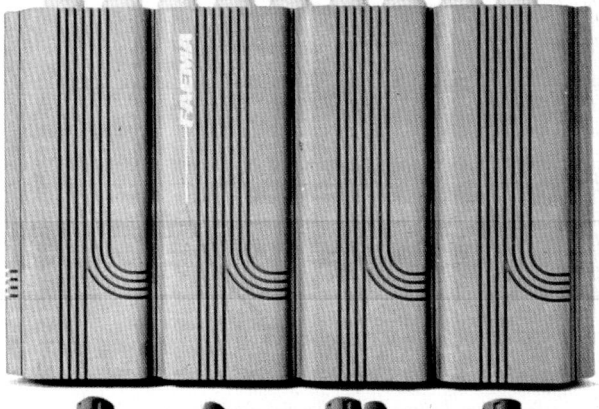

I prezzi sono assolutamente fissi e comprendono trasporto, imballo e IVA 12%, nonchè il depuratore.
Sono escluse le spese di installazione, peraltro assai contenute, ed è opzionale la pompa volumetrica.
Sono possibili pagamenti dilazionati a 6, 12, 18 e 24 mesi.

VALUTAZIONE PERMUTE
(in rapporto al tipo di macchina resa)
Macchina a un gruppo   L. 20.000
Macchina a due gruppi   L. 30.000
Macchina a tre gruppi   L. 40.000
Macchina a quattro gruppi   L. 50.000

Con questo listino uguale, ripetiamo, a quello del 1973, che a sua volta era uguale a quello del 1969, Faema continua la sua politica del prezzo "giusto".
È una realtà che viene applicata anche alla *Prestige*. L'obbiettivo rimane lo stesso:
PRODURRE DI PIÙ PER VENDERE A MENO.

334
Cartolina promozionale inerente il Gruppo Sportivo Bianchi - Nuova Faema.
Promotional postcard for the Gruppo Sportivo Bianchi - Nuova Faema.
Werbekarte für die Bianchi-Sportgruppe – Nuova Faema.

333
Listino prezzi della Faema modello Prestige, anno 1974.
Price list for the 1974 Faema Prestige model.
Preisliste für Faema-Maschine, Modell Prestige (1974).

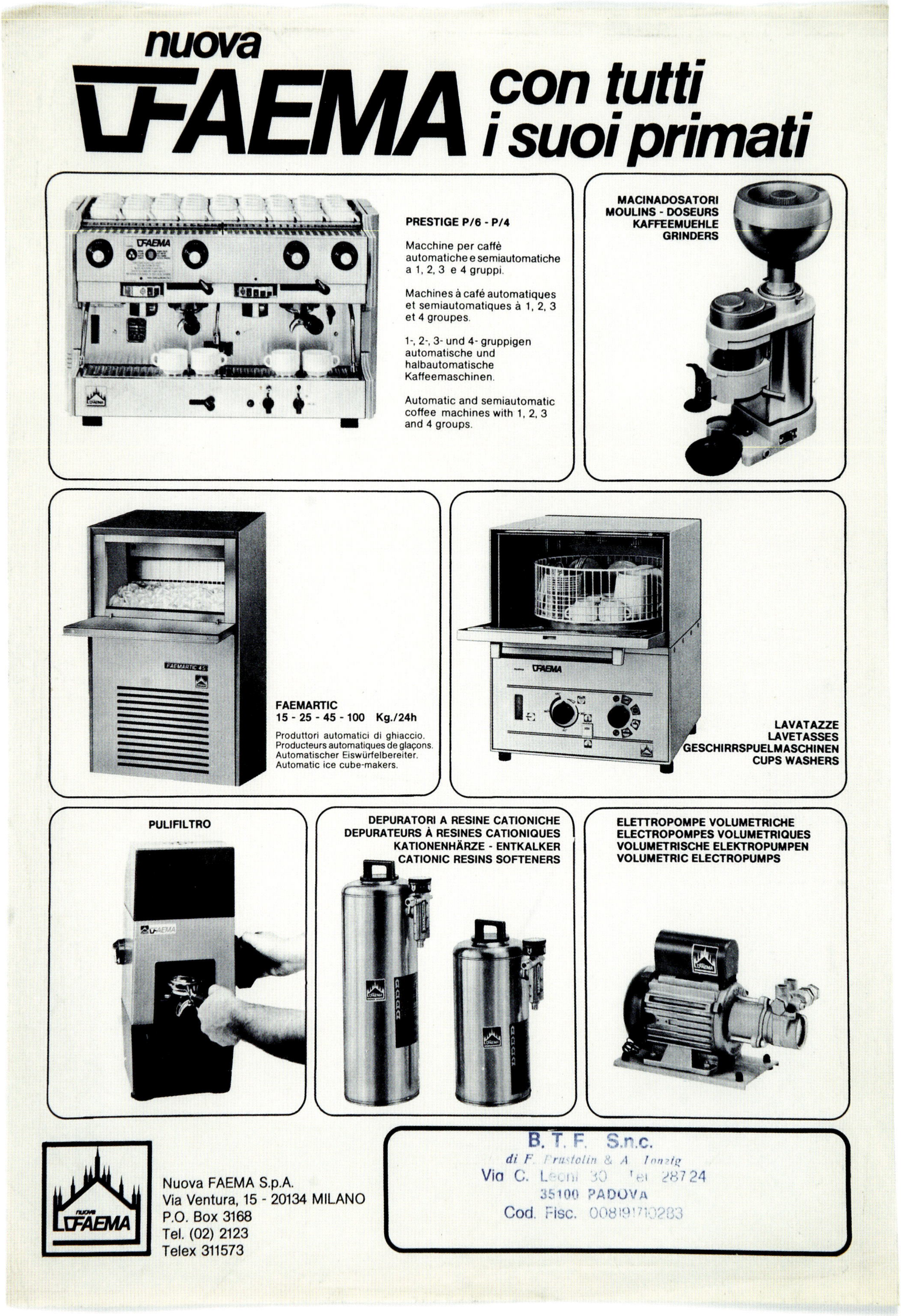

nuova FAEMA con tutti i suoi primati

PRESTIGE P/6 - P/4

Macchine per caffè automatiche e semiautomatiche a 1, 2, 3 e 4 gruppi.

Machines à café automatiques et semiautomatiques à 1, 2, 3 et 4 groupes.

1-, 2-, 3- und 4- gruppigen automatische und halbautomatische Kaffeemaschinen.

Automatic and semiautomatic coffee machines with 1, 2, 3 and 4 groups.

MACINADOSATORI / MOULINS - DOSEURS / KAFFEEMUEHLE / GRINDERS

FAEMARTIC
15 - 25 - 45 - 100 Kg./24h

Produttori automatici di ghiaccio.
Producteurs automatiques de glaçons.
Automatischer Eiswürfelbereiter.
Automatic ice cube-makers.

LAVATAZZE / LAVETASSES / GESCHIRRSPUELMASCHINEN / CUPS WASHERS

PULIFILTRO

DEPURATORI A RESINE CATIONICHE / DEPURATEURS À RESINES CATIONIQUES / KATIONENHÄRZE - ENTKALKER / CATIONIC RESINS SOFTENERS

ELETTROPOMPE VOLUMETRICHE / ELECTROPOMPES VOLUMETRIQUES / VOLUMETRISCHE ELEKTROPUMPEN / VOLUMETRIC ELECTROPUMPS

Nuova FAEMA S.p.A.
Via Ventura, 15 - 20134 MILANO
P.O. Box 3168
Tel. (02) 2123
Telex 311573

B.T.F. S.n.c.
di F. Frustolin & A. Ionzig
Via C. Leoni 30 Tel 28724
35100 PADOVA
Cod. Fisc. 00819170283

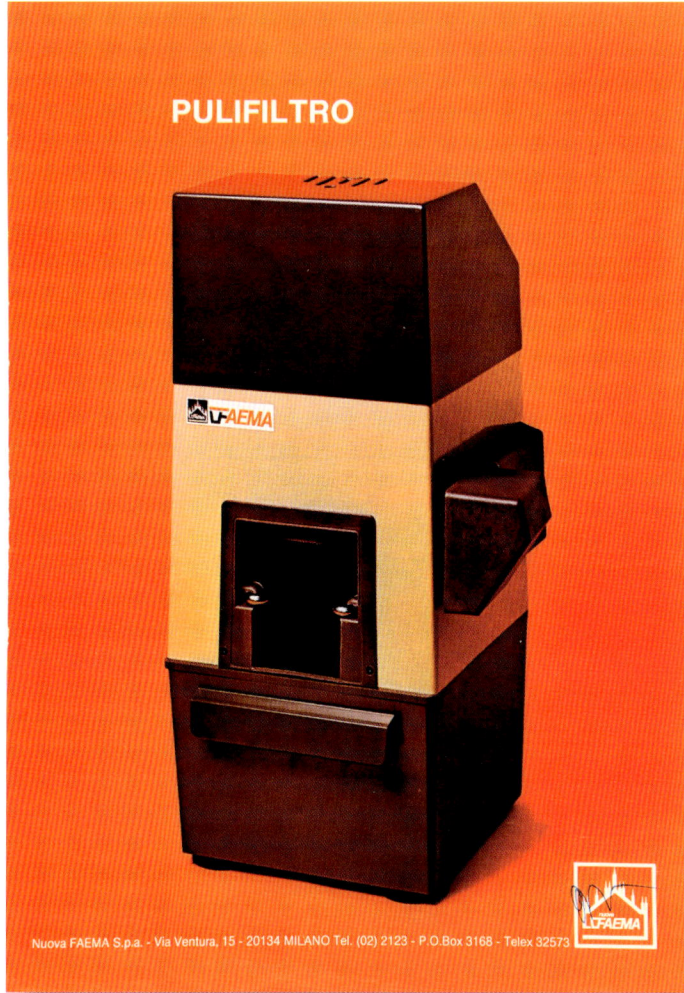

336 - 337
Pulifiltro della Nuova Faema. Dépliant del 1980.
Nuova Faema filter cleaner. 1980 brochure.
Filterreiniger von Nuova Faema. Prospekt aus dem Jahr 1980.

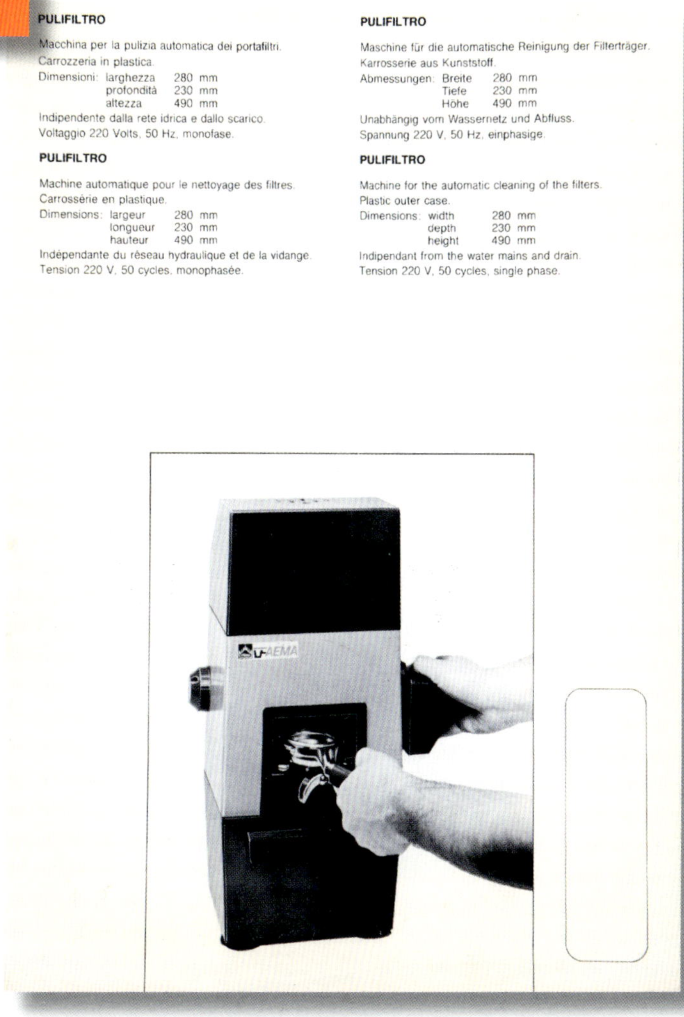

PULIFILTRO
Macchina per la pulizia automatica dei portafiltri.
Carrozzeria in plastica.
Dimensioni: larghezza 280 mm
profondità 230 mm
altezza 490 mm
Indipendente dalla rete idrica e dallo scarico.
Voltaggio 220 Volts, 50 Hz, monofase.

PULIFILTRO
Machine automatique pour le nettoyage des filtres.
Carrossérie en plastique.
Dimensions: largeur 280 mm
longueur 230 mm
hauteur 490 mm
Indépendante du réseau hydraulique et de la vidange.
Tension 220 V, 50 cycles, monophasée.

PULIFILTRO
Maschine für die automatische Reinigung der Filterträger.
Karrosserie aus Kunststoff.
Abmessungen: Breite 280 mm
Tiefe 230 mm
Höhe 490 mm
Unabhängig vom Wassernetz und Abfluss.
Spannung 220 V. 50 Hz, einphasige.

PULIFILTRO
Machine for the automatic cleaning of the filters.
Plastic outer case.
Dimensions: width 280 mm
depth 230 mm
height 490 mm
Indipendant from the water mains and drain.
Tension 220 V, 50 cycles, single phase.

335
Nuova Faema, dépliant pubblicitario.
Nuova Faema, promotional brochure.
Nuova Faema, Werbeprospekt.

1970 – 1980

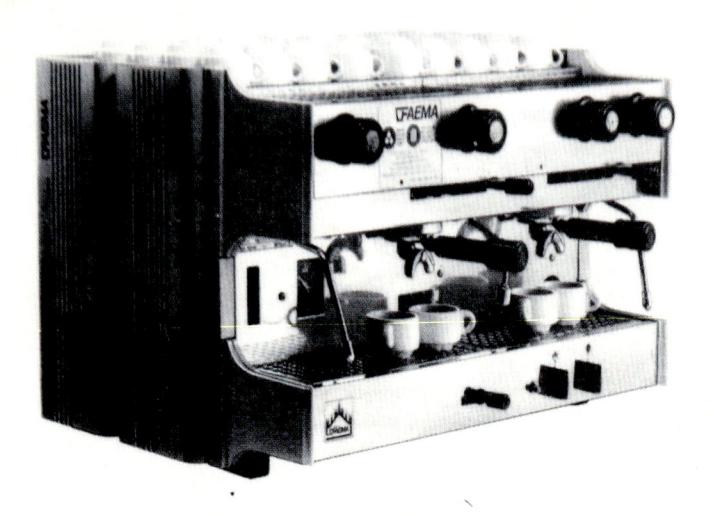

322

MACCHINE PER CAFFÈ SERIE « PRESTIGE »
P/6 AUTOMATICA - P/4 SEMIAUTOMATICA
MACHINES A CAFÉ PRESTIGE
P/6 AUTOMATIQUE - P/4 SEMIAUTOMATIQUE

« PRESTIGE » KAFFEEMASCHINEN
P/6 AUTOMATISCH - P/4 HALBAUTOMATISCH
« PRESTIGE » ESPRESSO COFFEE MACHINE
P/6 AUTOMATIC - P/4 SEMIAUTOMATIC

MACINADOSATORI MC/450 - MP/1400
MOULINS DOSEURS MC/450 - MP/1400
KAFFEEMÜHLE MC/450 - MP/1400
COFFEE GRINDERS MC/450 - MP/1400

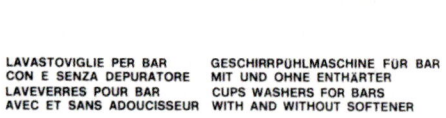

LAVASTOVIGLIE PER BAR
CON E SENZA DEPURATORE
LAVEVERRES POUR BAR
AVEC ET SANS ADOUCISSEUR

GESCHIRRPÜHLMASCHINE FÜR BAR
MIT UND OHNE ENTHÄRTER
CUPS WASHERS FOR BARS
WITH AND WITHOUT SOFTENER

FABBRICATORI DI GHIACCIO
« NUOVO FAEMARTIC »
PRODUCTEURS DE GLAÇONS
« NUOVO FAEMARTIC »

EISWÜRFELHERSTELLER
« NUOVO FAEMARTIC »
ICE CUBES MAKER
« NUOVO FAEMARTIC »

nuova FAEMA con tutti i suoi primati

Nuova FAEMA S.p.A.- Via Ventura, 15 - 20134 MILANO - Tel. (02) 2123 - Cas. Post. 2168 - Telex 32573

CONCESSIONARIO

339

Organizzazione di vendita e di assistenza Faema in Italia.
Faema sales and technical service organization in Italy.
Faema-Vertriebs- und Serviceorganisation in Italien.

PRESTIGE P/6-P/4

340 - 341 - 342 - 343 - 344 - 345
Nuova Faema, modello Prestige P/6-P/4 del 1977. Dépliant pubblicitario.
Nuova Faema, 1977 Prestige model P/6-P/4. Promotional brochure.
Nuova Faema, Modell Prestige P/6-P/4 (1977), Werbeprospekt.

ELITE P/6-P/4

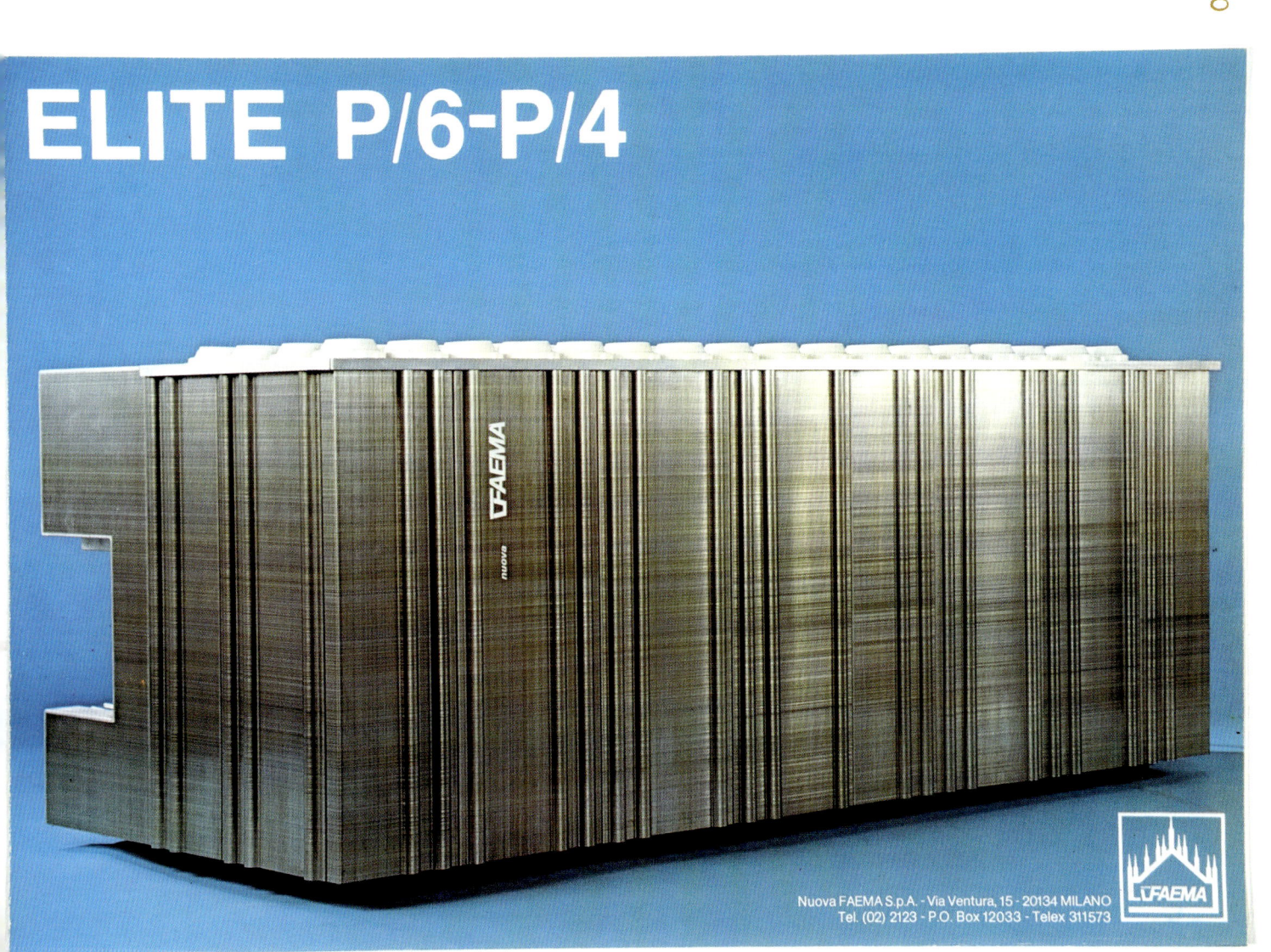

1970 – 1980

Nuova FAEMA S.p.A. - Via Ventura, 15 - 20134 MILANO
Tel. (02) 2123 - P.O. Box 12033 - Telex 311573

1970 – 1980

PRESTIGE P/6

4 Gruppi - 4 Groupes - 4 Groups - 4 Gruppen

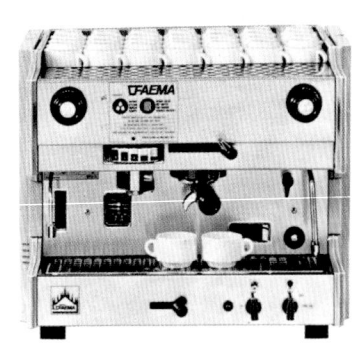

1 Gruppo - 1 Groupe - 1 Group - 1 Gruppe

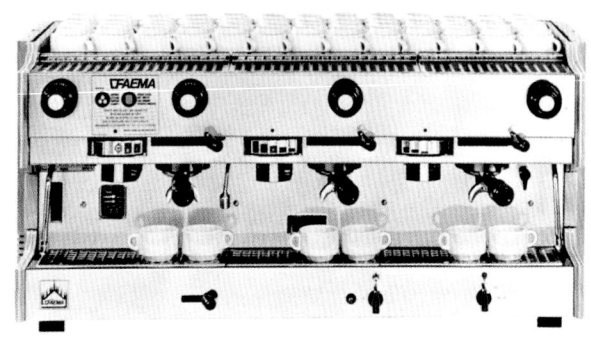

3 Gruppi - 3 Groupes - 3 Groups - 3 Gruppen

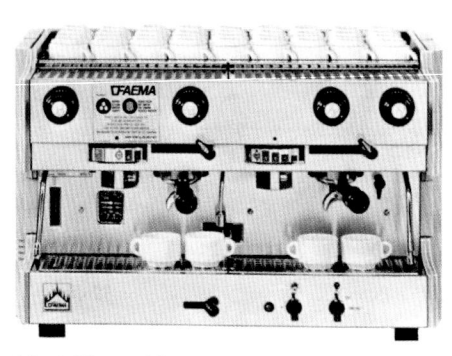

2 Gruppi - 2 Groupes - 2 Groups - 2 Gruppen

PRESTIGE P/6

PRESTIGE P/6, AUTOMATICA

Con dosatura volumetrica a 6 dosi da 40 a 360 cc ed erogazione continua.
In versione da 1,2,3 e 4 gruppi.
2 rubinetti vapore (1 solo nella 1 gruppo) ed 1 rubinetto acqua calda.
Carrozzeria in Makrolon, tecnopolimero della Bayer.
Voltaggio 110 V o 220 V, monofase; 380 V, trifase+neutro; altre tensioni a richiesta.

Optionals

Scaldatazze a vapore - Impianto a gas - Autolivello elettronico - Gruppo Riserva - Superfiltro.

PRESTIGE P/6, AUTOMATIQUE

Avec dosage volumetrique à 6 doses de 40 à 360 cc et débit continu.
Dans les versions de 1,2,3 et 4 groupes.
2 robinets vapeur (1 seulement dans la 1 groupe) et 1 robinet eau chaude.
Carrossérie en Makrolon, technopolymère de la Firme Bayer.
Tension 110 V ou 220 V, monophasée et 380 V, triphasée +neutre.
Autres tensions sur demande.

Optionals

Chauffe-tasses à vapeur - Implantation du gaz -
Entrée d'eau automatique - Groupe Réservoir - Filtre Hotel.

PRESTIGE P/6, AUTOMATISCHE

Mit volumetrischen 6-stelligen Dosieranlage von 40 bis 360 k.Z.
und kontinuerliche Ausgabe.
In den 1,2,3 und-4 gruppigen Ausführungen.
2 Dampf-(1 in der 1-gruppige Maschine) und 1 Heisseswasserhähne.
Karrosserie aus Makrolon, ein Technopolymer der Firma Bayer.
Spannung: 110 oder 220 Volt, einphasige und 380 Volt, dreiphasige mit Nullleiter.
Andere Spannungen auf Verlangen.

Auf Verlangen

Dampfgeheizten Tassenvorwärmer - Gas Anlage - Niveausteuerung - Reservegruppe - Superfilter.

PRESTIGE P/6, AUTOMATIC

With volumetric dosers with 6 positions from 40 up to 360 cc and continuous delivery.
In 1, 2, 3 and 4 groups versions.
2 steam (1 in the 1 group) and 1 hot water taps.
Outer case of Makrolon, a Bayer technopolymer.
Tension: 110 or 220 Volts, single phase and 380 Volts, three phase +neutral.
Other tensions on demand.

Optionals

Steam-heated cups warmer - Gas plant - Automatic water filling -
Reserve group - Superfilter

PRESTIGE P/4

PRESTIGE P/4, SEMIAUTOMATICA

Ad erogazione continua.
In versione da 1,2,3 e 4 gruppi.
2 rubinetti vapore (1 solo nella 1 gruppo) ed 1 rubinetto acqua calda.
Carrozzeria in Makrolon, tecnopolimero della Bayer.
Voltaggio 110 V o 220 V, monofase; 380 V, trifase+neutro; altre tensioni a richiesta.

Optionals

Scaldatazze a vapore - Impianto a gas - Autolivello elettronico - Gruppo Riserva - Superfiltro.

PRESTIGE P/4, SEMIAUTOMATIQUE

A débit continu.
Dans les versions de 1,2,3 et 4 groupes.
2 robinets vapeur (1 seulement dans la 1 groupe) et 1 robinet eau chaude.
Carrossérie en Makrolon, technopolymère de la Firme Bayer.
Tension 110 V ou 220 V, monophasée et 380 V, triphasée +neutre.
Autres tensions sur demande.

Optionals

Chauffe-tasses à vapeur - Implantation du gaz - Entrée d'eau automatique - Groupe Réservoir - Filtre Hotel.

PRESTIGE P/4, HALBAUTOMATISCHE

Kontinuerliche Ausgabe.
In den 1, 2, 3 und 4 gruppigen Ausführungen.
2 Dampf-(1 in der 1-gruppige Maschine) und 1 Heisseswasserhähne.
Karrosserie aus Makrolon, ein Technopolymer der Firma Bayer.
Spannung: 110 oder 220 Volt, einphasige und 380 Volt, dreiphasige mit Nullleiter.
Andere Spannungen auf Verlangen

Auf Verlangen

Dampfgeheizten Tassenvorwärmer - Gas Anlage - Niveausteuerung - Reservegruppe - Superfilter.

PRESTIGE P/4, SEMIAUTOMATIC

Continuous delivery.
In the 1,2,3 and 4 groups versions.
2 steam (1 in the 1 group) and 1 hot water taps.
Outer case of Makrolon, a Bayer technopolymer.
Tension: 110 or 220 Volts, single phase and 380 Volts, three phase +neutral.
Other tensions on demand.

Optionals

Steam-heated cups warmer - Gas plant - Automatic water filling -
Reserve group - Superfilter.

PRESTIGE P/4

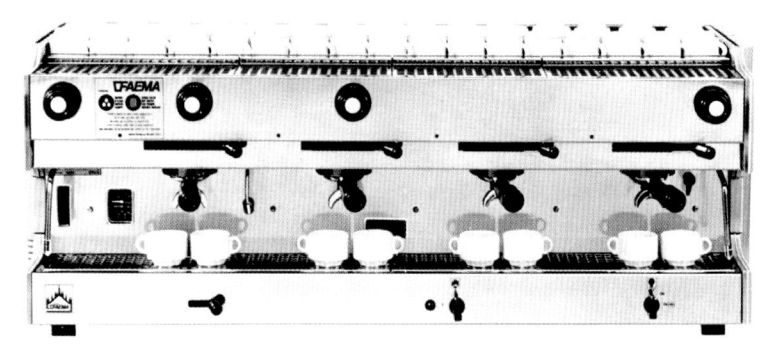

4 Gruppi - 4 Groupes - 4 Groups - 4 Gruppen

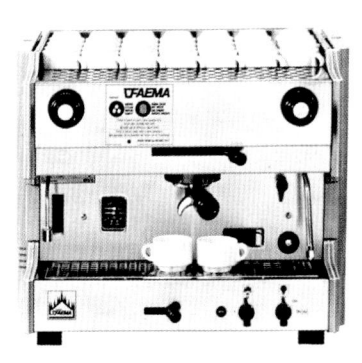

1 Gruppo - 1 Groupe - 1 Group - 1 Gruppe

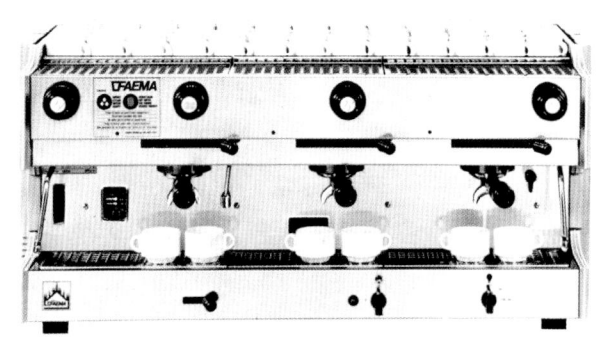

3 Gruppi - 3 Groupes - 3 Groups - 3 Gruppen

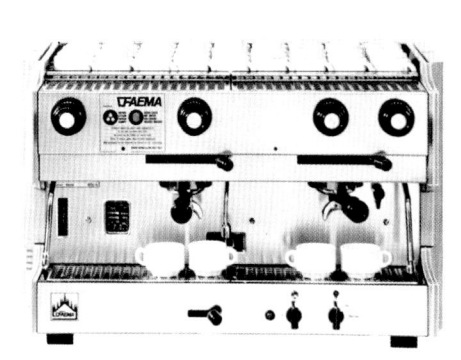

2 Gruppi - 2 Groupes - 2 Groups - 2 Gruppen

	Larg. - Larg. Breite - Width				Prof. - Prof. Tiefe - Depth	Alt. - Haut. Höhe - Height
Dimensioni Dimensions Abmessungen Dimensions (mm.)	1 gr.	2 gr.	3 gr.	4 gr.	612	461
	555	722	974	1226		
Capacità caldaia Contenance chaudière Inhalt des Kessels Boiler capacity (l.)	8	10,53	17,44	24,35		
Potenza Puissance Leistung Power (Watts)	1600	2600	3700	5000		

	P/4	P/6	P/4	P/6	P/4	P/6	P/4	P/6
Peso netto Poids net Netto Gewicht Net weight	48	55	69	79	86	100	103	123
Peso lordo Poids brut Brutto Gewicht Gross weight (Kg.)	52	59	74	84	92	106	110	130

* Per il mercato italiano solo capacità l. 5 macchine a 1 gruppo

In tutto il mondo Faema significa caffè espresso e cappuccino!
Ovunque, a Milano come a Roma, a Parigi come al Cairo, a Tokio come a New York il caffè espresso Faema è il Prestigio di ogni locale.
Prestige, la macchina per caffè nata dalla sintesi dell'esperienza Faema e dei più moderni ritrovati tecnologici.

Dans le monde entier, Faema signifie café espresso et cappuccino!
Partout, a Milan comme à Rome, à Paris comme au Caire, à Tokyo comme à New York le café espresso Faema est le «Prestige» de chaque local.
Prestige, la machine née de la synthèse de l'expérience Faema et des plus modernes inventions technologiques.

In der ganzen Welt, Faema bedeutet Cappuccino und Espresso!
Ueberall, in Mailand oder in Rom, in Paris oder in Kairo, in Tokyo oder in New York, ist die Faema Maschine das Prestige des Lokals.
Prestige, die Maschine, die eine Synthese der Faema Erfahrung und der letzten technischen Ausführungen ist.

All over the world, Faema means cappuccino and espresso coffee!
Wherever, in Milan as well as in Rome, in Paris as in Cairo, in Tokyo as in New York, the Faema machine is the Prestige of the local.
Prestige, the machine which is a synthesis of Faema's experience and of the most up to date technical discoveries.

1970 – 1980

GRUPPO RISERVA
Due filtri in dotazione, rispettivamente da 50 e 100 grammi di capacità. Contenitore in vetro Pyrex da 2,5 litri di capacità.
Permette di erogare in un tempo estremamente breve fino a 2,5 litri di caffè. Circolazione a termosifone nel basamento, che permette di mantenere il caffè caldo per lunghi periodi.

DEPURATORI A RESINE CATIONICHE
Modelli DA1 e DA2 rispettivamente con 6 e 12 litri di resine.
Completamente in acciaio inossidabile.
Rigenerazione con macchina in funzione.
Rubinetto a 4 posizioni con by-pass automatico.
Lavaggio delle resine in controcorrente.
Diametro ø 175 mm. - Altezza: DA1, 380 mm. - DA2, 510 mm.
Peso netto DA1, 9 Kg. - Peso lordo DA1, 10 Kg.
Peso netto DA2, 12 Kg. - Peso lordo DA2, 13 Kg.

ELETTROPOMPE VOLUMETRICHE
Portata 120 e 220 litri/ora. - Pressione massima 12 Kg./cm².
Potenza motore 0,24 CV.
Peso netto 8 Kg. - Peso lordo 9 Kg.
Dimensioni: larghezza 315 mm - lunghezza 140 mm - altezza 205 mm
Voltaggio 220 V, 50 Hz, monofase - Altre tensioni a richiesta.

PORTAFILTRO SUPER
Capacità 40 grammi di macinato. - Consente di erogare in tempo estremamente breve ben 8 caffè, contemporaneamente.

GROUPE RESERVOIR
Deux filtres en dotation, de 50 et 100 grammes de contenance respectivement. - Réservoir en verre Pyrex de 2,5 litres de contenance.
Possibilité de débiter jusqu'à 2,5 litres de café dans un delai très court. Circulation à thermosiphon dans la base, qui permet de garder le café chaud pendant des longues périodes.

DÉPURATEUR À RÉSINES CATIONIQUES
Modèles DA1 et DA2 respectivement avec 6 et 12 litres de résines.
Complètement en acier inox.
Régénération avec la machine en fonction.
Robinet à 4 positions avec by-pass automatique.
Lavage des résines en contrecourant.
Diamètre ø 175 mm. - Hauteur: DA1, 380 mm. - DA2, 510 mm.
Poids net DA1, 9 Kgs. - Poids lourd DA1, 10 Kgs.
Poids net DA2, 12 Kgs. - Poids lourd DA2, 13 Kgs.

ELECTROPOMPES VOLUMETRIQUES
Débit 120 et 220 lt/h. - Pression maximum 12 Kg/cm².
Puissance du moteur 0,24 CV.
Poids net 8 Kgs. - Poids lourd 9 Kgs.
Dimensions: largeur 315 mm. - longueur 140 mm. - hauteur 205 mm.
Tension 220 V, 50 cycles, monophasée - Autres tensions sur demande.

PORTEFILTRE HOTEL
Capacité 40 grammes de café moulu. - Possibilité de débiter jusqu'à 8 cafés contemporanément dans un delai très court.

RESERVEGRUPPE
Mit zwei Filter beziehungsweise von 50 und 100 Gramm Inhalt Glassbehälter aus Pyrex mit 2,5 Liter Inhalt.
Ausgabe bis 2,5 Liter Kaffee, in einer sehr kurzen Zeit. - Thermosiphonkreislauf in dem Bodenblock, der den Kaffee lange Zeit heiss hält.

KATIONENHÄRZE-ENTKALKER
Modelle DA1 und DA2 mit beziehungsweise 6 und 12 Liter Kationenhärze. - Völlig aus rostfreiem Stahl.
Regenerierung mit arbeitenden Maschine.
4-Stellungen Hahn mit automatischen By-Pass.
Waschung der Kationenhärze in Gegenströmung.
ø 175 mm Durchmesser. - Höhe: DA1, 380 mm. - DA2, 510 mm.
Netto Gewicht DA1, 9 Kg. - Brutto Gewicht DA1, 10 Kg.
Netto Gewicht DA2, 12 Kg. - Brutto Gewicht DA2, 13 Kg.

VOLUMETRISCHE ELEKTROMPUMPEN
120 und 220 Liter/Stunde Leistung. - Maximale Druck 12 Kg./cm²
Elektrische Leistung 0,24 PF
Netto Gewicht 8 Kg. - Brutto Gewicht 9 Kg.
Abmessungen: Breite 315 mm - Länge 140 mm - Höhe 205 mm
Spannung 220 V. 50 Hz, einphasige - Andere Spannungen auf Verlangen.

SUPERFILTER
40 Gramm Inhalt von gemahlenen Kaffees.
Gleichzeitige Ausgabe von 8 Tassen, in einer sehr kurzen Zeit.

RESERVE GROUP
Provided with two filters of 50 and 100 grams capacity respectively.
Pyrex glass of 2,5 liters capacity.
Delivery up to 2,5 liters of coffee, in a very short time.
Thermosiphon circulation in the base, which allows to keep the coffee warm for long periods.

CATIONIC RESINS SOFTENER
DA1 and DA2 Models, with 6 and 12 liters of resins respectively.
Completely of inox steel.
Regeneration with the unit working.
4 positions tap with automatic by-pass.
Countercurrent resins washing.
Diameter ø 175 mm. - Height: DA1, 380 mm. - DA1, 510 mm.
Net weight DA1, 9 Kg. - Gross weight DA1, 10 Kg.
Net weight DA2, 10 Kg. - Gross weight, DA2, 13 Kg.

VOLUMETRIC ELECTROPUMPS
Flow 120 and 220 lt/h. - Maximum pressure 12 Kg/cm².
Motor power 0.24 HP.
Net weight 8 Kg. - Gross weight 9 Kg.
Dimensions Width 315 mm. - Depth 140 mm. - Height 205 mm.
Tension 220 V, 50 cycles, single phase. - Other tensions on demand.

SUPERFILTER
40 grams of ground coffee capacity.
Delivery up to 8 cups at a time, in a very short time.

Nuova Faema. Dépliant pubblicitario.
Nuova Faema. Promotional brochure.
Nuova Faema. Werbeprospekt.

LAVATAZZE - LAVETASSES - CUPS WASHERS - GESCHIRRSPUELMASCHINEN

lavastoviglie per bar — FAEMA

1. Interruttore di sicurezza
2. Tubo di scarico
3. Filtro
4. Spia macchina in funzione
5. Manopola selezione
6. Spia depuratore
7. Pulsante risciacquo caldo - freddo
8. Manopola ciclo
9. Livello contenitore sale
10. Contenitore sale
11. Spruzzatori risciacquo
12. Spruzzatori lavaggio

DATI TECNICI

Alimentazione elettrica: 220 V 50 Hz monofase
Potenza massima: Kw 2,4
Assorbimento massimo: 11,5 A.
Consumo medio energia per lavaggio: Kw 0,1
Pressione idrica min.: 1,5 atm. max 3 atm.
Capacitá vasca: 8 lt.
Consumo medio acqua per lavaggio: lt 1,8
Temperatura lavaggio: 60° ÷ 80°
Tempo riscaldamento acqua: 20' (da 15° ÷ 70°)

Capacitá contenitore sale: 2 Kg.
Consumo medio sale per rigenerazione: 0,2 Kg.
Tempo rigenerazione automatica: 14'
Numero lavaggi per rigenerazione: 60
Peso: Kg. 40

Dimensioni: Altezza cm. 57
Larghezza cm. 46
Profonditá cm. 47

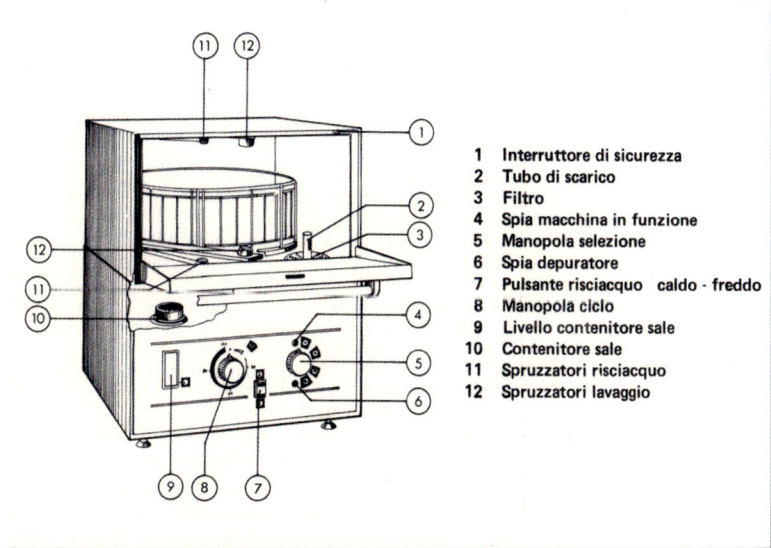

347 - 348

Lavatazze e lavastoviglie per bar Nuova Faema. Dépliant pubblicitario.

Nuova Faema bar cup and dishwasher. Promotional brochure.

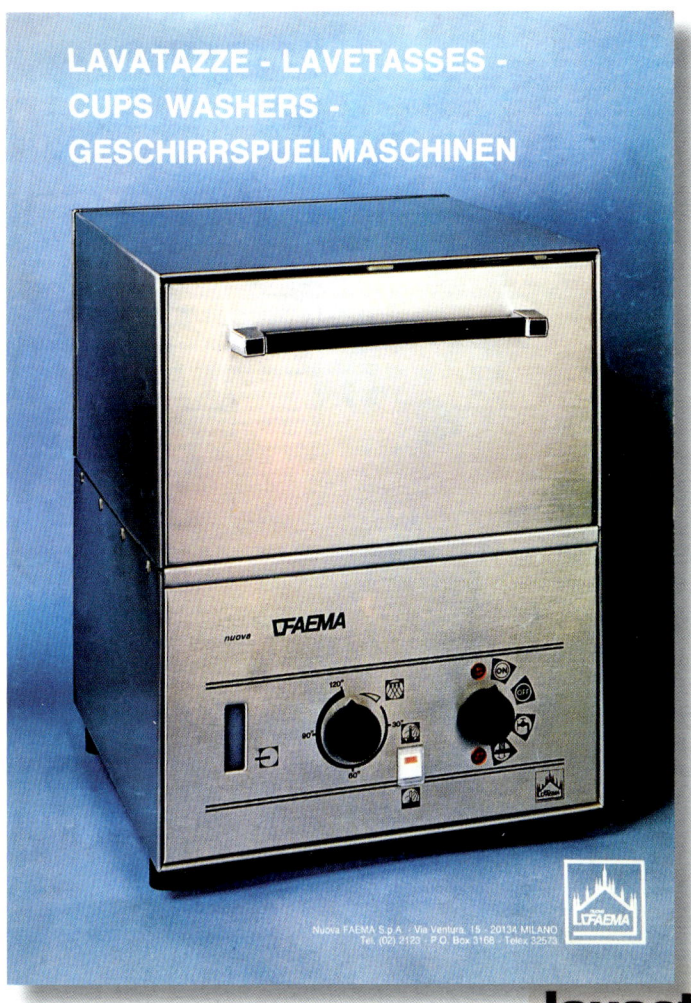

Tassenspüler und Geschirrspüler für Bars der Marke Nuova Faema. Werbeprospekt.

1980 – 1990

FAEMA
...è Italia nel mondo

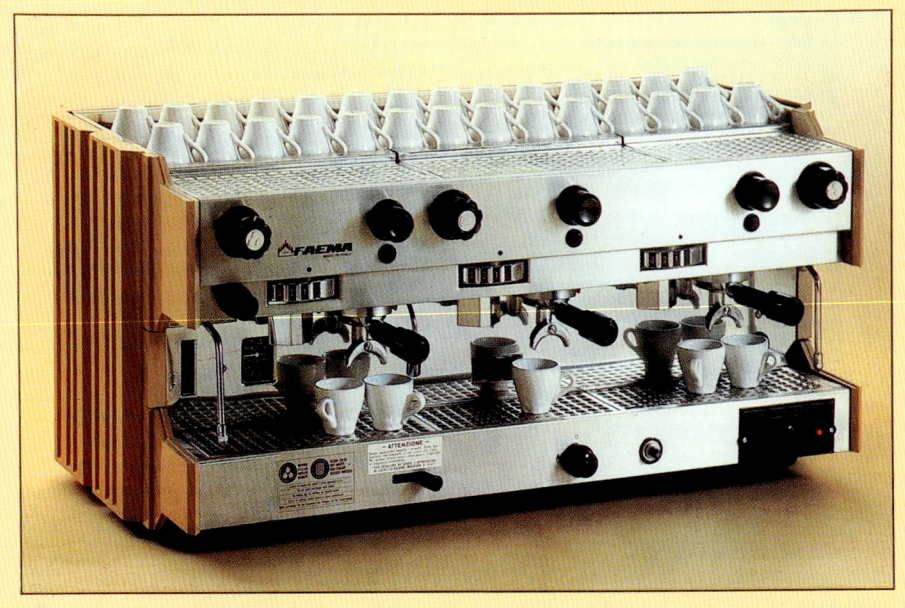

NO-STOP AUTOMATICA

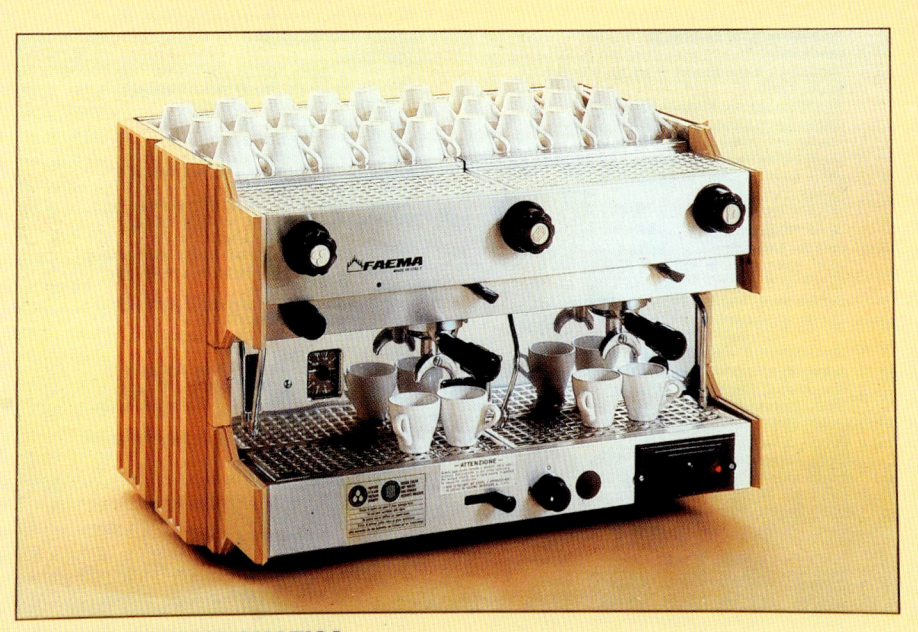

NO-STOP SEMIAUTOMATICA

349 - 350 - 351 - 352 - 353 - 354 - 355 - 356
Serie di dépliant pubblicitari Faema.
A series of Faema promotional brochures.
Faema-Werbeprospekte.

FAEMA
...è Italia nel mondo

NO-STOP
automatica/semiautomatica
Caratteristiche comuni:
Erogazione continua.
Versioni da 2-3-4 gruppi (1 gruppo solo per automatica).
2 rubinetti vapore; 1 rubinetto acqua calda.
Carrozzeria in Makrolon. Impianto a gas.
Scaldatazze a vapore.
Valvola di eliminazione depressione in caldaia.
Cassetto elettrico estraibile, protetto contro lo sgocciolamento, contenente l'interruttore elettrico, il condensatore antidisturbiradio, la base per l'inserimento della testa elettronica dell'autolivello (per l'automatica anche il ritardatore elettronico dell'elettropompa).
Voltaggio a richiesta:
110/60 monofase (solo per 1 e 2 gruppi)
220/50 monofase o trifase - 220/60 monofase
240/50 monofase - 380/50 trifase.
Semiautomatica: Comando a mezzo levetta.
Automatica: Comando a pulsante.
Dosatura volumetrica con 6 dosi da 30 a 360 cc.
Pulsante di sgancio manuale in caso di erogazione continua o di errore di manovra.
Optionals (comuni per entrambe)
Accensione piezoelettrica. Autolivello (in kit di montaggio).
Gruppo riserva (in kit di montaggio).
Superfiltro. Termostato di protezione resistenza.
Carrozzeria in pannelli di acciaio inossidabile (inox).

	1 gruppo	2 gruppi	3 gruppi	4 gruppi
Altezza	469 mm	469 mm	469 mm	469 mm
Larghez.	555 mm	722 mm	974 mm	1.226 mm
Profondità	612 mm	612 mm*	612 mm*	612 mm*

(*): misura comprensiva di portafiltro.

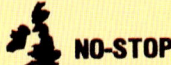

NO-STOP
semi and automatic units
Common features:
Continuous delivery.
2-3 and 4 groups versions (1 group only in the automatic versions).
2 steam and 1 hot water taps.
Makrolon outer case. Gas facility.
Steam heated cup warmer.
Boiler venting valve.
Extractable electric drawer, protected against water dripping, containing the electric switch, the suppressor, the base for the insertion of the automatic water level electronic head (in the case of the automatic units also the pump delaying device).
Voltage on demand:
110/60, single phase (only 1 and 2 groups).
220/50, single phase or three phase - 220/60, single phase.
240/50, single phase - 380/50, three phase.
Semiautomatic: Group control by means of a small lever.
Automatic: Push button group control.
Volumetric dosing with 6 different quantities from 30 up to 360 cc.
Cancel push button in case of continuous delivery or wrong selection.
Optional
Piezoelectric lighting.
Automatic water level (assembly kit)
Reservoir group (assembly kit)
Superfilter. Thermic cut out protection of heaters.
Stainless steel panels outer case.

	1 group	2 groups	3 groups	4 groups
Height	469 mm	469 mm	469 mm	469 mm
Length	555 mm	722 mm	974 mm	1.226 mm
Width	612 mm	612 mm*	612 mm*	612 mm*

(*): size including filterholver.

NO-STOP
sémiautomatique/automatique
Caractéristiques communes.
Débit continu:
Versions à 2-3 et 4 groupes (1 groupe, seulement en automatique).
2 robinets vapeur et 1 robinet eau chaude.
Carrosserie en Makrolon. Implantation du gaz.
Chauffe-tasses à vapeur.
Clapet élimination dépression dans la chaudière.
Boitier électrique amovible, protégé contre l'égouttement.
Le boitier contient l'interrupteur électrique, le condensateur antiparasites, la fiche pour l'introduction de la tête électronique pour l'entrée d'eau automatique (pour l'automatique, le rétardateur de la pompe).
Voltage sur demande:
110/60, monophasé 1 et 2 groupes seulement
220/50, monophasé out triphaseé - 220/60, monophasé
240/50, monophasé - 380/50, triphasé.
Sémiautomatique: Commande par un petit levier.
Automatique: Commande par bouton poussoir.
Doseurs volumétriques avec 6 doses de 30 à 360 cc.
Bouton poussoir de décrochage manuel en cas de débit continu ou d'erreur de manipulation.
Options. Allumage piézoélectrique.
Entrée d'eau automatique (en kit de montage).
Groupe réservoir (en kit de montage).
Filtre hotel. Thermostat protection résistance.
Carrossérie en acier inox.

	1 groupe	2 groupes	3 groupes	4 groupes
Hauteur	469 mm	469 mm	469 mm	469 mm
Longeur	555 mm	722 mm	974 mm	1.226 mm
Largeur	612 mm	612 mm*	612 mm*	612 mm*

(*): dimension y cougris le portefiltre.

NO-STOP
halbautomatische/automatische Maschine
Gemeinsame Merkmale:
Dauerbrühen.
2, 3 und 4-gruppige Ausführungen (die 1-gruppige Maschine nur in der automatischen Ausführung).
1 Heisswasserhahn und 2 Dampfhähne.
Karrosserie aus Makrolon. Gasheiz anlage.
Dampfbeheizter Tassenvorwärmer.
Vakuumentlastungsventil.
Herausnehmbare elektrische Anschluss-Schüblade gegen Wassertropfen geschützt.
In dieser Schublade gibt es, den Hauptschalter, den Funkentstörkondensator, die Steckdose für das Einsetzen des elektronischen Reglers für die automatische Wasserfüllung und bei der automatischen Maschine auch das Verzögerungsgerät der Pumpe).
Spannungen auf Verlangen:
110/60, einphasige (1 und 2 gruppige Maschinen)
220/50, einphasige oder dreiphasige
220/60, einphasige - 240/50, einphasige.
380/50, dreiphasige.
Halbautomatische Maschine mit Hebel Betätigung.
Automatische Maschine mit Druckknopfbetätigung.
Volumetrische Dosierzylinder mit 6 Dosiereinstellungen zwischen 30 und 360 cc.
Ausschaltungsdruckknopf im Fall von Dauerbrühen oder Betätigungsfehler.
Auf Verlangen:
Piezoelektrische Zündung.
Automatische Wasserfüllung (Einbauschachtel).
Reservegruppe (Ein bauschachtel).
Superfilter. Heizkörperschutzschalter.
Karrosserie aus rostfreiem Stahl.

	1 gruppig	2 gruppige	3 gruppige	4 gruppige
Höhe	469 mm	469 mm	469 mm	469 mm
Länge	555 mm	722 mm	974 mm	1.226 mm
Breite	612 mm	612 mm*	612 mm*	612 mm*

(*): ilmessungen inklusif Filterhalter.

FAEMA - VIA G. VENTURA, 15 - 20134 MILANO - TEL. 02/2123 - P.O. BOX 12033 - TELEX 311573

FAEMA
...è Italia nel mondo

MACINADOSATORE MPE

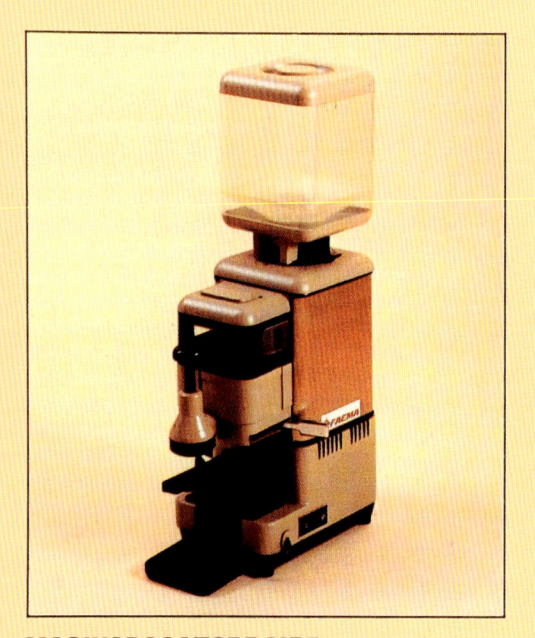

MACINADOSATORE MPE

MACINADOSATORE MC-81

MACINADOSATORE MC-81

FAEMA
...è Italia nel mondo

MACINADOSATORI MPE
Caratteristiche.
Macine piane in acciaio speciale.
Dispositivo automatico di arresto (dosatore pieno di macinato).
Dispositivo di arresto automatico a tempo in caso di mancanza di caffè nella campana.
Dispositivo di regolazione micrometrico della granulometria (macinatura).
Regolazione micrometrica della dose da 5 a 9 grammi.
Contacolpi digitale.

Dati tecnici
Alimentazione	1 × 220 V, 50 Hz
	1 × 110 V, 60 Hz
	1 × 380 V, 50 Hz
Motore	Potenza 240 watt
	Coppia spunto 21 Kg. cm
	Giri/1' 1500
Capacità campana	1 Kg
Produttività	7 Kg/h
Intermittenza	60%
Peso netto/lordo	14 Kg/16 Kg
Dimensioni:	
altezza	595 mm
lunghezza	320 mm
larghezza	170 mm

MC-81
Caratteristiche.
Macine coniche di acciaio speciale.
Dispositivo elettronico automatico di avviamento del motore.
Dispositivo di controllo della quantità del macinato nel dosatore.
Dispositivo di regolazione micrometrica della granulometria del macinato.
Funzionamento ininterrotto per 2 ore senza surriscaldamento.
Intermittenza 33%.
Contacolpi meccanico.
Spia macinadosatore in funzione.

MPE COFFEE GRINDER
Characteristics.
Special steel flat grindstones.
Automatic stop device (doser filled with ground coffee).
Automatic stop device with timer in case of lack of coffe in the hopper.
Micrometric adjusting of the grinding.
Micrometric adjusting of the ground coffee quantity between 5 and 9 grams.

Techincal data
Feeding	1 × 220 V, 50 Hz
	1 × 110 V, 60 Hz
	1 × 380 V, 50 Hz
Motor	Power 240 watt
	Start torque 21 Kg. cm
	R.p.m. 1500
Hopper capacity	1 Kg
Productivity	7 Kg/h
Intermittance	60%
Net/gross weight	14 Kg/16
Dimensions:	
height	595 mm
length	320 mm
width	170 mm

MC-81
Characteristics.
Special steel conical grindstones.
Elecronic start relay for the auxiliary winding of the motor.
Control device of the ground coffee quantity in the doser.
Micrometric setting of grinding.
Continuous working up to two hours without overheating.
Intermittance 33%.
Mechanical counter.
Unit working pilot lamp.

MOULIN DOSEUR MPE
Caractéristiques.
Meule plattes en acier spécial.
Dispositif d'arrêt automatique (doseur plein de café moulu).
Dispositif d'arrêt automatique à temporisation en cas de manque de café en grains dans la trémie.
Dispositif de réglage micrometrique de la mouture.
Réglage micrométrique de la dose de 5 à 9 grammes.
Compteur digital.

Donnes tecniques
Alimentation	1 × 220 V, 50 Hz
	1 × 110 V, 60 Hz
	1 × 380 V, 50 Hz
Moteur	Puissance 240 watt
	Couple de démarrage 21 Kg. cm
	Tours/1' 1500
Capacité trémie	1 Kg
Production	7 Kg/h
Intermittence	60%
Poids net/brut	14 Kg/16 Kg
Dimensions:	
hauteur	595 mm
longueur	320 mm
largeur	170 mm

MC-81
Caractéristiques.
Meules coniques en acier spécial.
Dispositif electronique de démarrage automatique du moteur.
Dispositif de contrôle de la quantité du café moulu dans le doseur.
Dispositif de réglage micrométrique de la mouture.
Possible de travail sans interruption jusqu'a 2 heures sans surchauffage.
Intemittance de 33%.
Compteur mécanique.
Voyant moulin en fonction.

MPE MERKMALE
Flacke Mahlsteine aus legiertem Stahl.
Automatische Ausschaltvorrichtung (Dosierer voll mit gemahlenen Kaffee).
Automatische Ausschaltvorrichtung mit Zeitschalter bei Entleerung der Trichters.
Mikrometrische Einstellvorrichtung der Mahlung.
Mikrometrische Einstellvorrichtung der Kaffeemehlmenge von 5 bis 9 Gramm.
Digitaler Zahlwerk.

Techische Angaben
Speisung	1 × 220 V, 50 Hz
	1 × 110 V, 60 Hz
	1 × 380 V, 50 Hz
Motor	Leistung 240 watt
	Anlassdrehmoment 21 Kg. cm
	Umdrehungen/1' 1500
Trichterinhalt	1 Kg
Produktivität	7 Kg/ stunde
Schrittschaltung	60%
Netto/Brutto Gewicht	14 Kg/16 Kg
Abmessungen	
Höhe	595 mm
Länge	320 mm
Breite	170 mm

MC-81
Technische.
Kegelförmige Mahlsteine aus legiertem Stahl.
Elektronisches Anlassrelais.
Kontrolvorrichtung der Kaffeemehlmenge im dosiergerät.
Mikrometrische Einstellung der Mahlung.
Ununterbrochener Betrieb für 2 Stunden ohne Ueberhitzung.
Aussetzung 33%.
Mechanisches Zählwerk.
Warnlampe "Kaffeemühle in Betrieb".

FAEMA - VIA G. VENTURA, 15 - 20134 MILANO - TEL. 02/2123 - P.O. BOX 12033 - TELEX 311573

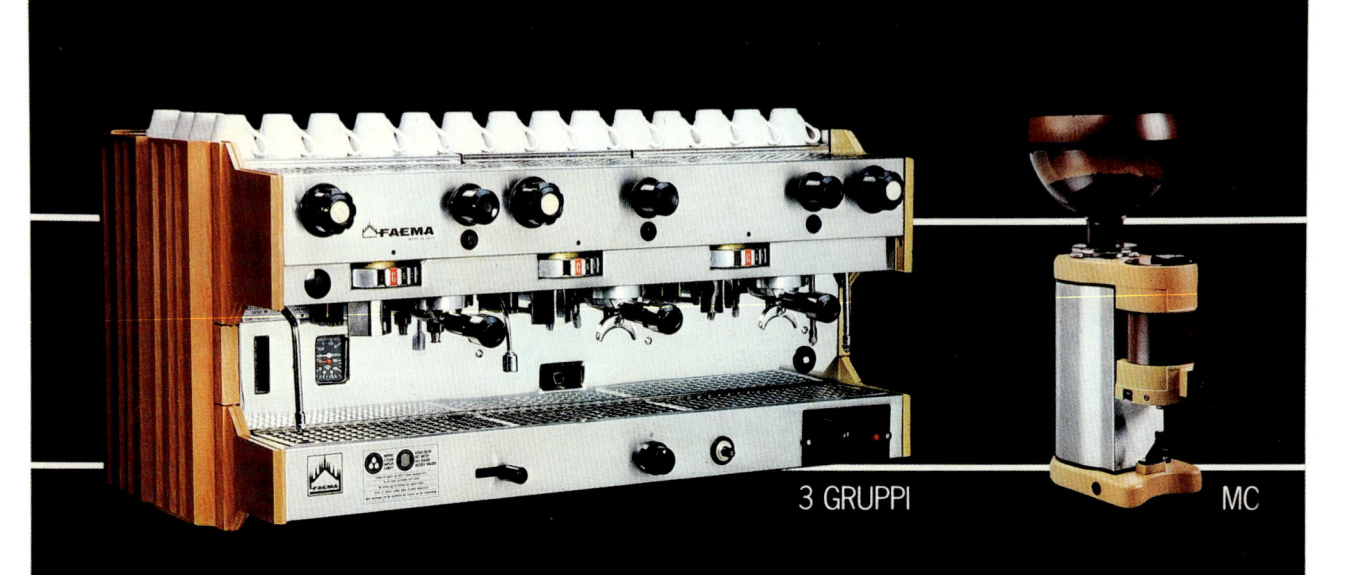

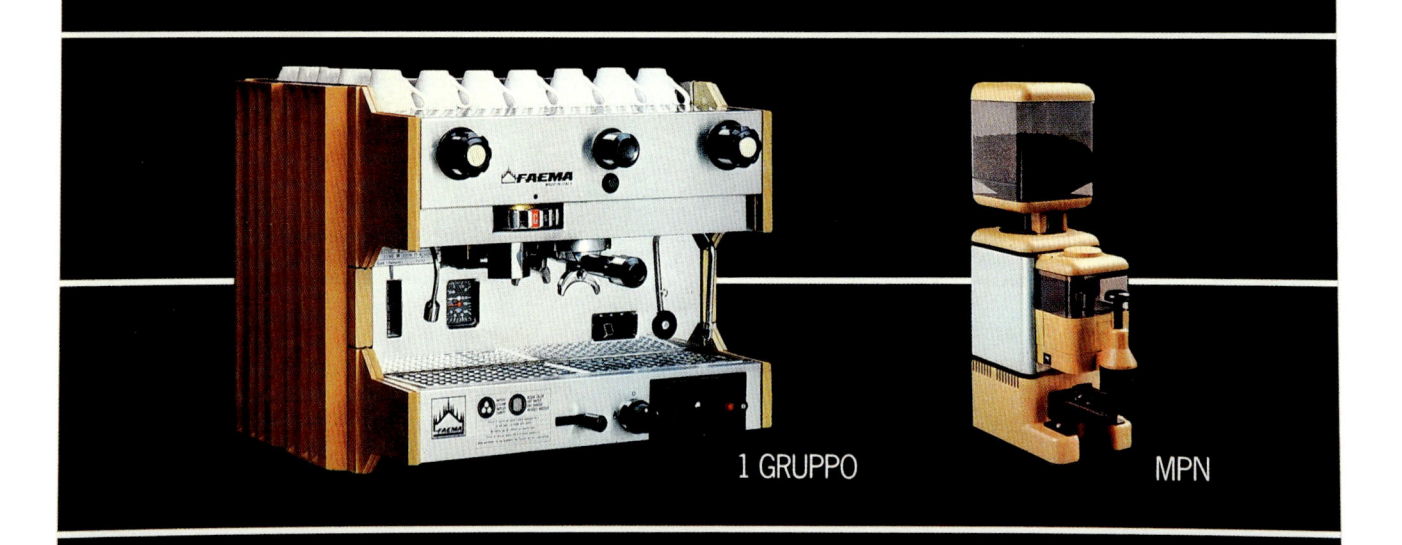

FAEMA NO STOP
La macchina da caffè automatica

3 GRUPPI — MC

1 GRUPPO — MPN

FAEMA

FAEMA NO STOP

SCHEDA TECNICA
- Automatica con dosatura volumetrica.
- Versione da 1, 2, 3, 4 gruppi.
- Carrozzeria in makrolon, oppure in acciaio inox.
- Riscaldamento elettrico; a gas, con accensione piezoelettrica solo in alcune versioni.
- 2 lance vapore (1 nella 1 gruppo), 1 lancia acqua calda.
- Comando erogazione caffè tramite pulsante.
- Dosatura con 6 dosi (da 30 a 360 cc.); erogazione continua.
- Pulsante di sgancio manuale in caso di erogazione continua o di errore di manovra.
- Manometro doppio per il controllo della pressione in caldaia e della pressione della pompa.
- Cassetto di distribuzione elettrica estraibile.
- Leva manuale di riempimento caldaia.
- Scaldatazze a vapore solo in alcune versioni.
- Autolivello elettronico solo in alcune versioni.
- Alimentazione: 220 V 50 Hz/60 Hz monofase; 380 V 50 Hz trifase 110 V 60 Hz (solo per 1 e 2 gruppi).
- Optionals: Autolivello (in kit di montaggio) Gruppo riserva (in kit di montaggio); Superfiltro.

FICHE TECHNIQUE
- Automatique à dosage volumétrique.
- Versions 1 groupe, 2 - 3 - 4 groupes.
- Carrossérie en Makrolon (acier inox sur demande).
- Chauffage électrique: à gaz avec allumage piezoélectrique seulement dans quelques modèles.
- 2 robinets vapeur (1 sur 1 groupe), 1 robinet eau chaude.
- Commande par bouton poussoir.
- Doseur 6 positions (de 30 à 360 cc.); débit continu.
- Bouton poussoir de décrochage manuel en cas de débit continu ou d'erreur.
- Double manomètre pour le contrôle de la pression dans la chaudière et de la pompe.
- Boîtier d'alimentation électrique coulissant.
- Levier remplissage manuel de la chaudière.
- Chauffe-tasses à vapeur seulement dans quelques modèles.
- Contrôle électronique du niveau chaudière dans quelques modèles.
- Voltage: 220 V 50 Hz/60 Hz monophasé; 380 V 50 Hz 3-phasé 110 V 60 Hz (seulement 1 gr. et 2 gr.).
- Options: Entrée d'eau automatique (en Kit-montage) Groupe reservoir (en Kit-montage); Filtre hotel.

TECHNICAL CARD
- Volumetric dosing automatic machine.
- 1, 2, 3 and 4 groups versions.
- Makrolon or stainless steel body.
- Electric heating; gas heating with piezoelectric ignitor available on some models.
- 2 steam taps (1 for 1 group), and 1 hot water tap.
- Push button group control.
- Dosing in 6 different quantities (from 30 to 360 cc.) and continuous.
- Re-set push button in case of continuous delivery or wrong selection.
- Double gauge for boiler and pump pressure.
- Electric distribution drawer, extractable.
- Lever for manual boiler filling.
- Steam cup warmer on some versions.
- Automatic level control on some versions.
- Electrical supply: 220 V. 50/60 Hz single phase; 380 V. 50 Hz 3-phase 110 V. 60 Hz (only for 1 and 2 groups).
- Optionals: Automatic level control (assembly kit) Reservoir group (assembly kit); Superfilter.

FAEMA
...è Italia nel mondo
FAEMA S.p.A. · Via Ventura, 15 - 20134 Milano (Italy)
Casella Postale (P.O. Box) 12033
20100 Milano - Telefono: (02) 2123 / Telex 311573

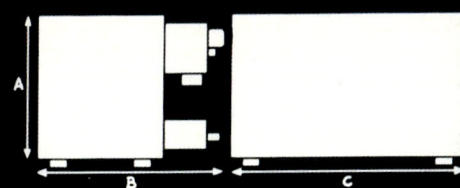

Gruppi / Groupes / Groups / Gruppen / Grupos	A mm.	B mm.	C mm.
1	473	563	555
2	473	563	722
3	473	563	974
4	473	563	1226

TECHNISCHE MERKMALE
- Espresso-Kaffee-Maschine mit programmierbarer Dosierung.
- Ausfürung von 1-4 gruppig.
- Verkleidung aus Makrolon, auf Wunsch auch in Edelstahl.
- Elektrische Aufheizung, auf Wunsch auch mit Gasheizung erhältlich.
- 2 Dampfspender (einer bei der 1 gruppigen) · 1 Warmwasserspender.
- Kaffeeausgabe durch Knopfdruck.
- Möglichkeit für 6 Dosiereinstellungen von 30-360 cc. · Dauerbrühmöglichkeit.
- Ausschaltknopf im Falle einer Dauerbrühung, oder bei Betätigungsfehler.
- Doppelmanometer für Kessel-und Pumpendruck.
- Herausnehmbare Schublade mit Kontroll-Stromversorgungseinrichtung.
- Entlastungsventil.
- Kesselfüllung · manuell.
- Tassenvorwärmer auf Anfrage.
- Wasserniveauregler auf Anfrage.
- Reservegruppe auf Anfrage.
- Superfilter auf Anfrage.
- Spannung 220 V. 50/60 Hz. einphasig; 380 V. 50 Hz. dreiphasig 100 V. 60 Hz. (nur für 1 oder 2 gruppige Geräte).

FICHA TECNICA
- Automatica con cilindros dosificadores volumetricos.
- Versiones de 1, 2, 3 y 4 grupos.
- Carroceria en Makrolón o en paneles de aciero inox.
- Calefacción electrica; de gas (con encendedor piezoelectrico) solo en algunos modelos.
- 2 lanzas para el vapor (1 en la 1 grupo), 1 lanza para el agua caliente.
- Mando erogación café con pulsador.
- Dosificación con 6 dosis (de 30 a 360 cc.); erogación continua.
- Pulsador manual para desembragar el grupo en caso de erogación continua o por error de maniobra.
- Manometro doble para el control de la presión en la caldera y de la bomba.
- Caja de alimentación electrica extraible.
- Palanca para el relleno manual del agua en la caldera.
- Calientatazas por medio de vapor solo en algunas versiones.
- Autonivel electronico solo en algunas versiones.
- Voltaje: 220 V 50 Hz monofasico; 380 V 50 Hz trifasico 110 V 60 Hz (solo para 1 y 2 grupos).
- Optionals: Autonivel (en kit de montaje) grupo de reserva – Superfiltro.

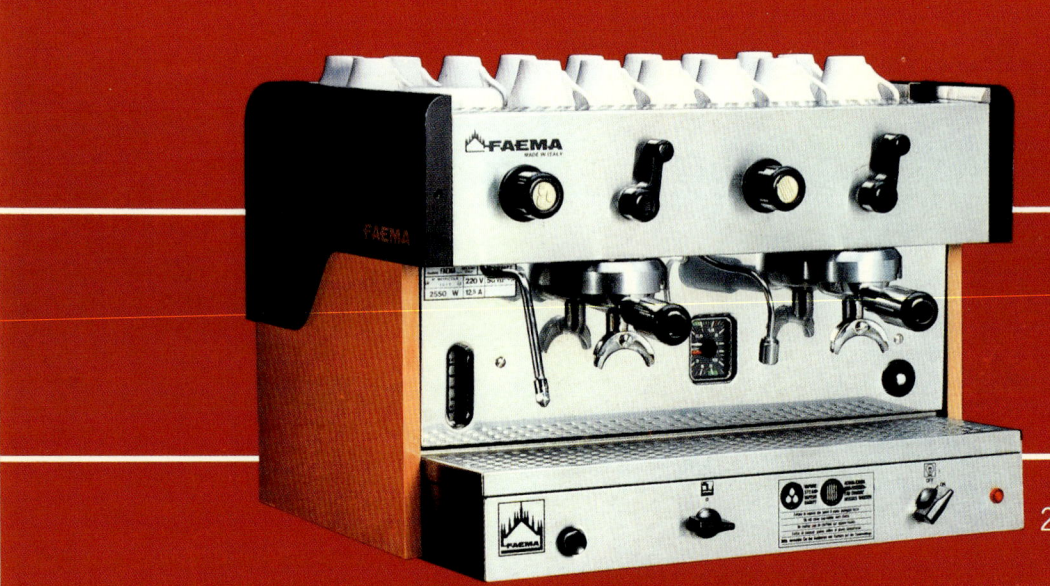

FAEMA COMPACT
La macchina da caffè semiautomatica

2 GRUPPI

1 GRUPPO   MPN

FAEMA

FAEMA COMPACT

SCHEDA TECNICA
- Semiautomatica ad erogazione continua.
- Versione da 1 e 2 gruppi.
- Carrozzeria in makrolon con telaio in acciaio.
- Riscaldamento elettrico.
- Turbo milk, di serie.
- 1 lancia acqua calda.
- Comando erogazione caffè tramite pulsante.
- Spia macchina in tensione.
- Riempimento caldaia manuale o automatico (optional).
- Manometro doppio per il controllo della pressione pompa e caldaia (per le 2 gr.); manometro per controllo pressione in caldaia (1 gr.).
- Caldaia da 5 litri con preriscaldatore (per la 2 gr.); caldaia da 3,2 litri per la 1 gruppo.
- Pompa e depuratore incorporati in tutti i modelli.
- Alimentazione e assorbimento resistenza 1 gruppo:
  220 V - 50 Hz - 1580 W; 110 V - 60 Hz - 1380 W.
- Alimentazione e assorbimento resistenza 2 gruppi:
  220 V - 50 Hz - 2700 W.

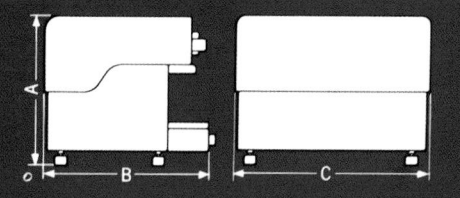

Gruppi / Groupes / Groups / Gruppen / Grupos	A mm.	B mm.	C mm.
1	445	510	350
2	445	510	610

FICHE TECHNIQUE
- Sémiautomatique - débit continu.
- Version à 1 et 2 groupes.
- Carrossérie en Makrolon avec chassis en acier.
- Chauffage électrique.
- Turbo milk, en série.
- 1 lance eau chaude.
- Commande débit continu par touche.
- Voyant machine en tension.
- Remplissage chaudière manuel ou automatique (optional).
- Manomètre double pour le contrôle de la pression pompe et chaudière (pour 2 groupes); manomètre pour contrôle pression dans la chaudière (1 groupe).
- Chaudière 5 litres avec pré-chauffeur (2 groupes); chaudière de 3,2 litres pour 1 groupe.
- Pompe et adoucisseur incorporés dans tous les modèles.
- Voltage et puissance de la résistance 1 groupe:
  220 V - 50 Hz - 1580 W; 110 V - 60 Hz - 1380 W.
- Voltage et puissance de la résistance 2 groupes:
  220 V - 50 Hz - 2700 W.

TECHNICAL CARD
- Semiautomatic - continuous brew.
- 1 and 2 brewing group versions.
- Steel frame with makrolon outer case.
- Electric heating.
- Cappuccino Magic (standard).
- 1 hot water nozzle.
- Coffee brewing control by a push-button.
- "ON" pilot lamp.
- Manual boiler filling (automatic: on request).
- Double pressure gauge for boiler and pump pressure control (for the 2 gr.); pressure gauge for pressure boiler control (1 gr.).
- 5 lts boiler with pre-heater (for the 2 gr.); 3,2 lts boiler for 1 gr.
- Built-in pump and water softener for all the models.
- Voltage and resistance power (1 group):
  220 V - 50 Hz - 1580 W; 110 V - 60 Hz - 1380 W.
- Voltage and resistance power (2 groups):
  220 V - 50 Hz - 2700 W.

TECHNISCHE MERKMALE
- Halbautomatische Maschine mit Dauerausgabe.
- Ausführung 1 - oder 2 gruppig.
- Stahlgestell verkleidet mit Makrolon.
- Elektrische Aufheizung.
- Serienmässige Ausrüstung mit dem Turbo Milk.
- 1 Heißwasserhahn.
- Kaffeeausgabe durch Taste.
- Die Maschine ist arbeitsbereit bei aufleuchtender Warnlampe.
- Manuelle oder automatische (optional) Kesselfüllung.
- Doppelmanometer für Kessel und Pumpendruck für die Compact mit 2 Gruppen; Manometer für Kesseldruck für die Compact mit 1 Gruppe.
- 5 Liter Kessel mit Vorwärmer für 2 Gruppen. 3,2 Liter Kessel für 1 Gruppe.
- Integrierte Pumpe und Entkalker bei beiden Modellen.
- Spannung und Widerstandsleistung (bei der 1 gruppigen):
  220 V - 50 Hz - 1580 W; 110 V - 60 Hz - 1380 W.
- Spannung und Widerstandsleistung (bei der 2 gruppigen):
  220 V - 50 Hz - 2700 W.

FICHA TECNICA
- Semiautomática con erogación continua.
- Versión de 1 y 2 grupos.
- Carrocería en Makrolón con bastidor en acero.
- Calefacción eléctrica.
- Turbo milk, de serie.
- 1 lanza de agua caliente.
- Mando de erogación del café por medio de una tecla.
- Luz avisadora máquina en tensión.
- Relleno de la caldera manual o automático (optional).
- Manómetro doble para el control de la presión caldera y bomba (para la 2 grupos). Manómetro para el control de la presión en caldera (1 gr.).
- Caldera para 5 lts con precalentador (2 gr.). Caldera para 3,5 lts (1 gr.).
- Bomba y depurador incorporados en todos los modelos.
- Voltaje y absorbimiento de la resistencia 1 grupo:
  220 V - 50 Hz - 1580 W; 110 V - 60 Hz - 1380 W.
- Voltaje y absorbimiento de la resistencia 2 grupos:
  220 V - 50 Hz - 2700 W.

FAEMA
...è Italia nel mondo

FAEMA S.p.A. - Via Ventura, 15 - 20134 Milano (Italy)
Casella Postale (P.O. Box) 12033
20100 Milano - Telefono: (02) 2123 / Telex 311573 / Fax 26412877

FaemaTronic
La macchina da caffé elettronica

4 GRUPPI

3 GRUPPI

2 GRUPPI

Con **Cappuccino Magic®**

FAEMA

357 - 358 - 359 - 360 - 361 - 362 - 363 - 364 - 365 - 366

Faema modello Tronic, disegnata dall'arch. Ettore Sottsass jr. in collaborazione con l'arch. Aldo Cibic.
Faema Tronic model, designed by Arch. Ettore Sottsass Jr. in cooperation with Arch. Aldo Cibic.
Faema-Maschine, Modell Tronic, Entwurf: Architekt Ettore Sottsass jr. in Zusammenarbeit mit Architekt Aldo Cibic.

FAEMATRONIC

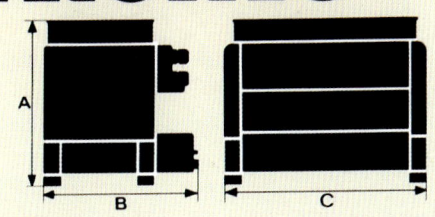

SCHEDA TECNICA
- Automatica elettronica con dosatura programmabile.
- Versioni da 2, 3, 4 gruppi.
- Carrozzeria mista in makrolon ed acciaio; disponibile in due colori: grigio ed amaranto
- 2 lance vapore; 1 lancia acqua calda.
- Pompa volumetrica, incorporata di serie.
- Leva manuale di riempimento caldaia di serie.
- Autolivello di serie.
- Riscaldamento elettrico di serie; a gas (con accensione elettronica) solo in alcuni modelli.
- Scaldatazze a vapore (solo per alcuni modelli).
- Comando erogazione caffè tramite tasti; dosatura volumetrica (regolabile da 0 a 600 cc.) con 4 dosi per gruppo; erogazione continua.
- Spia macchina in tensione; spia temperatura in caldaia; spie delle resistenze.
- Indicatore numerico a display della pressione pompa, pressione rete, pressione caldaia.
- Cassetto di distribuzione elettrica estraibile.
- Voltaggio: 220V 50 HZ / 60 HZ monofase; 380V 50 HZ trifase con neutro.
- Assorbimento resistenza: 2 gruppi 2900 W; 3 gruppi 4000 W; 4 gruppi 5300 W.
- Optionals: superfiltro, portafiltro a 3 beccucci.

FICHE TECHNIQUE
- Automatique électronique avec dosage programmable.
- Versions de 2, 3 et 4 groupes.
- Corrosserie mixte en Makrolon et tôle d'acier, livrable en deux couleurs: gris et amarante.
- 2 poignées vapeur, 1 poignée eau chaude.
- Pompe volumétrique incorporée de série.
- Levier remplissage manuel de la chaudière de série.
- Entrée d'eau automatique de série.
- Chauffage électrique de série; à gaz avec allumage électronique (seulement dans quelques modéles)
- Chauffetasses à vapeur (seulement dans quelques modéles).
- Commande débit café par touches: dosage volumétrique (réglage de 0 à 600 cc.) avec 4 touches par groupe; débit continu.
- Voyant machine sous tension; voyant température chaudière; voyant résistances enclanchées.
- Indicateur digital (display) des pressions du réseau, de la pompe etde la chaudière.
- Boîtier électrique coulissant, qui contient tous les organes d'alimentation et de contrôle de la machine.
- Voltage: 220V, 50 Hz / 60 Hz, monophasé ou 380V, 50 Hz triphasé avec neutre.
- Puissance de la résistance: 2 groupes 3800 W; 3 groupes 5300 W; 4 groupes 5300 W.
- Options: filtre hotel, portefiltre à 3 becs.

TECHNICAL CARD
- Automatic electronic unit with programmable dosing.
- 2, 3 and 4 group versions.
- Makrolon and steel plated outer case, available in two colours: grey and ox blood red.
- 2 steam knobs; 1 hot water knob.
- Built in volumetric pump (standard).
- Lever for manual boiler filling (standard).
- Automatic water level control (standard).
- Electric heating (standard); gas heating with electronic ignition (for some models only).
- Steam cup warmer (for some models only).
- Coffee brewing control by means of push buttons; volumetric dosing (adjustable from 0 to 600 cc) with 4 doses per group; continuous delivery.
- "ON" pilot lamp, boiler temperature pilot lamp; heater pilot lamps.
- Digital display of mains, pump and boiler pressures.
- Extractable electric drawer, containing feeding and control devices of the unit.
- Voltage 220V, 50 HZ / 60 HZ single phase; 380V, 50 HZ three-phase with neutral wire.
- Resistance power: 2 group-unit 3800 W; 3 group-unit 5300 W; 4 group-unit 5300 W.
- Optionals: superfilter; 3-cup filter.

Gruppi / Groupes / Groups / Gruppen / Grupos	A mm.	B mm.	C mm.	Capacità caldaia / Capacité chaudière / Boiler capacity / Kesselinhalt / Capacidad caldera
2	553	525	719	10,3 lt.
3	553	525	959	16,6 lt.
4	553	525	1199	23,1 lt.

TECHNISCHE MERKMALE
- Elektronische Espresso-Kaffee-Maschine mit programmierbaber Dosierung.
- Ausführung in 2, 3 oder 4 Gruppen.
- Gehäuse aus Makrolon und lackiertem Stahl; erhätlich in den Farben; grau oder-dunkelrot.
- 2 Dampfhähne; 1 Heißwasserhahn.
- Serienmäßige eingebaute volumetrische Pumpe.
- Serienmäßiger Handhebel für Kesselfüllung.
- Serienmäßige automoetische Wasserfüllung.
- Serienmäßige elektrische Aufheizung; Gas-Aufheizung (mit elektronischer Zündung, nur bei einigen Modellen).
- Tassenvorwärmer mit Dampfschlange (auf Anfrage).
- kaffeeausgabe durch Tasten; volumetrische Dosierung eichbar von 0-600 cc. mit 4 Wahlmöglichkeiten pro Gruppe und Dauerbrühtaste.
- Warnlampe füe eingeschaltete Maschine, für Kesseltemperatur und für eingeschaltete Heizkörper.
- Digitalanweiser für Pumpen, Netz-und Kesseldruck.
- Herausnehmbare Schublade mit Kontroll-Stromversorgungseinrichtung.
- Spannung: 220V. 50 Hz / 60 Hz einphasig oder 380V. 50 Hz dreiphasig mit Nulleiter.
- Widerstandsleistung: 2 Gruppen 3800 W; 3 Gruppen 5300 W; 4 Gruppen 5300 W.
- Auf Anfrage: Hotelsiebträger und Filterträger mit 3 Ausgabekanälen.

FICHA TECNICA
- Automatica electronica con dosidicación regulable.
- Version de 2, 3 y 4 grupos.
- Carroceria en Makrolón y chapa de acero, disponibile en dos colores gris y vino tinto.
- 2 mangos vapor, 1 mango agua caliente.
- Bomba volumetrica encorporada (serie).
- Palanquilla para el rellenp manual de la caldera (serie).
- Autonivel electronico (serie).
- Calefacción electrica (serie): de gas (con encendedor electronico, solo en algunos modelos).
- Calientatazas por medio de vapor (solo en algunos modelos).
- Mando erogación café por medio de teclas: dosificación volumetrica (regulable entre 0 y 600 cc.) con 4 dosis por grupo y erogación continua.
- Luz avisadora maquina en tension; luz avisadora temperatura en la caldera; luzes avisadoras resistencias encendidas.
- Indicador digital (display) de la presión de la red, bonba y caldera.
- Caja electrica extraible con los aparatos para la alimentación y el control de la maquina.
- Voltaire: 220V, 50 Hz / 60 Hz monofasico y 380V, 50 Hz, trifasico con neutro.
- Potencia de la resistencia: 2 grupos 2900 W; 3 grupos 4000 W; 4 grupos 5300 W.
- Bajo pedido: superfiltro, portafiltro de tres picos.

FAEMA
...è Italia nel mondo

FAEMA S.p.A. · Via Ventura, 15 · 20134 Milano (Italy)
Casella Postale (P.O. Box) 12033
20100 Milano · Telefono: (02) 2123 / Telex 311573

Cappuccino Magic®

GRANDE NOVITÀ
GRANDE NOUVEAUTÉ
THE LATEST NOVELTY
LETZTE NEUHEIT
GRAN NOVEDAD

Cappuccino Magic®

CAPPUCCINO MAGIC, L'ULTIMA GRANDE NOVITÀ FAEMA

CAPPUCCINO MAGIC, PERCHÈ:

- È FACILE E VELOCE DA USARE: aspira automaticamente il latte dal contenitore e lo eroga caldo e ben montato direttamente nella tazza o nel bricco.
- TI DA IL VERO CAPPUCCINO ALL'ITALIANA: il latte e caldo, l'aroma intatto, la schiuma finissima.
- GARANTISCE CAPPUCCINI STANDARD: con qualunque tipo di latte e possibile ottenere, ora, un cappuccino eccellente.
- IL LATTE È MIGLIORE:
  – non è surriscaldato e mantiene quindi intatte le proprie qualità naturali;
  – non è annacquato dalla condensa presente nella lancia vapore;
  – ha il gusto intatto poiché viene montato solo quando serve
- L'IGIENE È ASSICURATA: niente più incrostazioni di latte sulla lancia vapore o nel bricco.
- IL LAVAGGIO È SEMPLICISSIMO: è sufficiente effettuare un'erogazione con acqua invece che col latte.

FAEMA, LA TECNOLOGIA NELLE MACCHINE DA CAFFÈ.

CAPPUCCINO MAGIC, LA DERNIÈRE GRANDE NOUVEAUTÉ FAEMA

CAPPUCCINO MAGIC, PARCE QUE:

- IL EST FACILE ET RAPIDE À EMPLOYER: il aspire automatiquement le lait de son récipient et le fait s'écouler, chaud et bien fouetté, directement dans la tasse ou dans le pot.
- IL PRÉPARE LE VRAI CAPPUCCINO À L'ITALIENNE: le lait est chaud, l'arôme intact, la mousse très fine.
- IL GARANTIT DES CAPPUCCINI DE QUALITÉ CONSTANTE: désormais, avec n'importe quel type de lait il est possible d'obtenir un exquis cappuccino.
- LE LAIT EST MEILLEUR:
  – il n'est pas surchauffé et il conserve ses qualités naturelles;
  – il ne contient pas l'eau de condensation qui se trouve dans le tuyau vapeur;
  – son goût est intact car il est fouetté à l'instant même et dans des proportions désirées.
- L'HYGIÈNE EST ASSURÉE: pas d'incrustations de lait sur le tuyau vapeur ou dans le pot.
- LE LAVAGE EST TRÈS SIMPLE: il suffit de faire passer de l'eau à la place du lait.

FAEMA, LA TECHNOLOGIE DANS LES MACHINES À CAFÉ

CAPPUCCINO MAGIC: THE LATEST NOVELTY FROM FAEMA

CAPPUCCINO MAGIC

- IS EASY TO USE: it automatically sucks the milk from the container and delivers it hot and frothy directly into the cup or jug.
- DELIVERS A REAL CAPPUCCINO: the milk is hot, the aroma is unaltered, the foam is soft and compact.
- ASSURES CONSTANT QUALITY: you can get an excellent Cappuccino with any kind of milk.
- IMPROVES THE TASTE OF THE MILK:
  – The milk is not overheated and consequently all its natural qualities remain intact.
  – It is not diluted by the condensate contained in the steam/water spout.
  – Its flavour remains unchanged as it is frothed only when it is required.
- GUARANTEES PERFECT HYGIENE: no scale of milk on the steam/water spout or in the jug.
- IS EASY TO CLEAN: it is enough to operate it once with water instead of milk.

FAEMA: THE TECHNOLOGY IN THE ESPRESSO COFFEE MACHINES

CAPPUCCINO MAGIC - MILCHAUFSCHÄUMER: EINE ECHTE NEUHEIT VON FAEMA

- einfache und schnelle Erzeugung von Milchschaum
- vom Milchpaket uber das Dampfventil direkt in die Kaffeetasse
- Die Milch wird nicht verdunnt, nie uberhitzt und bleibt außerdem im Besitz ihrer naturlichen Eigenschaften, da immer nur die gewunschte Portion aufgeschaumt wird.
- Hygiene ist garantiert
- einfache Reinigung

FAEMA: die Technologie in den Espresso-Kaffee-Maschinen

CAPPUCCINO MAGIC, LA ULTIMA GRAN NOVEDAD FAEMA

EL PORQUE DEL CAPPUCCINO MAGIC

- DE USO FACIL Y VELOZ: aspira automáticamente la leche del envase (tal cual es servido por las centrales lecheras) y la sirve caliente directamente bien montada en la taza o jarra.
- DA EL VERDADERO CAPPUCCINO A LA ITALIANA: la leche caliente, el aroma intacto y la espuma finisima.
- GARANTIZA UN CAPPUCCINO STANDARD: con cualquier tipo de leche es posible obtener un cappuccino excelente.
- LA LECHE ES MEJOR:
  – No esta sobrecalentada y mantiene intactas las propias cualidades naturales;
  – no se le añade el agua de condensacion presente en la lanza de vapor;
  – presenta el sabor intacto porque solo viene montada cuando se sirve.
- HIGIENE ASEGURADA: no existe incrustaciones de leche sobre la lanza de vapor.
- DE LAVADO SIMPLE: es suficiente efectuar aspiraciones con agua en lugar de hacerlo con la leche.

FAEMA, LA TECNOLOGIA DE LA MAQUINA DE CAFÉ.

FAEMA SERVICE SpA
Via Ventura, 3 - 20134 MILANO - ITALY

FaemaTronic

La macchina da caffé elettronica

FAEMA

Faematronic is Faema quality taken one step further.

Faematronic, because:

- It's simple and quick to work: you press just one button to get the kind of coffee you want (strong, weak, etc.).
- It serves the best coffee Faema machines have ever made. Hot, creamy and thick from first to last cup.
- It's fully equipped with accessories: a built-in pump, an automatic level, and a cup warmer.
- It's safe because its electronic display keeps boiler, pump and mains pressure constantly under control.
- It uses less energy (roughly 7% less than the previous Faema model).
- It is easy to maintenance because, being electronic, it has no moving parts and it is also equipped with a special "Self Diagnostic System" making it easy to locate and repair any faults that may arise.
- Its design, by Ettore Sottsass, is in world class.

TECNICAL CARD:

- Automatic and electronic unit with programmable dosing.
- 2, 3 and 4 groups versions.
- Makrolon and steel plated outer case, available in two colours: caramel and ox blood red.
- 2 steam knobs: 1 hot water knob, 1 cup warmer knob (only for some models).
- Built-in volumetric pump (standard).
- Lever for manual boiler filling (standard).
- Automatic water level control (standard).
- Electric heating (standard); gas heating with piezoelectric ignition (for some models only).
- Steam cup warmer (for some models only).
- Coffee brewing control by means of push buttons; volumetric dosing (adjustable from 0 to 600 cc) with 4 doses per group; continuous delivery.
- Static group, controlled by a 3-way solenoid valve.
- Safety thermostat for heater protection.
- "ON" pilot lamp; boiler temperature pilot lamp; heater pilot lamps.
- Digital display of mains, pump and boiler pressures.
- Extractable electric drawer, containing all feeding and control devices of the unit.
- Voltage: 220 V. 50 Hz. single phase - 380 V. 50 Hz. three-phase with neutral wire.
- Optionals: superfilter, filterholder for 3 cups.

Faema - for over 50 years a synonym for espresso coffee and cappuccino.

Faematronic, der Fortschritt verbunden mit der Faema-Qualität.

Faematronic, da:

- Einfach und schnell im Gebrauch: eine Taste drücken und Sie bereiten den gewünschten Kaffee (stark, schwach usw.).
- Sie den besten Kaffee zubereiten können, der jemals mit FAEMA-Maschinen gemacht wurde. Immer heiss, cremig, mit dem vollen Aroma, vom ersten bis zum letzten.
- Mit jedem Zubehör versehen: serienmässig ausgetattet mit eingebauter Pumpe, automatischer Wasserfüllung, Tassenvorwärmer.
- Sicher, weil Kessel-, Pumpen- und Leitungsdruck durch die elektronische Anzeige stets unter Kontrolle sind.
- Sparsam im Energieverbrauch (ca. 7% weniger als das vorhergehende FAEMA-Modell).
- Einfach in der Wartung, weil dank der Elektronik keine mechanische Bewegungsteile vorhanden sind und die Maschine mit einem besonderen "Self Diagnostic System" ausgestattet ist, das die Selbstdiagnose eventueller Mängel und folglich eine einfache Fehlerortung gestattet.
- Formschön mit einem erstklassigen Design. Entwurf von Ettore Sottsass.

TECNISCHE MERKMALE:

- Elektronische Espresso-Kaffee-Maschine, mit programmierbarer Dosierung.
- Ausfuehrung in 2, 3 oder 4 Gruppen.
- Gehaeuse aus Makrolon und lackiertem Stahl; erhaeltlich in den Farben: karamel oder dunkelrot.
- 2 Dampfhaehne: 1 Heisswasserhahn, 1 Tassenvorwaermehahn (nur bei einigen Modellen).
- Serienmaessige eingebaute volumetrische Pumpe.
- Serienmaessiger Handhebel fuer Kesselfuellung.
- Serienmaessige automatische Wasserfuellung.
- Serienmaessige elektrische Aufheizung; Gas-Aufheizung (mit piezoelektrischer Zuendung, nur bei einigen Modellen).
- Tassenvorwaermer mit Dampfschlange (nur bei einigen Modellen).
- Kaffeeausgabe durch Tasten; volumetrische Dosierung eichbar von 0-600 cc mit 4 Wahlmoeglichkeiten pro Gruppe und Dauerbruehtaste.
- Statische Gruppe mit 3-Weg Magnetventil.
- Sicherheitsthermostat fuer Heizkoerperschutz.
- Warnlampe fuer eingeschaltete Maschine, fuer Kesseltemperatur und fuer eingeschaltete Heizkoerper.
- Digitalanweiser fuer Pumpen-,Netz-und Kesseldruck.
- Herausnehmbare Schublade mit Kontrol-Stromversorgungseinrichtung.
- Spannung: 220 V. 50 Hz. einphasig oder 380 V. 50 Hz. dreiphasing mit Nulleiter.
- Auf Anfrage: Hotelsiebtraeger und Filtertraeger mit 3 Ausgabekanaellen.

Faema bedeutet seit 50 Jahren Espresso und Cappuccino in der ganzen Welt.

Faematronic, el progreso dentro de la calidad Faema.

Faematronic, porque:

- Es de uso fácil y rápido: basta apretar un botón para obtener el café que deseas (corto, largo, etc.).
- Te proporciona el mejor café de las máquinas Faema: caliente, cremoso, denso, durante todo el día.
- Está provista de accesorios secundarios; tiene en serie la bomba incorporada, el nivel automático y el calientatazas.
- Es segura porque el display electrónico permite tener siempre bajo control la presión de la caldera, de la bomba y de la red.
- Consume poco (cerca de 7% menos respecto al modelo Faema precedente).
- Es de fácil mantenimiento ya que, gracias a la electrónica, no tiene partes mecánicas en movimiento y está provista de un "Self Diagnostic System" de serie que permite el diagnóstico automático de las averías y, por lo tanto, la fácil individualización del punto que ha de ser reparado.
- Tiene un diseño prestigioso a nivel mundial ya que está firmado por Ettore Sottsass.

FICHA TECNICA:

- Automatica electronica con dosificación regulable.
- Versiones de 2, 3 y 4 grupos.
- Carroceria en Makrolón y chapa de acero, a disposición en dos colores: caramel y amaranto.
- 2 mangos vapor, 1 mango agua caliente, 1 mango calientatazas (solo en algunos modelos).
- Bomba volumetrica incorporada (serie).
- Palanquilla para el relleno manual de la caldera (serie).
- Calefacción electrica (serie); de gas (con encendedor piezoelectrico, solo en algunos modelos).
- Calientatazas de vapor (solo en algunos modelos).
- Mando erogación café por el medio de teclas; dosificación volumetrica (regulable entre 0 y 600 cc.) con 4 dosis por grupo y erogación continua.
- Grupo estatico con valvula de electroimán de 3 vias.
- Termostato de seguridad para la protección de las resistencias.
- Luz avisadora maquina en tensión; luz avisadora temperatura en la caldera; luzes avisadoras resistencias encendidas.
- Indicador digital (display) de la presión de la red, bomba y caldera.
- Caja electrica extraible con todos aparatos para la alimentación y el control de la maquina.
- Voltaje: 220 V, 50 Hz; monofasico y 380 V, 50 Hz; trifasico con neutro.
- A pedido: Superfiltro, portafiltro de 3 picos.

Faema, desde hace cinquenta años es sinónimo de café expreso y capuchino en todo el mundo.

FAEMA
...è Italia nel mondo

FAEMA S.p.A. · Via Ventura, 15 · 20134 Milano (Italy) · Casella Postale (P.O. Box) 12033   20100 Milano · Telefono: (02) 2123 / Telex 311573

FaemaStar
La macchina da caffè semiautomatica

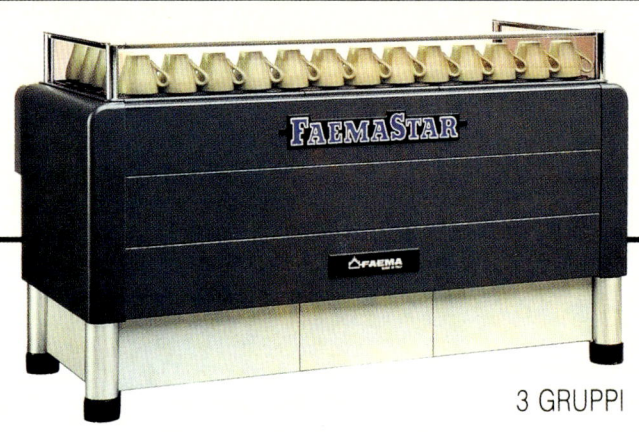

4 GRUPPI

MC

3 GRUPPI

2 GRUPPI

MPN

FAEMA

Con Cappuccino Magic®

FaemaStar

SCHEDA TECNICA

- Semiautomatica ad erogazione continua.
- Versione da 2,3 e 4 gruppi.
- Carrozzeria mista in acciaio e makrolon, disponibile in 2 colori: grigio ed amaranto.
- Riscaldamento elettrico; a gas con accensione multiscintilla.
- 2 lance vapore, 1 lancia acqua calda.
- Pompa volumetrica incorporata di serie.
- Autolivello elettronico di serie.
- Comando erogazione caffè tramite tasto.
- Leva manuale di riempimento caldaia.
- Pulsante pompa per carico caldaia.
- Manometro doppio per il controllo della pressione in caldaia e della pressione della pompa.
- Spia macchina in tensione.
- Cassetto di distribuzione elettrica estraibile.
- Scaldatazze a vapore.
- Alimentazione: 220V 50 HZ/60HZ monofase - 380V 50HZ trifase.
- Optionals: superfiltro, portafiltro a 3 beccucci.

FICHE TECHNIQUE

- Semiautomatique à débit continu.
- Version de 2,3 et 4 groupes.
- Carrosserie mixte en tôle d'acier et Makrolon, livrable en deux couleurs: gris et amarante.
- Chauffage électrique; à gaz avec allumage multi-étincelles.
- 2 robinets vapeur, 1 robinet eau chaude.
- Pompe volumétrique incorporée de série.
- Remplissage automatique de la chaudière par un dispositif éléctronique de série.
- Commande débit café par touche.
- Levier remplissage manuel de la chaudière.
- Bouton commande pompe pour le remplissage de la chaudière.
- Double manomètre pour le contrôle de la pression de la chaudière et de la pompe.
- Voyant machine sous tension.
- Boitier d'alimentation électrique coulissant.
- Chauffetasses à vapeur.
- Voltage: 220V 50 Hz/60 Hz monophasé - 380V 50 Hz triphasé.
- Options: filtre hotel, portefiltre à 3 becs.

TECHNICAL CARD

- Semi-automatic unit with continuous coffee brewing.
- 2-3 and 4 group versions.
- Makrolon and steel plated outer casing, available in two colours: grey and blood red.
- Electric heating; gas heating with multispark ignition.
- 2 steam launches, 1 hot water launch.
- Built in volumetric pump (standard).
- Electronic water level control for all models.
- Coffee brewing control by means of a push-button.
- Lever for manual boiler filling.
- Pump bush-button for boiler filling.
- Double pressure gauge for boiler and pump pressure control.
- «ON» pilot lamp.
- Electric distribution drawer, extractable.
- Steam cup warmer.
- Voltage 220 V 50 HZ/60 HZ single phase - 380 V 50 HZ three-phase.
- Optionals: superfilterholder for 3 cups.

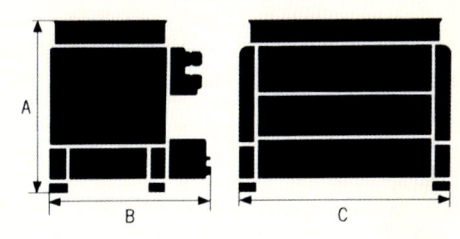

Gruppi / Groupes / Groups / Gruppen / Grupos	A mm	B mm	C mm	Capacità caldaia / Capacité chaudière / Boiler capacity / Kesselinhalt / Capacidad caldera
2	540	525	719	10,3 lt
3	540	525	959	16,6 lt
4	540	525	1199	23,1 lt

TECHNISCHE MERKMALE

- Halbautomatische Maschine mit Dauerausgabe.
- Ausfuehrung in 2,3 oder 4 Gruppen.
- Gehaeuse aus Makrolon und lackiertem Stahl, erhaeltlich in den Farben grau oder dunkelrot.
- Elektrische Aufheizung; Gas-Aufheizung mit Multifunkenzuendung.
- 2 Dampfrohre, 1 Heissawasserrohr.
- Serienmäßige eingebaute volumetrische Pumpe.
- Serienmäßige elektronische Wasserfüllung.
- Kaffeeausgabe durch Taste.
- Handhebel fuer Kesselfuellung.
- Doppelmanometer fuer Kessel-und Pumpendruckkontrolle.
- Warnlampe fuer eingeschaltete Maschine.
- Herausnehmbare Schublade mit Kontroll-Stromversorgungseinrichtung.
- Dampf-Tassenvorwaermer.
- Spannung: 220 V 50 HZ/60 HZ einphasig - 380 V 50 HZ dreiphasig.

FICHA TECNICA

- Semiautomática con erogación continua.
- Versiones de 2,3 y 4 grupos.
- Carrocerias mixtas en chapa de acero y makrolon disponible en dos colores: gris y amaranto.
- Calefacción eléctrica con gas con encendido multichispa.
- 2 lanzas para el vapor, 1 lanza para el agua caliente.
- Bomba volumetrica encorporada (serie).
- Autonivel electrónico (serie).
- Mando de erogación del café por medio de una tecla.
- Palanca para el relleno manual de agua en la caldera.
- Pulsador de la bomba para el relleno de la caldera.
- Manómetro doble para el control de la presión en la caldera y de la bomba.
- Piloto avisador de máquina en tensión.
- Caja de alimentación eléctrica extraible.
- Calienta tazas a vapor.
- Voltaje: 220 V 50 HZ/60 HZ monofásico - 380 V 50 HZ trifásico.
- Opciones: superfiltro, portafiltro de tres picos.

FAEMA
...è Italia nel mondo

FAEMA S.p.A. - Via Ventura, 15 - 20134 Milano (Italy)
Casella Postale (P.O. Box) 12033
20100 Milano - Telefono: (02) 2123 / Telex 311573

1980 – 1990

345

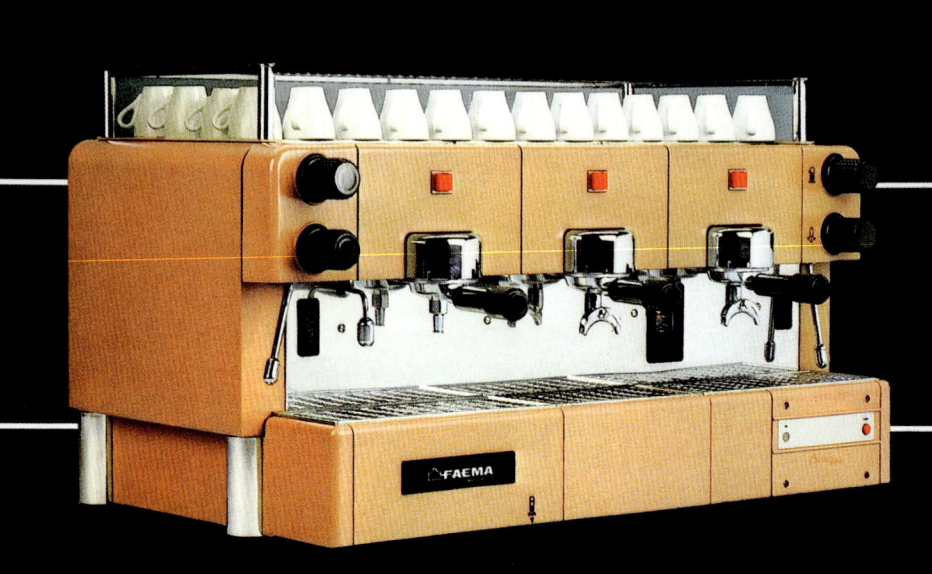

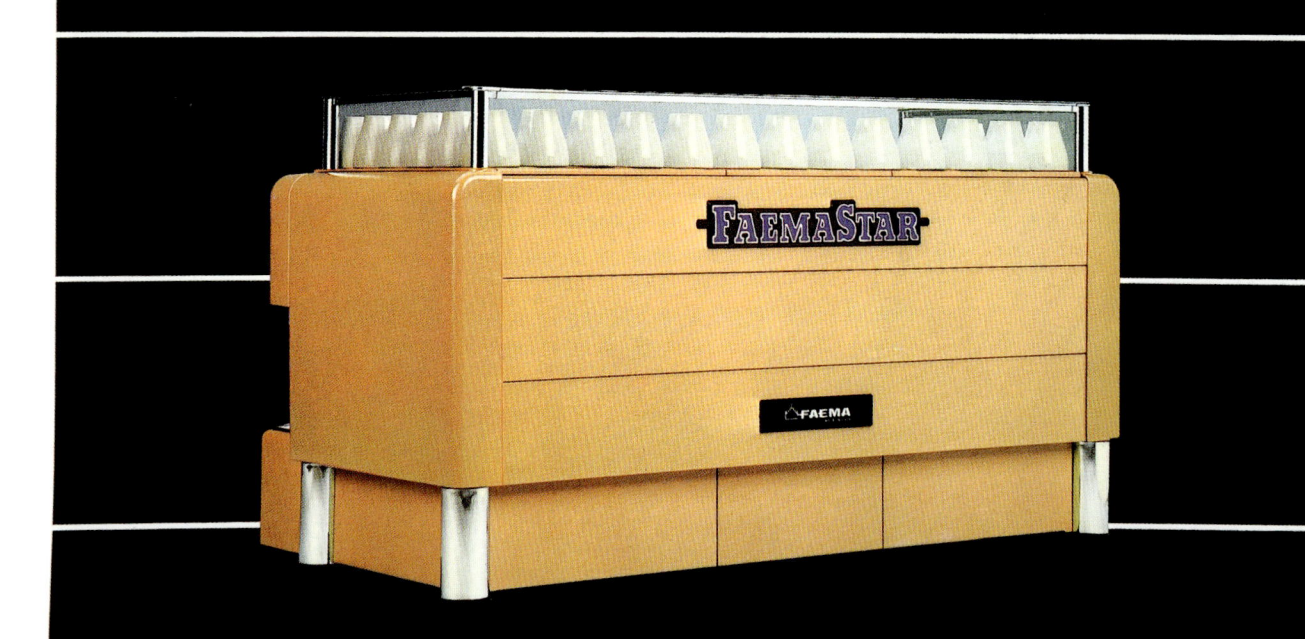

FaemaStar
La macchina da caffè semiautomatica

FaemaStar

SCHEDA TECNICA
- Semiautomatica ad erogazione continua.
- Versione da 2 e 3 gruppi.
- Carrozzeria mista in acciaio e makrolon, disponibile in 2 colori: karamell ed amaranto.
- Riscaldamento elettrico; a gas con accensione piezoelettrica solo per alcune versioni.
- 2 lance vapore, 1 lancia acqua calda.
- Comando erogazione caffè tramite tasto.
- Leva manuale di riempimento caldaia.
- Pulsante pompa per carico caldaia.
- Manometro doppio per il controllo della pressione in caldaia e della pressione della pompa.
- Spia macchina in tensione.
- Cassetto di distribuzione elettrica estraibile.
- Scaldatazze a vapore solo in alcune versioni.
- Autolivello elettronico solo in alcune versioni.
- Alimentazione: 220V 50 HZ/60HZ monofase · 380V 50 HZ trifase.
- Optionals: superfiltro, portafiltro a 3 beccucci.

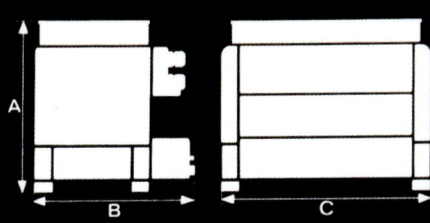

Gruppi / Groupes / Groups / Aggregate / Grupos	A mm.	B mm.	C mm.
2	553	525	719
3	553	525	959

FICHE TECHNIQUE
- Semiautomatique à débit continu.
- Versions de 2 et 3 groupes.
- Carrosserie mixte en tôle d'acier et Makrolon, livrable en deux couleurs: caramel et amarante.
- Chauffage électrique; à gaz avec allumage piézoélectrique seulement dans quelques modèles.
- 2 robinets vapeur, 1 robinet eau chaude.
- Commande débit café par touche.
- Levier remplissage manuel de la chaudière.
- Bouton commande pompe pour le remplissage de la chaudière.
- Double manomètre pour le contrôle de la pression de la chaudière et de la pompe.
- Voyant machine sous tension.
- Boîtier d'alimentation électrique coulissant.
- Chauffetasses à vapeur seulement dans quelques modèles.
- Entrée d'eau électronique seulement dans quelques modèles.
- Voltage: 220V 50 Hz/60 Hz monophasé · 380V 50 Hz triphasé.
- Options: filtre hôtel, portefiltre à 3 becs.

TECHNICAL CARD
- Semi-automatic unit with continuous coffee brewing.
- 2- and 3- group versions.
- Makrolon and steel plated outer casing, available in two colours: caramel and blood red.
- Electric heating; gas heating with piezoelectric ignition for some models only.
- 2 steam launches, 1 hot water launch.
- Coffee brewing control by means of a push-button.
- Lever for manual boiler filling.
- Pump bush-button for boiler filling.
- Double pressure gauge for boiler and pump pressure control.
- "ON" pilot lamp.
- Electric distribution drawer, extractable.
- Steam cup warmer for some models only.
- Electronic water level control for some models only.
- Voltage 220 V. 50 HZ/60 HZ single phase · 380 V. 50 HZ three-phase.
- Optionals: superfilterholder for 3 cups.

TECHNISCHE MERKMALE
- Halbautomatische Maschine mit Dauerausgabe.
- Ausfuehrung in 2 oder 3 Gruppen.
- Gehaeuse aus Makrolon und lackiertem Stahl, erhaeltlich in den Farben karamel oder dunkelrot.
- Elektrische Aufheizung. Gas-Aufheizung mit piezoelektrischer Zuendung nur bei einigen Modellen.
- 2 Dampfrohre, 1 Heisswasserrohr.
- Kaffeeausgabe durch Taste.
- Handhebel fuer Kesselfuellung.
- Pumpendruckknopf fuer Kesselfuellung.
- Doppelmanometer fuer Kessel-und Pumpendruckkontrolle.
- Warnlampe fuer eingeschaltete Maschine.
- Herausnehmbare Schublade mit Kontroll-Stromversorgungseinrichtung.
- Dampf-Tassenvorwaermer nur bei einigen Modellen.
- Elektronische Wasserfuellung nur bei einigen Modellen.
- Spannung: 220 V. 50 HZ./60 HZ einphasig · 380 V. 50 HZ. dreiphasig.

FICHA TECNICA
- Semiautomatica con erogacion continua.
- Versiones de 2 y 3 grupos.
- Carrocerias mixtas en chapa de acero y makrolon disponible en dos colores: caramelo y amaranto.
- Calefaccion electrica a gas con encendido piezoelectrico solo en algunos modelos.
- 2 lanzas para el vapor, 1 lanza para el agua caliente.
- Mando de erogacion del cafe por medio de una tecla.
- Palanca para el relleno manual de agua en la caldera.
- Pulsador de la bomba para el relleno de la caldera.
- Manometro doble para el control de la presion en la caldera y de la bomba.
- Piloto avisador de maquina en tension.
- Caja de alimentacion electrica extraible.
- Calienta tazas a vapor solo en algunas versiones.
- Autonivel electronico solo en algunas versiones.
- Voltaje: 220 V 50 HZ/60 HZ monofasico · 380 V 50 HZ trifasico.
- Opciones: superfiltro, portafiltro de tres picos.

FAEMA
...è Italia nel mondo
FAEMA S.p.A. · Via Ventura, 15 · 20134 Milano (Italy)
Casella Postale (P.O. Box) 12033
20100 Milano · Telefono: (02) 2123 / Telex 311573

1980 – 1990

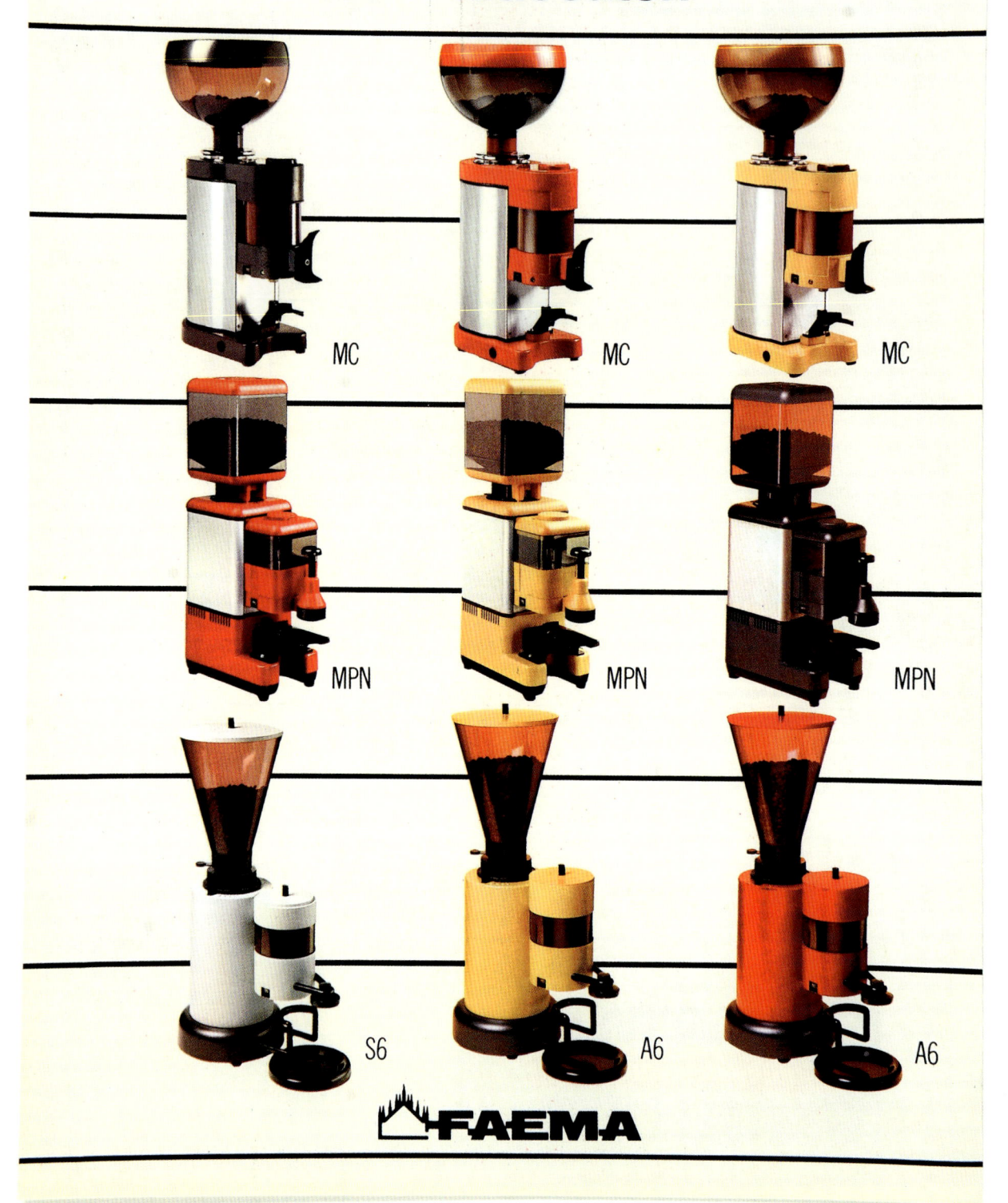

367 - 368

Faema Macinadosatori. Dépliant pubblicitario.
Faema coffee grinders and dosers. Promotional brochure.
Faema-Dosiermühlen. Werbeprospekt.

CARATTERISTICHE TECNICHE / CARACTÉRISTIQUES TECHNIQUES TECHNICAL DATA / TECHNISCHE MERKMALE / DATOS TECNICOS		MC	MPN	S6	A6
Dispositivo automatico di arresto con contenitore pieno di macinato • Dispositif d'arrêt automatique quand le récipient du café moulu est plein • Automatic stop device in case of ground coffee container filling up • Automaisches Abschalten bei gufülltem Behälter mit gemahlenem Kaffee • Dispositivo automático de paro con depósito lleno de molienda		X	X	/	X
Dispositivo automatico di arresto a tempo in caso di mancanza di caffè nella campana • Dispositif d'arrêt automatique à temps prédéterminé en cas de manque de café dans la trémie • Automatic stop device with timer in case of lack of coffee beans in the container • Automatisches Abschalten durch Zeituhr bei nicht vorhandenen Kaffeebohnen im Behälter • Dispositivo de paro automático en el caso de que falte café en la campana.		/	X	/	/
Produttività • Productivité • Output • Mahlkapazitaet • Productividad	(Kg/h)	12	6	6	6
Motore • Moteur • Motor • Motor • Motor		Monofase e trifase Monophasé et triphasé Single-phase and 3-phase 1-phasig 3-phasig Monófasico et trifasico	Monofase et trifase Monophasé et triphasé Single-phase and 3-phase 1-phasig 3-phasig Monófasico et trifasico	Monofase Monophasé Single-phase Monofásico	monofase Monophasé Single-phase Monofásico
Potenza Motore a 220 V • Puissance moteur à 220 V • Motor power at 220 V • Motorleistung: 220 V • Potencia motor con 220 V	(Watt)	670	240	240	240
Giri motore • Tours moteur • Revolutions • Umbrehungen • Giro motor	(R.P.M.)	1400/450	1400	1400	1400
Macine • Meules • Grindstones • Mahlsteine • Muelas		Coniche Coniques Conic Kegelförmig Conicas	Piane Plattes Flat Flach Llanas	Piane Plattes Flat Flach Llanas	Piane Plattes Flat Flach Llanas
Diametro macine • Diamètre meules • Grindstone diameter • Mahlsteindurchmesser • Diámetro muelas	(mm)	/	54.1	64.1	64.1
Alimentazione • Tension • Voltage • Spannung • Alimentación		380 V 3 ~ 50 Hz 220 V ~ 50 Hz 110 V ~ 60 Hz	380 V 3 ~ 50 Hz 220 V ~ 50 Hz 110 V ~ 60 Hz	240 V ~ 50 Hz 220 V ~ 50 Hz 110 V ~ 60 Hz	240 V ~ 50 Hz 220 V ~ 50 Hz 110 V ~ 60 Hz
Capacità contenitore caffè in grani • Capacité récipient café en grains • Capacity of the coffee bean container • Fassungsvermögen des Kaffeebohnenbehälters • Capacidad depósito café en granos	(Kg)	1.5	1	1.25	1.25
Riserva contenitore caffè macinato • Réserve récipient café moulu • Capacity of the ground coffee container • Fassungsvermögen des Kaffeemehlbahälters • Reserva depósito café molido	(Kg)	0.200	0.150	0.340	0.340
Regolazione dose da 5 a 9 grammi • Réglae dose de 5 à 9 grammes • Adjustment of the ground coffee quantity from 5 to 9 gr. • Einstellvorrichtung der Kaffeemehlmenge von 5 bis 9 gr. • Regulación de la dosis de 5 a 9 gramos.		X	X	X	X
Colori • Couleurs • Colours • Farben • Colores		Caramel Bordeaux Grey	Caramel Bordeaux Grey	Caramel Bordeaux Grey	Caramel Bordeaux Grey
Peso netto • Poids net • Net Weight • Nettogewicht • Peso neto	(Kg)	24	14	11	11
Altezza Hauteur Height Höhe Alto	(mm)	620	595	650	650
Larghezza Largeur Width Breite Largo	(mm)	200	170	230	230
Profondità Profondeur Depth Tiefe Ancho	(mm)	380	320	370	370

FAEMA
...è Italia nel mondo

FAEMA S.p.A. - Via Ventura, 15 - 20134 Milano (Italy)
Casella Postale (P.O.Box) 12033 - 20100 Milano
Telefono (02) 2123 / Telex 311573 / Telefax (02) 26412877

FAEMA Ciao

369 - 370 - 371 - 372 - 373 - 374

Linea Faema Family, macchine per caffè per uso domestico. Con macinadosatore e sistema automatico per la preparazione del cappuccino, progettate dall'arch. Roccio.

Faema Family line, coffee machines for home use, complete with coffee grinder-doser and automatic system for the preparation of cappuccino, designed by Arch. Roccio.

Produktlinie Faema Family: Kaffeemaschinen für den Hausgebrauch mit Dosiermühle und automatischem System zur Zubereitung von Cappuccino, Entwurf: Architekt Roccio.

FAEMA, MEZZO SECOLO DI ESPERIENZA NEL BAR, DA OGGI NEL CAFFÈ E CAPPUCCINO DI CASA TUA.

È mezzo secolo che Faema, nei bar, puntualmente serve caffè ben caldi, densi, cremosi e ricchi di aroma.
Faema mette al servizio della famiglia la propria esperienza creando Faema Ciao: la macchina e il macinacaffè che offrono le prestazioni delle grandi Faema.
Con Faema Ciao è possibile ottenere un caffè espresso buono come al bar, un cappuccino ricco di schiuma, bevande calde come il tè.
Il macinacaffè migliora le prestazioni della macchina poichè permette di utilizzare il grado di macinatura ideale. Inoltre il caffè macinato all'istante conserva intatto tutto l'aroma.
I prodotti Faema Ciao sono facili da usare, veloci e sicuri; hanno un design esclusivo e sono garantiti da Faema.
Disponibili nei colori bianco e rosso.

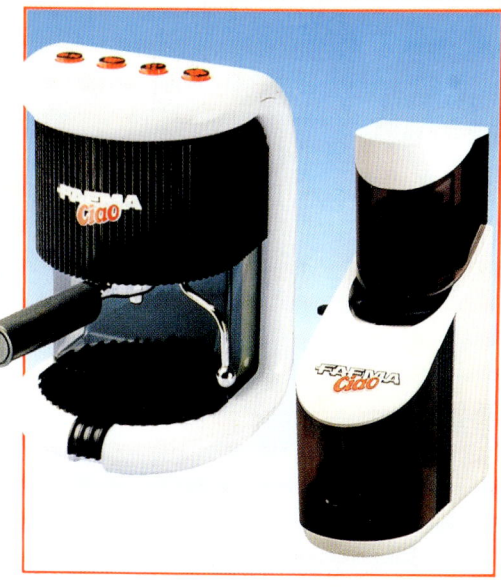

APRÈS UN DEMI SIÈCLE D'EXPÉRIENCE AU BAR, FAEMA VOUS OFFRE AUJOURD'HUI À DOMICILE LE BON CAFÉ ESPRESSO ET LE CAPPUCCINO.

Cela fait un demi siècle que Faema sert dans les bars des café espresso bien chauds, denses, crémeaux et riches en arôme. Faema met son expérience au service de la famille en créant Faema Ciao, la machine et le moulin à café qui offrent les perfomances des machines de bar Faema. Avec Faema Ciao vous aurez un café espresso aussi bon que celui du bar, un cappuccino riche en mousse, des boissons chauds comme par example le thé. Le moulin à café améliore les perfomances de la machine car il permet d'utiliser la mouture idéale. D'autre part, le café moulu à l'instant conserve intact tout son arôme.
Les articles Faema Ciao sont faciles à employer, rapides et sûrs; ils ont un design exclusif et ils sont garantis par Faema. Livrables en couleurs blanche et rouge.

FAEMA: HALF A CENTURY OF EXPERIENCE TO GIVE YOU GENUINE ITALIAN ESPRESSO COFFEE AND CAPPUCCINO AT HOME.

Nothing tastes better than a good cup of espresso coffee, hot, thick, creamy and rich in aroma. Faema puts at the disposal of the family its own experience by creating Faema Ciao, the espresso coffee-maker and the coffee-grinder, which performs as the bigger Faemas.
The Faema Ciao espresso coffee-maker enables you to get a true espresso coffee, just like at the cafè, a frothy cappuccino and other hot drinks such as tea. The Faema Ciao coffee-grinder improves the perfomances of the espresso coffee-maker, as it grinds the coffee beans to the ideal grinding degree. Furthermore freshly ground coffee keeps all the aroma intact. The Faema Ciao product-range is safe, easy to use, has an exclusive design and is guaranteed by Faema. Available: white, red.

DANK FAEMA TRINKEN SIE HEUTE VORZÜGLICHE ESPRESSOS UND CAPPUCCINOS AUCH ZU HAUSE.

Seit einem halben Jahrhundert bietet Ihnen Faema hervorragende Expressos und Cappuccinos an. FAEMA steut den Familien ihre Erfahrung zur Verfügung, indem sie zur Faema Ciao-Espresso-Kaffee-Maschine eine Kaffeemühle geschaffen hat, die den Leistungen der grossen Faema-Maschinen entspricht. Mit Faema Ciao können Sie auch zuhause einen Espresso oder einen Cappuccino genießen. Der Espresso ist cremeartig und reich an Aroma, der Cappuccino mit gleichförmigem Schaum und die anderen Getränke, wie z.B. Tee, schön warm wie im Café. Die Kaffeemühle mahlt die Kaffeebohnen kurz vor Gebrauch. Das ganze Aroma des frischen Kaffees wird somit voll genutzt. Die Faema Ciao-Serie ist einfach im Gebrauch, exklusiv im Design und wird von Faema garantiert. Verfügbar in: weiß, rot.

CARATTERISTICHE TECNICHE • TECHNICAL FEATURES CARACTERISTIQUES TECHNIQUES • TECHNISCHE MERKMALE	MACCHINA MACHINE MACHINE MASCHINE	MACINACAFFÈ MOULIN A CAFE COFFEE GRINDER KAFFEE-MÜHLE
Alimentazione elettrica • Alimentation électrique • Electrical power supply • Spannungsversorgung	110 V, 60 Hz 220 V, 50 Hz	120 V, 60 Hz 220 V, 50 Hz
Potenza massima assorbita • Puissance maximum absorbée • Maximum absorbed power • Max Leistungsaufnahme	950 W	130 W
Capacità contenitore caffè in grani • Capacité du recipiént pour café en grains Capacity of coffee bean container • Fassungsvermögen des Kaffeebohnenbehälters	–	180 g
Capacità contenitore caffè macinato • Capacité du recipiént pour café moulu Capacity of ground bean container • Fassungsvermögen des Behälters für gemahlenen Kaffee	–	150 g
Autonomia di produzione di vapore • Autonomie de production de vapeur Duration of steam production • Dampfausstoss	4 min	–
Tempo necessario alla messa in esercizio • Temps nécessaire pour la mise en marche Starting time • Einschaltzeit	3 min	–
Capacità caldaia • Capacité de la chaudière • Boiler capacity • Fassungvermögen des Kessels	160 cm^3	–
Autonomia di produzione di caffè • Autonomie de production de café • Coffee production • Kaffeeproduktion	20 tazze/20 cups	–
Dimensioni: Dimensions: Dimensions: Abmessungen: larghezza largeur width Breite profondità profondeur lenght Tiefe altezza hauteur height Höhe	20 cm 20 cm 30 cm	13 cm 20 cm 30 cm
Peso • Poids • Weight • Gewicht	5 kg	2 kg

FAEMA
...è Italia nel mondo

FAEMA S.p.A. · Via Ventura, 15 · 20134 Milano (Italy)
Casella Postale (P.O. Box) 12033 / 20100 Milano · Telefono: (02) 2123 / Telex 311573

FAEMA
Amica

FAEMA RACCOMANDA CAFFÉ SPLENDID ESPRESSOCASA

FAEMA, MEZZO SECOLO DI ESPERIENZA NEL BAR, DA OGGI NEL CAFFÈ E CAPPUCCINO DI CASA TUA.

È mezzo secolo che Faema, nei bar, serve espressi caldi, densi e cremosi e cappuccini ricchi di schiuma; proprio per questo il nome Faema è diventato in Italia e nel mondo sinonimo di espressi e cappuccini eccellenti.

Faema mette al servizio della famiglia, dell'ufficio, della piccola comunità la propria esperienza creando Faema Amica, la macchina da caffè piccola che offre le prestazione delle grandi Faema.

Faema Amica permette di ottenere facilmente oltre a meravigliosi espressi anche veri cappuccini perchè, grazie al Cappuccino Magic · grande novità Faema — è possibile aspirare il latte dal contenitore ed erogarlo caldo e ricco di schiuma direttamente nella tazza.

Faema amica è facile da usare, sicura, robusta; ha un design esclusivo ed è garantita da Faema.

Disponibile nei colori bianco e rosso.

FAEMA, UN DEMI-SIÈCLE D'EXPÉRIENCE DANS LES BARS, DEPUIS AUJOURD'HUI POUR LES CAFES ET LES CAPPUCCINI FAITS MAISON.

Voilà un demi-siècle que Faema, dans les bars, sert des cafés exprès chauds, denses et crémeux et des cappuccini onctueux. C'est grâce à cela que le nom de Faema est devenu en Italie et dans le monde synonyme de cafés express et de cappuccini excellents. Faema met à la disposition de la famille, du bureau, de la petite collectivité son expérience en créant de Faema Amica, une petite machine à café qui offre les performances des grandes machines Faema.

Faema Amica permet d'obtenir facilement de merveilleux cafés exprès ainsi que de véritables cappuccini car, grâce au Cappuccino Magic · grande nouveauté Faema · on peut aspirer le lait du récipient et le verser chaud et riche en crème directement dans la tasse.

Faema Amica est facile à utiliser. C'est une machine sûre, robuste, au design exclusif qui est garantie par Faema. Disponible dans les coloris blanc et rouge.

FAEMA, FIFTY YEARS' EXPERIENCE IN THE COFFEE BAR, NOW YOU CAN HAVE ESPRESSOS AND CAPPUCCINOS AT HOME.

For fifty years, Faema has been serving hot, thick, creamy espressos and frothy cappuccinos in coffee bars and this is the reason why Faema has become a synonym for excellent coffee, both in Italy and throughout the world.

Now Faema has used this wealth of experience to create the Faema Amica, a small coffee machine which provides the same performance as the large Faema machine, for use by the family, in the office, in small communities.

With the Faema Amica you can easily obtain wonderful espressos and even real cappuccinos thanks to the new Cappuccino Magic attachment which sucks the milk from the container or bottle and then delivers it hot, rich and frothy, directly into the cup.

Faema Amica is easy to use, safe and strong; made to an exclusive Faema design and covered by the Faema guarantee.

Available in white and red.

FAEMA, EIN HALBES JAHRHUNDERT KAFFEEHAUS-ERFAHRUNG, VON NUN AB AUCH BEI IHNEN ZU HAUSE FÜR ESPRESSOS UND CAPPUCCINOS.

Seit einem halben Jahrhundert bereitet Faema in Kaffeehäusern und Bars heisse, starke und cremige Espressos sowie schön aufgeschäumte Cappuccinos zu; darum ist der Name Faema in Italien und in der ganzen Welt gleichbedeutend mit ausgezeichneten Espressos und Cappuccinos.

Durch die Entwicklung der "Faema Amica", der kleinen Kaffee-Maschine, stellt Faema die Leistungsfähigkeit der grossen Faema-Maschinen in den Dienst der Familien, der Büros, der kleinen Gemeinschaften. Mit der "Faema Amica" können ausser wunderbaren Espressos auch richtige Cappuccinos zubereitet werden, denn dank der "Cappuccino Magic" · Vorrichtung, der grossen Neuheit von Faema, ist es nun möglich die Milch direkt aus den Packungen anzusaugen und sie schön aufgeschäumt direkt in die Tasse zu füllen.

"Faema-Amica" ist leicht zu bedienen, schnell und zuverlässig; sie wird von Faema garantiert und hat ein exklusives Maschinendesign. Gehäuse in weiss und rot lieferbar.

CARATTERISTICHE TECNICHE • TECHNICAL FEATURES • CARACTERISTIQUES TECHNIQUES • TECHNISCHE MERKMALE	
Alimentazione elettrica • Alimentation électrique • Electrical power supply • Spannungsversorgung	110 V, 60 Hz / 220 V, 50 Hz
Potenza massima assorbita • Puissance maximum absorbée • Maximum absorbed power • Max. Leistungsaufnahme	1280 WATT
Capacità del serbatoio • Capacité du réservoir • Tank capacity • Fassungsvermögen des Behälters	3 l.
Autonomia di produzione di vapore • Autonomie de production de vapeur • Duration of steam production • Dampfproduktion	7 Cappuccini
Tempo necessario alla messa in esercizio • Temps nécessaire pour la mise en fonction • Necessary starting time • Zeit zur Inbetriebnahme	3 min
Capacità caldaia • Capacité du réchauffeur • Boiler capacity • Fassungsvermögen des Kessels	180 cm³
Autonomia di produzione di caffè senza rabboccare con acqua il serbatoio • Autonomie de production de café sans remplir le réservoir • Coffee production without tank refilling • Kaffeproduktion ohne Nachfüllen des Wasserbehälters	60 tazze/60 cups
Dimensioni: larghezza / Dimensions: largeur / Dimensions: width / Abmessungen: Breite	22 cm
lunghezza / longueur / length / Tiefe	27 cm
altezza / hauteur / height / Höhe	34 cm
Peso • Poids • Weight • Gewicht	8 kg

FAEMA
...è Italia nel mondo

FAEMA S.p.A. · Via Ventura, 15 · 20134 Milano (Italy)
Casella Postale (P.O. Box) 12033 · 20100 Milano · Telefono: (02) 2123 / Telex 311573

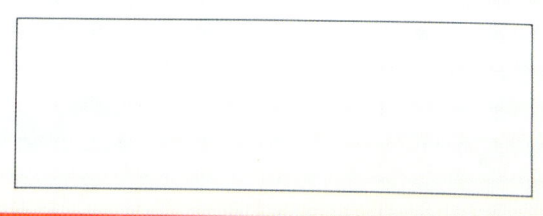

FAEMA family

Con *Cappuccino Magic*

FAEMA RACCOMANDA CAFFÈ SPLENDID ESPRESSOCASA

LATTE MILCH LECHE LAIT MILK

FAEMA

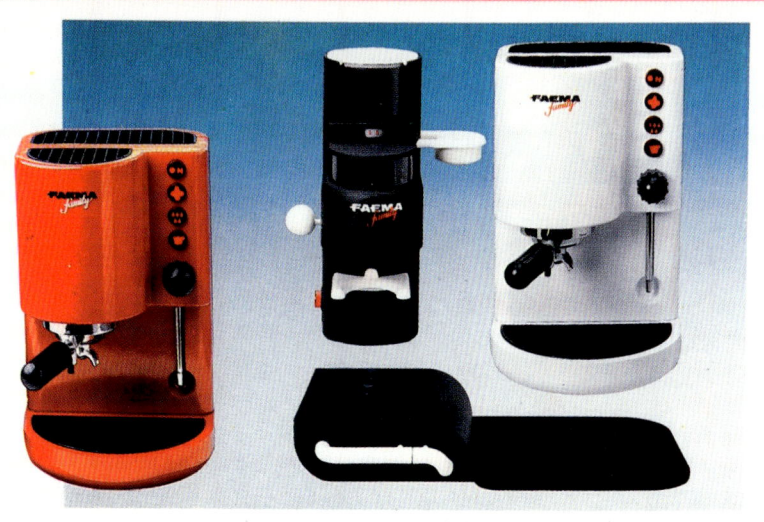

FAEMA, MEZZO SECOLO DI ESPERIENZA NEL BAR, DA OGGI NEL CAFFÈ E CAPPUCCINO DI CASA TUA.

È mezzo secolo che Faema, nei bar, puntualmente serve cappuccini ricchi di schiuma ed espressi ben caldi, densi e cremosi; proprio per questo il nome Faema è diventato in Italia e nel mondo sinonimo di caffè e cappuccini eccellenti. Faema mette al servizio della famiglia, dell'ufficio, della piccola comunità la propria esperienza creando Faema Family la macchina da caffè piccola che offre le prestazioni delle grandi Faemas.
Faema Family da oggi è ancora più completa poiché il Cappuccino Magic, grande novità Faema, permette di ottenere facilmente meravigliosi cappuccini anche in casa; il Cappuccino Magic, infatti, consente di aspirare il latte dal contenitore e di erogarlo caldo e ricco di schiuma direttamente nella tazza.
Faema Family è facile da usare, sicura, robusta; ha un design esclusivo ed è garantita da Faema.
Colori: nero, rosso, bianco; disponibile anche il macinadosatore ed il vassoio.

FAEMA: HALF A CENTURY OF EXPERIENCE TO GIVE YOU GENUINE ITALIAN ESPRESSO COFFEE AND CAPPUCCINO AT HOME.

Nothing tastes better than a good cup of espresso coffe · hot, thick, creamy and rich in aroma. For this very reason the prestigious FAEMA label has been regarded as the synonym for high quality coffee and cappuccino, both at home and abroad. FAEMA puts at the disposal of the Family, of the office and of the small community its own experience by creating "FAEMA FAMILY", the little coffee machine which performs as the bigger FAEMAs. FAEMA FAMILY is now completed by Cappuccino Magic · the latest FAEMA's novelty, which enables you to easily get a superb cappuccino at home. Cappuccino Magic is a frothing device.
It sucks the milk directly from the container (carton or bottle), froths it and automatically delivers hot and fluffy milk, rich in foam, into the cup.
FAEMA FAMILY is easy to use, safe, sturdy and steady, has an exclusive design and is guaranteed by FAEMA.
It is available black, red, white and can be fitted up with the respective coffee-grinder and tray.

APRÈS UN DEMI SIÈCLE D'EXPÉRIENCE AU BAR, FAEMA VOUS OFFRE AUJOURD'HUI À DOMICILE LE BON CAFÉ ESPRESSO ET LE CAPPUCCINO.

Celà fait un demi siècle que Faema sert dans les bars des cappuccino riches en mousse et des cafés espresso bien chauds, denses et crémeux; c'est pour cela que le nom Faema est devenu en Italie et dans le monde entier synonyme d'excellents cafés et cappuccino. Faema met son expérience au service de la famille, du bureau, de la petite communauté en créant la machine à café Faema Family qui offre les performances des grandes machines Faema pour les bars. Aujourd'hui Faema Family devient encore plus complète: le Cappuccino Magic, grande nouveauté Faema, permet d'obtenir facilement chez vous d'exquis cappuccino. Avec le Cappuccino Magic le lait est aspiré de son récipient et s'écoule, chaud et riche en mousse, directement dans la tasse. Faema Family est facile à employer, sûre, solide; elle a un design exclusif et elle est garantie par Faema.
Couleurs: noire, rouge, blanche; le moulin-doseur et le plateau avec tiroirs sont également disponibles.

DANK FAEMA TRINKEN SIE HEUTE EINEN VORZÜGLICHEN ESPRESSO UND CAPPUCCINO AUCH ZU HAUSE.

Seit einem halben Jahrhundert bietet Faema in den Kaffees schaumige Cappuccinos und warme, geschmackvolle Espressos an, deshalb ist Faema in Italien und in der ganzen Welt zum Synonim für vorzügliche Kaffees und Cappuccinos geworden. Faema stellt den Familien, den Büros, den kleinen Gemeinschaften ihre Erfahrung zur Verfügung, indem sie die kleine Kaffeemaschine Faema Family geschaffen hat, die den Leistungen der großen entspricht. Faema Family ist von heute ab noch kompletter, den durch Cappuccino Magic, die große Neuheit Faema, kann man ohne Schwierigkeiten auch zu Hause einen vorzüglichen Cappuccino bereiten; der Cappuccino Magic saugt die Milch aus dem Behälter und schenkt sie warm und schaumig direkt in die Tasse ein. Faema Family ist einfach im Gebrauchen, sie ist sicher und widerstandsfähig; ihr Design ist exklusiv und sie wird von Faema garantiert.
Die Family ist erhältlich in folgenden Farben: schwarz, rot, weiß; dazu auch die entsprechende Kaffeemühle und der Sockel mit Schubladen.

CARATTERISTICHE TECNICHE • TECHNICAL FEATURES • CARACTERISTIQUES TECHNIQUES • TECHNISCHE MERKMALE

Alimentazione elettrica • Alimentation électrique • Electrical power supply • Spannungsversorgung	120 V, 60 Hz / 220 V, 50 Hz
Potenza massima assorbita • Puissance maximum absorbée • Maximum absorbed power • Max. Leistungsaufnahme	1000 Watts
Capacità del serbatoio • Capacité du réservoir • Tank capacity • Fassungsvermögen des Behälters	2 lt.
Autonomia di produzione di vapore • Autonomie de production de vapeur • Duration of steam production • Dampfproduktion	4 min.
Tempo necessario alla messa in esercizio • Temps nécessaire pour la mise en fonction • Necessary starting time • Zeit bis zur Inhetriebnahme	2 min.
Capacità caldaia • Capacité du réchauffeur • Boiler capacity • Fassungsvermögen des Kessels	250 cc.
Autonomia di produzione di caffè senza rabboccare con acqua il serbatoio • Autonomie de production de café sans remplir le réservoir Coffe production without tank refilling • Kaffeeproduktion ohne Nachfüllen des Wasserbehälters	40 tazze 40 cups
Dimensioni: Dimensions: Dimensions: Abmessungen: larghezza largeur width Breite lunghezza longueur lenght Tiefe altezza hauteur height Höhe	 24 cm. 26,5 cm. 37,5 cm.
Peso • Poids • Weight • Gewicht	10 Kg.

FAEMA
...è Italia nel mondo

FAEMA S.p.A. - Via Ventura, 15 - 20134 Milano (Italy)
Casella Postale (P.O. Box) 12033 / 20100 Milano - Telefono: (02) 2123 / Telex 311573

due a · due s

Macchine da caffè espresso

La macchina per tutte le esigenze.
Il suo stile completamente moderno e le dimensioni relativamente contenute permettono di collocarla in qualsiasi ambiente.
Facile da utilizzare e manutenere.
E' dotata di una caldaia di grandi dimensioni che permette un'elevata produzione di acqua e vapore, assicurando una qualità costante di caffè.
L'ottima qualità del prodotto è offerta ad un prezzo altamente competitivo.

due a
- Macchina da caffè automatica elettronica con dosatura programmabile
- Versioni da 1, 2 e 3 gruppi
- Carrozzeria in makrolon e telaio in acciaio inox
- Colori: grigio e amaranto
- 1 lancia (1 gruppo) o 2 lance (2-3 gruppi) vapore snodabili a 360°
- 1 lancia acqua calda
- Autolivello elettronico
- Pompa volumetrica incorporata, addolcitore esterno

due s
- Macchina da caffè semiautomatica ad erogazione continua
- Versioni da 1, 2 e 3 gruppi
- Carrozzeria in makrolon e telaio in acciaio inox
- Colori: grigio e amaranto
- 1 lancia (1 gruppo) o 2 lance (2-3 gruppi) vapore snodabili a 360°
- 1 lancia acqua calda
- Autolivello elettronico
- Pompa volumetrica incorporata, addolcitore esterno

DUE A 1 gruppo

DUE S 2 gruppi

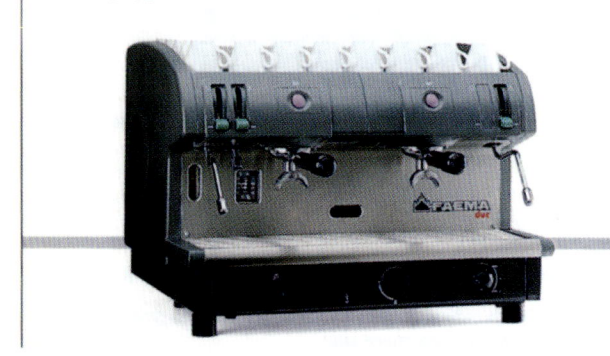

DUE A 3 gruppi

Faema modelli Due A e Due S. Dépliant pubblicitario.
Faema Due A and Due S models. Promotional brochure.
Faema-Maschinen, Modelle Due A und Due S. Werbeprospekt.

FAEMA

due a
due s

DUE A 2 Gr.

DUE S 3 Gr.

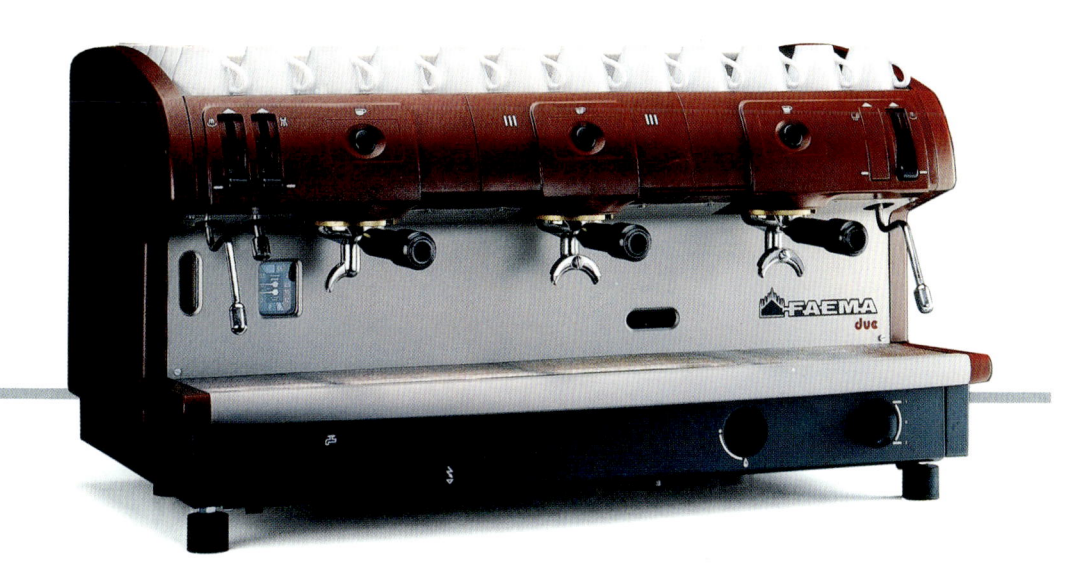

1980 – 1990

357

1980 – 1990

FAEMA *Express Lux*
La macchina da caffè elettronica

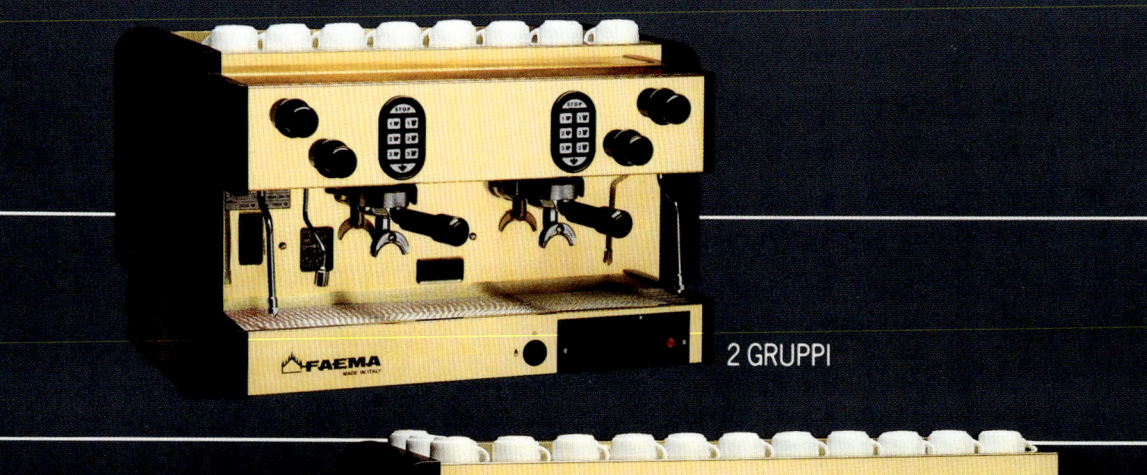

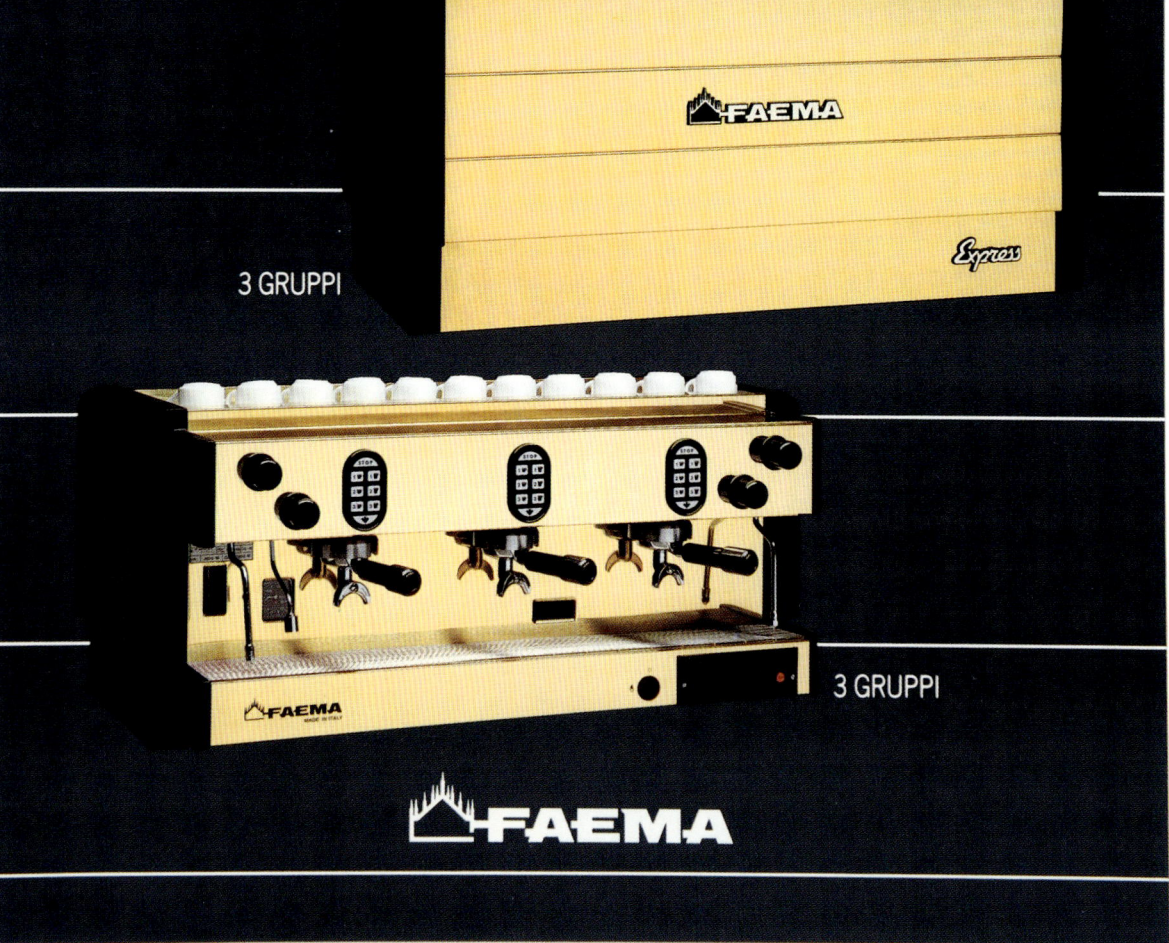

2 GRUPPI

3 GRUPPI

3 GRUPPI

FAEMA

377 - 378 - 379 - 380
Faema modello Express Lux. Dépliant pubblicitario.
Faema Express Lux model. Promotional brochure.
Faema-Maschine, Modell Express Lux. Werbeprospekt.

FAEMA Express Lux

SCHEDA TECNICA
- Automatica elettronica con dosatura programmabile.
- Versioni da 2, 3 gruppi.
- Riscaldamento elettrico.
- Carrozzeria in puro ottone e alluminio.
- 2 lance vapore; 1 lancia acqua calda.
- Comando erogazione caffè tramite tastiera a membrane.
- Manometro doppio per il controllo della pressione pompa e caldaia.
- Spia macchina in tensione.
- Autolivello elettronico di serie.
- Pompa incorporata di serie.
- Cassetto di distribuzione elettrica estraibile.
- Alimentazione: 220V, 50Hz monofase, 380V, 50Hz trifase.
- Assorbimento resistenza: 2 gruppi 2600W, 3 gruppi 3700W.
- Optional: riscaldamento a gas, scaldatazze a vapore, cappuccino magic, superfiltro, portafiltro a 3 beccucci.

FICHE TECHNIQUE
- Automatique électronique avec dosage programmable.
- Versions de 2, 3 groupes.
- Chauffage électrique.
- Carrosserie en pur laiton et aluminium.
- 2 robinets vapeur; 1 robinet eau chaude.
- Commande débit café par claviers à membrane.
- Double manomètre pour le contrôle de la pression de la pompe et de la chaudière.
- Voyant machine sous tension.
- Remplissage automatique de la chaudière par un dispositif éléctronique de série.
- Pompe incorporée de série.
- Boîtier commandes électriques coulissant.
- Voltage: 220V, 50Hz monophasé / 380V, 50Hz triphasé.
- Puissance de la résistance: 1 groupe 2500W, 2 groupes 3500W et 3 groupes 5000W.
- En option: chauffage à gaz, chauffetasses à vapeur, cappuccino magic, filtre hotel, portafiltre à 3 becs.

TECHNICAL CARD
- Automatic electronic unit with programmable dosing.
- 2 and 3 group versions.
- Electric heating.
- A solid brass and aluminium outer casing.
- 2 steam spouts; 1 hot water spout.
- Coffee brewing control by means of touch-buttons.
- Double pressure gauge for pump and boiler pressure control.
- "ON" pilot lamp.
- Electronic water level control for all models.
- Built-in pump.
- Electric distribution drawer, extractable.
- Voltage: 220V, 50Hz single phase / 380V, 50Hz three-phase.
- Resistance power: 1 group-unit: 2500W · 2 group-unit: 3500W 3 group-unit 5000W.
- Optionals: gas-heating, steam cup warmer, cappuccino magic (standard accessories for some countries only), superfilter, superfilter-holder for 3 cups.

FAEMA
...è Italia nel mondo
FAEMA S.p.A. - Via Ventura, 15 - 20134 Milano (Italy)
Casella Postale (P.O.Box) 12033 - 20100 Milano
Telefono (02) 2123 / Telex 311573 / Telefax (02) 26412877

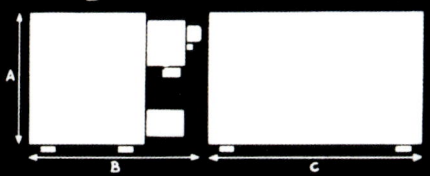

Gruppi / Groupes / Groups / Gruppen / Grupos	A mm	B mm	C mm	Capacità caldaia / Capacité chaudière / Boiler capacity / Kesselinhalt / Capacidad caldera
2	470	560	722	11 lt.
3	470	560	974	17,5 lt.

TECHNISCHE MERKMALE
- Elektronische Espresso-Kaffee-Maschine mit programmierbarer Dosierung
- Ausführung in 2 oder 3 Gruppen.
- Elektrische Aufheizung.
- Gehäuse in rein - Messing und Aluminium.
- 2 Dampfrohre, 1 Heißwasserrohr.
- Kaffeeausgabe durch elektronische Dosierung.
- Doppelmanometer für Kessel-und Pumpendruckkontrolle.
- Warnlampe für eingeschaltete Maschine.
- Serienmäßige elektronische Wasserfüllung.
- Serienmäßige eingebaute volumetrische Pumpe bei den 2 u. 3 gruppigen Kaffee-Maschinen.
- Herausnehmbare Stromverteilungsschublade.
- Spannung: 220V. 50Hz. einphasig / 380V. 50Hz. dreiphasig.
- Widerstandsleistung: 1 Gruppen: 2500W · 2 Gruppen: 3500W 3 Gruppen: 5000W.
- Auf Anfrage: Gas-Aufheizung, Dampf-Tassenvorwärmer, Cappuccino Magic, Hotelsieb, Hotelsiebträger mit 3 Ausgabekanälen.

FICHA TECNICA
- Automática electrónica con dosificación regulable.
- Versiones de 2, 3 grupos.
- Calentamiento eléctrico.
- Carrocéria de puro latón y aluminio.
- 2 lanzas de vapor; 1 lanza para el agua caliente.
- Mando de erogación de café por medio de taclado a membrana.
- Manómetro doble para el control de la presión de la caldera y de la bomba.
- Luz avisadora máquina en tensión.
- Autonivel electrónico (serie).
- Bomba incorporada (serie).
- Caja de alimentación eléctrica extraibile.
- Voltaje: 220V, 50Hz monofásico / 380V, 50Hz trifásico.
- Potencia de la resistencia: 2 grupos 2600W, 3 grupos 3700W.
- Opciónales: calentamiento a gas, calentatazas por medio de vapor, cappuccino magic, superfiltro, portafiltro de 3 picos.

FAEMA Express
La macchina da caffè elettronica

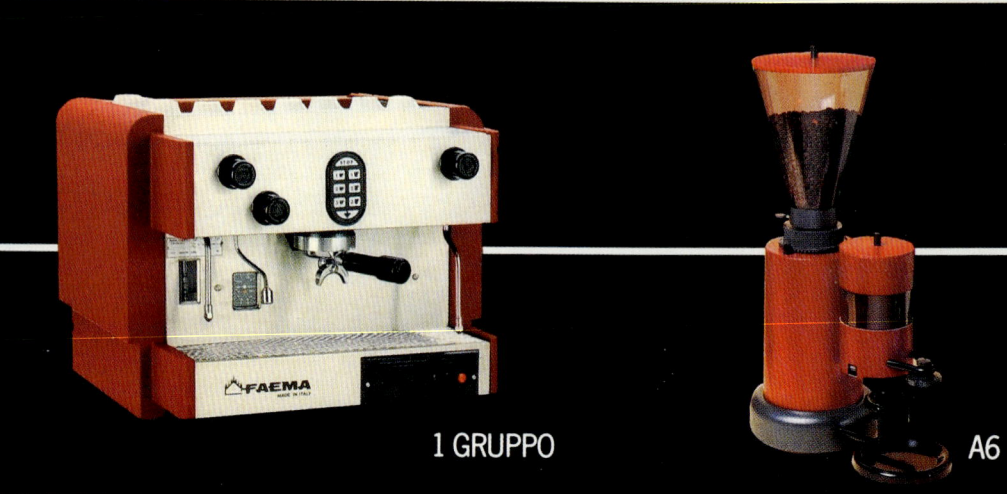

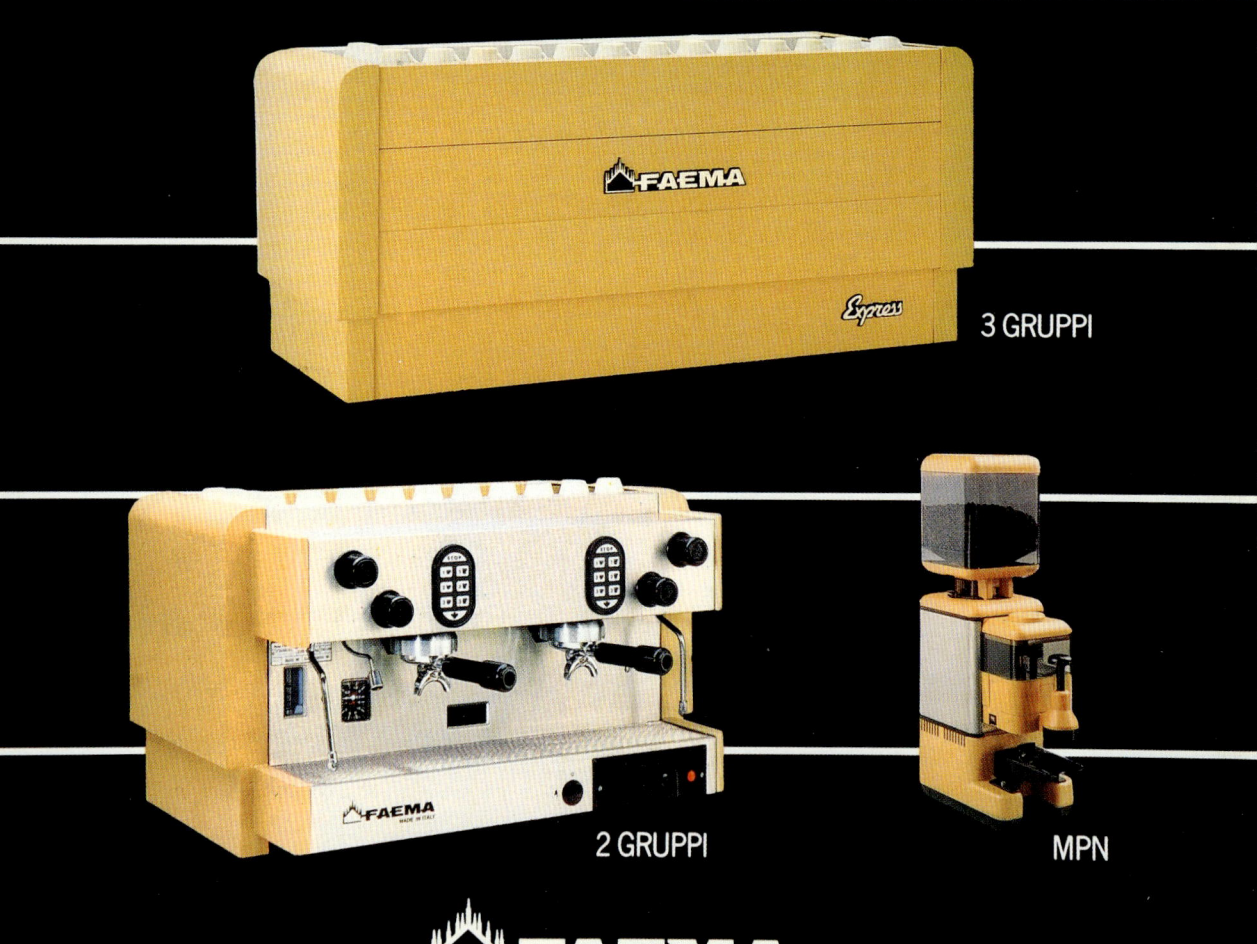

1 GRUPPO

A6

3 GRUPPI

2 GRUPPI

MPN

FAEMA

FAEMA Express

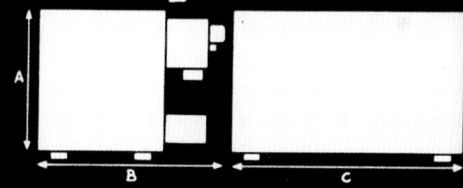

SCHEDA TECNICA
- Automatica elettronica con dosatura programmabile.
- Versioni da 2, 3 gruppi.
- Riscaldamento elettrico.
- Carrozzeria in metallo, disponibile in caramel ed amaranto.
- 2 lance vapore; 1 lancia acqua calda.
- Comando erogazione caffè tramite tastiera a membrane.
- Manometro doppio per il controllo della pressione pompa e caldaia.
- Spia macchina in tensione.
- Autolivello elettronico di serie.
- Pompa incorporata di serie.
- Cassetto di distribuzione elettrica estraibile.
- Alimentazione: 220V, 50Hz monofase, 380V, 50Hz trifase.
- Assorbimento resistenza: 2 gruppi 2600W, 3 gruppi 3700W.
- Optional: riscaldamento a gas, scaldatazze a vapore, cappuccino magic, superfiltro, portafiltro a 3 beccucci.

FICHE TECHNIQUE
- Automatique électronique avec dosage programmable.
- Versions de 1, 2, 3 groupes.
- Chauffage électrique.
- Carrosserie en métal, livrable en deux couleurs: caramel et amarante.
- 2 robinets vapeur; 1 robinet eau chaude.
- Commande débit café par claviers à membrane.
- Double manomètre pour le contrôle de la pression de la pompe et de la chaudière.
- Voyant machine sous tension.
- Remplissage automatique de la chaudière par un dispositif électronique de série.
- Pompe incorporée de série.
- Boîtier commandes électriques coulissant.
- Voltage: 220V, 50Hz monophasé / 380V, 50Hz triphasé.
- Puissance de la résistance: 1 groupe 2500W, 2 groupes 3500W et 3 groupes 5000W.
- En option: chauffage à gaz, chauffetasses à vapeur, cappuccino magic, filtre hotel, portefiltre à 3 becs.

TECHNICAL CARD
- Automatic electronic unit with programmable dosing.
- 1, 2 and 3 group versions.
- Electric heating.
- Metal outer casing, available in two colours: caramel and blood red.
- 2 steam spouts; 1 hot water spout.
- Coffee brewing control by means of touch-buttons.
- Double pressure gauge for pump and boiler pressure control.
- "ON" pilot lamp.
- Electronic water level control for all models.
- Built-in pump.
- Electric distribution drawer, extractable.
- Voltage: 220V, 50Hz single phase / 380V, 50Hz three-phase.
- Resistance power: 1 group-unit: 2500W · 2 group-unit: 3500W · 3 group-unit 5000W.
- Optionals: gas-heating, steam cup warmer, cappuccino magic (standard accessories for some countries only), superfilter, superfilter-holder for 3 cups.

Gruppi / Groupes / Groups / Gruppen / Grupos	A mm	B mm	C mm	Capacità caldaia / Capacité chaudière / Boiler capacity / Kesselinhalt / Capacidad caldera
1	470	560	555	8 lt.
2	470	560	722	11 lt.
3	470	560	974	17,5 lt.

TECHNISCHE MERKMALE
- Elektronische Espresso-Kaffee-Maschine mit programmierbarer Dosierung
- Ausführung in 1, 2 oder 3 Gruppen.
- Elektrische Aufheizung.
- Gehäuse aus Metall, erhältlich in den Farben: karamel oder dunkelrot
- 2 Dampfrohre, 1 Heißwasserrohr.
- Kaffeeausgabe durch elektronische Dosierung.
- Doppelmanometer für Kessel-und Pumpendruckkontrolle.
- Warnlampe für eingeschaltete Maschine.
- Serienmäßige elektronische Wasserfüllung.
- Serienmäßige eingebaute volumetrische Pumpe bei den 2 u. 3 gruppigen Kaffee-Maschinen.
- Herausnehmbare Stromverteilungsschublade.
- Spannung: 220V. 50Hz. einphasig / 380V. 50Hz. dreiphasig.
- Widerstandsleistung: 1 Gruppen: 2500W · 2 Gruppen: 3500W · 3 Gruppen: 5000W.
- Auf Anfrage: Gas-Aufheizung, Dampf-Tassenvorwärmer, Cappuccino Magic, Hotelsieb, Hotelsiebträger mit 3 Ausgabekanälen.

FICHA TECNICA
- Automática electrónica con dosificación regulable.
- Versiones de 1, 2, 3 grupos.
- Calentamiento eléctrico.
- Carroceria metálica, disponible en dos colores: beige y vino tinto.
- 2 lanzas de vapor; 1 lanza para el agua caliente.
- Mando de erogación de café por medio de taclado a membrana.
- Manómetro doble para el control de la presión de la caldera y de la bomba.
- Luz avisadora máquina en tensión.
- Autonivel electrónico (serie).
- Bomba incorporada (serie).
- Caja de alimentación eléctrica extraibile.
- Voltaje: 220V, 50Hz monofásico / 380V, 50Hz trifásico.
- Potencia de la resistencia: 2 grupos 2600W, 3 grupos 3700W.
- Opciónales: calentamiento a gas, calentatazas por medio de vapor, cappuccino magic, superfiltro, portafiltro de 3 picos.

FAEMA
...è Italia nel mondo

FAEMA S.p.A. - Via Ventura, 15 - 20134 Milano (Italy)
Casella Postale (P.O.Box) 12033 - 20100 Milano
Telefono (02) 2123 / Telex 311573 / Telefax (02) 26412877

1980 – 1990

FAEMA

Express

Special

Express 3 Gr.

Special Lux 3 Gr.

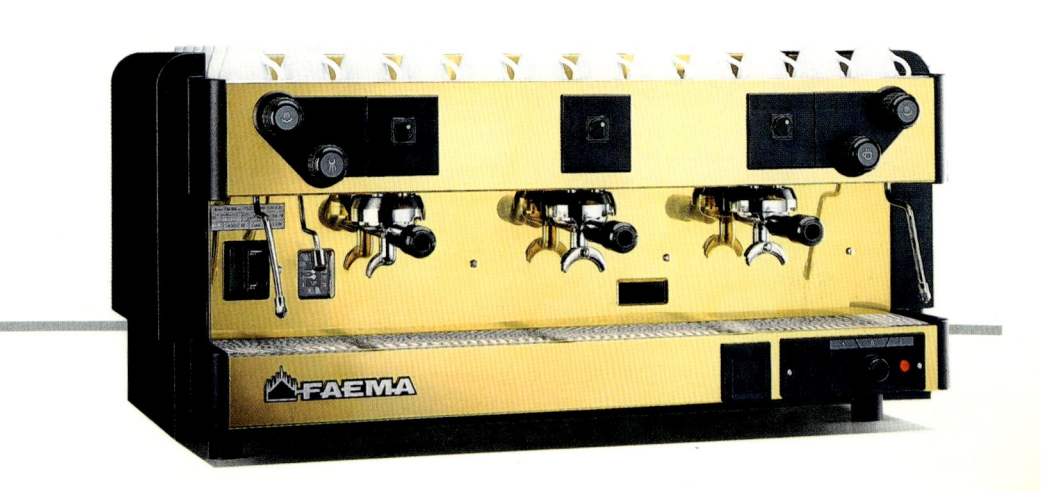

362

381 - 382
Faema modelli Express e Special. Dépliant pubblicitario.
Faema Express and Special models. Promotional brochure.
Faema-Maschine, Modelle Express und Special. Werbeprospekt.

FAEMA Special

SCHEDA TECNICA
- Semiautomatica ad erogazione continua.
- Versione da 2 e 3 gruppi.
- Riscaldamento elettrico.
- Carrozzeria in metallo, disponibile in due colori: karamell ed amaranto.
- 2 lance vapore, 1 lancia acqua calda.
- Comando erogazione caffè tramite tasto.
- Leva manuale di riempimento caldaia.
- Manometro doppio per il controllo della pressione in caldaia e della pressione della pompa.
- Cassetto di distribuzione elettrica estraibile.
- Assorbimento resistenza: 2 gruppi 2.600 W, 3 gruppi 3.700 W.
- Alimentazione: 220 V, 50 Hz monofase; 380 V 50, Hz trifase.
- Optionals: riscaldamento a gas, scaldatazze a vapore, autolivello elettronico, Cappuccino Magic, superfiltro, portafiltro a tre beccucci.

Gruppi / Groupes / Groups / Gruppen / Grupos	A mm.	B mm.	C mm.	Capacità caldaia / Capacité chaudière / Boiler capacity / Kesselinhalt / Capacidad caldera
2	470	560	722	10 lt.
3	470	560	974	17 lt.

FICHE TECHNIQUE
- Semiautomatique à débit continu.
- Versions de 2 et 3 groupes.
- Chauffage électrique.
- Carrosserie en métal, livrable en deux couleurs: caramel et amarante.
- 2 robinets vapeur, 1 robinet eau chaude.
- Commande débit café par touche.
- Levier remplissage manuel de la chaudière.
- Double manomètre pour le contrôle de la pression de la chaudière et de la pompe.
- Boîtier d'alimentation électrique coulissant.
- Puissance de la résistance: 2 groupes 3.000 W, 3 groupes 4.000 W.
- Voltage: 220 V, 50 hz monophasé; 380 V 50 Hz triphasé.
- Optionals: chauffage à gaz, chauffe-tasses à vapeur, kit entrée d'eau électronique, Cappuccino Magic, filtre hotel, portefiltre à 3 becs.

TECHNICAL CARD
- Semi-automatic unit with continuous coffee brewing.
- 2- and 3-group versions.
- Electrical heating.
- Metal outer casing, available in two colours: caramel and blood red.
- 2 steam spouts, 1 hot water spout.
- Coffee brewing control by means of a push-button.
- Lever for manual boiler filling.
- Double gauge for boiler and pump pressure control.
- Electric distribution drawer, extractable.
- Resistance power: 2 group-unit: 3.000 W - 3 group-unit: 4.000 W.
- Voltage: 220 V, 50 Hz. single phase - 380 V. 50 Hz. three-phase.
- Optionals: gas-heating, steam cup warmer, electronic water level control, Cappuccino Magic, superfilter, superfilterholder for 3 cups.

TECHNISCHE MERKMALE
- halbautomatische Maschine mit Dauerausgabe.
- Ausführung in 2 oder 3 Gruppen.
- Elektrische Aufheizung.
- Gehäuse aus Metall, erhältlich in den Farben: karamel oder dunkelrot.
- 2 Dampfrohre, 1 Heißwasserrohr.
- Kaffeeausgabe durch Taste.
- Handhebel für Kesselfüllung.
- Doppelmanometer für Kessel-und Pumpendruckkontrolle.
- Herausnehmbare Stromverteilung-Schublade.
- Widerstandsleistung: 2 Gruppen: 3.000 W - 3 Gruppen: 4.000 W.
- Spannung: 220 V. 50 Hz. einphasig - 380 V. 50 Hz. dreiphasig.
- Zubehör auf Anfrage: Gas-Aufheizung, Dampf-Tassenvorwärmer, Elektronische Wasserfüllung, Cappuccino Magic, Hotelsieb, Hotelsiebträger mit 3 Ausgabekanälen.

FICHA TECNICA
- Semiautomatica con erogación continua.
- Versiones de 2 y 3 grupos.
- Calefacción eléctrica.
- Carrocería en metal, disponible en dos colores: caramelo y amaranto.
- 2 lanzas para el vapor, 1 lanza para el agua caliente.
- Mando de erogación del café por medio de una tecla.
- Palanca para el relleno manual de agua en la caldera.
- Manómetro doble para el control de la presión en la caldera y de la bomba.
- Caja de alimentación electrica extraible.
- Potencia de la resistencia: 2 grupos 2.600 W, 3 grupos 3.700 W.
- Voltaje: 220 V, 50 Hz monofásico; 380 V, 50 Hz trifásico.
- Opciones: calefacción a gas, calientatazas a vapor, autonivel electrónico, Cappuccino Magic, superfiltro, portafiltro de tres picos.

FAEMA
...è Italia nel mondo
FAEMA S.p.A. - Via Ventura, 15 - 20134 Milano (Italy)
Casella Postale (P.O.Box) 12033 - 20100 Milano
Telefono (02) 2123 / Telex 311573 / Telefax (02) 26412877

FAEMA

E91
E91 S
by Giugiaro Design

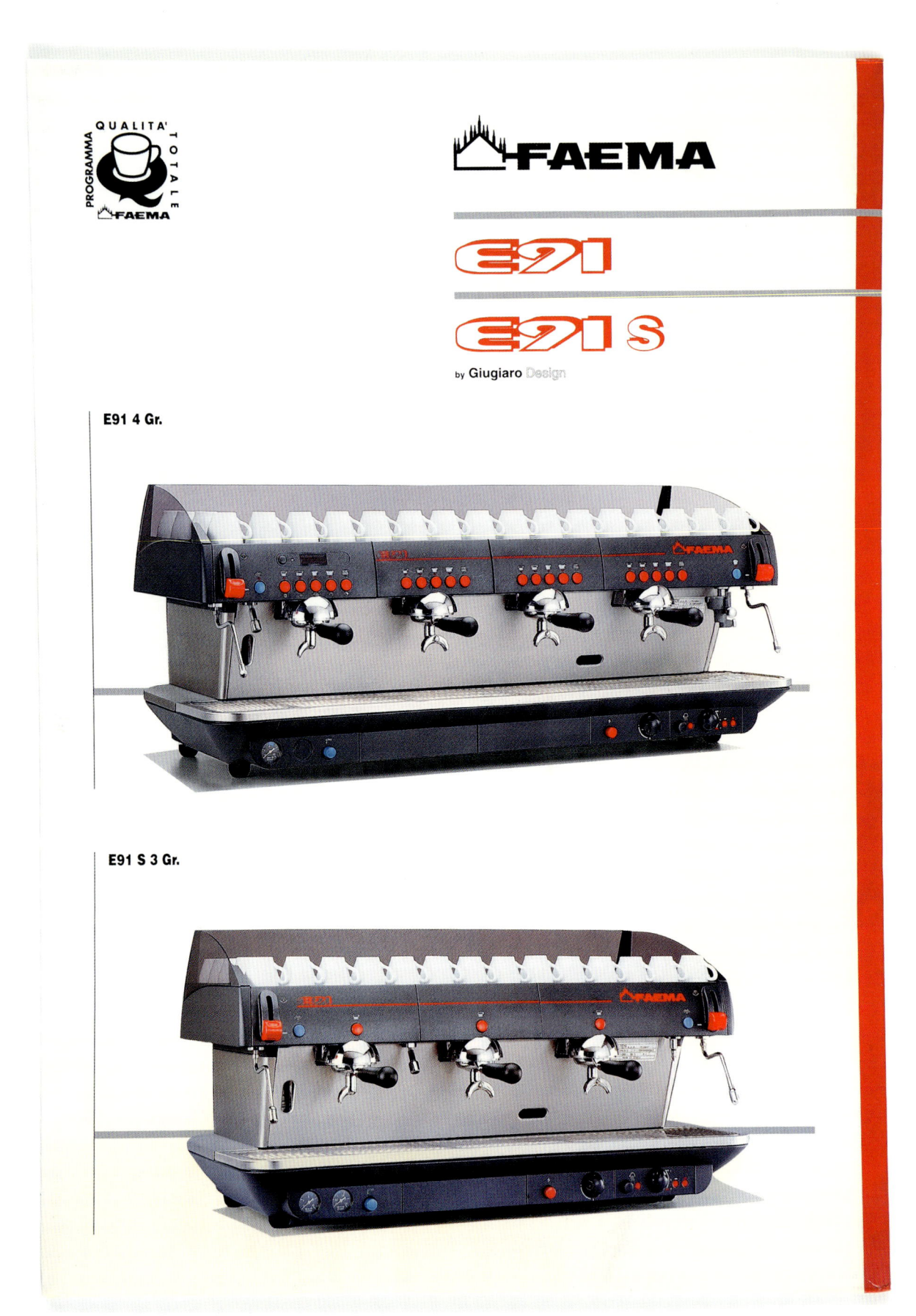

E91 4 Gr.

E91 S 3 Gr.

383 - 384 - 385 - 386

Faema modelli E91 e E91s. Design by Giugiaro Design in collaborazione con l'ufficio tecnico Faema. Dépliant pubblicitario.
Faema E91 and E91S models. Designed by Giugiaro Design in cooperation with the Faema technical office. Promotional brochure.
Faema-Maschinen, Modelle E91 und E91s. Design by Giugiaro Design in Zusammenarbeit mit der Faema-Konstruktionsabteilung. Werbeprospekt.

E91

1990 – 2000

Macchina da caffè E91 2 gruppi

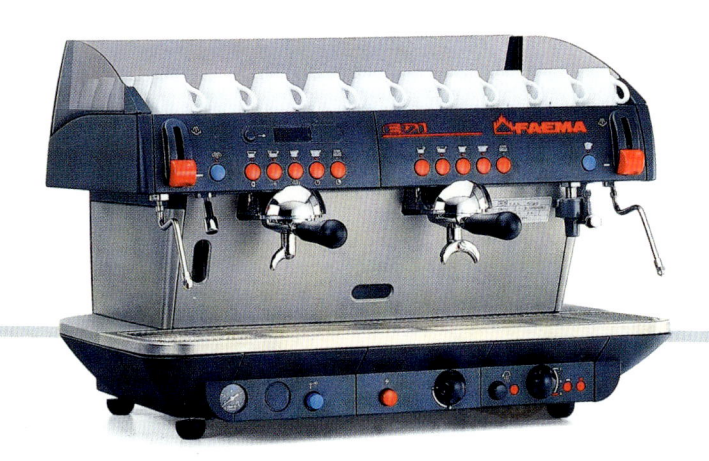

365

Macchina da caffè E91 4 gruppi

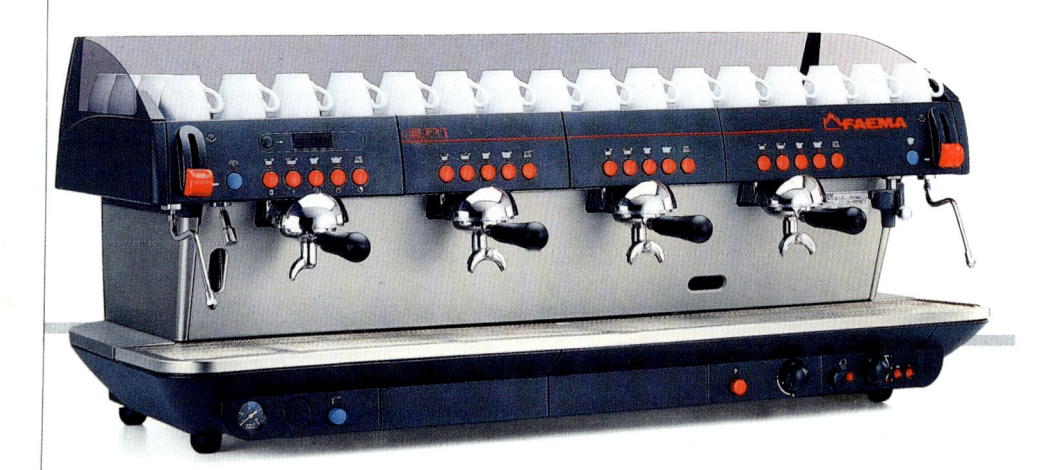

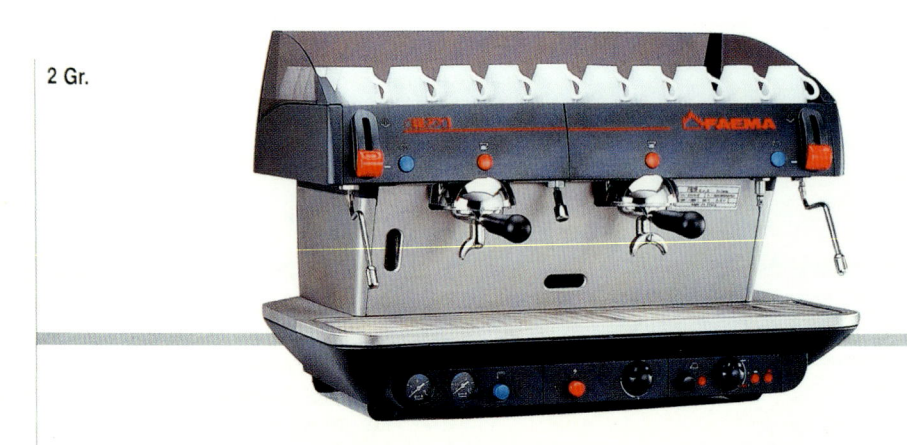

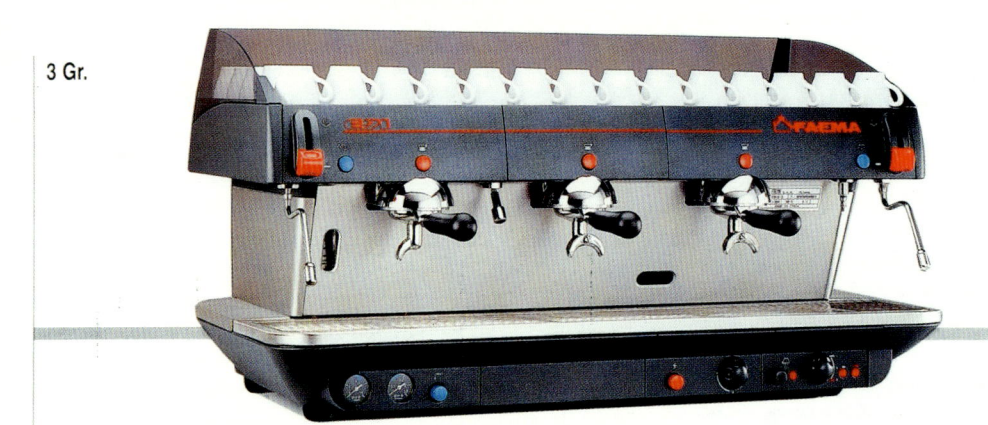

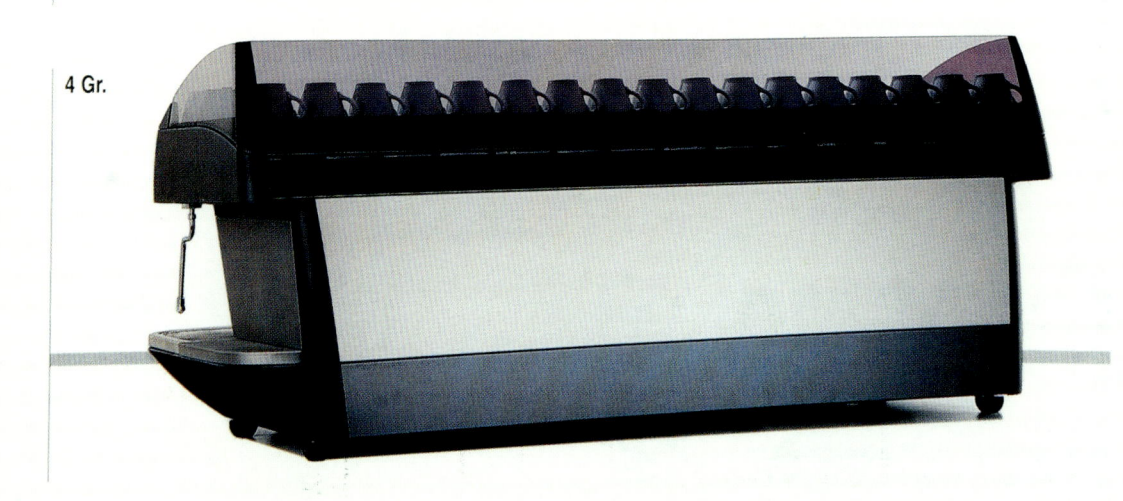

FAEMA

E91 S

2 Gr.

3 Gr.

4 Gr.

E91 S

CARATTERISTICHE TECNICHE

- Macchina da caffè semiautomatica ad erogazione continua
- Versioni da 2,3,4 gruppi.
- Carrozzeria in makrolon, acciaio, e alluminio pressofuso.
- Colore grigio.
- 2 lance vapore.
- 1 lancia acqua calda con comando a pulsante.
- Cappuccinatore Faema "**Cappuccino Magic**" con comando a pulsante. Patented: U.S. 4.779.519-4.715.274 Europe 0243326
- Pompa volumetrica incorporata.
- Autolivello.
- Manometro doppio per la pressione caldaia e pompa.
- Scaldatazze.
- Riscaldamento elettrico ed a gas con accensione piezoelettrica.
- Pulsante manuale di riempimento caldaia.
- Indicatori luminosi: macchina in tensione/scaldatazze.
- Voltaggio: 220V - 50/60 Hz monofase; 380V 3N 50 Hz.
- Assorbimento: 2 gruppi 2.900 watt; 3 gruppi 4.000 watt; 4 gruppi 5.300 watt.

TECHNICAL CHARACTERISTICS

- Semi - automatic espresso coffee machine with continuous coffee brewing.
- 2-, 3- and 4- group models.
- Makrolon, steel and die-cast aluminium outer casing.
- Color: grey.
- 1 hot water spout with push-button control.
- "**Cappuccino Magic**" with push-button control. Patented: U.S. 4.779.519-4.715.274 Europe 0243326
- 2 steam spouts.
- Built - in volumetric pump.
- Electronic automatic water level control.
- Double pressure gauge for boiler and pump pressure control.
- Push-button for manual boiler filling.
- Voltage: 220V - 50/60 Hz single phase; 380V 3N 50 Hz; 240V - 50 Hz single phase.
- Rated input: 2 group - unit 3.800 watt; 3 group - unit 5.300 watt; 4 group - unit 5.300 watt.

FICHE TECHNIQUE

- Machine à café semi - automatique à débit continu.
- Versions de 2,3,4 groupes.
- Carrosserie en makrolon, acier et aluminium.
- Disponible dans la couleur grise.
- 1 lance eau chaude avec commande à bouton.
- "**Cappuccino Magic**" avec commande à bouton. Patented: U.S. 4.779.519-4.715.274 Europe 0243326
- 2 lances vapeur.
- Pompe volumétrique incorporée.
- Niveau électronique automatique.
- Manomètre double pour le contrôle de la pression chaudière et pompe.
- Bouton de remplissage chaudière.
- Voltage: 220V - 50/60Hz monophasé; 380V 3N 50 Hz.
- Absorption: 2 groupes 3.800 watt; 3 groupes 5.300 watt; 4 groupes 5.300 watt.

TECHNISCHE EIGENSCHAFTEN

- Halbautomatische Espressokaffeemaschine.
- Lieferbar mit 2,3 und 4 Verteilergruppen.
- Maschinengehäuse: Makrolon und Edelstahl.
- Gehäusefarbe: grau.
- 1 tasterbetätigter Heißwasserauslauf.
- 2 Dampfhähne.
- "**Cappuccino Magic**" Vorrichtung für Milchaufschäumung Tasterbetätigt. Patented: U.S. 4.779.519-4.715.274 Europe 0243326
- Automatische Kesselfüllstandskontrolle.
- Doppelmanometer für Pumpen-und Kesseldruck.
- Eingebaute volumetrische Pumpe.
- Manuelle Kesselfüllung Tasterbetätigt.
- Nennspannung: 220V - 50/60 Hz einphasig; 380V 3N 50 Hz (andere Ausführungen auf Anfrage).
- Anschlußleistung: 2 Gruppen: 3.800 watt; 3 Gruppen 5300 watt; 4 Gruppen 5.300 watt.

CARACTERISTICAS TECNICAS

- Máquina de café semiautomática con erogación continua.
- Versiones de 2,3,4 grupos.
- Carrocería de makrolón y acero.
- Disponible en gris.
- 1 lanza de agua caliente con mando de bóton.
- "**Cappuccino Magic**" con mando de bóton. Patented: U.S. 4.779.519-4.715.274 Europe 0243326
- 2 lanzas de vapor.
- Bomba volumétrica incorporada.
- Manómetro doble para el control de la presión de la caldera y de la bomba.
- Calienta - tazas.
- Calentamiento eléctrico y de gas con encendido por chispas.
- Bóton para llenar la caldera.
- Indicadores luminosos: máquina en tensión/calienta - tazas.
- Voltaje: 220V - 50/60 Hz monofásico; 380V 3N 50 Hz.
- Consumo: 2 grupos de 2.900 wat; 3 grupos de 4.000 wat; 4 grupos de 5.300 wat.

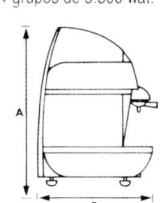

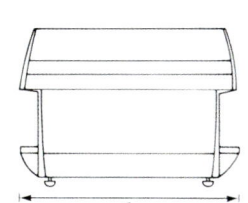

Gruppi / Groups / Groupes / Cruppen / Grupos	A mm	B mm	C mm	Capacità caldaia / Boiler capacity / Capacité chaudière / Kesselinhalt / Capacidad caldera
2	500	560	760	11,0 lt.
3	500	560	1000	17,5 lt.
4	500	560	1240	24,1 lt.

- Caratteristiche soggette a variazione.
- Technical features subject to change.
- Caractéristiques sujettes à modifications.
- Technische Änderungen vorbehalten.
- Caracteristicas sujatas a modificaciones.

FAEMA

FAEMA S.p.A. - Stabilimento e Uffici :
Via XXV Aprile, 15 / I - 20097 San Donato Milanese (MI)
Tel. ..39 2 51601-1 / Fax ..39 2 55 700 420 / Telex 311573

FAEMA
avanguardia e tradizione

Faema è da mezzo secolo leader mondiale nella costruzione di macchine da caffè espresso e cappuccino. Dalla mitica E61 all'attuale E91, perfetta unione della più moderna tecnologia con il design italiano, Faema soddisfa da sempre le aspettative dei migliori professionisti del settore.

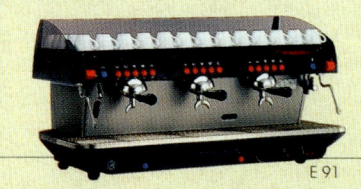

E61 E91

FAEMA
LA SCELTA PROFESSIONALE

FAEMA S.p.A. - Stabilimento e Uffici: Via XXV Aprile, 15 / 20097 San Donato Milanese (MI) / Tel. (02) 51601-1 / Fax (02) 55 700 420 / Telex 311573

PROGRAMMA QUALITA' TOTALE FAEMA

387
Faema, anno 1991. Dépliant pubblicitario.
1991 Faema coffee machine. Promotional brochure.
Faema (1991), Werbeprospekt.

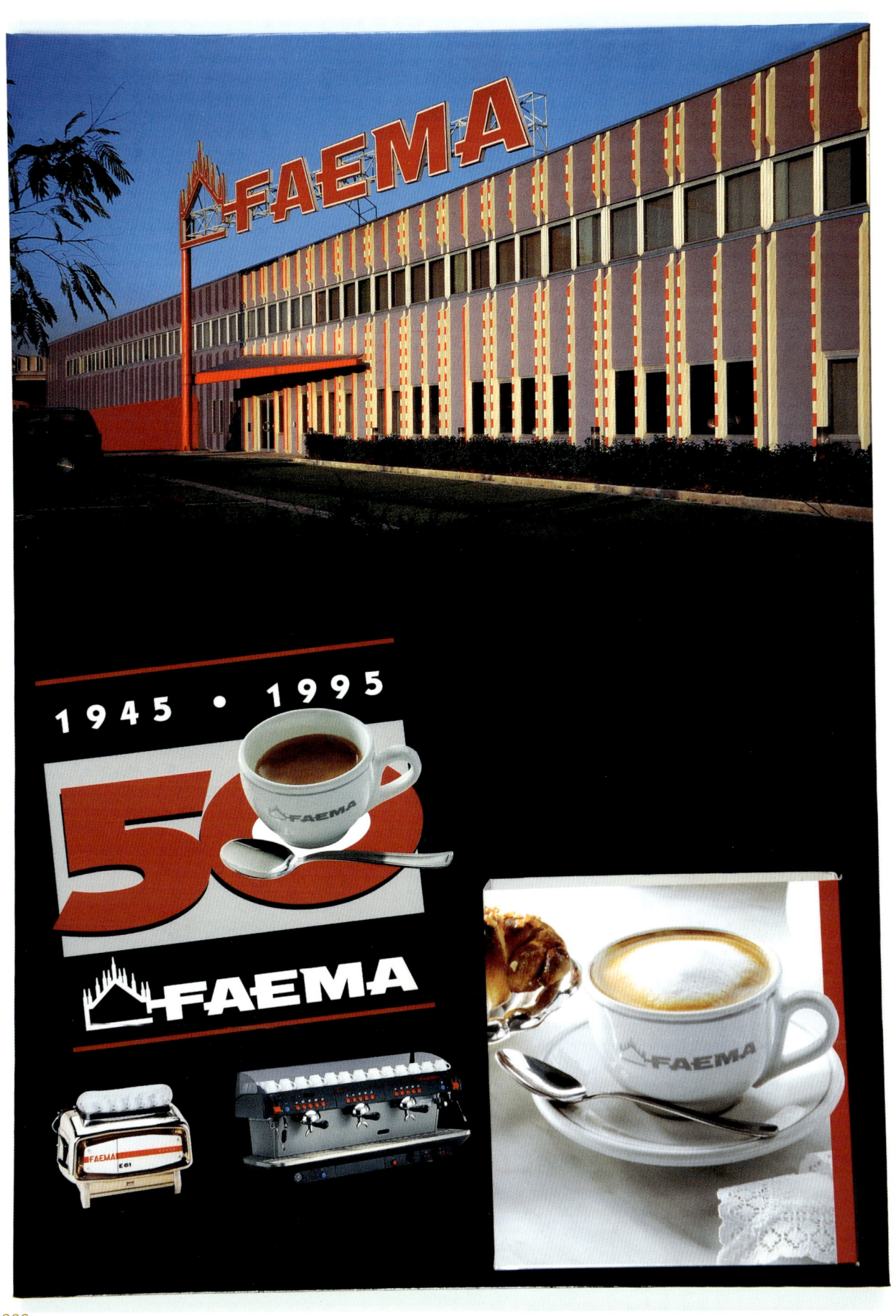

388
Faema, anno 1995. Dépliant pubblicitario.
1995 Faema coffee machine. Promotional brochure.
Faema (1995), Werbeprospekt.

PERCHE' FAEMA

TRADIZIONE
E' dal 1945 che Faema garantisce la migliore tradizione espresso in Italia e all'estero. Pietre miliari come la mitica E61 o l'attuale E91 ne danno conferma.

UNA GAMMA COMPLETA
Cinque famiglie di macchine da caffè e tre di macinadosatori in oltre 300 versioni per soddisfare ogni esigenza di lavoro nei pubblici esercizi.

NON SOLO MACCHINE DA CAFFE'
Oltre alle macchine da caffè e ai macinadosatori, la gamma Faema comprende una qualificata linea di altri prodotti quali lavatazzine, lavastoviglie, fabbricatori di ghiaccio, granitori, montapanna, piastre, accessori bar, macchine caffè all'americana.

NOVITA' SEMPRE ALL'AVANGUARDIA
Solo i migliori professionisti scelgono Faema. Di conseguenza Faema si pone da sempre l'obiettivo di essere il numero uno nell'innovazione dei prodotti.
Il Cliente Faema è sempre un passo avanti.

TECNOLOGIA E DESIGN
Faema investe ogni anno miliardi nella ricerca tecnologica e nel design.
Il risultato è il prodotto Faema: affidabile e di prestigio.

ASSISTENZA
Oltre 3000 tecnici specializzati vengono costantemente aggiornati presso la scuola di formazione Faema.
Sono loro che con il servizio rapido e competente hanno portato Faema al primo posto nel mondo.

PROGRAMMA QUALITA' TOTALE FAEMA

FAEMA
LA SCELTA PROFESSIONALE

FAEMA S.p.A. - Via XXV Aprile, 15 / 20097 San Donato Milanese (MI) / Tel. (02) 51601-1 / Fax (02) 55 700 420 / Telex 311573

1990 – 2000

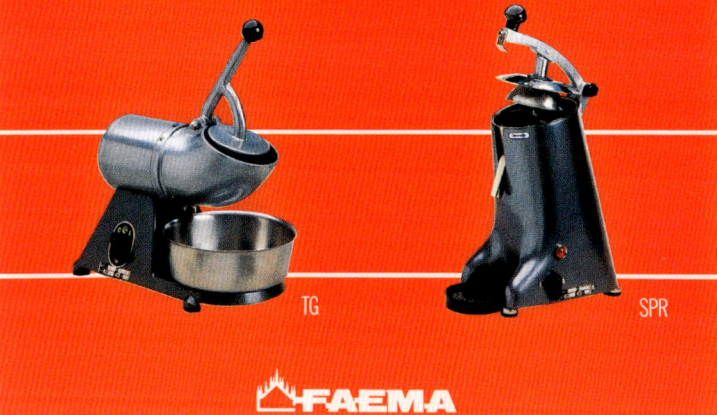

390 - 391

Faema, gruppi multipli. Dépliant pubblicitario.
Faema multiple-group coffee machine. Promotional brochure.
Faema, Mehrzweckmaschinen. Werbeprospekt.

371

389

Faema, anno 1995. Dépliant pubblicitario.
1995 Faema coffee machine. Promotional brochure.
Faema (1995), Werbeprospekt.

FAEMA
Depuratori d'aria

DAR 1600

DAR 2000

DAR 1400

FAEMA
Depuratori d'aria

DEPURATORI D'ARIA
Prodotti ideali per i locali pubblici che permettono di ottenere una perfetta depurazione dell'aria.
Il depuratore aspira l'aria inquinata, la filtra e la reimmette, pura, all'interno del locale.
L'installazione può avvenire a muro (DAR 1400) o a soffitto (DAR 1600 e DAR 2000).
Tutti i modelli sono completi di comando a distanza con regolatore di velocità.

EPURATEURS D'AIR
Produits idéals pour locaux publics qui permettent d'obtenir une parfaite épuration de l'air.
L'épurateur aspire l'air pollué, le filtre et le rend pur à l'interieur du local.
L'installation peut être murale (DAR 1400) ou au plafond (DAR 1600 et DAR 2000).
Tous les modèles sont complets de commande à distance avec régulateur de vitesse.

AIR CLEANING UNIT
It is ideal for public buildings. It purifies the air perfectly.
The unit takes in foul air, filters it and returns clean air to the room.
Two models are available: wall-type (Model DAR 1400) and ceiling-type (DAR 1600 and DAR 2000).
All models are provided with remote control and speed regulation.

LUFTREINIGER
Dieses Gerät ist ideal für Gaststätten. Es saugt die schlechte Luft, ab filtert sie und führt absolut reine Luft wieder in den Raum.
Zwei Modelle sind verfügbar: ein Wandmodell (DAR 1400) und ein Deckenmodell (DAR 1600 und DAR 2000).
Alle Modelle sind mit einer Fernbedienung mit Geschwindigkeitsregulator ausgestattet.

DEPURADOR DE AIRE
Producto ideal para locales públicos, que permite obtener una perfecta depuración del aire.
El depurador aspira el aire viciado, lo filtra y lo devuelve puro, al interior del local.
La instalación puede ser en pared (DAR 1400) o en techo (DAR 1600 y DAR 2000).
Todos los modelos son proporcionados con mandos a distancia y regulador de velocidad.

		DAR 1400	DAR 1600	DAR 2000
Portata massima • Capacité maximum • Max capacity • Leistung • Caudal maximo	m³/h	1400	1600	2000
Altezza • Hauteur • Height • Höhe • Altura	mm	530	350	320
Larghezza • Largeur • Width • Breite • Longitud	mm	510	690	660
Profondità • Profondeur • Depth • Tiefe • Profundidad	mm	520	515	590
Assorbimento • Absorption • Electrical input • Stromentnahme • Potencia absorbida	watt	150	150	150
Peso • Poids • Weight • Gewicht • Peso	kg	30	32	32

FAEMA
...è Italia nel mondo

FAEMA S.p.A. - Via Ventura, 15 - 20134 Milano (Italy)
Casella Postale (P.O. Box) 12033 - 20100 Milano
Telefono: (02) 2123 / Telex 311573 / Telefax (02) 2123292

---

392 - 393

Faema, depuratori d'aria. Dépliant pubblicitario.
Faema air purifiers. Promotional brochure.
Faema, Luftreiniger. Werbeprospekt.

394 - 395

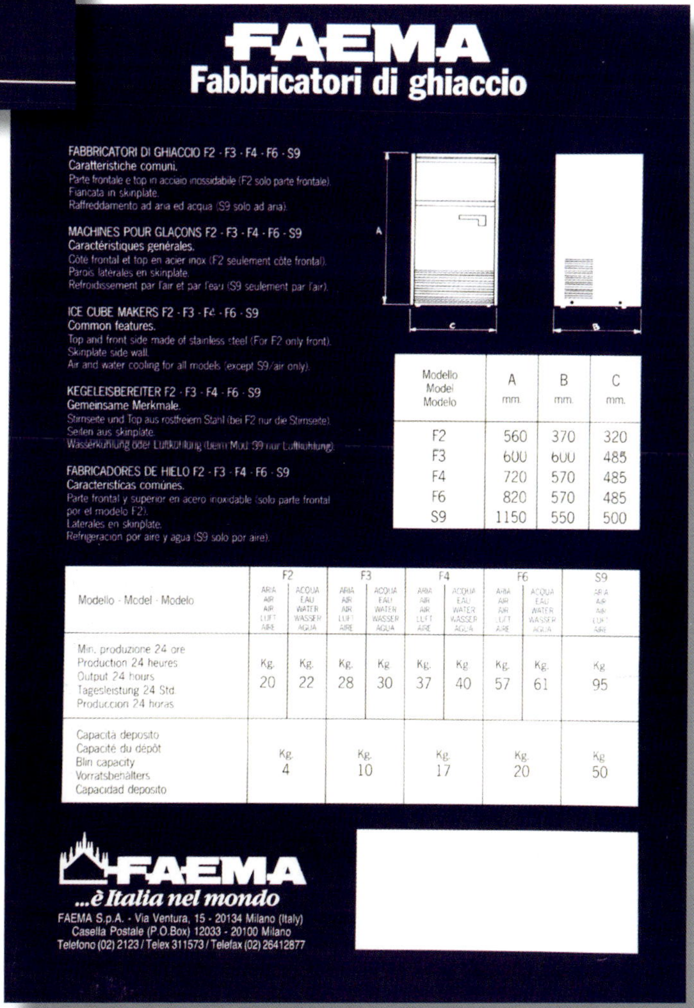

Faema, fabbricatori di ghiaccio. Dépliant pubblicitario.
Faema ice makers. Promotional brochure.
Faema, Eisbereiter. Werbeprospekt.

FAEMA
E77 Express Special

396 - 397 - 398 - 399

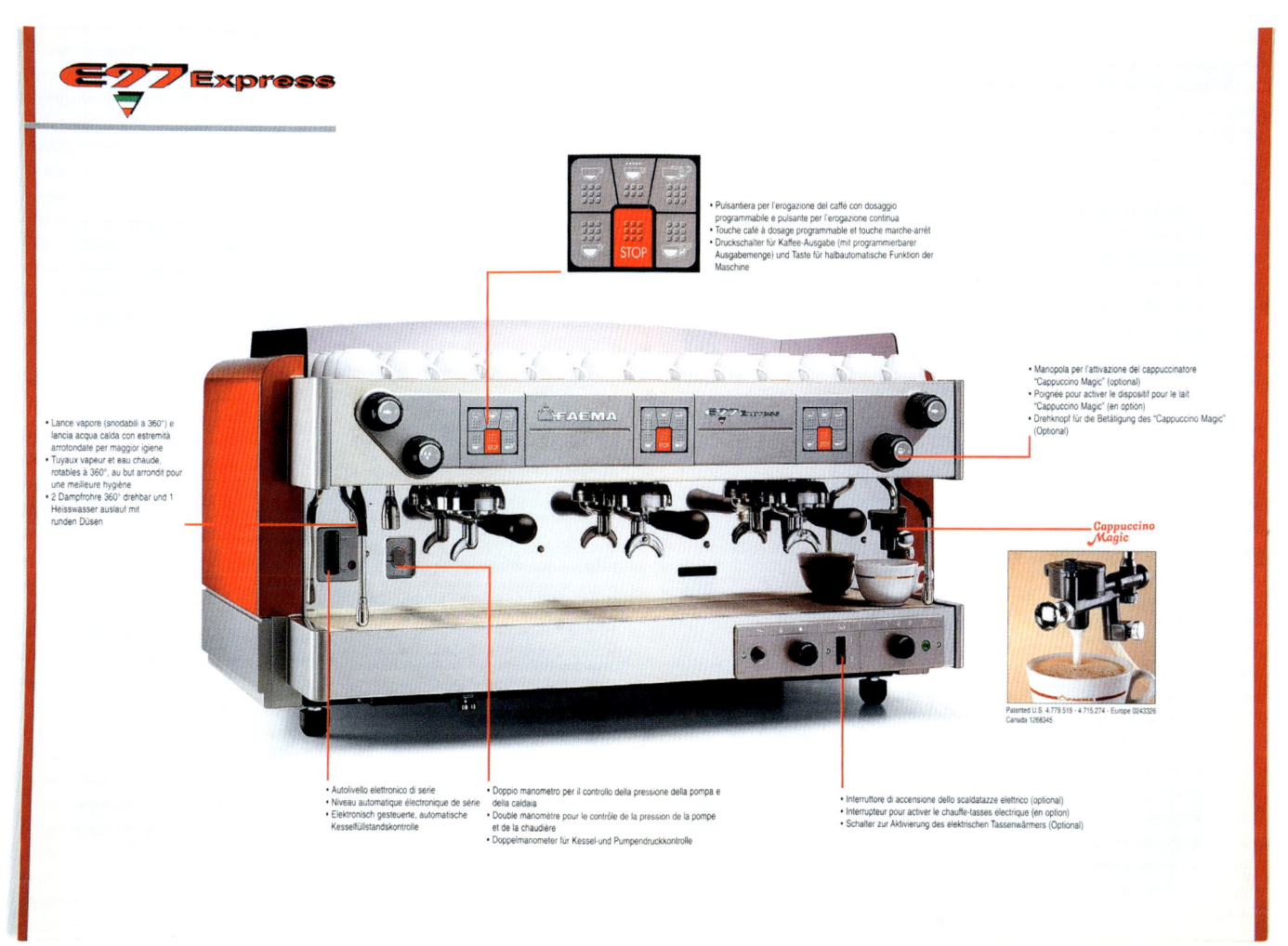

Faema, modelli E97 Express - E97 Special. Designer Gianfranco Salvemini. Dépliant pubblicitario.
Faema E97 Express - E97 Special models. Designer: Gianfranco Salvemini. Promotional brochure.
Faema-Maschinen, Modell E97 Express, E97 Special. Design: Gianfranco Salvemini. Werbeprospekt.

E77 Express

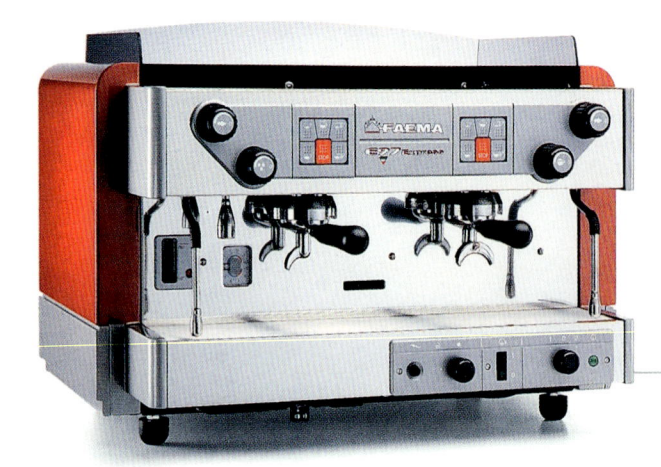

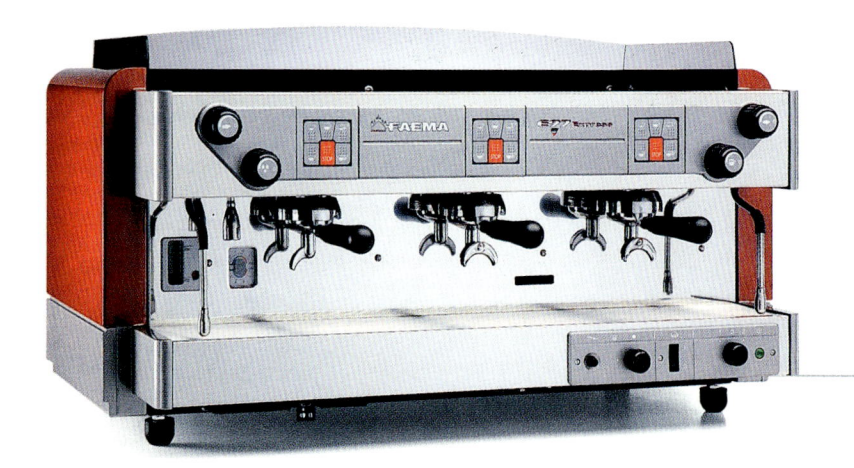

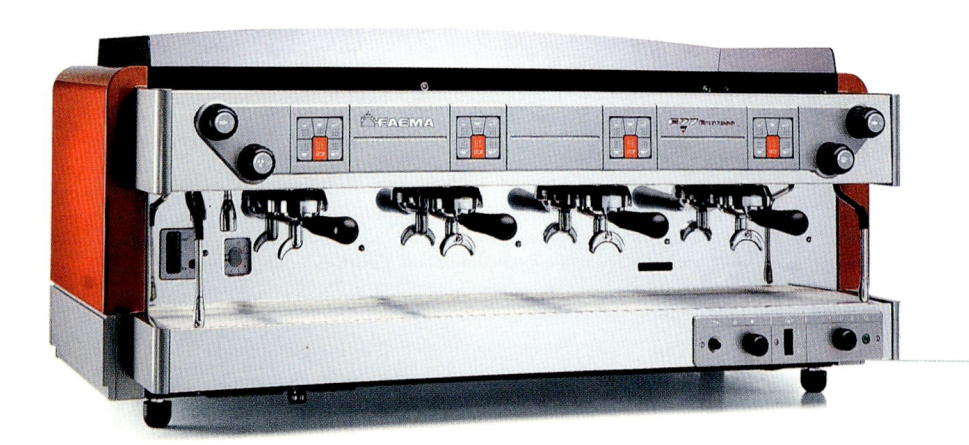

A/2

A/3

A/4

E97 Special

1990 – 2000

S/2

S/3

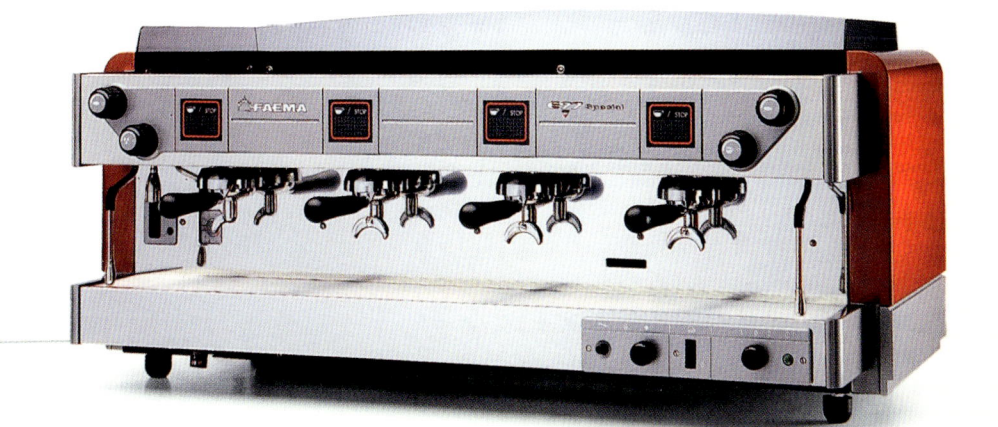

S/4

377

400 - 401 - 402 -403

Faema, modello X5 Granditalia Superautomatica. Designer Gianfranco Salvemini. Dépliant pubblicitario.
Faema X5 Granditalia Superautomatica model. Designer: Gianfranco Salvemini. Promotional brochure.
Faema-Maschinen, Modell X5 Granditalia und Superautomatica. Design: Gianfranco Salvemini. Werbeprospekt.

FAEMA

I — La **X5 GRANDITALIA** é dotata di una **Tastiera di programmazione** che consente un facile ed immediato accesso alle funzioni della macchina. L'ampio **Display** alfanumerico visualizza i parametri di gestione e controllo della macchina e le informazioni che facilitano il lavoro dell'operatore.
A richiesta possono essere forniti due kit di chiavi elettroniche (da 13 o da 21) utilizzabili per la gestione contabile per singolo cameriere delle bevande erogate.

F — La **Plaque à programmation** de la **X5 GRANDITALIA** permet un accès direct aux fonctions de la machine.
Le grand **Display** alphanumérique visualise les informations utiles pour l'opérateur: les paramètres de gestion et le contrôle des fonctions principales.
En options, deux "kit" de clefs électroniques (de 13 et de 21 clefs) sont disponibles pour la gestion comptable, des boissons débitées, par chaque operateur.

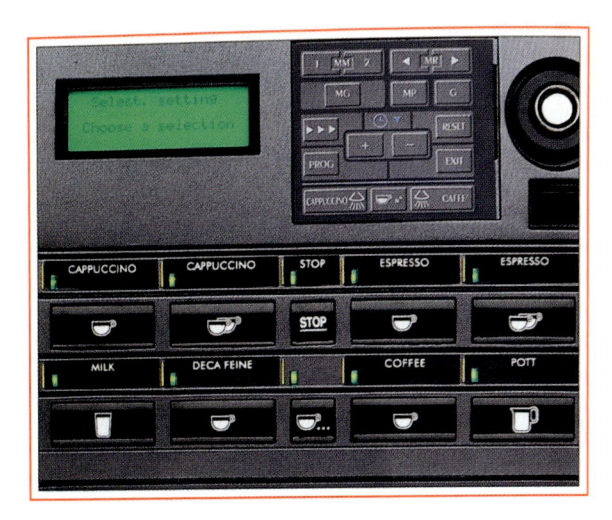

CARATTERISTICHE TECNICHE	FICHE TECHNIQUE	X5 GRANDITALIA C20
Doppio macinadosatore	Double moulin-doseur	Di serie/De série
Dosatore automatico caffé in polvere	Doseur automatique de café moulu	Di serie/De série
Capacità tramoggia caffé in grani	Capacité trémie café en grains	2,6 kg
Capacità dosatore automatico caffé in polvere	Capacité doseur automatique de café moulu	350 gr.
Selezioni disponibili	Sélections disponibles	8
Selezioni acqua calda	Sélections eau chaude	2
Erogatore vapore	Tuyau vapeur	2
Produzione oraria tazze caffè	Production horaire tasses café	240 max
Produzione oraria tazze cappuccino	Production horaire tasses cappuccino	160 max
Produzione oraria tazze acqua calda (da 150 cc massimo)	Production horaire tasses d'eau chaude (de 150 cc max)	200 max
Espulsione fondi asciutti in un cassetto incorporato nella macchina	Vidange marcs secs dans un tiroir incorporé à la machine	o in raccoglitore esterno da predisporre ou directe dans un récipient à prévoir en dessous
Lavaggio	Lavage	ciclo di lavaggio automatico del gruppo cycle de lavage automatique du groupe
Optionals	Options	Contabilità camerieri - Interfaccia computer Comptabilité opérateurs - Raccordement à l'ordinateur
Larghezza* x Profondità x Altezza (con piedini)	Largeur* x Profondeur x Hauteur (avec pieds)	680x665x790 h mm
Peso	Poids	kg. 110
Assorbimento	Absorption	6100 W
Voltaggio	Voltage	200/240V-50/60Hz 346/415V - 3

* a cui bisogna aggiungere l'ingombro del frigobox L 200 mm
* à laquelle il faut ajouter l'encombrement du frigobox L 200 mm

Il Costruttore si riserva il diritto di modificare senza preavviso le caratteristiche delle apparecchiature presentate in questa pubblicazione.
Le Fabricant se réserve le droit de modifier sans préavis les caractéristiques des appareils présentés dans cette pubblication.

FAEMA

X5 GRANDITALIA

FAEMA

I La **Pulsantiera** prevede: 8 selezioni programmabili singolarmente per dose di caffé e/o tipo di latte, dose di acqua, tipo di miscela, granulometria e tempo di infusione; 1 tasto per la ripetizione automatica delle selezioni; 1 tasto STOP

F La **Plaque à touche** prévoit: 8 sélections programmables individuellement pour dose de café et/ou de lait, dose d'eau, type de mélange, granulométrie et temps d'infusion; 1 touche pour la répétition automatique des sélections; 1 touche STOP

I Il **Doppio Macinadosatore** ed il **Dosatore Automatico** permettono di utilizzare fino a tre diverse miscele di caffé, due di caffé in grani ed una di caffé già macinato: la migliore risposta alle diverse esigenze di gusto della clientela.

F Le **Double Moulin doseur** et le **Doseur Automatique** permettent de travailler avec trois mélanges de café différents: deux mélanges en grains et un en poudre. La meilleure réponse aux différentes exigences de goût des clients.

I Il **Becco Erogatore**, facilmente posizionabile in altezza a diversi livelli, permette di erogare il caffé in modo ottimale in tazzine, bicchieri e bricchi di differenti dimensioni, nel pieno rispetto delle diverse esigenze di servizio ed abitudini di consumo.

F Le **Bec Verseur**, réglable en hauteur sur différents niveaux, permet de débiter le café dans des tasses, des verres et des pots de dimensions différentes, dans le respect des différentes exigences de service et des habitudes des consommateurs.

I Con la semplice pressione di un tasto si possono erogare 1 o 2 tazze da caffé perfettamente omogenee e cremose.

F On peut distribuer 1 ou 2 tasses de café parfaitement homogènes et crémeuses grâce à la seule pression d'une touche.

404 - 405

Modello E61 Legend, due gruppi. Nel 2001 Faema, per celebrare il 40° anniversario della E61, ha proposto a tutti gli appassionati di questo storico modello una versione celebrativa: la E61 Legend che oltre ad essere caratterizzata dall'originale design, ha mantenuto la propria identità al di là del tempo, degli stili e delle mode che si sono succeduti in quarant'anni.

Faema 2-group E61 Legend. In 2001, Faema proposed a celebratory model, the E61 Legend, to all lovers of this historical model to celebrate the 40th anniversary of the E61 model. This coffee machine featured the original design and identity, despite the passing of time, styles and fashions in over 40 years.

Modell E61 Legend, zwei Brühgruppen. Zur Feier des 40. Geburtstags der E61 präsentierte Faema 2001 allen Fans dieses berühmten Modells eine Jubiläumsausführung: die E61 Legend. Sie zeichnet sich durch das Original- Design aus und konnte außerdem ihre Identität zeitlos, jenseits aller Stilrichtungen und Modetrends in den vergangenen vierzig Jahren beibehalten.

2000 — 2010

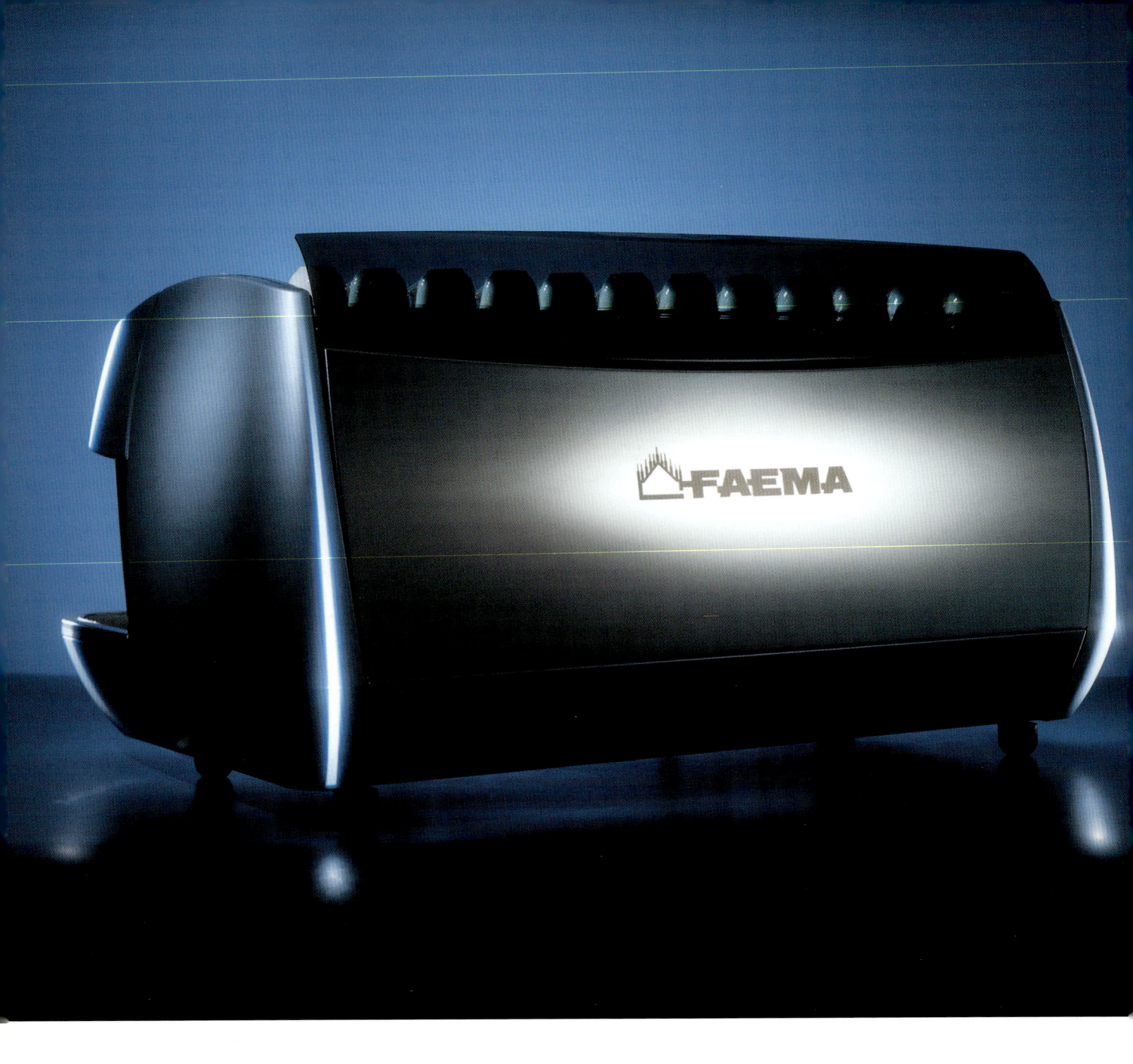

406 - 407 - 408 - 409

Modello E92, design Gianfranco Salvemini. Tale modello ha ottenuto l'ADI Design Index nel 2002 e vinto il Gastro Innovation Prize nel 2004.

Model E92, designed by Gianfranco Salvemini. This model won the ADI Design Index in 2002 and was awarded the Gastro Innovation Prize in 2004.

Modell E92, Design: Gianfranco Salvemini. Dieses Modell wurde 2002 in den ADI Design Index aufgenommen und 2004 mit dem Gastro Innovation Prize ausgezeichnet.

2000 — 2010

385

408

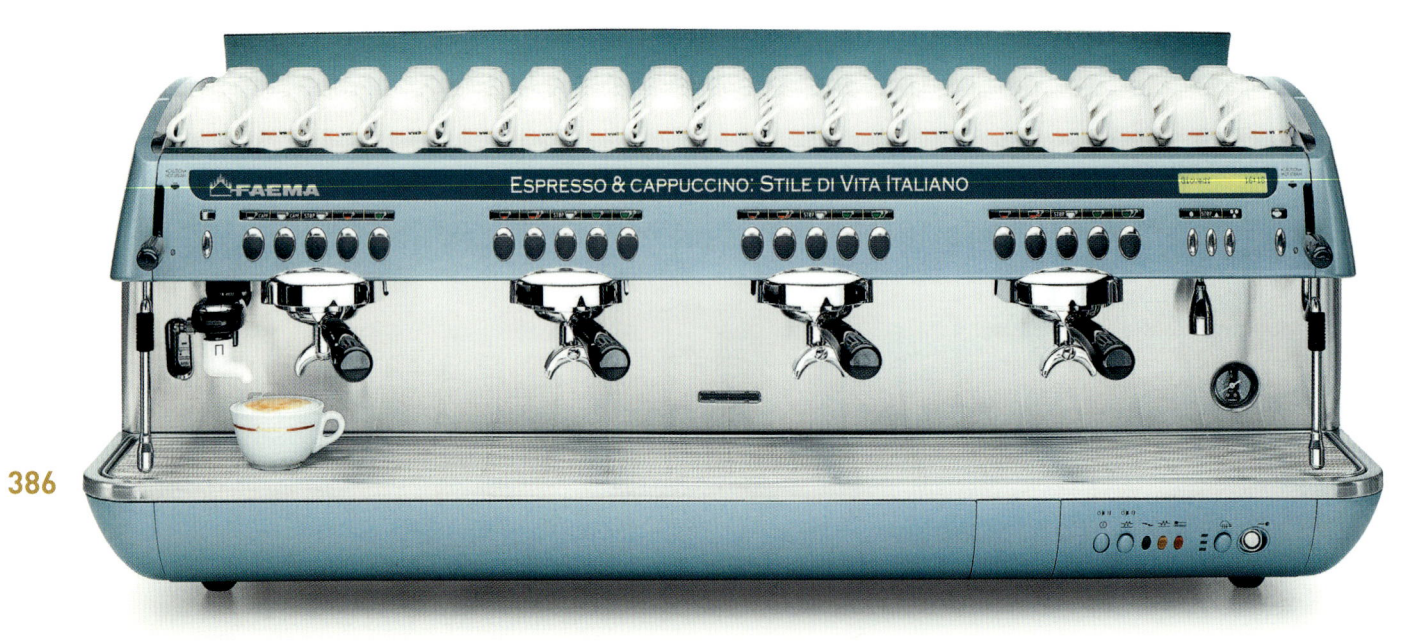

E 92

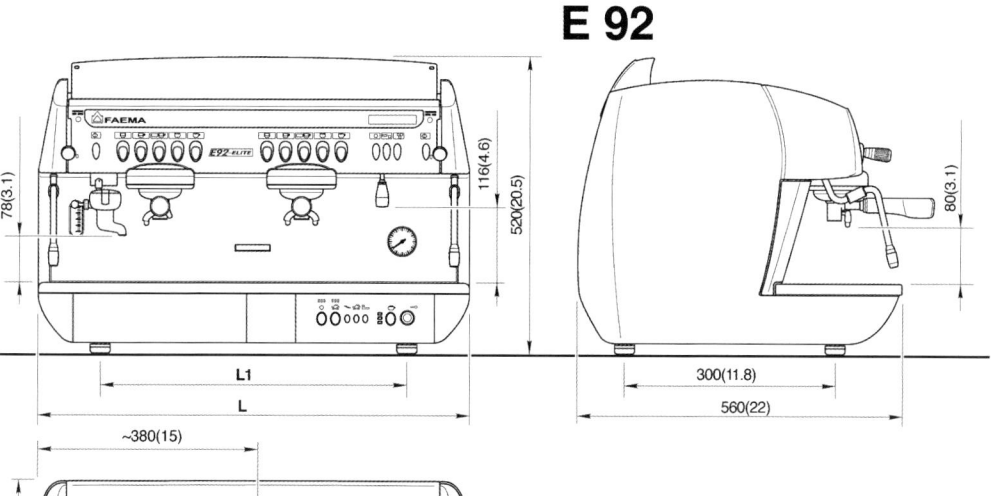

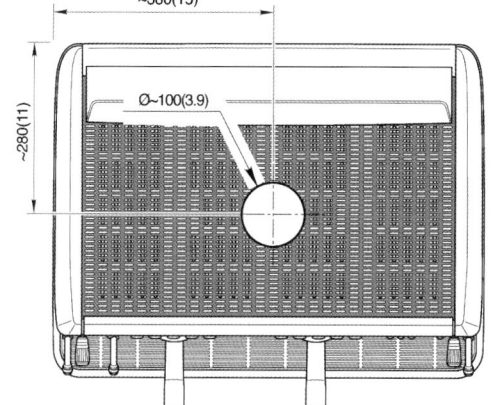

TABELLA DIMENSIONI			
	2 gruppi	3 gruppi	4 gruppi
L mm	760	1000	1240
inches	29.9	39.4	48.8
L1 mm	555	785	1035
inches	21.8	30.9	40.7
Peso Kg	65	86	95
pounds	143	189	209

	ALIMENTAZIONE ELETTRICA	POTENZA INSTALLATA	CORRENTE DI LINEA	SEZIONE CAVO DI ALIMENTAZIONE
Macchina 2 GRUPPI	380-415V3N/220-240V3	5.1-6.1 kW	8A (3N) / 14A (3)	5Gx2.5mm² (12/5 AWG)
	208-240V 60Hz	4.3-5.7 kW	23A (spina da 30A)	3Gx2,5mm² (12/3 AWG)
	-	-	-	-
Macchina 3 GRUPPI	380-415V3N/220-240V3	6.4-7.7 kW	11A (3N) / 19A (3)	5Gx2.5mm² (12/5 AWG)
	208-240V 60Hz	5.5-7.3 kW	31A (spina da 40A)	3Gx6mm² (10/3 AWG)
	-	-	-	-
Macchina 4 GRUPPI	380-415V3N/220-240V3	6.5-7.8 kW	11A (3N) / 19A (3)	5Gx2.5mm² (12/5 AWG)
	208-240V 60Hz	5.6-7.4 kW	31A (spina da 40A)	3Gx6mm² (10/3 AWG)
	-	-	-	-

INTERRUTTORE
- Omnipolare con distanza di apertura contatti 3mm
- Protezione da corrente di dispersione con valore pari a 30 mA

MESSA A TERRA - Obbligatoria

COLLEGAMENTO EQUIPOTENZIALE - Questo apparecchio è predisposto con un morsetto posto sotto il basamento per il collegamento di un conduttore esterno equipotenziale.

PRESSIONE DI ALIMENTAZIONE IDRAULICA - 0 ÷ 6 bar

ALLACCIAMENTO IDRAULICO - ø 3/8 gas

SCARICO IDRAULICO - ø min. 50mm

410

Design Giugiaro, cuore Faema. Emblema è la nuova macchina per caffè espresso e cappuccino che impone nel settore i valori ed il prestigio del Made in Italy, imprimendo una svolta decisa nel mondo del caffè. Carismatica come ogni ammiraglia dev'essere, Emblema è un progetto innovativo che ha il dono di parlare allo stesso tempo al cuore e alla ragione, di emozionare e di convincere. Il look firmato Giugiaro Design esprime una non comune ricercatezza, ma dietro la paratoia d'acciaio Emblema garantisce massimi livelli di produttività e sicurezza. Il tutto, associato a comfort sempre più tecnologici che confermano, con un picco d'eccellenza, l'affidabilità tipica di casa Faema.

Giugiaro Design, Faema heart. Emblema is the new espresso and cappuccino coffee machine able to impose the values and prestige of the Italian excellence. With Emblema the coffee world will never be the same again!
As charismatic as every top-of-the-line product must be, Emblema is an innovative machine capable of touching both the heart and the mind. Designed by Giugiaro, Emblema is exceptionally elegant, but behind its stainless steel panel, Emblema keeps unmatched levels of productivity and safety, technical features and comfort of use which take the Faema reliability to new heights.

Das Design von Giugiaro, das Herz von Faema. Emblema ist die neue Espresso- und Cappuccinomaschine, die in diesem Marktbereich die Werte und das Prestige des „Made in Italy" durchsetzt und so für eine entscheidende Wende in der Welt des Kaffees sorgt.
Charismatisch, wie es sich für ein Flaggschiff gehört, ist Emblema ein innovatives Produkt, das gleichzeitig Herz und Verstand anspricht, Emotionen erzeugt, und das überzeugt.
Der Look im Giugiaro Design steht für etwas Besonderes, aber hinter dem Stahlgehäuse garantiert Emblema höchste Produktivität und Sicherheit. Das Ganze ist mit immer höherem technischem Komfort verbunden, der die für Faema typische exzellente Zuverlässigkeit bestätigt.

411

I tasti di selezione sono facili da utilizzare e precisi, l'ampia zona di lavoro in acciaio facilita i gesti del barista e rende più semplice la pulizia. Il display grafico è di grande leggibilità e il piano scaldatazze è ampio per avere tante tazze a portata di mano. L'inclinazione dei portafiltri aumenta la comodità d'utilizzo.

Ergonomy. The push buttons are precise and easy to use, while the large stainless steel working area lets the barista move faster and speeds up cleaning.
The graphic display is easy to read and the large cup-warmer allows keeping several cups within easy reach.
Finally, the slanted filter holders make this machine extremely comfortable to use.

Ergonomie. Die Wahltasten sind benutzerfreundlich und präzise, der großzügige Stahlarbeitsbereich erleichtert die Tätigkeit des Baristas und erlaubt eine einfachere Reinigung. Das grafische Display lässt sich gut ablesen, und die Tassenablage ist breit angelegt, um viele Tassen griffbereit zu haben. Die Neigung der Filterträger macht die Benutzung noch bequemer.

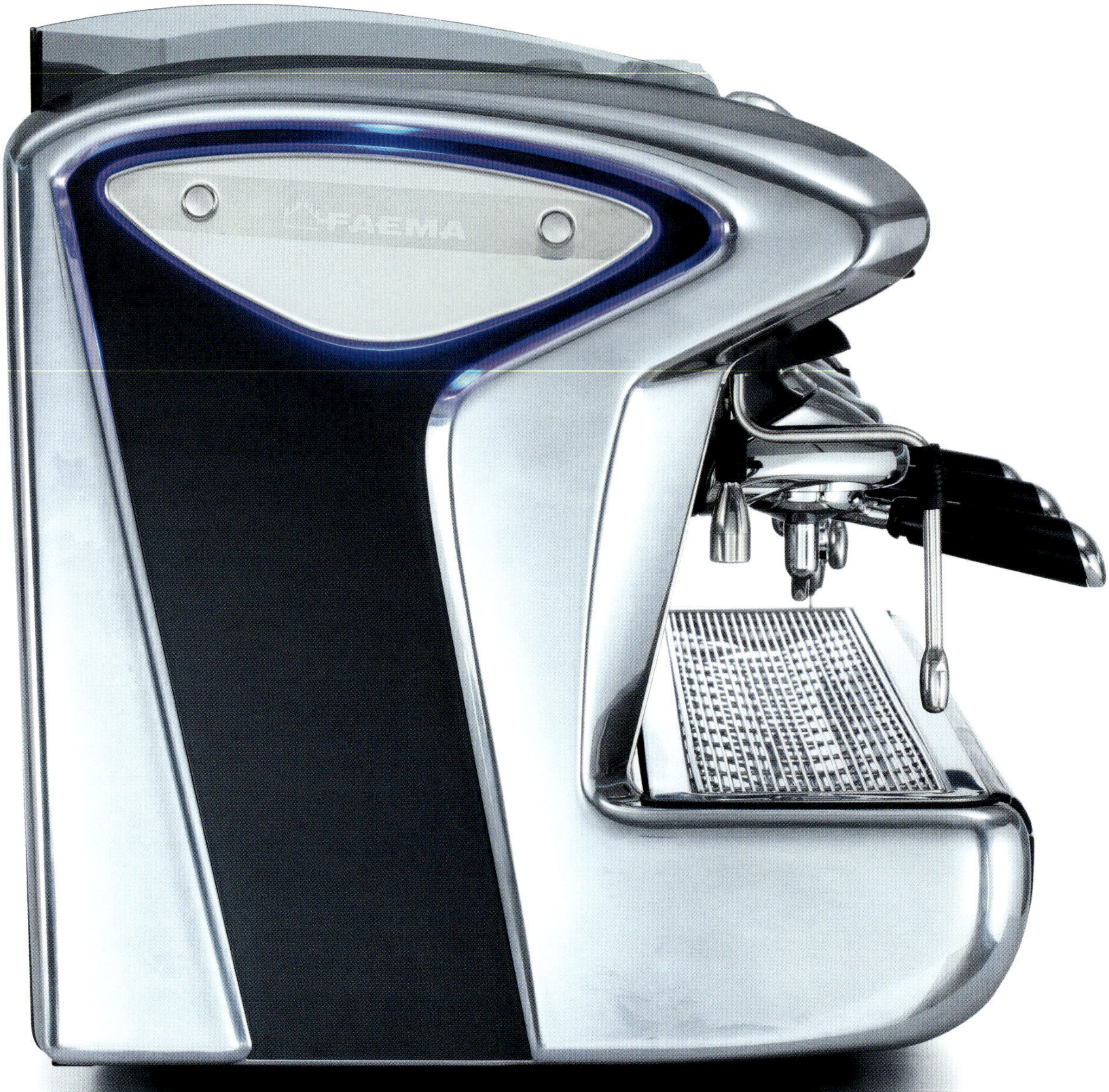
FAEMA

2000 — 2010

412 - 413

Forme d'impatto ispirate al mondo automotive, giocate sul contrasto fra l'acciaio, il grigio antracite e il blu dei profili luminosi.
Emblema ha coprifiltro avveniristici, loghi imbutiti in paratoia e sui portafiltri: ogni dettaglio è una precisa scelta di stile volta a proiettare il barista in una dimensione di raffinatezza, mai slegata però da una funzionalità spinta.

Elegance. Emblema eye-catching car-design-inspired lines play on the contrast of steel, anthracite grey and the blue of the lights underlining its contours.
Its futuristic filter holders, the logo deep-drawn on the front panel and on the filter-holder covers are details born from a precise design choice in order to give the barista a coffee making experience made up in equal parts of style and practicality.

Eleganz. Eindrucksvolle, an der Welt des Autos inspirierte Formen, die mit dem Gegensatz zwischen Stahl, Anthrazitgrau und dem Blau der Leuchtprofile spielen. Emblema hat zukunftsträchtige Filterdeckel, tiefgezogene Logos am Stahlgehäuse und an den Filterträgern: Jedes Detail gehört zu einer genauen Stilwahl, damit der Barista in eine raffinierte Dimension versetzt wird, ohne jedoch auf die hohe Funktionalität verzichten zu müssen.

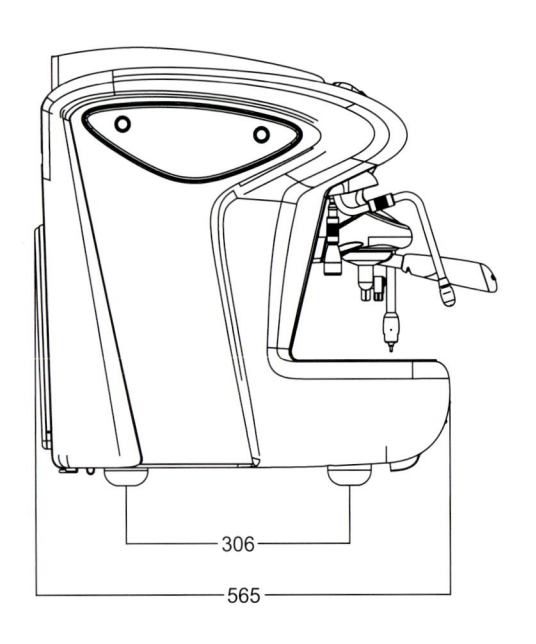

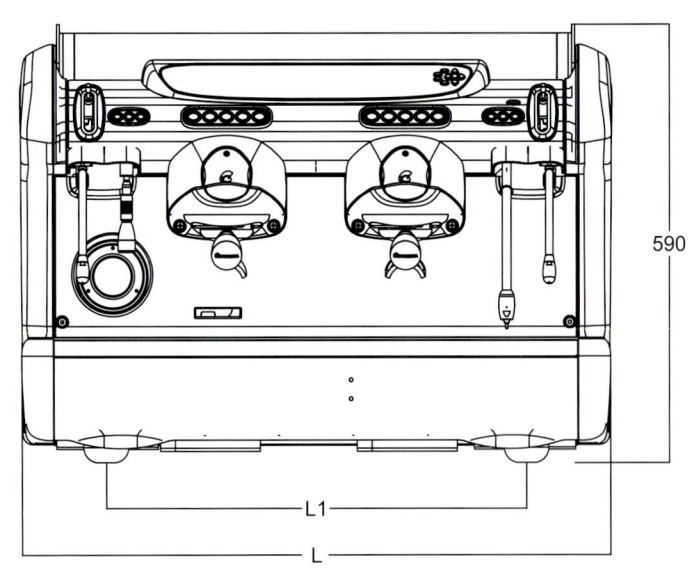

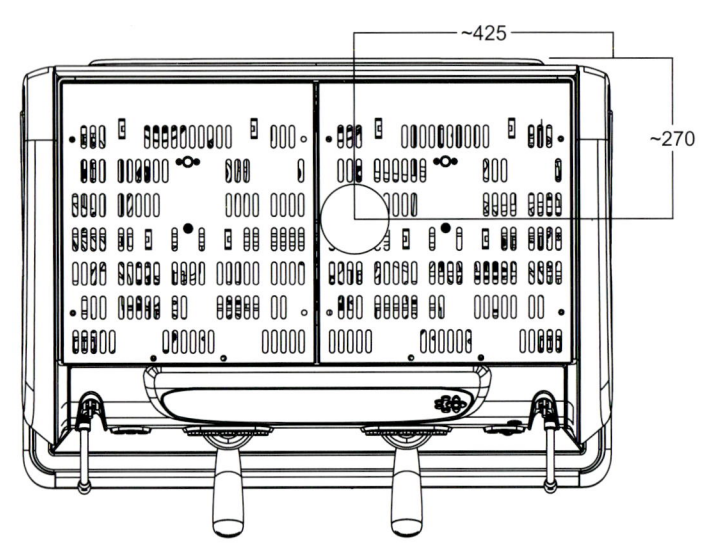

Emblema è disponibile in versione Automatica e Semiautomatica a 2, 3 e 4 gruppi.
La gamma si completa con la versione Tall Cup, progettata per accogliere bicchieri alti fino a 14,4 centimetri.

Emblema is available in 2, 3 and 4 groups automatic or semi-automatic versions.
The Tall Cup version is specially designed to fit tall cups or glasses (max. cup height: 14.4 cm).

Emblema ist in einer automatischen und Halbautomatischen Ausführung 2-, 3- und 4-gruppig erhältlich. Die Produktpalette wird durch die Tall-Cup-Ausführung für Gläser mit einer Höhe bis zu 14,4 cm komplettiert.

FEATURES	EMBLEMA A AUTO STEAM Automatic			EMBLEMA A Automatic			EMBLEMA S Semiautomatic		
	A/2	A/3	A/4	A/2	A/3	A/4	S/2	S/3	S/4
Lance vapore/Steam wands/Dampfhähne/Lances vapeur/Tubos vapor/Tubos vapor	2 + Auto Steam			2	2	2	2	2	2
Lance acqua calda/Hot water wands/Teewasserhähne/Sortie eau chaude/Tubo agua caliente/Tubo água quente	1	1	1	1	1	1	1	1	1
Selezioni acqua calda/Hot water selections/Teewasserwahltasten/Sélections eau chaude/Selecciones agua caliente/Selecções água quente	2	2	2	2	2	2			
Capacità caldaia (litri)/Boiler capacity (litres)/Kesselkapazität (Liter)/Capacité chaudière (litres)/Capacidad caldera (litros)/Capacidade caldeira (l)	11	17,5	24,1	11	17,5	24,1	11	17,5	24,1
Smart Boiler/Smart Boiler/Smart Boiler Technologie/Smart Boiler/Smart Boiler/Smart Boiler	•	•	•	•	•	•			
Sistema di bilanciamento termico regolabile (brevetto Faema)/Adjustable thermal balancing system (patented)/Einstellbares thermisches Gleichgewicht (Faema Patent)/Système d'équilibrage thermique réglable (brevet Faema)/Sistema regulable de mantenimiento del equilibrio térmico (patente Faema)/Sistema em termo sifão com térmica variável (patente Faema)	•	•	•	•	•	•	•	•	•
Display grafico/Graphic display/Graphisches Display/Écran graphique/Display gráfico/Ecrã gráfico	Gestione macchina e funzione pubblicitaria/To run the machine & adv function/Um die Funktionsparameter einfach zu überwachen und kurze Werbesätze zu zeigen/Contrôle de la machine et fonction publicitaire/Administración de la máquina y función publicitaria/Gestão da máquina e função publicitária			Gestione macchina e funzione pubblicitaria/To run the machine & adv function/Um die Funktionsparameter einfach zu überwachen und kurze Werbesätze zu zeigen/Contrôle de la machine et fonction publicitaire/Administración de la máquina y función publicitaria/Gestão da máquina e função publicitária			Funzione pubblicitaria/Adv function/Um die kurze Werbesätze zu zeigen/Fonction publicitaire/Función publicitaria/Função publicitária		
Scaldatazze elettrico/Electrical cup warmer/Elektrischer Tassenwärmer/Chauffe-tasses électrique/Calientatazas/Aquenta-chávenas	3 temperature/3 temperature levels/3 Temperaturstufen/3 niveaux de température/3 niveles de temperatura/3 niveles de temperatura			3 temperature/3 temperature levels/3 Temperaturstufen/3 niveaux de température/3 niveles de temperatura/3 niveles de temperatura			1 temperatura/1 temperature level/1 Temperaturstufe/1 niveau de température/1 nivel de temperatura/1 nivel de temperatura		

TECHNICAL INFORMATION

	A/2	A/3	A/4	A/2	A/3	A/4	S/2	S/3	S/4
Larghezza (mm)/Width (mm)/Breite (mm)/Largeur (mm)/Longitud (mm)/Largura (mm)	800	1000	1200	800	1000	1200	800	1000	1200
Profondità (mm)/Depth (mm)/Tiefe (mm)/Profondeur (mm)/Profundidad (mm)/Profundidade (mm)	565	565	565	565	565	565	565	565	565
Altezza (mm)/Height (mm)/Höhe (mm)/Hauteur (mm)/Altura (mm)/Altura (mm)	590	590	590	590	590	590	590	590	590
Peso (kg)/Weight (kg)/Gewicht (kg)/Poids (kg)/Peso (kg)/Peso (kg)/	87,5	116,5	124	87,5	116,5	124	87,5	116,5	124
Potenza installata 380-415V3N~50Hz (W)/Power at 380-415V3N~50hz (W)/Leistung bei 380-415V3N~50hz (W)/Puissance installée à 380-415V3N~50hz (W)/Potencia a 380-415V3N~50hz (W)/Potência a 380-415V3N~50hz (W)	4200-5000	5800-6900	5900-7000	4200-5000	5800-6900	5900-7000	4200-5000	5800-6900	5900-7000

OPTIONAL

	A/2	A/3	A/4	A/2	A/3	A/4	S/2	S/3	S/4
Illuminazione/Lighting/Beleuchtung/Éclairage/Iluminación/Iluminação	•	•	•	•	•	•	•	•	•

ACCESSORIES

	A/2	A/3	A/4	A/2	A/3	A/4	S/2	S/3	S/4
Kit tastiera infrarossi personalizzazione display/Infrared keyboard kit/Kit Infrarotstrahlen Fernbedienung für Display Personalisierung/Kit clavier rayons infrarouges pour personnaliser les mots sur l'écran/Kit teclado infrarrojos para personalizar el texto del display/Kit teclado infravermelhos para personalizar o texto do ecrã	•	•	•	•	•	•	•	•	•
Kit lettore card/Card-reader kit (data management)/Kit Kartenleser (Daten Management)/Kit lecteur carte (gestion donnée)/Kit lector tarjetas magnéticas (gestión datos)/Kit leitor tarjetas magnéticas (gestão dados)	•	•	•	•	•	•			

2000 – 2010

BIBLIOGRAFIA / *BIBLIOGRAPHY* / *BIBLIOGRAFIE*

- Giovanni Arpino, Carlo Cisventi, Osvaldo Carrara, *Faema 1945-1965*, Milano, Arti Grafiche Majrani, 1965
- Pubblicazione bimestrale per i pubblici esercizi edita dalla Faema, *Caffè Club*, 1967 n 1 della pubbl. fino al n 3 del 1969
- Erminio Scalera, *I Caffè Napoletani*, Napoli, Arturo Berisio Editore, 1967
- Sandro Piantanida, *I Caffè Di Milano*, U. Mursia & C, 1969
- Kurt Benesch, *Dolce come l'amore ovvero Il caffè ieri e oggi*, Verona, Industrie grafiche SIZ a cura della C.S.V., 1972
- Comitato Italiano Caffè, *Tre Secoli di Caffè*, 1972
- S.p.a. Luigi Lavazza, *Il caffè: un dono della natura*, Torino, Litostampa, 1977
- Salvatore Capodici – Carlo Invernizzi, *Conoscere Il Caffè*, Arti Grafiche DI.MA (Mi), 1983
- Enrico Guagnini, *Locali Storici d'Italia vol. II*, Schio (Vicenza), Sogema Marzari, 1987
- F. Feslikenian, *Caffè Storia E Magia,* Sagdos S.p.a, 1987 data indicativa
- Le Insegne dell'Ospitalità – *Due secoli di esercizi pubblici a Trieste*, Savio Print Spa, 1988 Prima edizione
- Felipe Ferrè, *Il Caffè, Almicare Pizzi S.p.a,* .arti grafiche, 1988
- Carlo Bo, *Antichi Caffè d'Italia*, Camedda & C s.n.c, 1989
- Das Wiener Cafè, *Johan Jacobs Museum*, 1989
- Edward & joan Bramah, *L'Arte di fare il caffè – cuccume, caffettiere e macchine da caffè*, Gorle, 1989
- Ambrogio Fumagalli, *Macchine da Caffè*, Artipo, 1990
- Edward Bramah, *Caffettiere e Macchine da Caffè*, Cremona, G.E.P., 1990
- *Il Caffè ossia Brevi Vari Discorsi in Area Padana*, Amilcare Pizzi Spa, 1990
- Vari autori, *I Racconti del Caffè*, Milano, Stabilimento grafico del gruppo Editoriale Fabbri Spa, 1991
- Daniela U.Ball, *Caffè Im Spiegel Europaischer Trinksitten*, Daniela U.Ball, 1991
- Giovanni Caruselli, *Il Caffè in musica*, ATR Srl, 1992
- Joris-karl Huysmans, *Gli Habitués del caffè*, Ibis, 1992
- Kenneth Anderson, *Guida Internazionale Alle Varietà di Caffè e Tè*, Carnate Milano, Edisrvice, 1992
- Caffè Morettino, *Poesie al Caffè*, Trieste, Riva Artigrafiche Spa, Ippogrifo, 1993
- Salvatore Capodici - Carlo Invernizzi, *Conoscere Il Caffè*, Milano, Eusebianum, Arti Grafiche DI.MA 1983
- Ian Bersten, *Coffee Floats - Tea Sinks*, Australia, Anne kern, Griffin Press, 1993
- Salvatore Capodici, *Guida al Caffè*, Milano, Arti Grafiche Cordani Spa, 1994
- Edward & joan Bramah, *L'Arte di fare il caffè - cuccume, caffettiere e macchine da caffè*, Bergamo, I.L.G., 1995
- Danesi caffè, *Fantasie al caffè*, Danesi caffè, 1999
- Edward C. Kvetko & Douglas Congdon - Martin, *Coffee Antiques*, A Schiffer Book For Collectors, Printed in China, 2000
- Mauro e Franco Bazzara, *Caffè espresso, un viaggio nel suo mondo*, Edizioni 2000, Cartotecnica Isontina, 2000
- Lavazza Relazioni Esterne, *Friends & more storie intorno a un caffè*, Lavazza, 2001
- Enrico Maltoni - Giuseppe Fabris, *Espresso made in italy 1901-1962* - I Edizione, EM Edizioni Enrico Maltoni, 2001
- Alfredo Danesi, *Cafè, Mito e Realtà*, Idea Libri, 2003
- Lavazza Training Centre, Vol. I° *"Il caffè"*-Vol.II° *"Le Attrezzature"*-Vol.III° *"Il Caffè e la salute"*, Lavazza Spa, 2004
- Enrico Maltoni - Giuseppe Fabris, *Espresso made in italy 1901-1962*, Collezione Enrico Maltoni, 2004 - II Edizione
- Franco e Mauro Bazzara, *La Filiera del caffè espresso,* Franco e Mauro Bazzara, Edizioni 2000, 2004
- Training Centre Lavazza, *Il Manuale Dell'Espresso Lavazza*, Mac Studio, 2004
- Decio Giulio Riccardo Carugati, *La Cimbali*, Electa, 2005
- Slow Food, *Caffè Slow Food*, Slow Food Editore Srl, 2005
- Franco Capponi, *La Victoria Arduino*, W.I.P. Editoriale, 2005
- Maria Linardi – Enrico Maltoni – Manuel Terzi, *Il libro completo del Caffè*, De Agostini, 2005
- Franco e Mauro Bazzara, *La Filiera del caffè espresso*, Planet Coffee, 2008
- Luigi Lavazza Spa, *Dieci anni di coffee design 1998-2008*, Alessandra Bianco e l'ufficio p.r. Lavazza, 2008
- Instaurator, *The espresso Quest*, Laura Everage San Francisco Usa and Emily Oak Sydney Australia, 2008
- Enrico Maltoni – Giuseppe Fabris, *Espresso made in italy 1901-1962*, Collezione Enrico Maltoni, 2008 – III Edizione

ringraziamenti / *acknowledgements* / *Danksagungen*

Alberto Betti, Alessandro Gregori, Andrea Laghi, Andrea Masotti, Andrea Peperoni, Benito Vetrano, Chris Salierno, Daniela Maltoni, Davide Briganti, Deborah Anne Nicholas, Elisa Venturi, Enrico Filippi, Francesco Lanzoni, Gianfranco Delle Donne, Gianni Pistrini, Giorgio Cavallini, Giovanni Pizzigati, Giulio Taioli, Gruppo Cimbali-Faema, Katarzyna Legiec, Koinè - Trieste, Luca Dussi, Lucio Del Piccolo, Marcellino Zanesi, Marcello Zanesi, Mario Giuliano, Marco Valente, Massimiliano Bravi, Maurizio Cimbali, Mauro Carli, Nella Valente, Pasquale De Falco, Renzo Missaglia, Rita Valente, Roberto Valente, Sergio Fonzo, Simona Zuccherelli.

Tutto il materiale pubblicato fa parte della Collezione e dell'Archivio Enrico Maltoni, Forlimpopoli, ad eccezione di quanto riprodotto alle seguenti pagine: 46, 47, 48, 49, 51, 60, 70, 111, 145, 147, 206, 246, 247, 258, 286, 296, 304, 387, 392, 393 (Gruppo Cimbali-Faema); 382, 383, 384, 385, 386, 388, 389, 390, 391, 394 (Foto Antonello Natale); 157 (Alberto Betti); 312 (Marcellino Zanesi).

All the material herein published is property of the collection and archive of Enrico Maltoni, Forlimpopoli, except for the items on the following pages: 46, 47, 48, 49, 51, 60, 70, 111, 145, 147, 206, 246, 247, 258, 286, 296, 304, 387, 392, 393 (Gruppo Cimbali-Faema); 382, 383, 384, 385, 386, 388, 389, 390, 391, 394 (Photo Antonello Natale); 157 (Alberto Betti); 312 (Marcellino Zanesi).

Das gesamte hier veröffentlichte Material ist Teil der Sammlung und des Archivs von Enrico Maltoni, Forlimpopoli, mit Ausnahme der Veröffentlichungen auf den folgenden Seiten: 46, 47, 48, 49, 51, 60, 70, 111, 145, 147, 206, 246, 247, 258, 286, 296, 304, 387, 392, 393 (Gruppo Cimbali-Faema); 382, 383, 384, 385, 386, 388, 389, 390, 391, 394 (Foto Antonello Natale); 157 (Alberto Betti) sowie 312 (Marcellino Zanesi).

COLLEZIONE ENRICO MALTONI®
www.espressomadeinitaly.com

Via Guglielmo Oberdan, 13
47034 Forlimpopoli (Forlì-Cesena)
Italia
Fax +39.0543.743958
e-mail: info@espressomadeinitaly.com